J. W. Rohen · Ch. Yokochi

Anatomie des Menschen

Band II

cocd – 6 Sprachen

Anatomie des Menschen

Photographischer Atlas der
systematischen und topographischen Anatomie

Band II

Extremitäten, Brust-, Bauch- und Retrositus

Von

JOHANNES W. ROHEN
Professor Dr. med., Dr. med. h. c.
Vorstand des Anatomischen Institutes der
Universität Erlangen–Nürnberg

und

CHIHIRO YOKOCHI
Professor, M. D.
Direktor des Anatomischen Institutes
Kanagawa Dental College, Yokosuka, Japan

Mit 446 Abbildungen, davon 421 mehrfarbig

19 83

F. K. SCHATTAUER VERLAG · STUTTGART–NEW YORK

CIP-Kurztitelaufnahme der Deutschen Bibliothek

Rohen, Johannes W.:
Anatomie des Menschen : Coed – 6 Sprachen ; photograph. Atlas d. systemat. u. topograph. Anatomie / von Johannes W. Rohen u. Chihiro Yokochi. – Stuttgart ; New York : Schattauer
Engl. Ausg. u. d. T.: Rohen, Johannes W.: Human anatomy

NE: Yokochi, Chihiro:

Bd. 2. Extremitäten, Brust-, Bauch- und Retrositus. – 1. German language ed. – 1983
ISBN 3-7945-0878-5

Printed in Germany
Reproduktionen: Graphische Kunstanstalt Brend'amour, Simhart GmbH & Co., München
Satz und Druck: Kastner & Callwey KG, München
Einband: Grimm + Bleicher GmbH & Co. KG, München

ISBN 3-7945-0878-5

Vorwort

Dank des unermüdlichen Einsatzes aller an der Herausgabe und Herstellung dieses Werkes Beteiligten konnte der 2. Band in relativ kurzer Zeit fertiggestellt werden. Die allgemeinen Bemerkungen, die wir dem 1. Band vorangestellt haben, brauchen an dieser Stelle nicht wiederholt zu werden. Auch diesem Band liegt dieselbe Konzeption zugrunde, die für den 1. Band maßgebend war. Zuerst werden die anatomischen Tatsachen in systematischer Reihenfolge zur Darstellung gebracht und dann die topographischen Verhältnisse anhand großformatiger Farbfotos, und zwar immer schichtweise von außen nach innen, abgebildet. Dadurch soll der Studierende in die Lage versetzt werden, sich zunächst die Grundtatsachen der Anatomie des menschlichen Körpers, z. B. des Knochensystems, der Gelenke und der Muskulatur, oder auch die Astfolgen der Gefäße und Nerven in systematischer Form zu erarbeiten, um dann mit diesem Rüstzeug an die topographische Anatomie herangehen zu können.

Die topographischen Verhältnisse wurden so zur Darstellung gebracht, wie sie der Studierende im Rahmen der makroskopisch-anatomischen Übungen bei sorgfältiger und schichtweiser Präparation auch zu Gesicht bekommen kann.

Dadurch erscheinen die hier wiedergegebenen photographischen Abbildungen besonders geeignet, dem Studenten bei den Präparierübungen zu helfen, seine Präparate zu verstehen und fragliche Strukturen zu identifizieren. Sehr zu empfehlen ist die Benützung einer Handlupe.

Wir haben auch bei diesem Band wiederum versucht, uns auf das Wesentliche zu beschränken und das Werk nicht mit nebensächlichen Details und Abbildungen zu überladen. Eine sorgfältig präparierte anatomische Struktur hat auch einen ästhetischen Reiz. Abgesehen von dem unmittelbar praktischen Wert solcher Makrophotos für den angehenden Arzt und Mediziner scheinen uns derartige Abbildungen aber auch die Ehrfurcht vor der Schönheit und Vollkommenheit des menschlichen Körpers wecken zu können.

Darüber hinaus sind sie aber auch für den Studenten ein Ansporn, die eigene Präparation mit größtmöglicher Sorgfalt zu betreiben, um daraus die für den späteren Beruf so wichtigen und notwendigen Grundkenntnisse zu gewinnen.

Bei der Herausgabe dieses Bandes haben uns wiederum unsere Mitarbeiter, vor allem die Herren Dr. K. Schmidt, Dr. E. Rappke, Dr. P. Landgraf, Dr. W. Arnold, Dr. R. Funk und Dr. M. Eichhorn, in bewährter und aufopfernder Weise geholfen, fehlende Präparate anzufertigen bzw. vorhandene fertigzustellen. In den Kapiteln über die topographische Anatomie der oberen und unteren Extremität hat Herr Dr. S. Nagashima, Kurume-Universität, Japan, mit großer Sachkenntnis und hervorragendem präparativem Geschick zahlreiche neue Präparate erstellt, wofür wir ihm auch an dieser Stelle unseren herzlichen Dank aussprechen möchten.

Die Schemazeichnungen wurden wiederum in der Hauptsache von Frl. E. Ott, Herrn H. Tröger und Frl. Chr. Wittek mit bewährter Sorgfalt und großem Können angefertigt.

Unser besonderer Dank gebührt jedoch vor allem der Photographin, Frau K. Pantel, die in unermüdlicher und aufopfernder Arbeit, gepaart mit hervorragendem technischem Können, die Makrophotos hergestellt hat. Auch dem Schattauer Verlag möchten wir unseren Dank für die gute Zusammenarbeit und Unterstützung für das aufwendige Projekt aussprechen.

Sommer 1983

J. W. Rohen und Ch. Yokochi

Inhaltsverzeichnis

Abkürzungen

A.	= Arteria	Nucl.	= Nucleus
ant.	= anterior	NS	= Nervensystem
dext.	= dexter, dextra	post.	= posterior
dist.	= distalis	Proc.	= Processus
dors.	= dorsalis	prof.	= profundus
ext.	= externus	prox.	= proximalis
For.	= Foramen	rad.	= radialis
Gl.	= Glandula	R.	= Ramus
Ggl.	= Ganglion	Rec.	= Recessus
inf.	= inferior	sin.	= sinister, sinistra
int.	= internus	sup.	= superior
lat.	= lateralis	superf.	= superficialis
Lig.	= Ligamentum	uln.	= ulnaris
M.	= Musculus	V.	= Vena
med.	= medialis	ventr.	= ventralis
N.	= Nervus	ZNS	= Zentralnervensystem

Der Plural eines lateinischen Terminus wird durch Verdoppelung des letzten Buchstabens der Abkürzung ausgedrückt, also z. B. Aa. = Arteriae, Gll. = Glandulae, Mm. = Musculi, Nn. = Nervi, proff. = profundi, Vv. = Venae.

Kapitel V

Obere Extremität

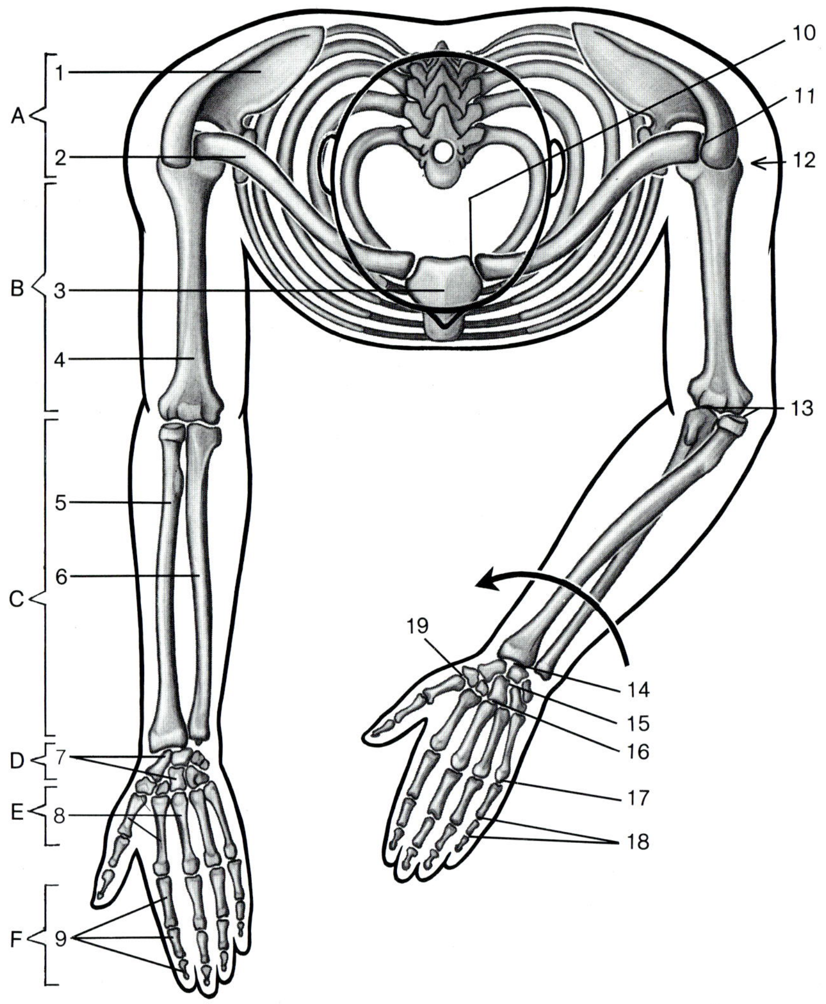

Übersicht über die Gliederung der oberen Extremität (Ansicht von oben). Der linke Arm befindet sich in Pronationsstellung, der rechte in Supinationsstellung.

A Schultergürtel (Cingulum membri sup.)
B Oberarm (Brachium)
C Unterarm (Antebrachium)
D Handwurzel (Carpus)
E Mittelhand (Metacarpus)
F Finger (Phalanges)

Knochen

1 Scapula
2 Clavicula
3 Sternum
4 Humerus
5 Radius
6 Ulna
7 Ossa carpi
8 Ossa metacarpalia
9 Phalanges

Gelenke

10 Articulatio sternoclavicularis
11 Articulatio acromioclavicularis
12 Articulatio humeri
13 Articulatio cubiti
14 Articulatio radiocarpea
15 Articulatio mediocarpea
16 Articulationes carpometacarpeae
17 Articulationes metacarpophalangeae
18 Articulationes interphalangeae manus
19 Articulatio carpometacarpea pollicis

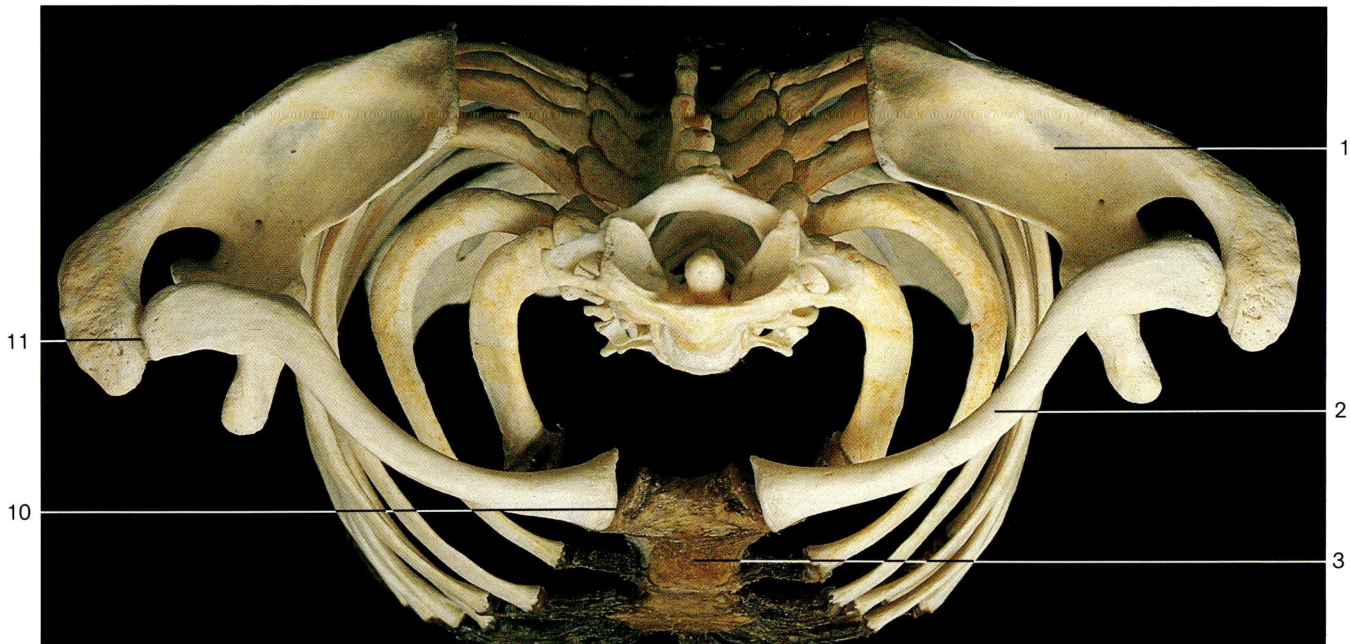

Skelett des Schultergürtels mit Thorax (Ansicht von oben).

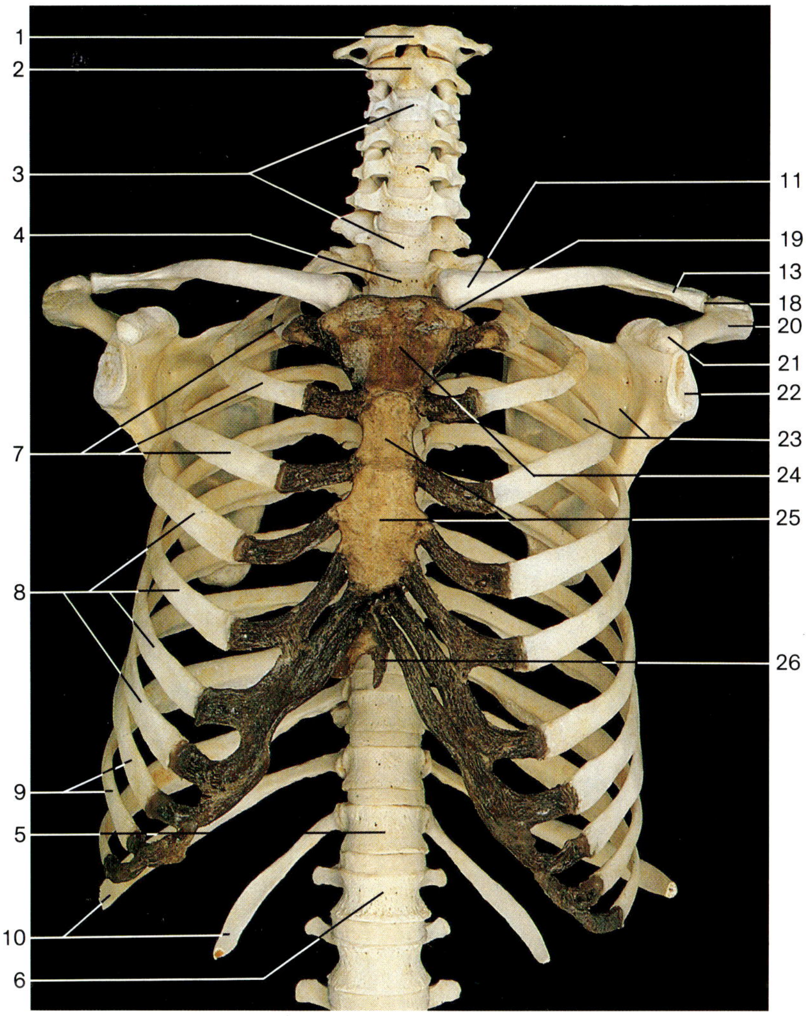

Skelett von Schultergürtel und Thorax (von vorne). Die knorpeligen Anteile der Rippen erscheinen dunkelbraun.

Columna vertebralis

1 Atlas (Vertebra cervicalis I)
2 Axis (Vertebra cervicalis II)
3 Vertebrae cervicales III–VII
4 Vertebra thoracica I
5 Vertebra thoracica XII
6 Vertebra lumbalis I

Costae

7 Costae I–III } Costae verae
8 Costae IV–VII }
9 Costae VIII–X } Costae spuriae
10 Costae XI–XII }
(Costae fluctuantes)

Clavicula

11 Extremitas sternalis
12 Facies articularis sternalis
13 Extremitas acromialis
14 Facies articularis acromialis
15 Impressio lig. costoclavicularis
16 Tuberculum conoideum
17 Linea trapezoidea
18 Lage der Articulatio acromioclavicularis
19 Lage der Articulatio sternoclavicularis

Scapula

20 Acromion
21 Processus coracoideus
22 Cavitas glenoidalis
23 Facies cóstalis scapulae

Sternum

24 Manubrium sterni
25 Corpus sterni
26 Processus xiphoideus

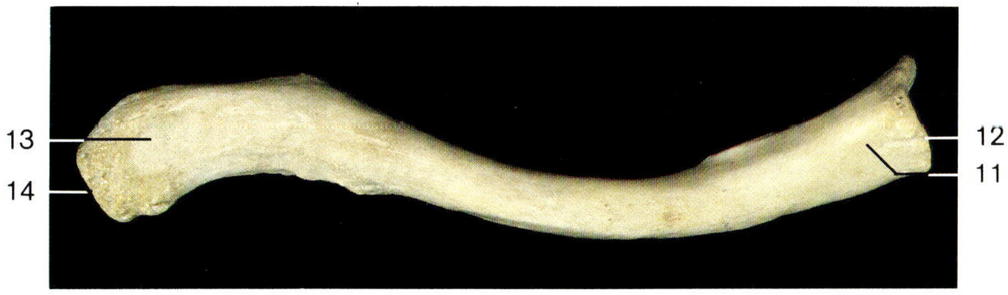

Clavicula dext. (von oben).

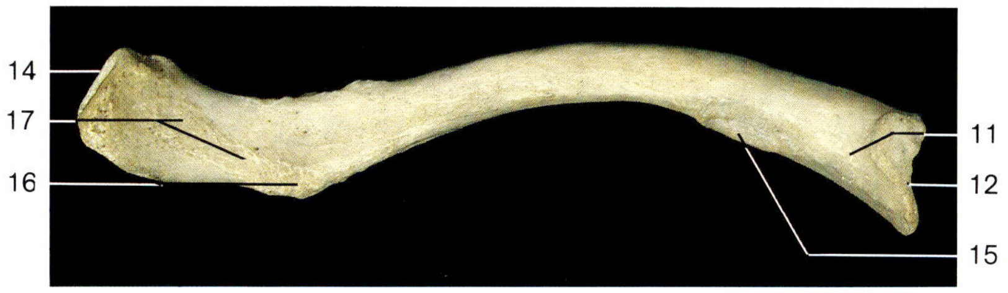

Clavicula dext. (von unten).

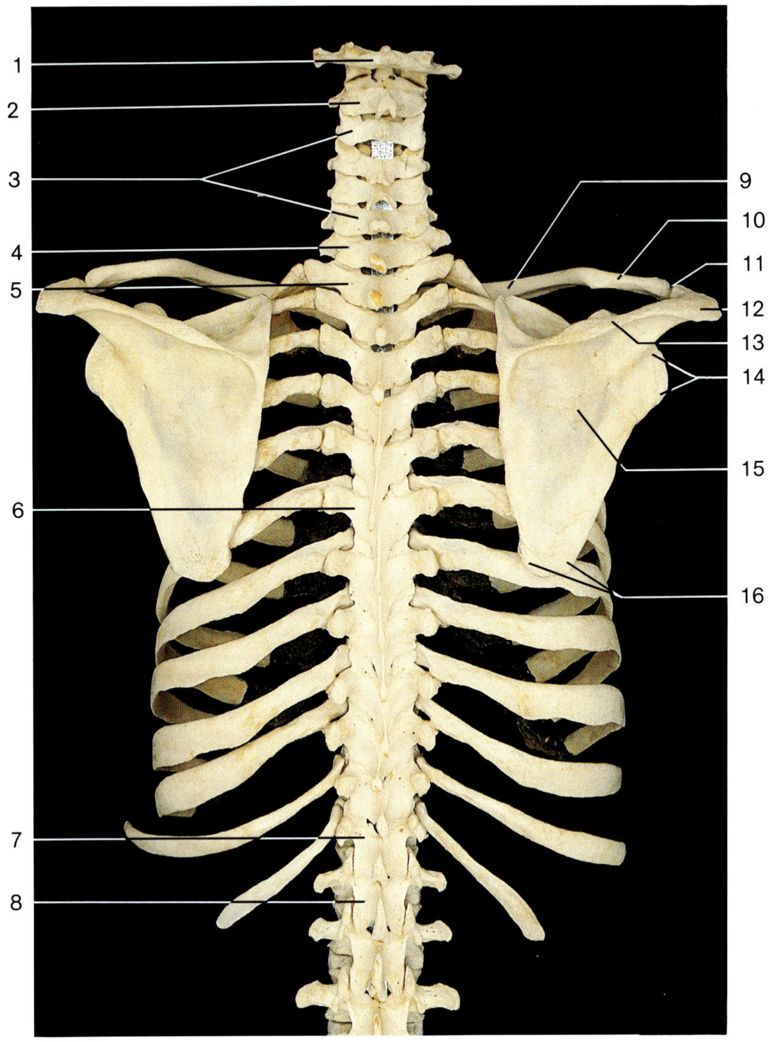

Skelett von Schultergürtel und Thorax (von hinten).

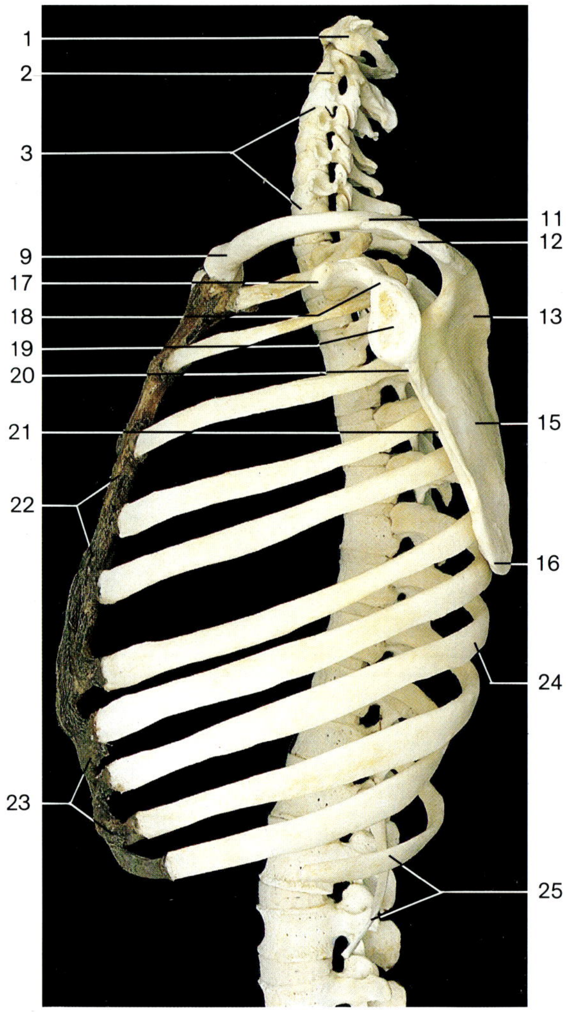

Skelett von Schultergürtel und Thorax (von lateral).

Columna vertebralis

1 Atlas (Vertebra cervicalis I)
2 Axis (Vertebra cervicalis II)
3 Vertebrae cervicales III–VI
4 Vertebra prominens (Vertebra cervicalis VII)
5 Vertebra thoracica I
6 Vertebra thoracica VI
7 Vertebra lumbalis I
8 Vertebra lumbalis II

Clavicula

9 Extremitas sternalis
10 Extremitas acromialis
11 Articulatio acromioclavicularis (Lokalisation)

Scapula

12 Acromion
13 Spina scapulae
14 Angulus lateralis scapulae
15 Facies dorsalis scapulae
16 Angulus inferior scapulae
17 Processus coracoideus
18 Tuberculum supraglenoidale
19 Cavitas glenoidalis
20 Tuberculum infraglenoidale
21 Margo lateralis

Thorax

22 Sternum (Corpus sterni)
23 Angulus infrasternalis
24 Angulus costae
25 Costae fluctuantes

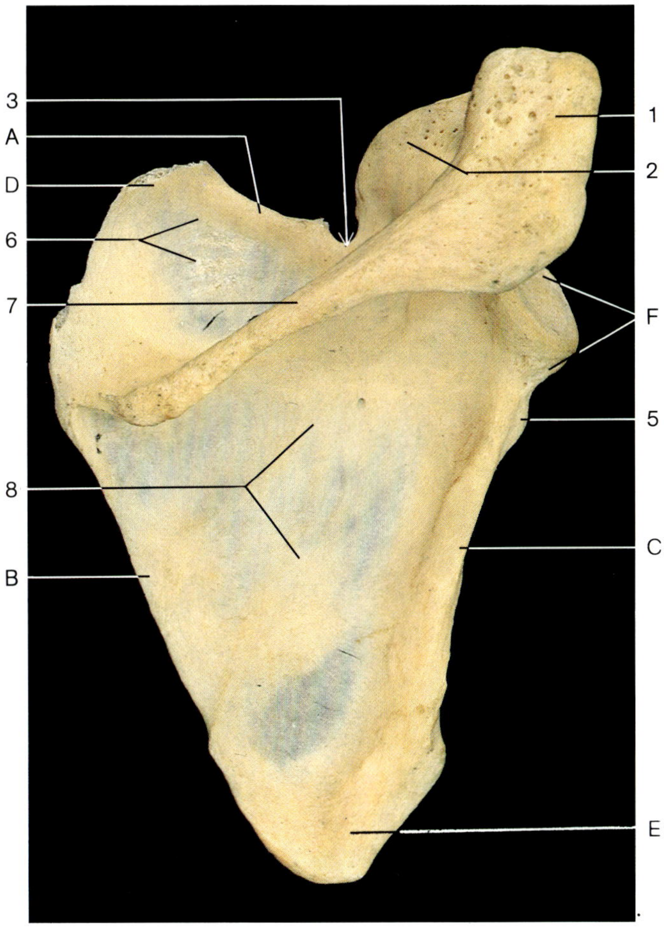

Scapula dext. (dorsale Fläche).

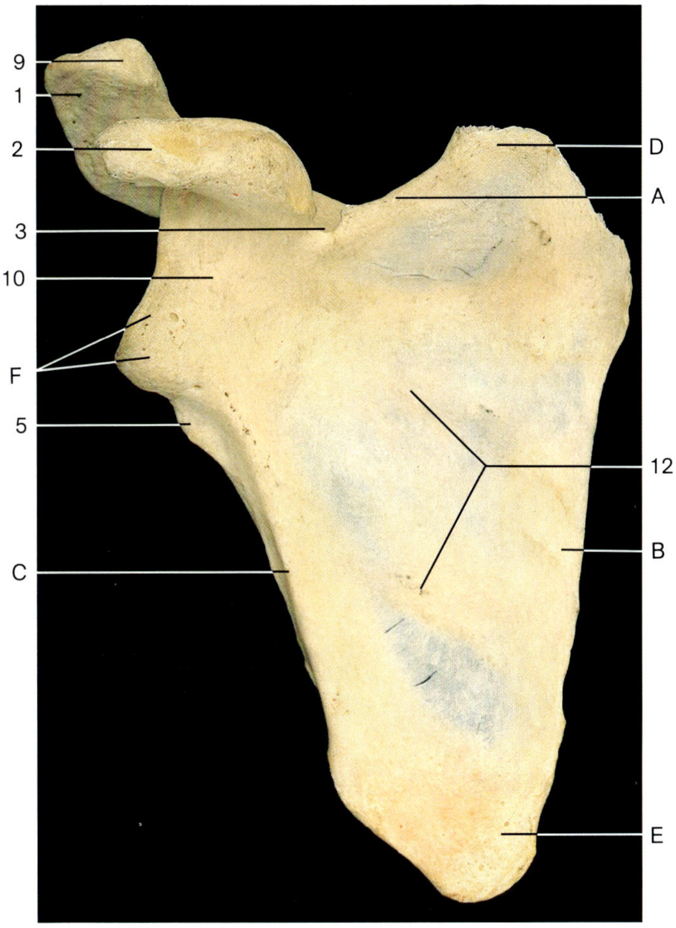

Scapula dext. (ventrale, kostale Fläche).

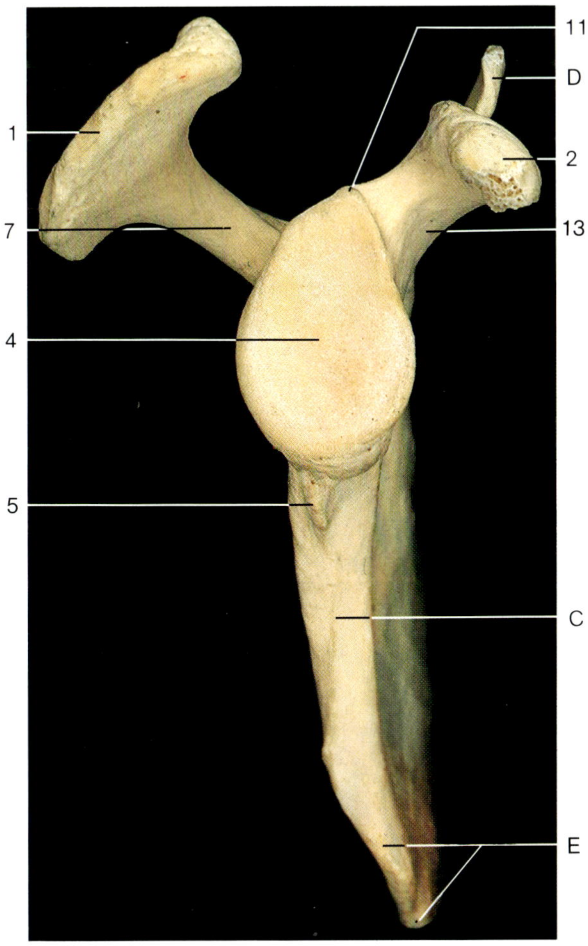

Scapula dext. (von lateral).

Scapula

A Margo superior
B Margo medialis
C Margo lateralis
D Angulus superior
E Angulus inferior
F Angulus lateralis

1 Acromion
2 Processus coracoideus
3 Incisura scapulae
4 Cavitas glenoidalis
5 Tuberculum infraglenoidale
6 Fossa supraspinata
7 Spina scapulae
8 Fossa infraspinata
9 Facies articularis acromii
10 Collum scapulae
11 Tuberculum supraglenoidale
12 Facies costalis scapulae
13 Basis des Proc. coracoideus

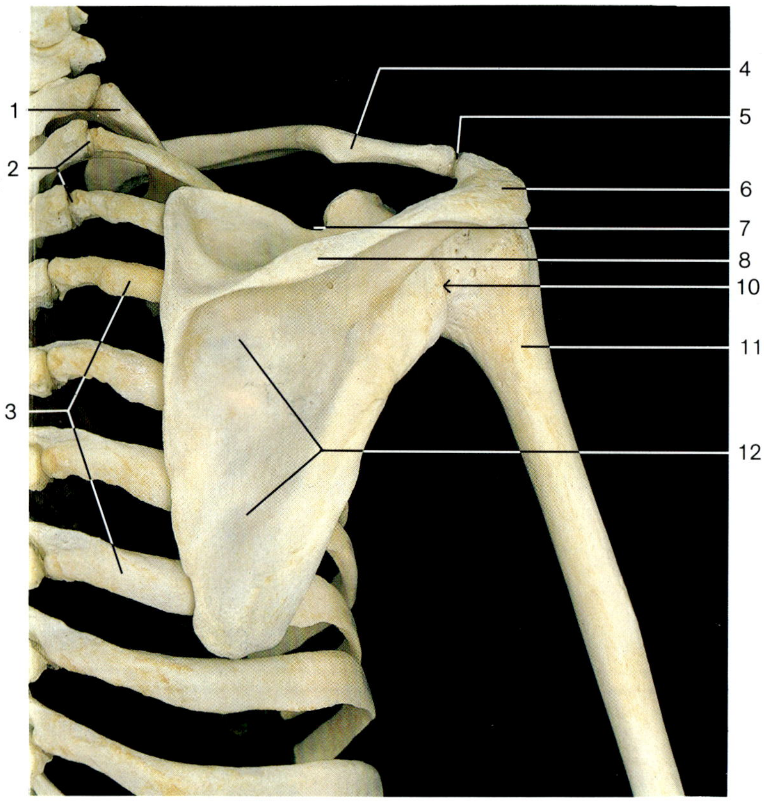

1 Erste Rippe
2 Lage der Articulationes costotransversariae
3 Vierte bis siebte Rippe
4 Clavicula
5 Lage der Articulatio acromioclavicularis
6 Acromion
7 Incisura scapulae
8 Spina scapulae
9 Caput humeri
10 Cavitas glenoidalis
11 Collum chirurgicum
12 Fossa infraspinata
13 Processus coracoideus
14 Tuberculum infraglenoidale
15 Tuberculum majus humeri
16 Collum anatomicum

Schultergürtel, Gelenkkörper des Schultergelenkes (von dorsal).

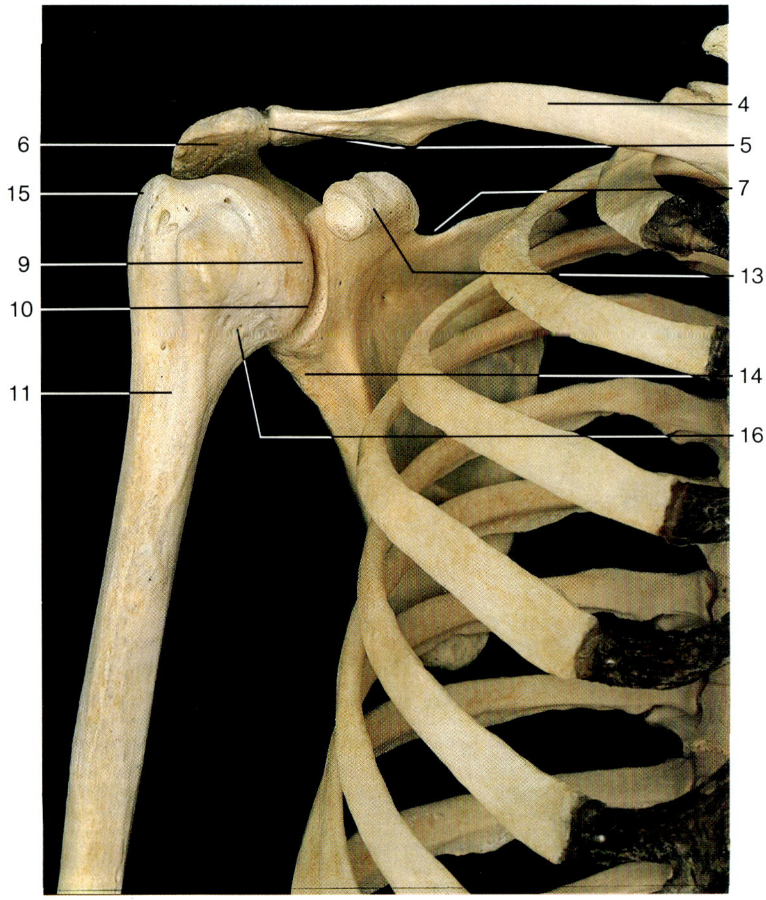

Schultergürtel, Gelenkkörper des Schultergelenkes (von ventral).

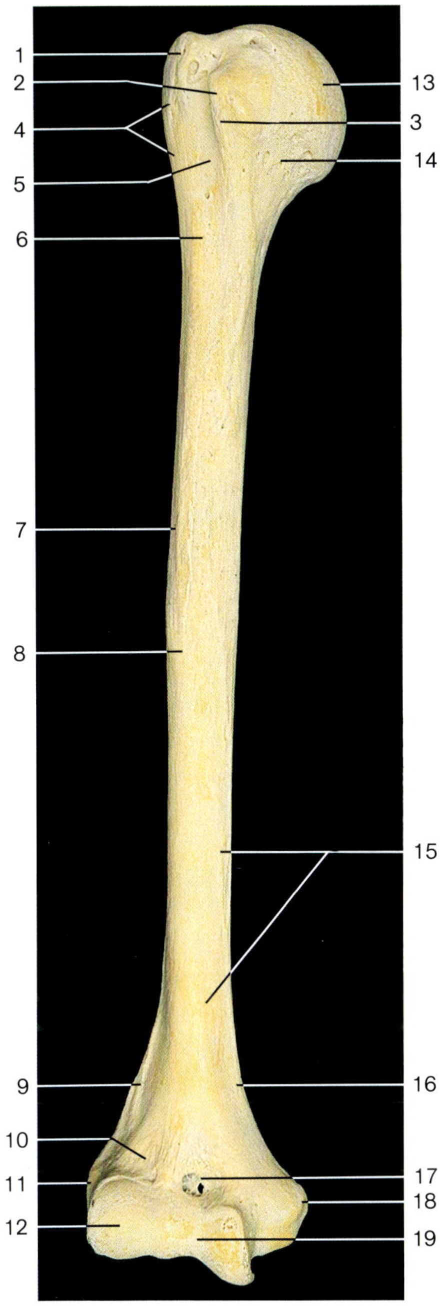

Humerus dext. (von vorne).

Humerus dext. (von medial).

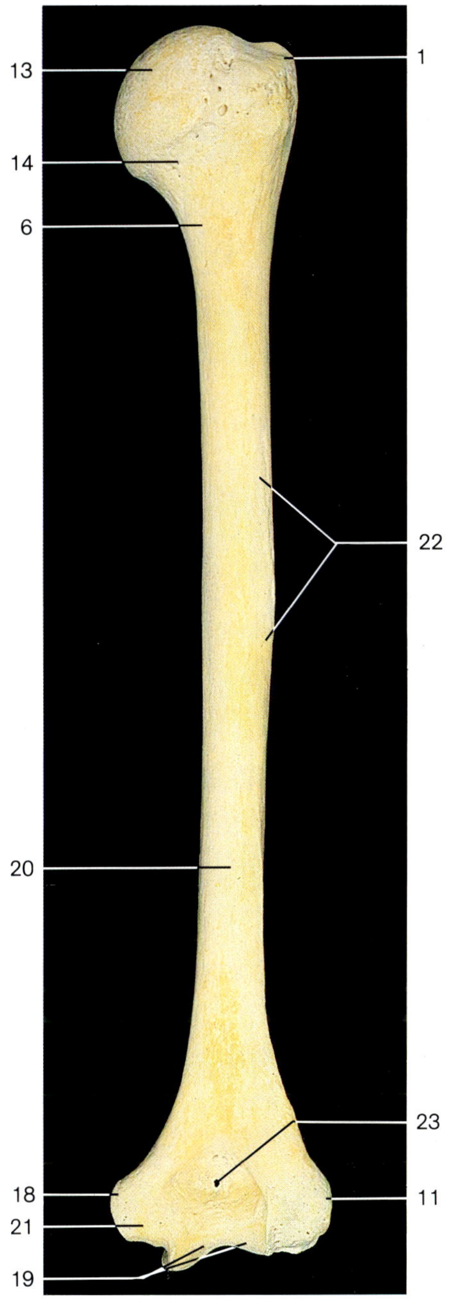

Humerus dext. (von dorsal).

Humerus

1 Tuberculum majus
2 Tuberculum minus
3 Crista tuberculi minoris
4 Crista tuberculi majoris
5 Sulcus intertubercularis
6 Collum chirurgicum
7 Tuberositas deltoidea
8 Facies ant. lat. humeri
9 Margo lat.
10 Fossa radialis
11 Epicondylus lateralis humeri
12 Capitulum humeri
13 Caput humeri
14 Collum anatomicum
15 Facies ant. med. humeri
16 Margo med.
17 Fossa coronoidea
18 Epicondylus med. humeri
19 Trochlea humeri
20 Facies post. humeri
21 Sulcus n. ulnaris
22 Sulcus n. radialis
23 Fossa olecrani

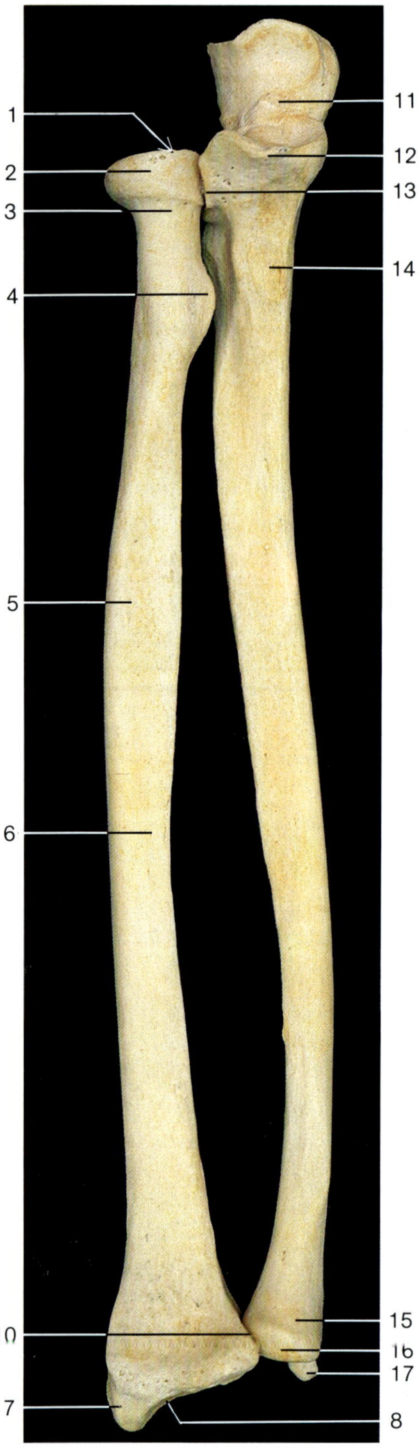

Unterarmknochen, rechts, Radius und Ulna (von vorne).

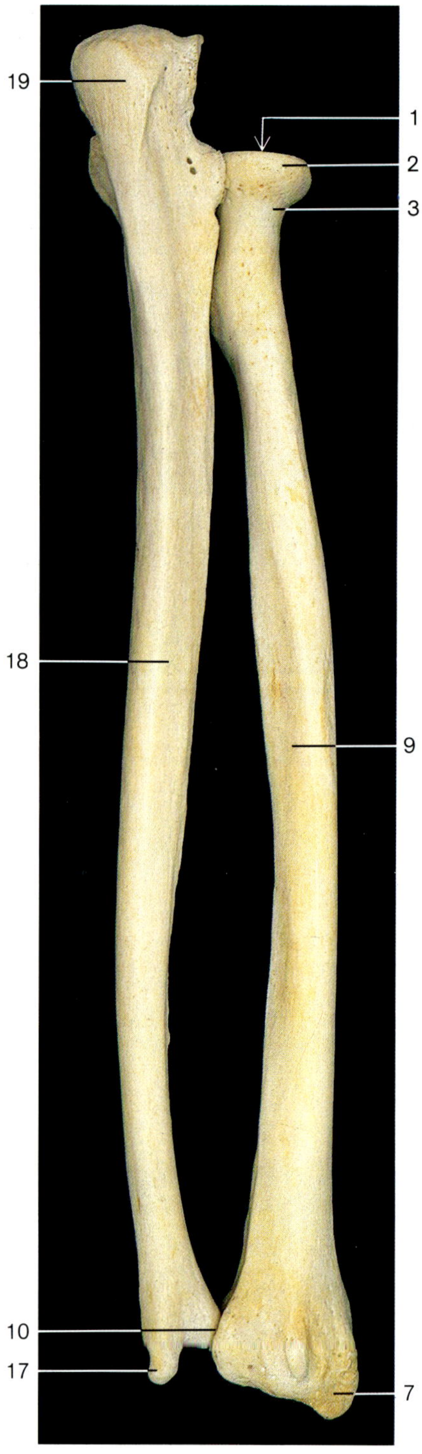

Unterarmknochen, rechts, Radius und Ulna (von hinten).

Radius
1 Caput radii mit Fovea capitis
2 Circumferentia articularis radii
3 Collum radii
4 Tuberositas radii
5 Corpus radii
6 Facies ant. radii
7 Processus styloideus radii
8 Facies articularis carpea
9 Facies post. radii
10 Incisura ulnaris radii

Ulna
11 Incisura trochlearis
12 Processus coronoideus
13 Incisura radialis ulnae
14 Tuberositas ulnae
15 Caput ulnae
16 Circumferentia articularis ulnae
17 Processus styloideus ulnae
18 Facies post. ulnae
19 Olecranon

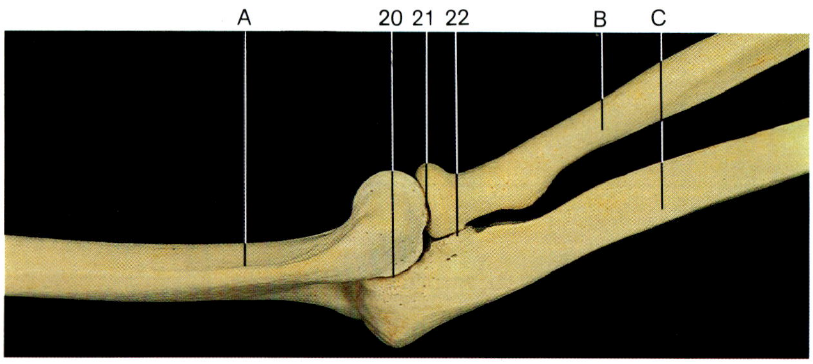

Gelenkkörper des rechten Ellenbogengelenkes (von lateral).

Ellenbogengelenk (Lokalisation der Teilgelenke der Articulatio cubiti).

20 Articulatio humeroulnaris
21 Articulatio humeroradialis
22 Articulatio radioulnaris proximalis

A Humerus
B Radius
C Ulna

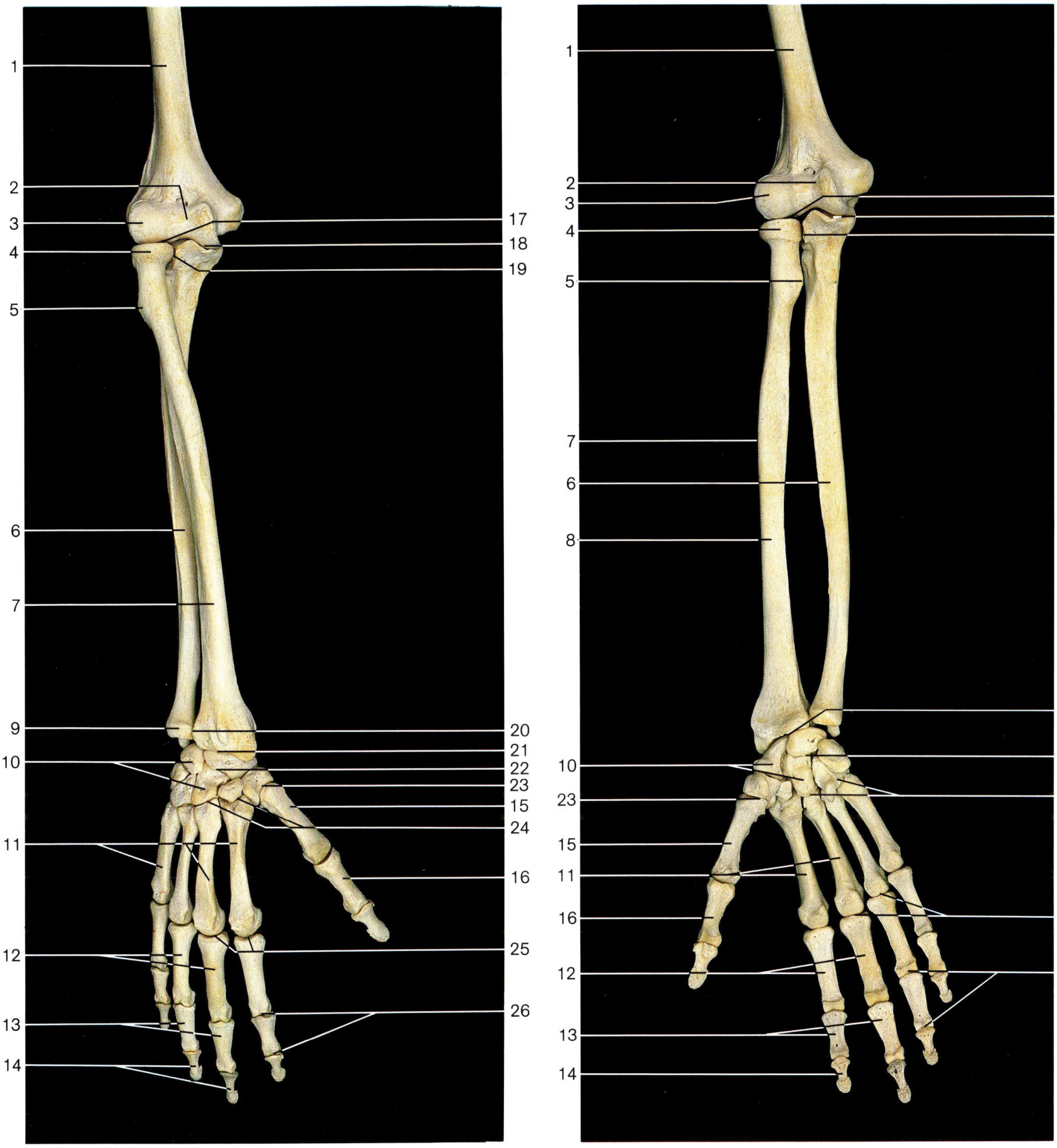

Unterarmknochen mit Hand in Pronationsstellung (links) **und Supinationsstellung** (rechts).

1 Humerus
2 Trochlea humeri
3 Capitulum humeri
4 Circumferentia articularis radii
5 Tuberositas radii
6 Ulna (facies ant.)
7 Radius (facies post.)
8 Radius (facies ant.)
9 Circumferentia articularis ulnae
10 Carpus (Ossa carpi)

11 Metacarpus (Ossa metacarpalia)
12 Phalanges proximales
13 Phalanges mediae
14 Phalanges distales
15 Os metacarpale I
16 Phalanx proximalis pollicis

Gelenke von Unterarm und Hand (Lokalisation)

17 Articulatio humeroradialis
18 Articulatio humeroulnaris
19 Articulatio radioulnaris proximalis
20 Articulatio radioulnaris distalis
21 Articulatio radiocarpea
22 Articulatio mediocarpea
23 Articulatio carpometacarpea pollicis
24 Articulationes carpometacarpeae
25 Articulationes metacarpophalangeae
26 Articulationes interphalangeae manus

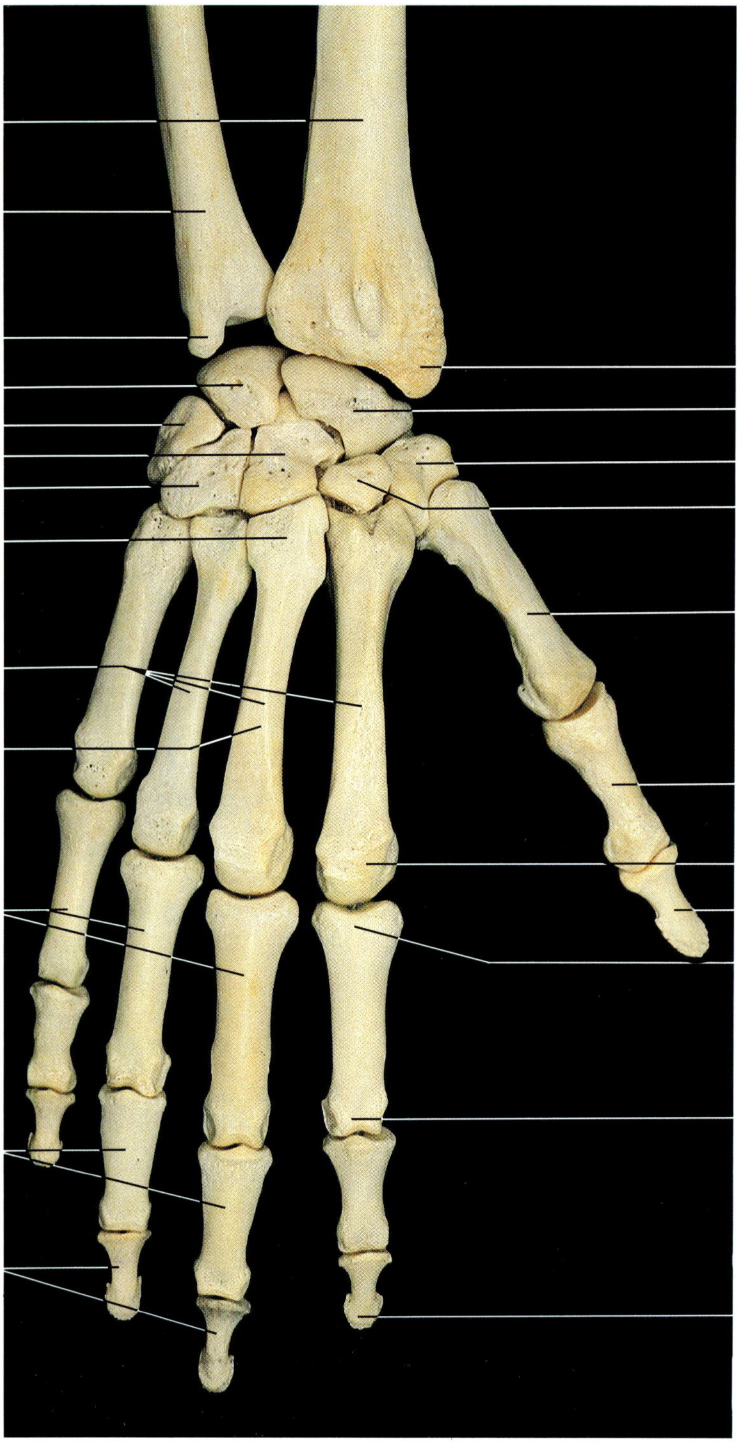

Skelett von Unterarm und Hand (rechts, von dorsal).

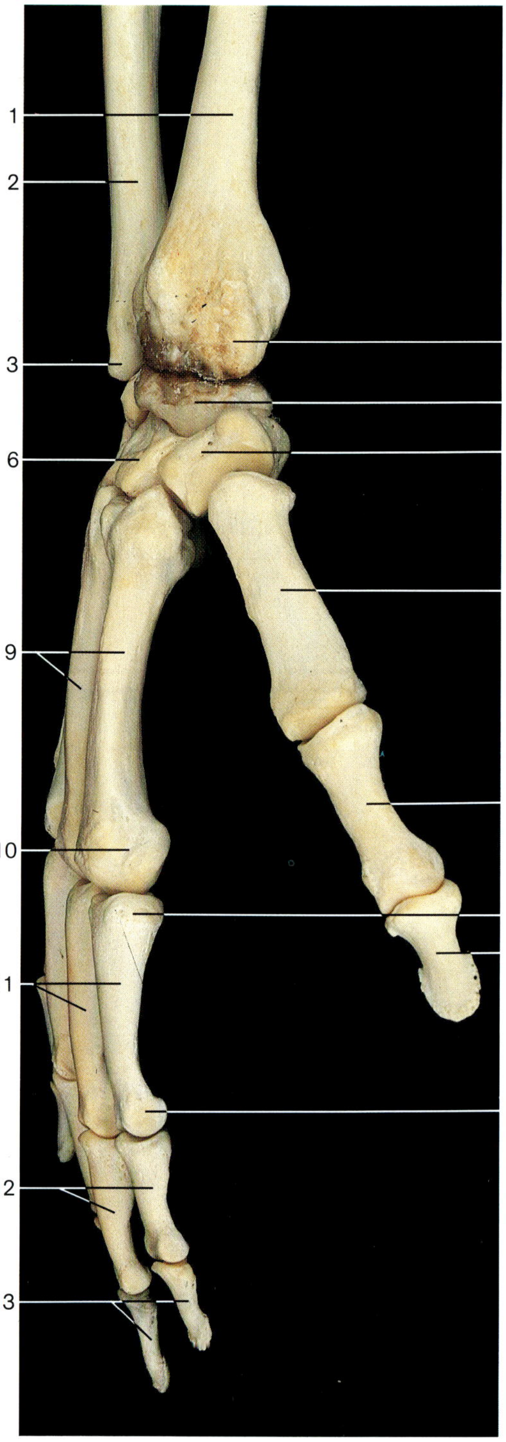

Skelett von Unterarm und Hand (rechts, Seitenansicht).

1 Radius
2 Ulna
3 Processus styloideus ulnae
4 Os lunatum } Ossa carpi
5 Os triquetrum } Ossa carpi
6 Os capitatum } Ossa carpi
7 Os hamatum } Ossa carpi
8 Basis ossis metacarpalis III
9 Ossa metacarpalia
10 Caput ossis metacarpalis
11 Phalanges proximales manus
12 Phalanges mediae
13 Phalanges distales
14 Processus styloideus radii
15 Os scaphoideum } Ossa carpi
16 Os trapezium } Ossa carpi
17 Os trapezoideum } Ossa carpi
18 Os metacarpale I
19 Phalanx proximalis pollicis
20 Phalanx distalis pollicis
21 Basis phalangis II
22 Caput phalangis II
23 Tuberositas phalangis distalis
24 Corpus ossis metacarpalis III

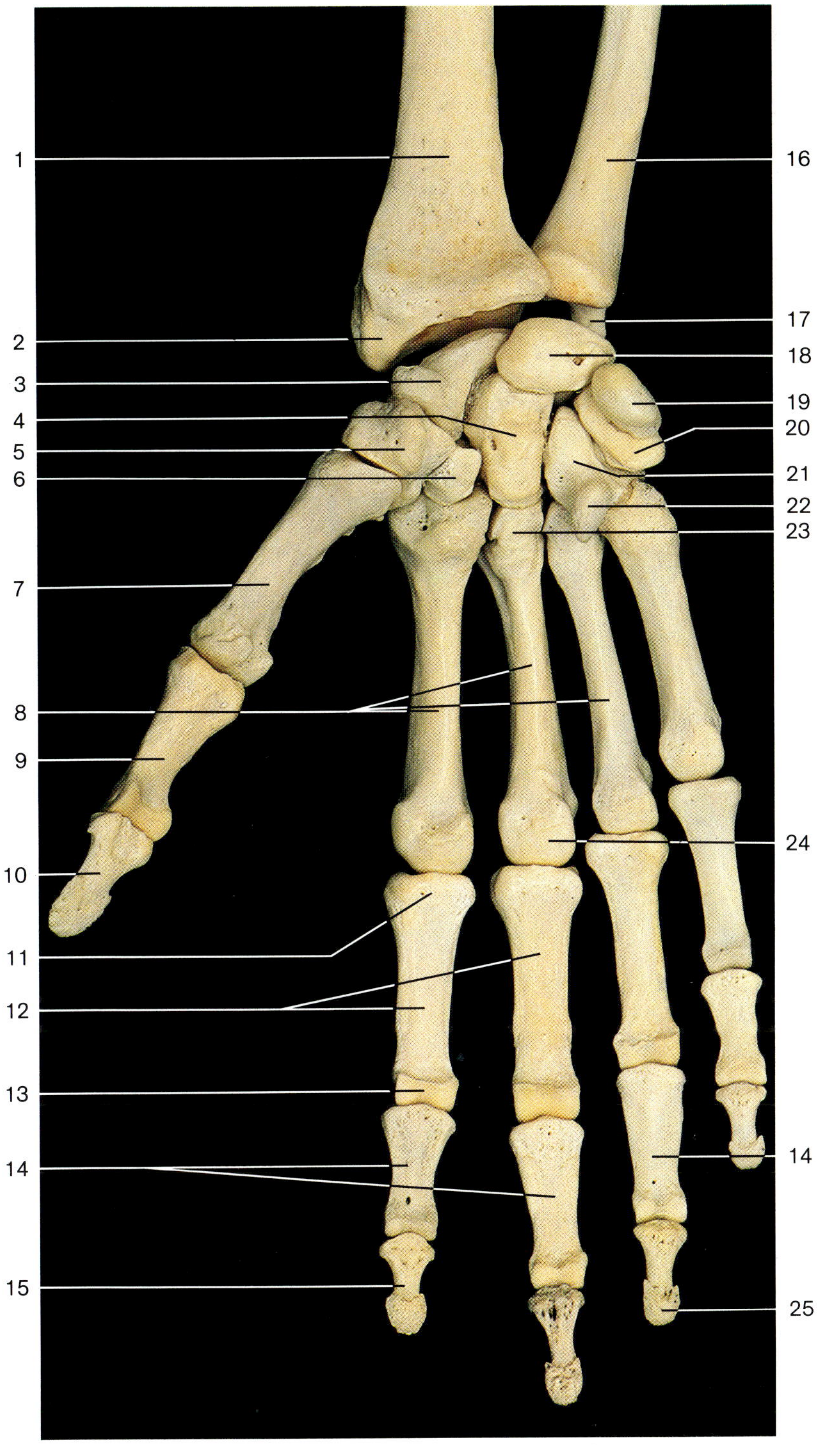

Skelett von Unterarm und Hand (rechts, von palmar).

1 Radius
2 Processus styloideus radii
3 Os scaphoideum } Ossa carpi
4 Os capitatum
5 Os trapezium
6 Os trapezoideum
7 Os metacarpale I
8 Ossa metacarpalia II–IV
9 Phalanx proximalis pollicis
10 Phalanx distalis pollicis
11 Basis phalangis proximalis II
12 Phalanges proximales manus
13 Caput phalangis proximalis II
14 Phalanges mediae
15 Phalanx distalis
16 Ulna
17 Processus styloideus ulnae
18 Os lunatum } Ossa carpi
19 Os pisiforme
20 Os triquetrum
21 Os hamatum
22 Hamulus ossis hamati
23 Basis ossis metacarpalis III
24 Caput ossis metacarpalis III
25 Tuberositas phalangis distalis

Articulatio sternoclavicularis (von ventral). Links: geschlossen; rechts: eröffnet.

1 Infrahyale Muskulatur
2 Clavicula (extremitas sternalis)
3 M. subclavius
4 Lig. costoclaviculare
5 **Articulatio sternoclavicularis** mit Discus articularis
6 Manubrium sterni
7 Lig. sternoclaviculare ant.
8 Lig. interclaviculare
9 Clavicula (extremitas acromialis)
10 **Articulatio acromioclavicularis**
11 Acromion
12 Sehne des M. supraspinatus (mit der Gelenkkapsel verwachsen)
13 Lig. coracoacromiale
14 Sehne des Caput longum m. bicipitis brachii
15 Sehne des M. subscapularis (mit der Gelenkkapsel verwachsen)
16 Sulcus intertubercularis
17 Capsula articularis des Schultergelenkes
18 Humerus
19 Lig. trapezoideum
20 Proc. coracoideus
21 Labrum glenoidale
22 **Articulatio humeri** (Gelenkhöhle des Schultergelenkes)
23 Scapula
24 M. supraspinatus
25 Cavitas glenoidalis (Gelenkknorpel)
26 Sehne des Caput longum m. tricipitis brachii
27 Caput humeri (Gelenkknorpel)
28 Epiphysenfuge

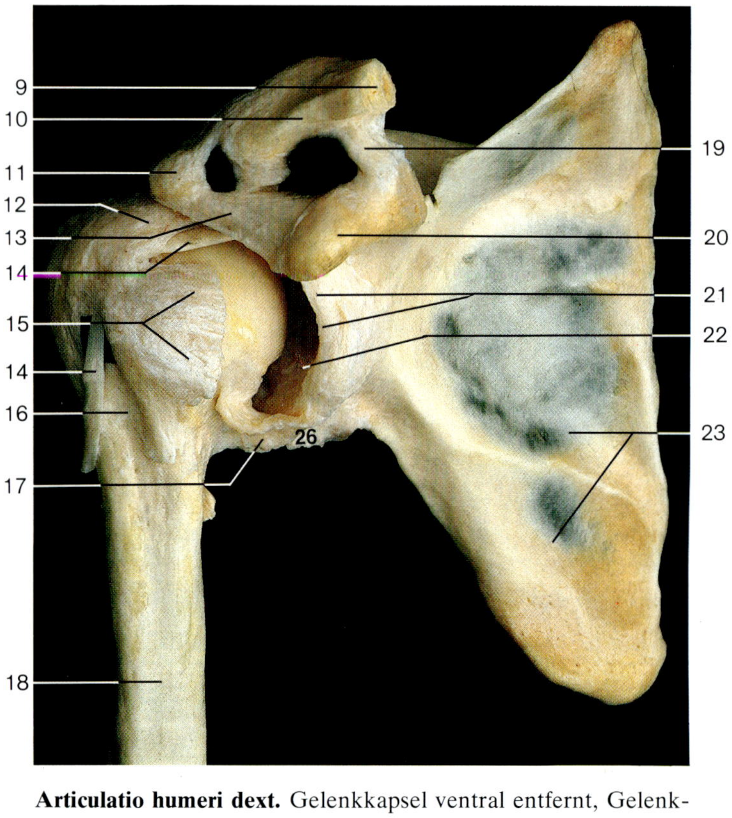

Articulatio humeri dext. Gelenkkapsel ventral entfernt, Gelenkkopf leicht nach außen luxiert, um die Gelenkhöhle zu zeigen.

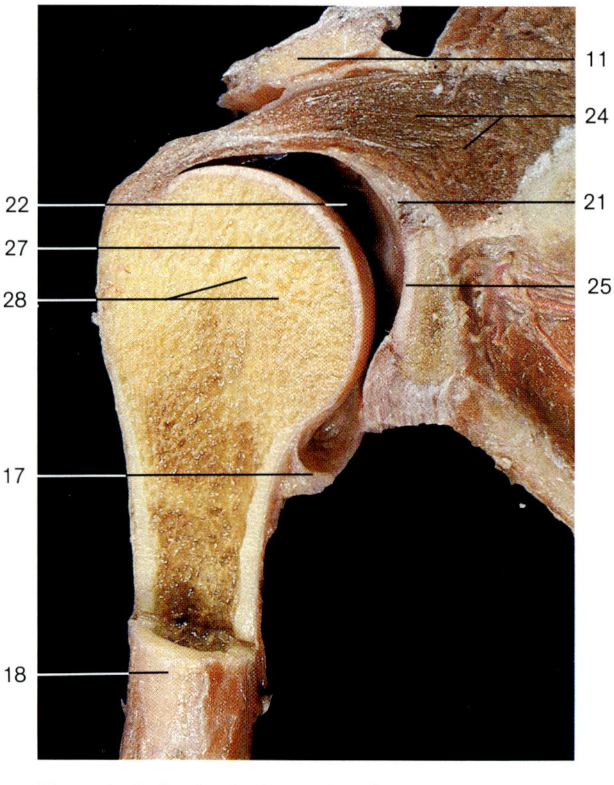

Frontalschnitt durch das rechte Schultergelenk (von vorne).

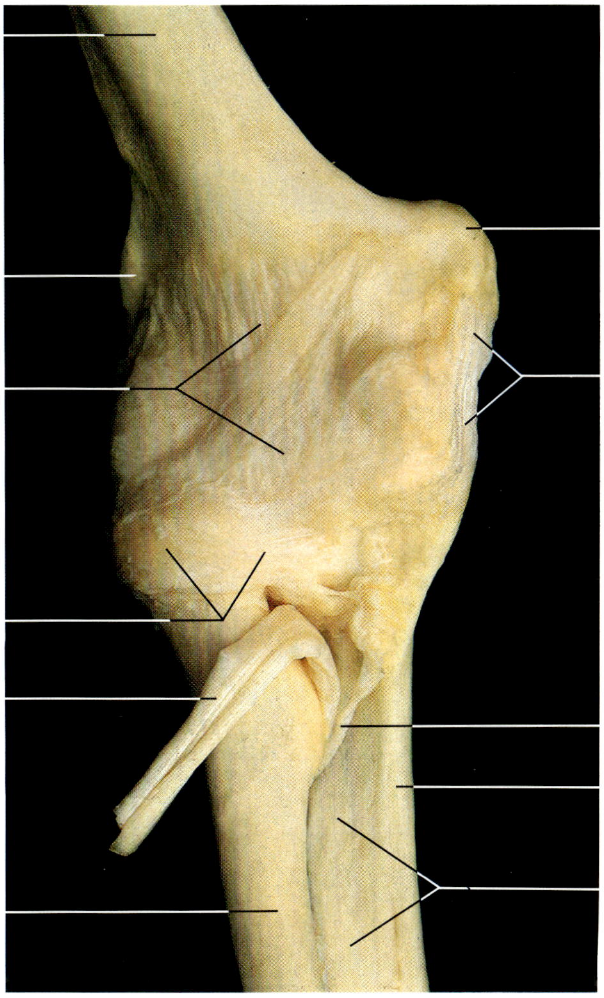

Bandapparat des Ellenbogengelenkes (von ventral).

1 Humerus
2 Epicondylus lat. humeri
3 Capsula articularis
4 Ligamentum anulare radii
5 Radius
6 Sehne des M. biceps brachii
7 Epicondylus med. humeri
8 Ligamentum collaterale ulnare
9 Chorda obliqua
10 Ulna
11 Membrana interossea antebrachii
12 Fossa radialis
13 Capitulum humeri
14 Caput radii
15 Lig. collaterale radiale
16 Fossa coronoidea
17 Trochlea humeri
18 Proc. coronoideus ulnae
19 Olecranon
20 Tuberositas radii

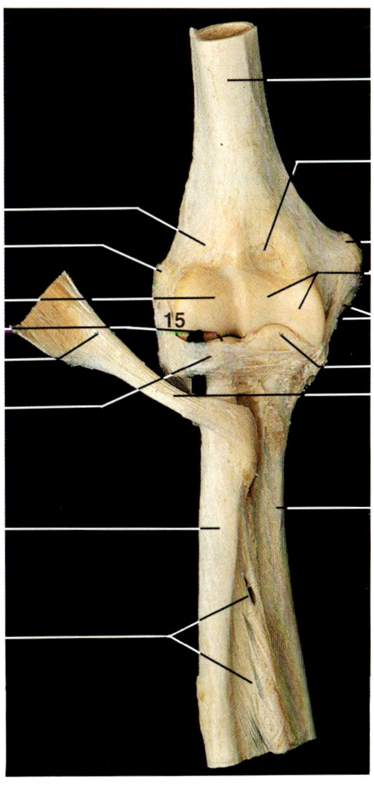

Ellenbogengelenk eröffnet (von vorne). Darstellung des Lig. anulare radii.

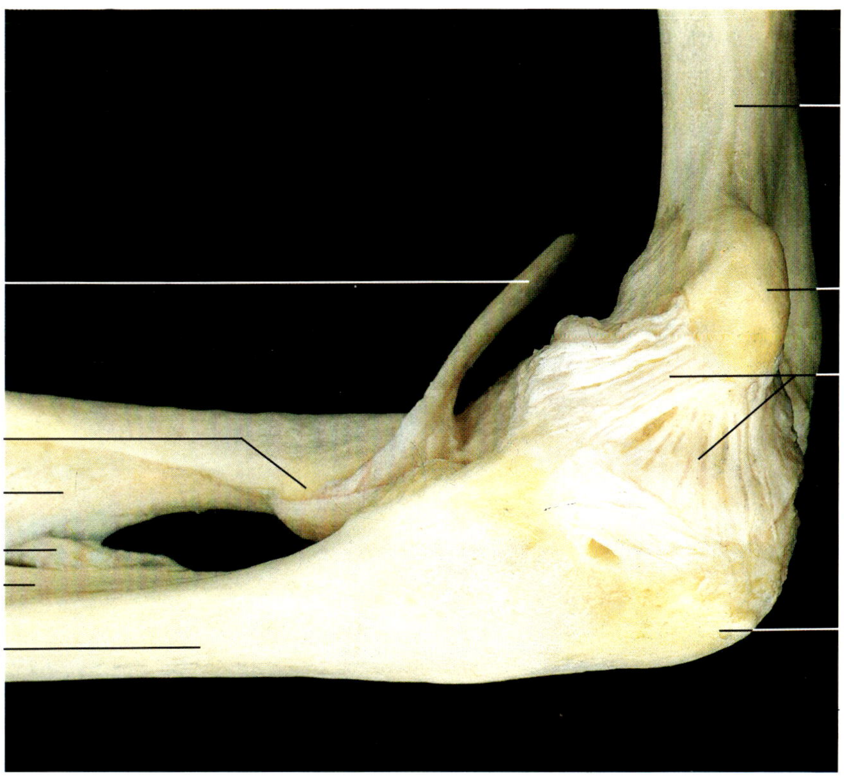

Bandapparat des Ellenbogengelenkes (von medial).

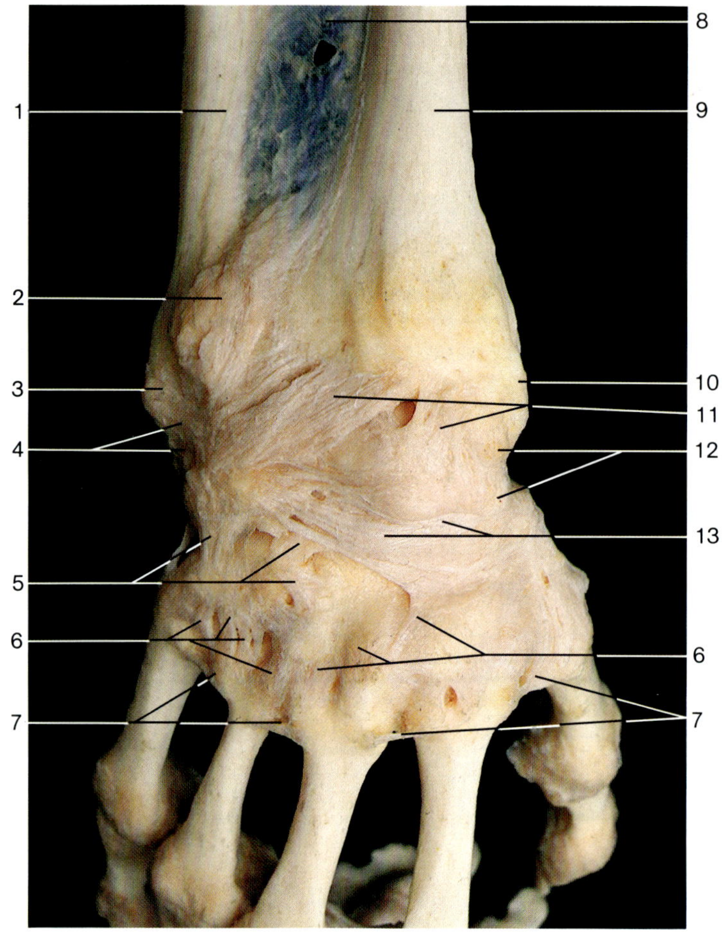

Bandapparat der Hand (von dorsal).

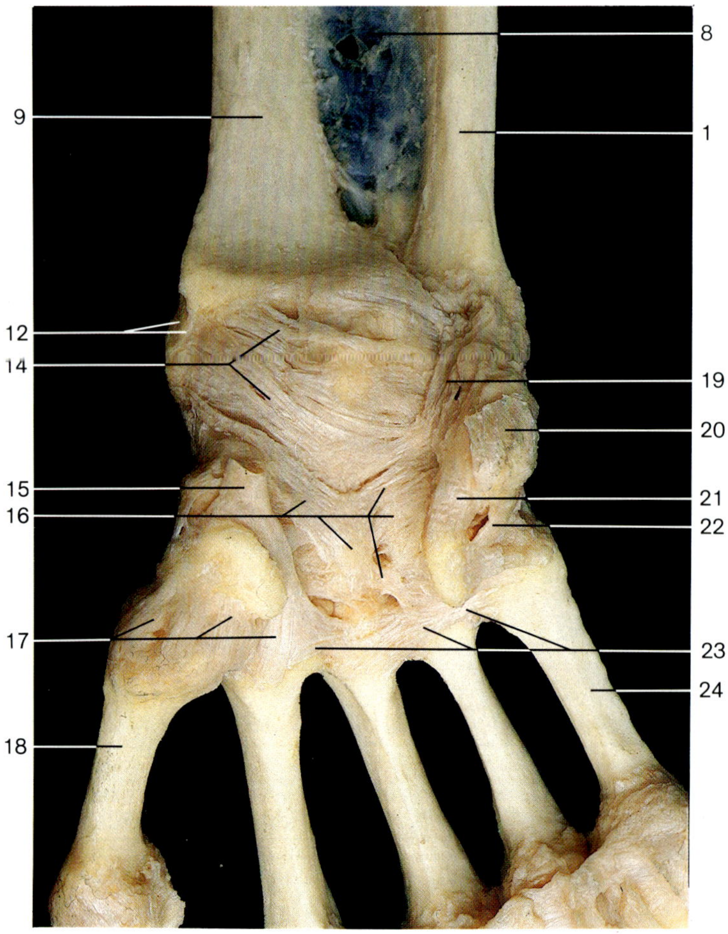

Bandapparat der Hand (von palmar).

1 Ulna
2 Exostose (Var.)
3 Caput ulnae
4 Lig. collaterale carpi ulnare
5 Ligg. carpi dorsalia
6 Ligg. carpometacarpea dorsalia
7 Ligg. metacarpea dorsalia
8 Membrana interossea antebrachii
9 Radius
10 Processus styloideus radii
11 Lig. radiocarpeum dorsale
12 Lig. collaterale carpi radiale
13 Capsula articularis
14 Lig. radiocarpeum palmare
15 Sehne des M. flexor carpi radialis (durchtrennt)
16 Lig. carpi radiatum
17 Ligg. carpometacarpea palmaria
18 Os metacarpale I
19 Lig. ulnocarpeum palmare
20 Sehne des M. flexor carpi ulnaris (durchtrennt)
21 Lig. pisohamatum
22 Lig. pisometacarpeum
23 Ligg. metacarpea palmaria
24 Os metacarpale V

1 Radius
2 Processus styloideus radii
3 Lig. radiocarpeum palmare
4 Sehne des M. flexor carpi radialis
5 Lig. carpi radiatum
6 **Articulatio carpometacarpea pollicis** und Gelenkkapsel
7 Grundgelenk des Daumens **Articulatio metacarpophalangea I** und Gelenkkapsel
8 Ligg. palmaria und Gelenkkapseln der Grundgelenke
9 Ligg. palmaria und Gelenkkapseln der Mittelgelenke
10 Gelenkkapsel der Endgelenke
11 Membrana interossea antebrachii
12 Ulna
13 **Articulatio radioulnaris distalis**
14 Processus styloideus ulnae
15 Lig. ulnocarpeum palmare
16 Os pisiforme mit Sehne des M. flexor carpi ulnaris
17 Lig. pisometacarpeum
18 Lig. pisohamatum
19 Ossa metacarpalia
20 Ligg. metacarpea transversa profunda
21 Extensorensehne mit Dorsalaponeurose und Gelenkkapsel
22 Lig. collaterale vom Mittelgelenk des Zeigefingers
23 Ligg. collateralia der Grundgelenke **(Articulationes metacarpophalangeae)**
24 Os metacarpale II

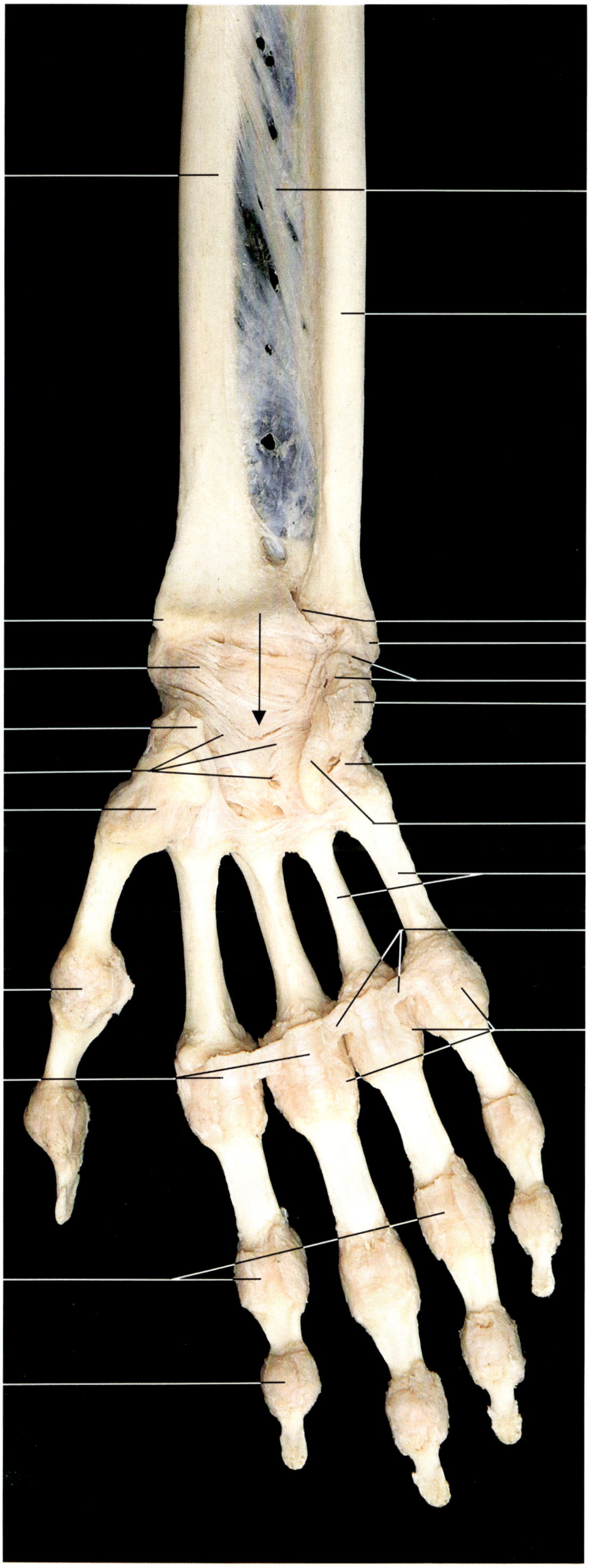

Bandapparat von Unterarm, Hand und Fingern (von palmar). Der Pfeil deutet die Lage des Canalis carpi an.

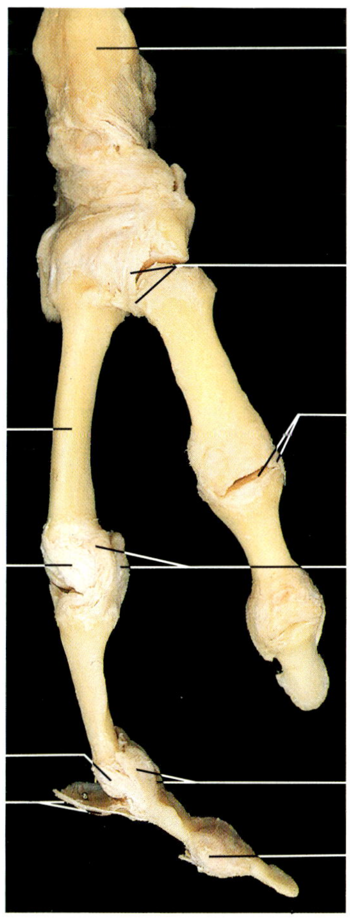

Bandapparat der Finger (Radialansicht).

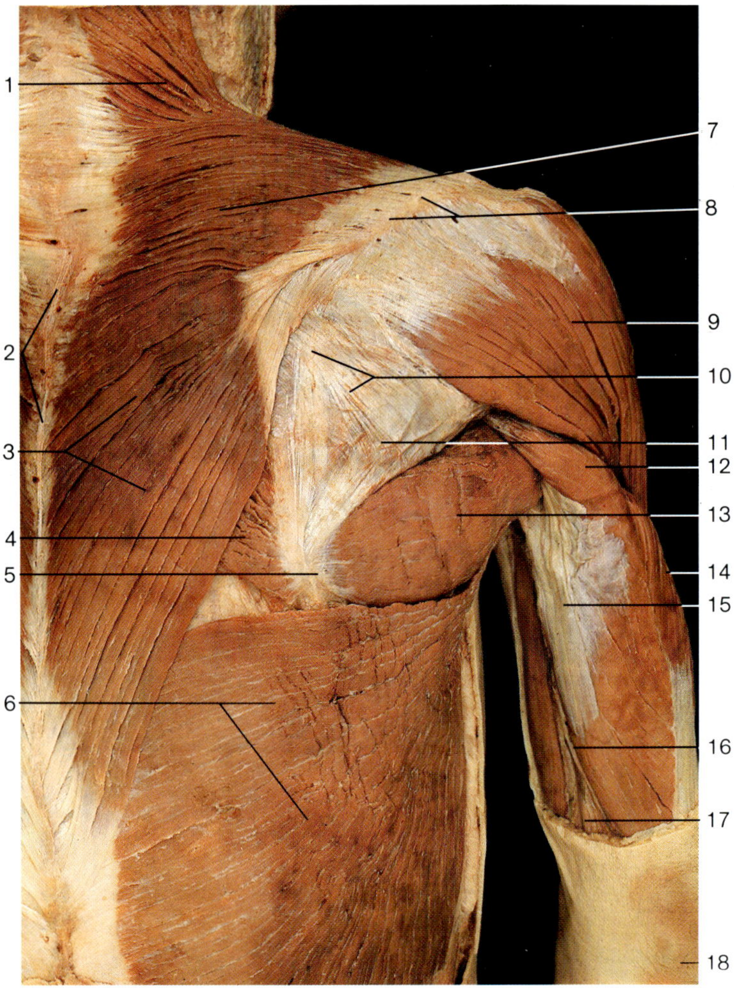

Rechte Schulter- und Oberarmmuskulatur, oberflächliche Schicht (von dorsal).

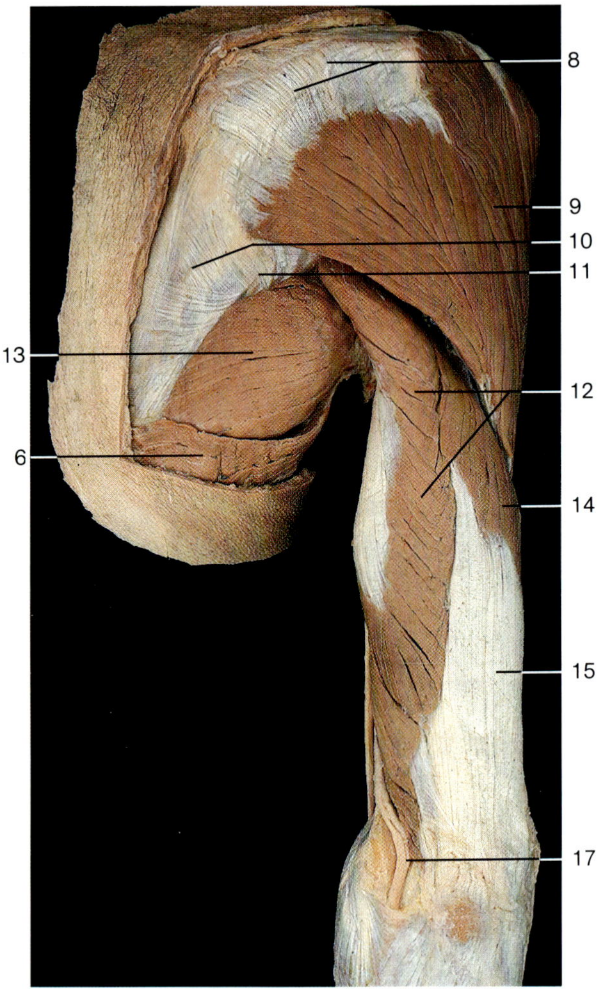

Rechte Oberarmmuskulatur, oberflächliche Schicht (von dorsal).

1 M. trapezius, pars descendens
2 Dornfortsätze der Brustwirbelsäule
3 M. trapezius, pars ascendens
4 M. rhomboideus major
5 Angulus inf. scapulae
6 M. latissimus dorsi
7 M. trapezius, pars transversa
8 Spina scapulae
9 M. deltoideus, pars spinata
10 M. infraspinatus mit Faszie
11 M. teres minor mit Faszie
12 Caput longum m. tricipitis brachii
13 M. teres major
14 Caput lat. m. tricipitis brachii
15 Sehnenplatte des M. triceps brachii
16 Septum intermusculare brachii mediale
17 N. ulnaris
18 Acromion

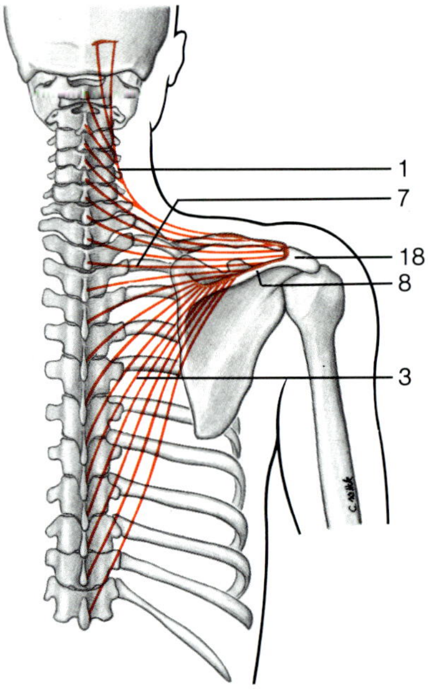

Verlauf des M. trapezius (Schemazeichnung) (W.).

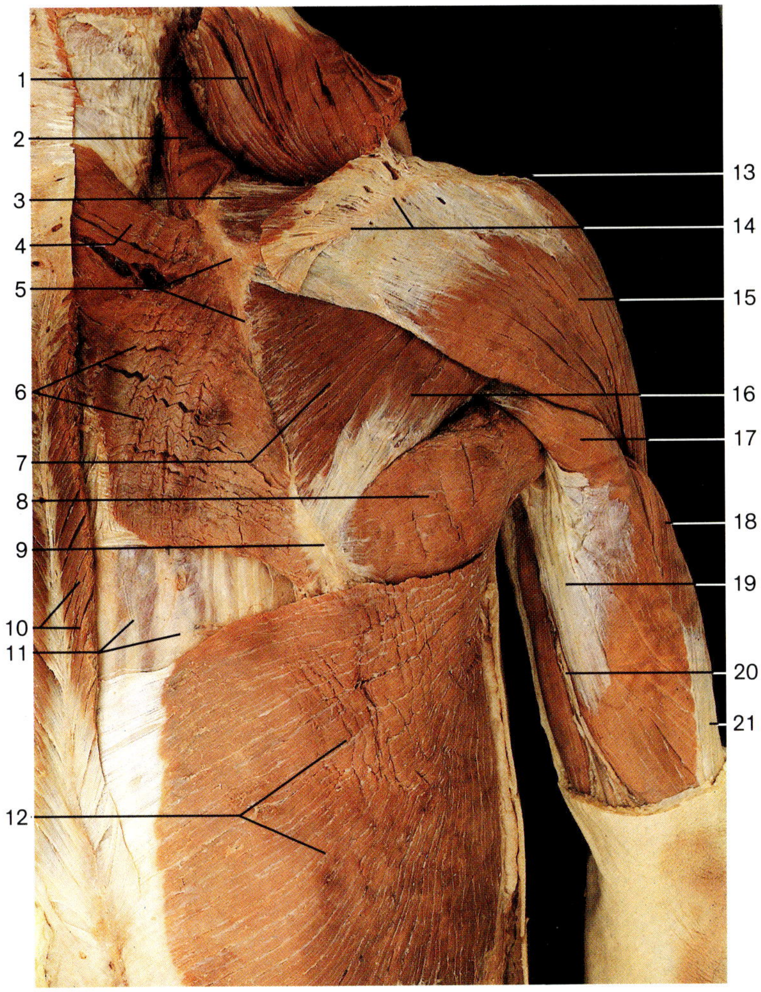

1 M. trapezius (zurückgeklappt)
2 M. levator scapulae
3 M. supraspinatus
4 M. rhomboideus minor
5 Margo medialis scapulae
6 M. rhomboideus major
7 M. infraspinatus
8 M. teres major
9 Angulus inf. scapulae
10 Schnittrand des M. trapezius
11 Autochthone Rückenmuskulatur (M. erector spinae) mit Faszie
12 M. latissimus dorsi
13 Acromion
14 Spina scapulae
15 M. deltoideus
16 M. teres minor
17 Caput longum } m. tricipitis brachii
18 Caput lat. } m. tricipitis brachii
19 Caput med. } m. tricipitis brachii
20 Septum intermusculare brachii med.
21 Sehnenplatte des M. triceps brachii

Schultermuskulatur rechts, tiefe Schicht (von dorsal). Der M. trapezius wurde an der Wirbelsäule durchtrennt und nach oben geklappt.

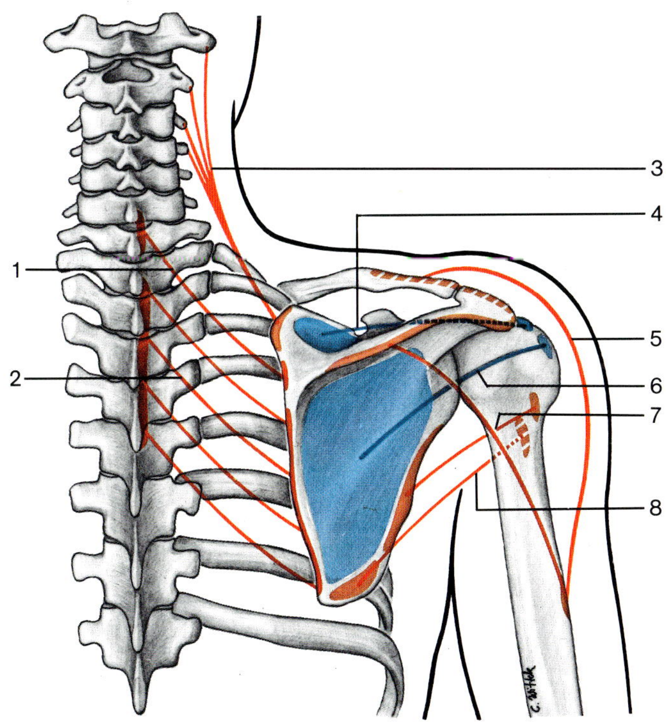

Ursprungs- und Ansatzverhältnisse der dorsalen Schultermuskeln (Schemazeichnung) (W.).

◁
1 M. rhomboideus minor (rot)
2 M. rhomboideus major (rot)
3 M. levator scapulae (rot)
4 M. supraspinatus (blau)
5 M. deltoideus (rot)
6 M. infraspinatus (blau)
7 M. teres minor (rot)
8 M. teres major (rot)

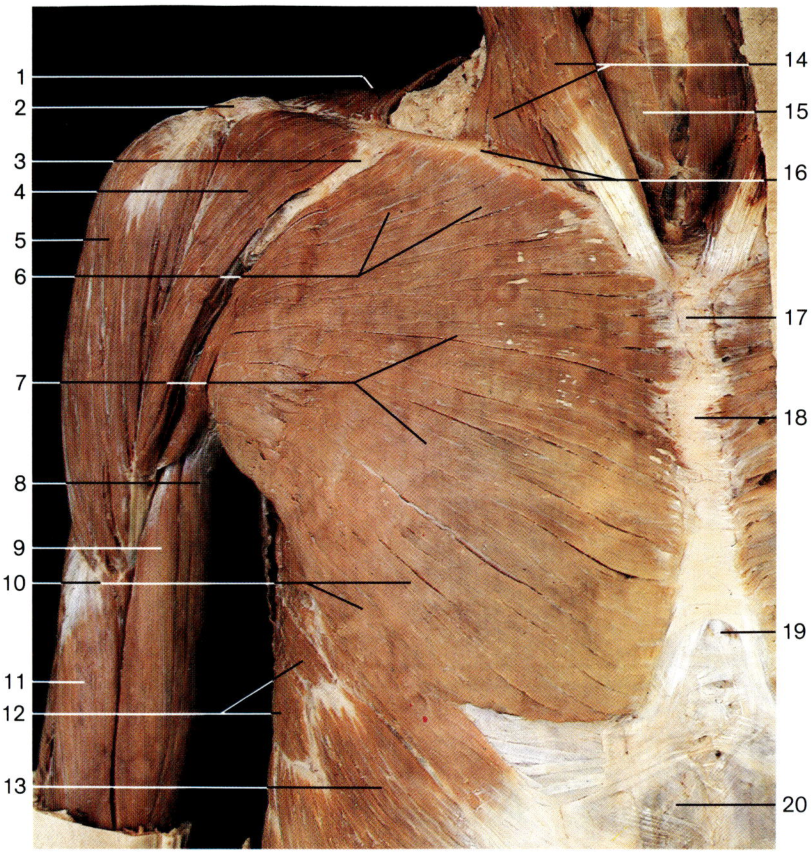

1 M. trapezius
2 Acromion
3 Trigonum deltoideopectorale
4 M. deltoideus, pars clavicularis
5 M. deltoideus, pars acromialis
6 M. pectoralis major, pars clavicularis
7 M. pectoralis major, pars sternocostalis
8 Caput breve m. bicipitis brachii
9 Caput longum m. bicipitis brachii
10 M. pectoralis major, pars abdominalis
11 M. brachialis
12 M. serratus ant.
13 M. obliquus ext. abdominis
14 M. sternocleidomastoideus
15 Infrahyale Muskulatur
16 Clavicula
17 Manubrium sterni
18 Corpus sterni
19 Processus xiphoideus
20 Vorderes Blatt der Rektusscheide

Schulter- und Oberarmmuskulatur, oberflächliche Schicht (von ventral).

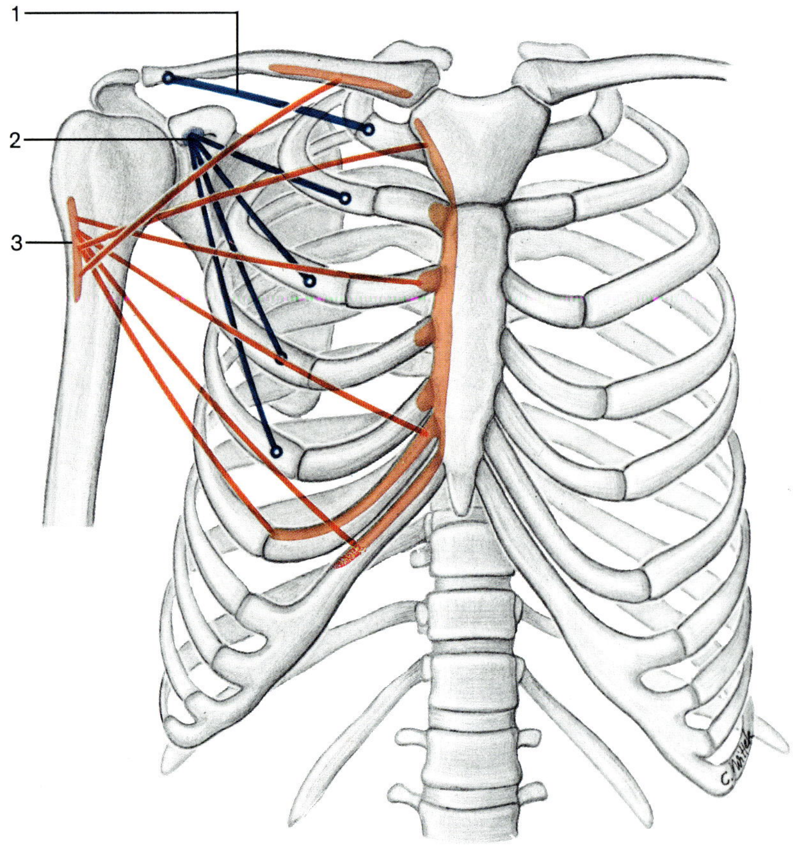

Verlauf der Brustmuskeln in der Ansicht von ventral (Schemazeichnung) (W.).

◁
1 M. subclavius (blau)
2 M. pectoralis minor (blau)
3 M. pectoralis major (rot)

1 Acromion
2 M. deltoideus, pars clavicularis
3 M. pectoralis major (zurückgeklappt)
4 M. coracobrachialis
5 Caput breve m. bicipitis brachii
6 M. deltoideus (Ansatz am Humerus)
7 Caput longum m. bicipitis brachii
8 M. brachialis
9 M. sternocleidomastoideus
10 Clavicula
11 M. subclavius
12 M. pectoralis minor
13 Sternum
14 Dritte Rippe
15 M. pectoralis major (Ursprungfeld am Sternum)
16 M. triceps brachii, caput lat.
17 M. latissimus dorsi
18 M. biceps brachii
19 M. serratus ant.
20 M. obliquus ext. abdominis

Schulter- und Oberarmmuskulatur, tiefe Schicht (von ventrolateral). Darstellung des M. serratus anterior.

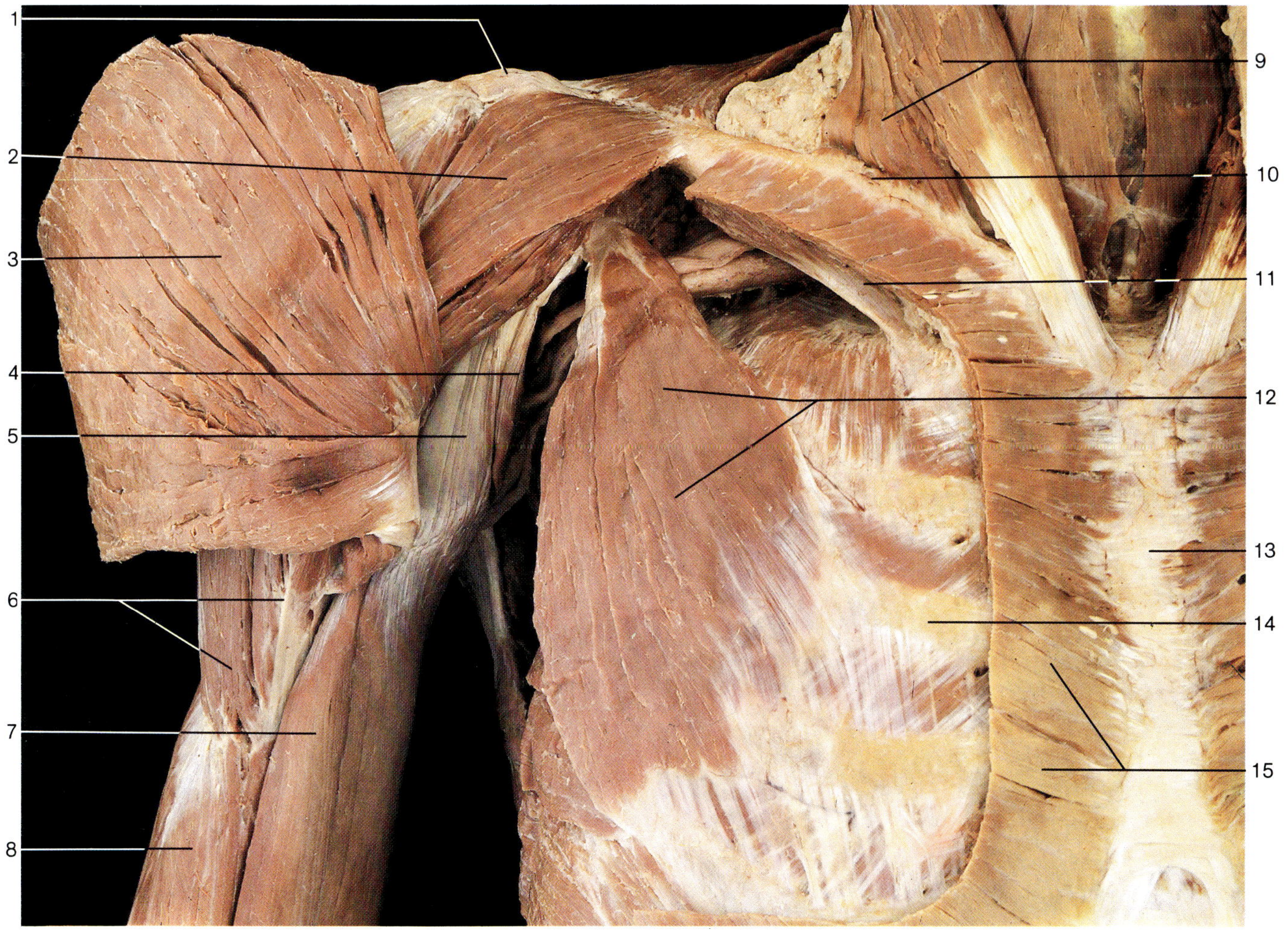

Schulter- und Oberarmmuskulatur, tiefe Schicht (von ventral).

Oberarmmuskulatur, rechts (von lateral).

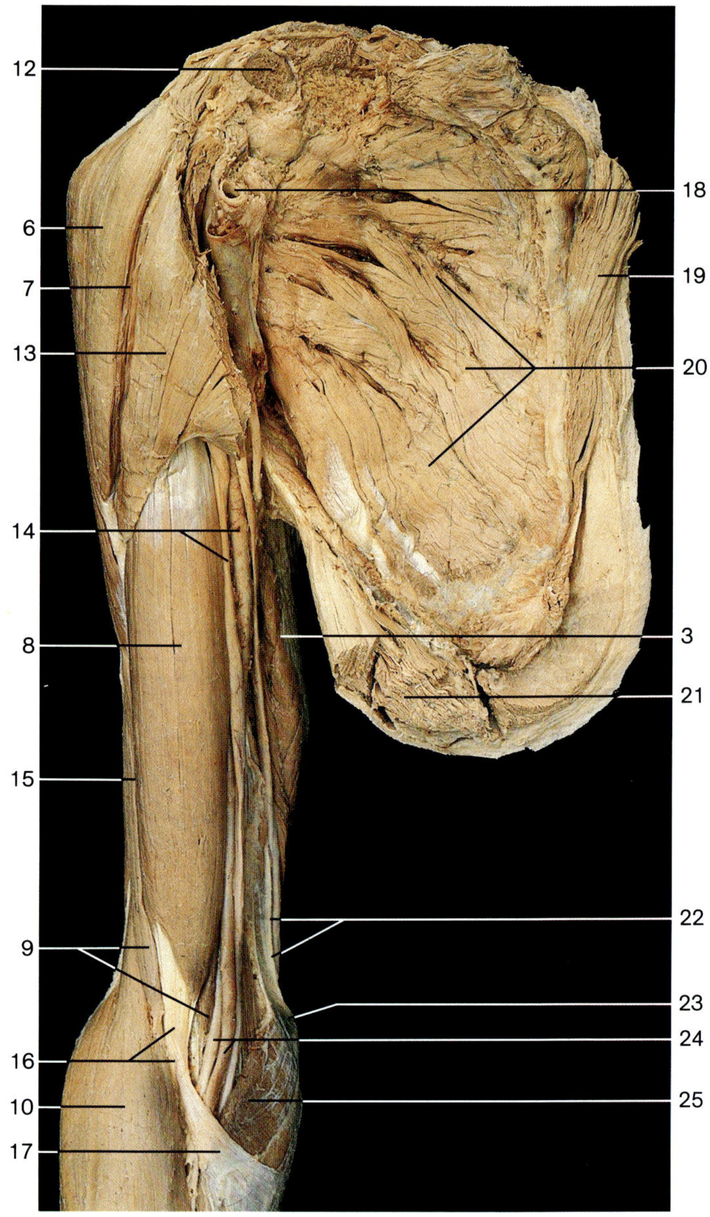

Oberarmmuskulatur, Beugemuskeln (rechter Arm, von ventral). Das Schulterblatt wurde mit der zugehörigen Muskulatur vom Rumpf gelöst.

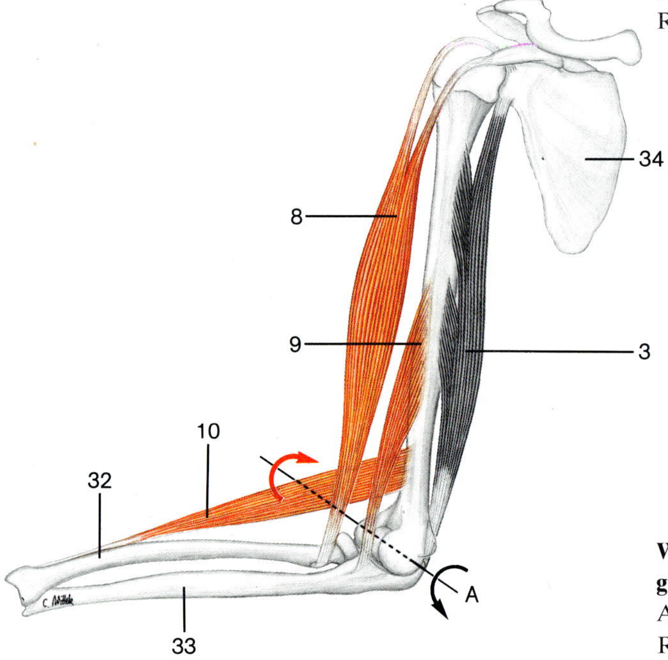

Wirkung der Oberarmbeuger und Strecker auf das Ellenbogengelenk (Schemazeichnung) (W.).
A = Achse für die Beuge- und Streckbewegungen (vgl. Pfeile: Rot = Flexion; schwarz = Extension).

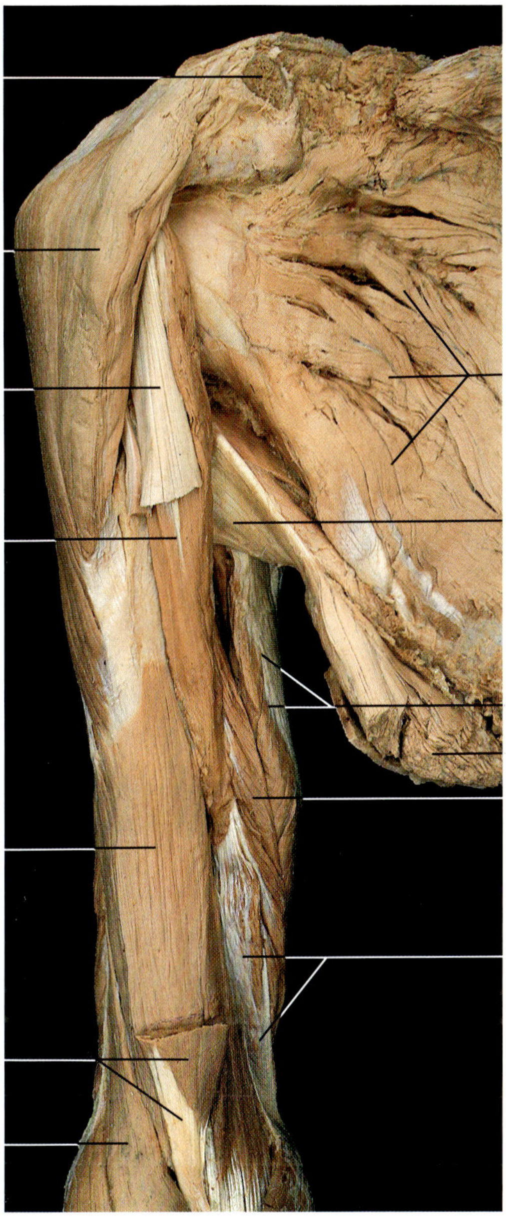

Oberarmmuskulatur, rechts. Dasselbe Präparat wie auf der gegenüberliegenden Seite, jedoch nach teilweiser Entfernung des M. biceps brachii (von ventral).

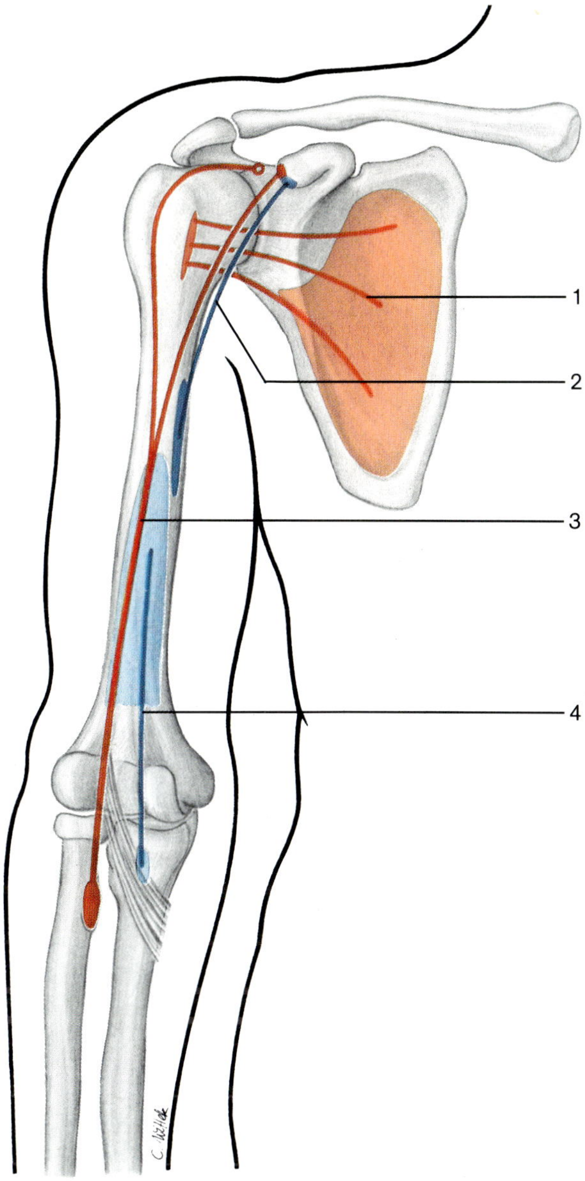

Verlauf der Oberarmbeuger (Schemazeichnung) (W.).

1 M. subscapularis (rot)
2 M. coracobrachialis (blau)
3 M. biceps brachii (rot)
4 M. brachialis (blau)

1 M. deltoideus, pars acromialis
2 M. deltoideus, pars spinata
3 M. triceps brachii
4 Sehnenplatte des M. triceps brachii
5 Olecranon
6 M. deltoideus, pars clavicularis
7 Sulcus deltoideopectoralis
8 M. biceps brachii
9 M. brachialis
10 M. brachioradialis
11 M. extensor carpi radialis longus
12 Clavicula (durchtrennt)
13 M. pectoralis major
14 Gefäßnervenbündel des Oberarms im Sulcus bicipitalis med.
15 Sulcus bicipitalis lat.
16 Tendo m. bicipitis brachii
17 Aponeurosis m. bicipitis brachii
18 A. axillaris
19 M. rhomboideus major
20 M. subscapularis
21 M. latissimus dorsi (durchtrennt)
22 Septum intermusculare brachii med.
23 Epicondylus med. humeri
24 A. brachialis und N. medianus
25 M. pronator teres
26 Sehne des Caput longum m. bicipitis brachii
27 M. coracobrachialis
28 Distaler Abschnitt des M. biceps brachii
29 M. teres major
30 Caput longum m. tricipitis brachii
31 Caput mediale m. tricipitis brachii
32 Radius
33 Ulna
34 Scapula

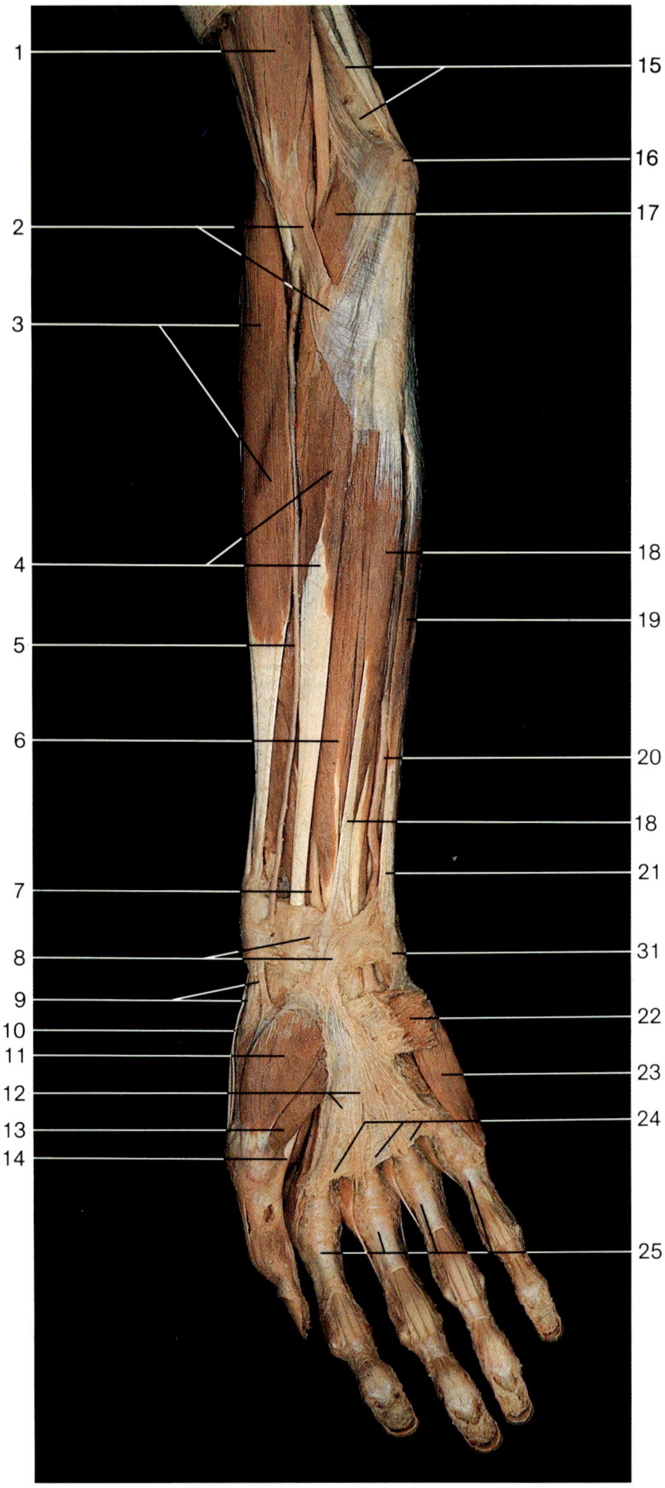

Flexoren des Unterarms, oberflächliche Schicht (von ventral).

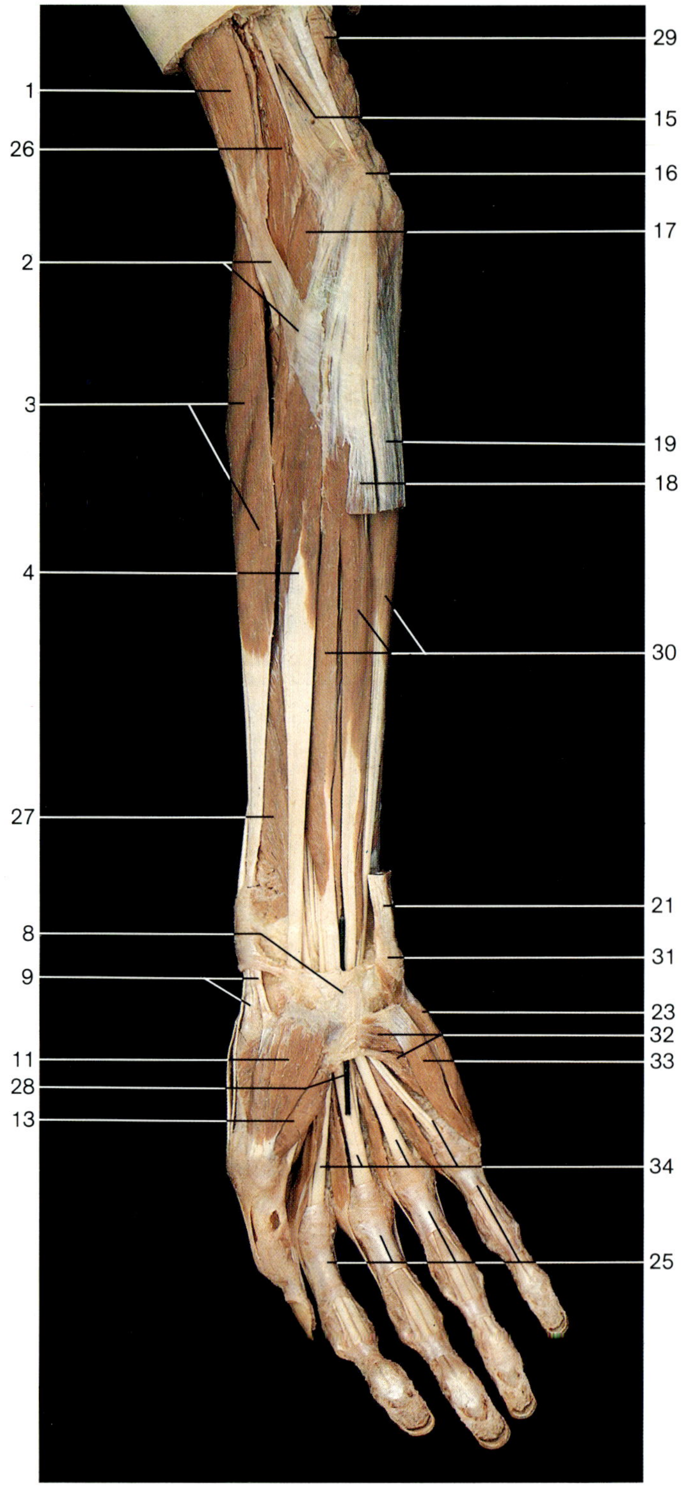

Flexoren des Unterarms, oberflächliche Schicht nach Entfernung von M. palmaris longus und M. flexor carpi ulnaris (von ventral).

1 M. biceps brachii
2 Aponeurosis m. bicipitis brachii (Lacertus fibrosus)
3 M. brachioradialis
4 M. flexor carpi radialis
5 A. radialis
6 M. flexor digitorum superf.
7 N. medianus
8 Retinaculum flexorum
9 Sehne des M. abductor pollicis longus (doppelt, Var.)
10 Sehne des M. extensor pollicis brevis
11 M. abductor pollicis brevis
12 Aponeurosis palmaris
13 M. flexor pollicis brevis, caput superf.
14 Sehne des M. flexor pollicis longus
15 Septum intermusculare brachii med.
16 Epicondylus med. humeri
17 M. pronator teres, caput humerale
18 M. palmaris longus
19 M. flexor carpi ulnaris
20 A. ulnaris
21 Sehne des M. flexor carpi ulnaris
22 M. palmaris brevis

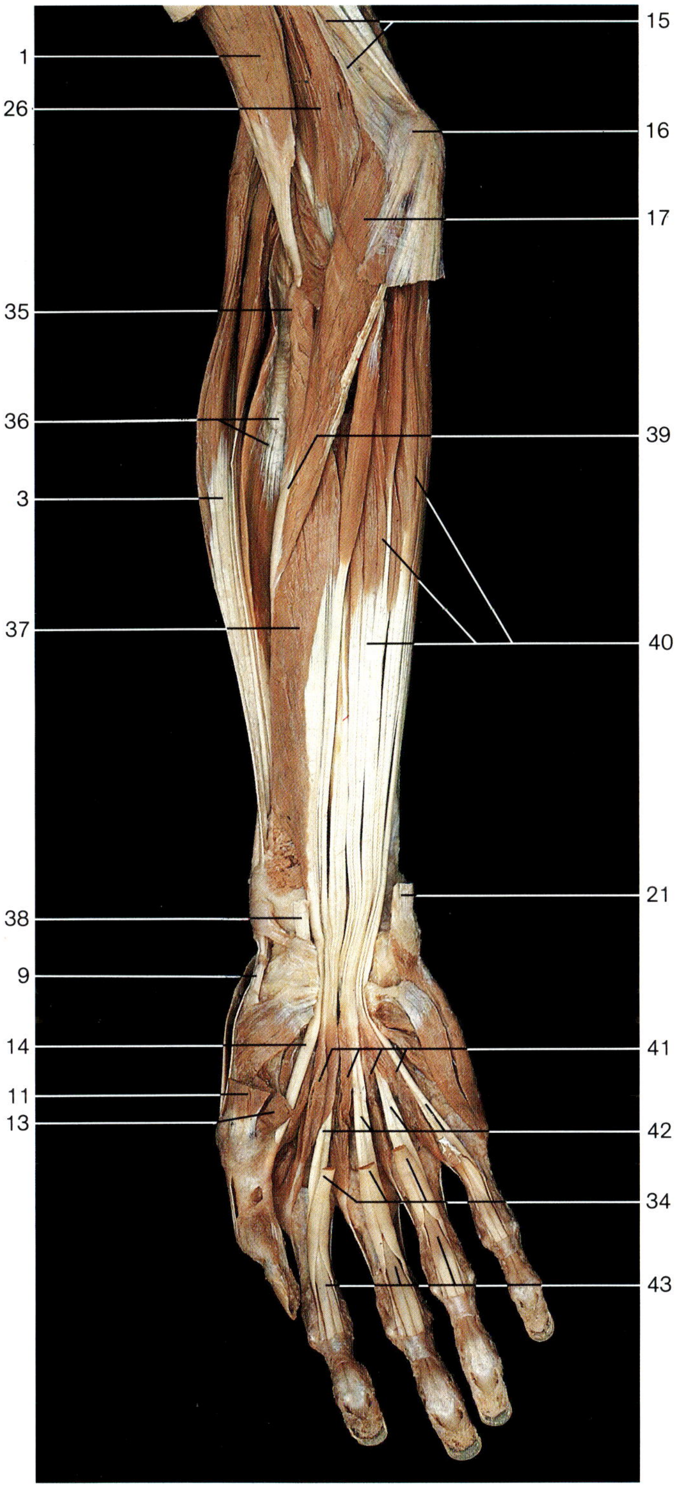

Flexoren des Unterarms, mittlere Schicht (von ventral). M. flexor carpi ulnaris und radialis sowie M. palmaris longus wurden entfernt. Das Retinaculum flexorum wurde durchtrennt.

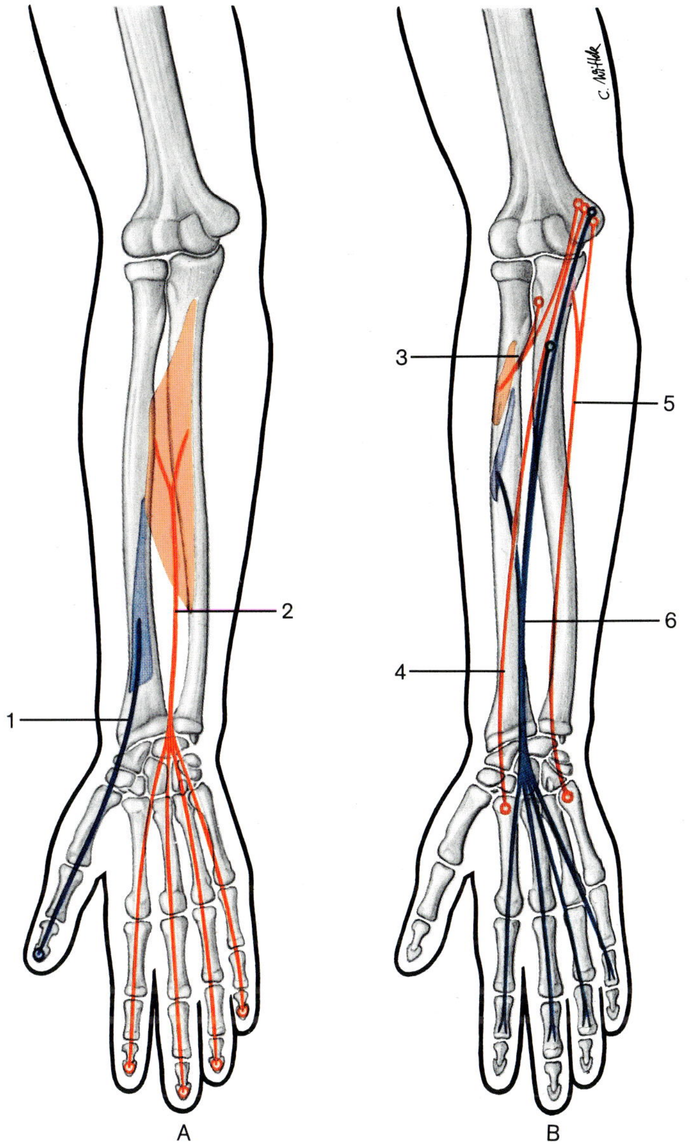

Verlauf der Unterarmbeuger (Schemazeichnung) (W.).

A Tiefe Beuger B Oberflächliche Beuger

1 M. flexor pollicis longus (blau)
2 M. flexor digitorum prof. (rot)
3 M. pronator teres (rot)
4 M. flexor carpi radialis (rot)
5 M. flexor carpi ulnaris (rot)
6 M. flexor digitorum superf. (blau)

23 M. abductor digiti minimi
24 Fasciculi transversi aponeurosis palmaris
25 Proximale Abschnitte der Vaginae fibrosae digitorum manus
26 M. brachialis
27 M. flexor pollicis longus
28 Canalis carpi (Sonde)
29 M. triceps brachii
30 M. flexor digitorum superf.
31 Os pisiforme
32 M. opponens digiti minimi
33 M. flexor digiti minimi
34 Sehnen des M. flexor digitorum superf.
35 M. supinator
36 Radius und M. extensor carpi radialis brevis
37 M. flexor pollicis longus
38 Sehne des M. flexor carpi radialis
39 M. pronator teres (Ansatzsehne am Radius)
40 M. flexor digitorum prof.
41 Mm. lumbricales
42 Sehnen des M. flexor digitorum prof.
43 Sehnen des M. flexor digitorum prof. nach dem Durchtritt durch den Sehnenschlitz der Sehnen des M. flexor digitorum superf.

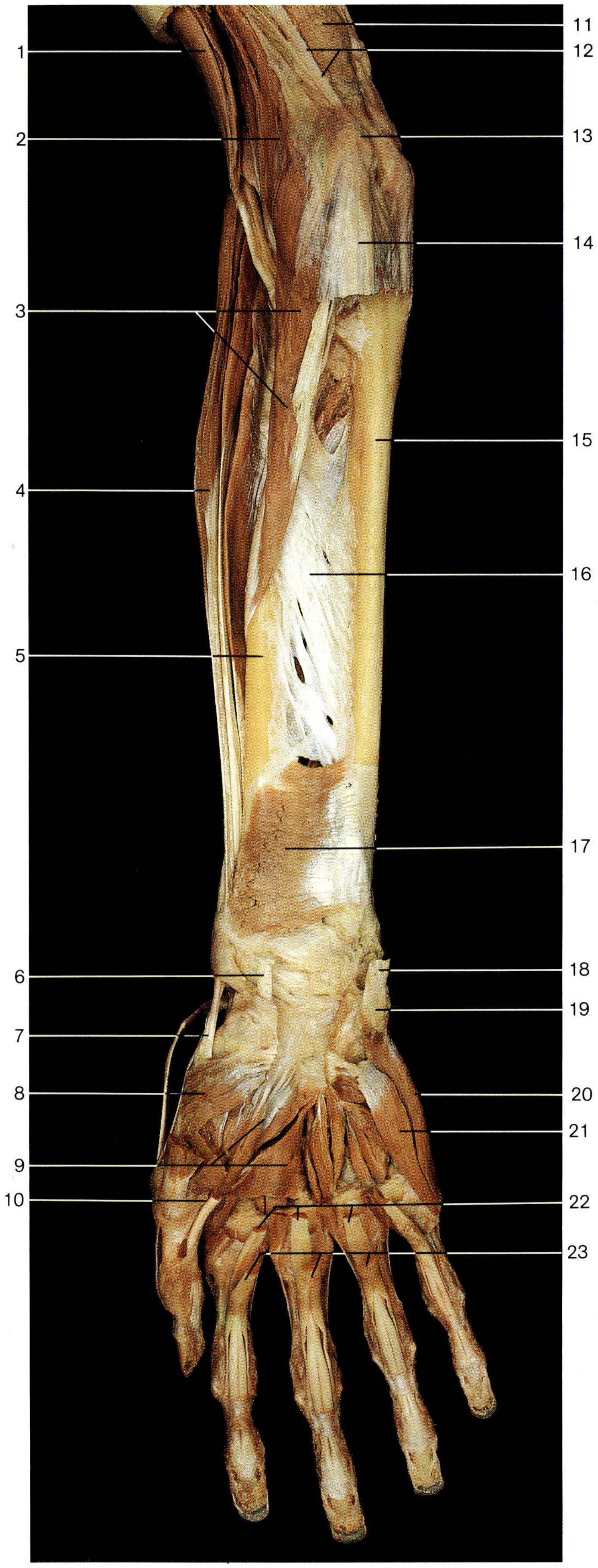

Unterarmmuskulatur, tiefste Schicht (von ventral). Alle Beugemuskeln wurden entfernt, so daß der M. pronator quadratus und die Membrana interossea antebrachii sichtbar geworden sind.

1 M. biceps brachii
2 M. brachialis
3 M. pronator teres
4 M. brachioradialis
5 Radius
6 Sehne des M. flexor carpi radialis
7 Sehne des M. abductor pollicis longus
8 M. opponens pollicis
9 M. adductor pollicis
10 Sehne des M. flexor pollicis longus
11 M. triceps brachii
12 Septum intermusculare brachii med.
13 Epicondylus med. humeri
14 Ursprung der Beugemuskeln (durchtrennt)
15 Ulna
16 Membrana interossea
17 M. pronator quadratus
18 Sehne des M. flexor carpi ulnaris
19 Os pisiforme
20 M. abductor digiti minimi
21 M. flexor digiti minimi brevis
22 Sehnen des M. flexor digitorum prof.
23 Sehnen des M. flexor digitorum superf.
24 Retinaculum flexorum
25 Hypothenarmuskulatur
26 Thenarmuskulatur
27 Gemeinsamer Hohlhandsack für die Sehnenscheiden der Fingerbeuger (Vagina synovialis communis mm. flexorum)
28 Vagina synovialis tendinis m. flexoris pollicis longi
29 Vaginae synoviales tendinum digitorum manus

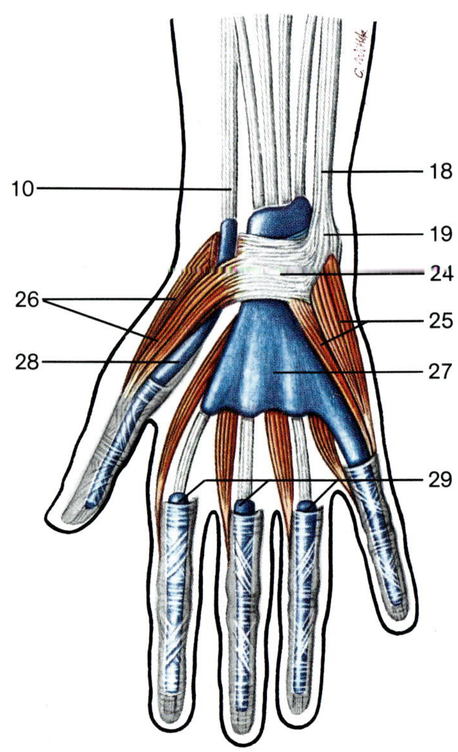

Darstellung der Sehnenscheiden (blau) **an der Volarseite der Hand** (Schemazeichnung) (W.).

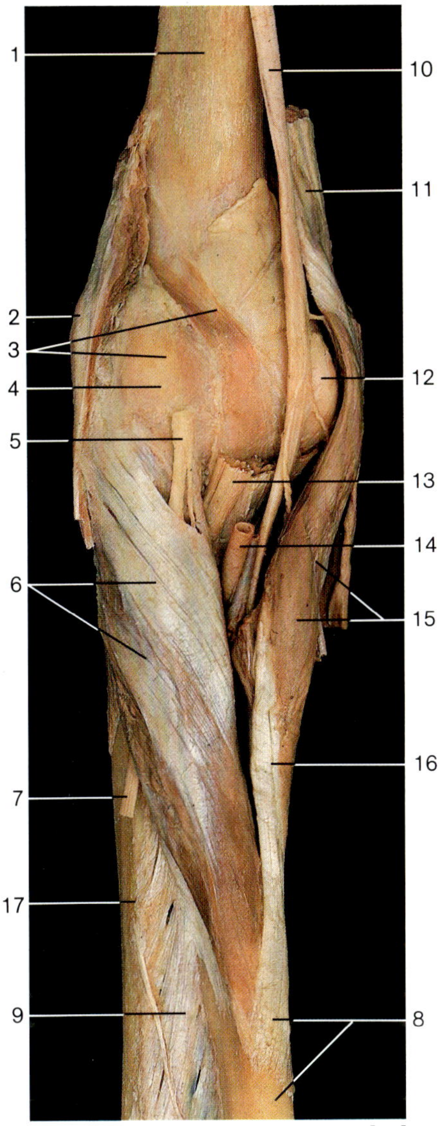

M. supinator und Ellenbogengelenk, rechter Arm (von ventral).

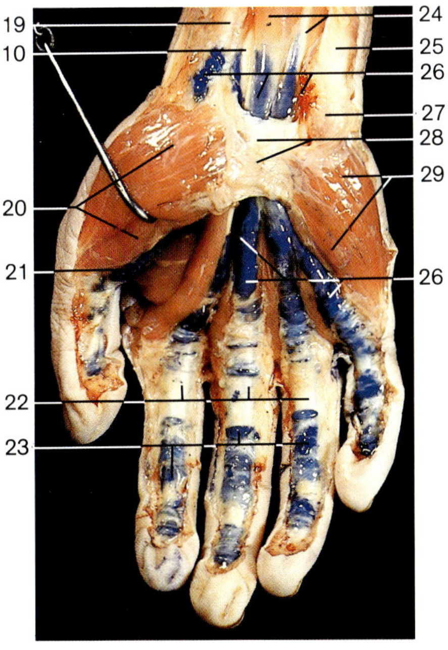

Sehnenscheiden an der Palmarseite der rechten Hand, Darstellung durch Injektion von blauer Kunststofflösung.

1 Humerus
2 Epicondylus lat. humeri
3 Capsula articularis
4 Lokalisation des Capitulum humeri
5 R. prof. n. radialis
6 M. supinator
7 Eintritt des R. prof. n. radialis in die Streckerloge
8 Radius
9 Membrana interossea
10 N. medianus
11 M. triceps brachii
12 Trochlea humeri
13 Sehne des M. biceps brachii
14 A. brachialis
15 M. pronator teres
16 Ansatzsehne des M. pronator teres am Radius
17 Ulna
18 M. pronator quadratus
19 Sehne des M. flexor carpi radialis
20 Thenarmuskulatur
21 Vagina synovialis tendinis m. flexoris pollicis longi
22 Vaginae fibrosae } der Fingerbeugersehnen
23 Vaginae synoviales } der Fingerbeugersehnen
24 M. flexor digitorum superf.
25 Sehne des M. flexor carpi ulnaris
26 Vagina synovialis communis mm. flexorum
27 Lokalisation des Os pisiforme
28 Retinaculum flexorum
29 Hypothenarmuskulatur

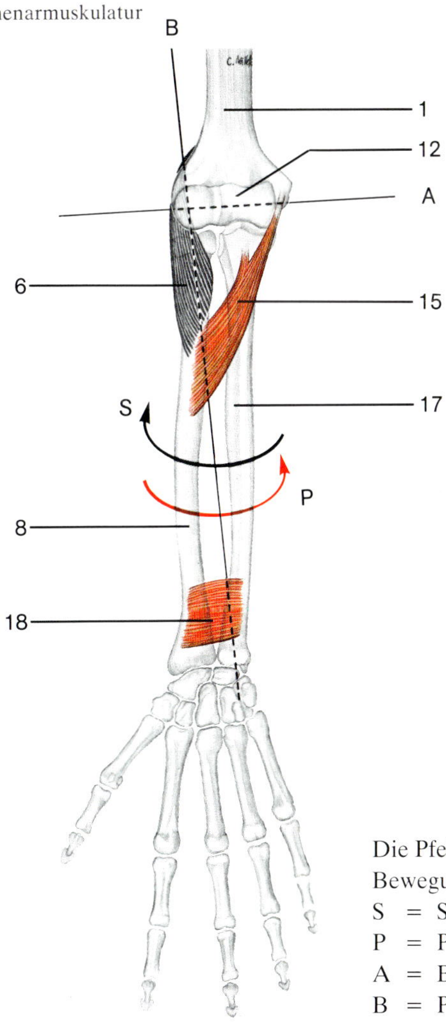

Die Pfeile deuten die Bewegungsrichtung an:
S = Supination
P = Pronation
A = Beugeachse
B = Pro- bzw. Supinationsachse

Lage der Beuge- und Rotationsachse im Bereich des Unterarms (Schemazeichnung) (W.).

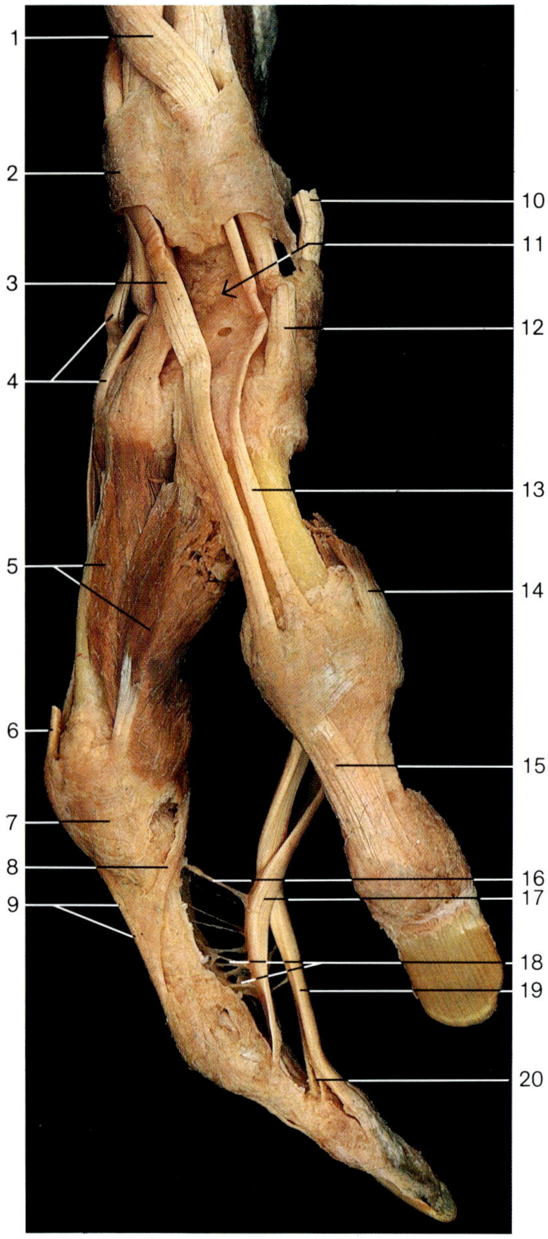

Daumen und Zeigefinger in der Seitenansicht. Darstellung der Beugersehnen am Zeigefinger. Die Streckersehnen des Daumens sind erkennbar.

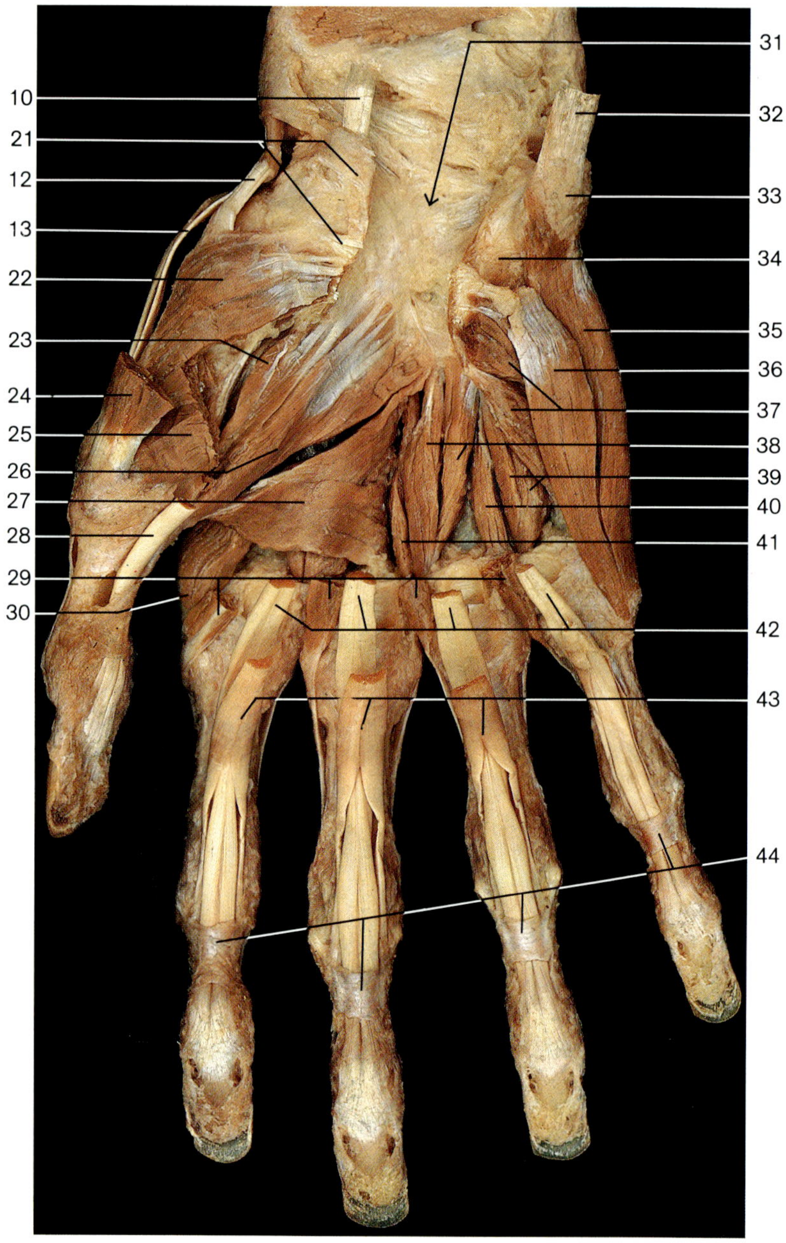

Muskulatur der Hand nach Entfernung der Beugersehnen und eines Teiles der Thenarmuskulatur (von volar). Canalis carpi eröffnet.

1 Sehnen von M. extensor pollicis brevis und M. abductor pollicis longus
2 Retinaculum extensorum
3 Sehne des M. extensor pollicis longus
4 Sehnen von M. extensor carpi radialis longus und brevis
5 M. interosseus dorsalis I
6 Sehne des M. extensor digitorum für den 2. Finger
7 Lokalisation des Grundgelenkes (Articulatio metacarpophalangea)
8 Sehne des M. lumbricalis
9 Dorsalaponeurose des Zeigefingers
10 Sehne des M. flexor carpi radialis (durchtrennt)
11 Lage der Fovea radialis (sog. Tabatière)
12 Sehne des M. abductor pollicis longus
13 Sehne des M. extensor pollicis brevis
14 Sehne des M. abductor pollicis brevis
15 Dorsalaponeurose des Daumens
16 Vinculum longum (in Höhe der Grundgelenke)
17 Sehne des M. flexor digitorum superf. (Ort der Sehnenspaltung)
18 Vinculum tendinum
19 Sehne des M. flexor digitorum prof.
20 Vinculum breve
21 Eminentia carpi radialis (Schnitt des Retinaculum flexorum)
22 M. opponens pollicis
23 M. flexor pollicis brevis, caput prof.
24 M. abductor pollicis brevis (durchtrennt)
25 M. flexor pollicis brevis, caput superf. (durchtrennt)
26 M. adductor pollicis, caput obliquum
27 M. adductor pollicis, caput transversum
28 Sehne des M. flexor pollicis longus (durchtrennt)
29 Mm. lumbricales (durchtrennt)
30 M. interosseus dorsalis I
31 Lage des Canalis carpi (Pfeil)
32 Sehne des M. flexor carpi ulnaris
33 Lokalisation des Os pisiforme
34 Lokalisation des Hamulus ossis hamati
35 M. abductor digiti minimi
36 M. flexor digiti minimi brevis
37 M. opponens digiti minimi
38 M. interosseus palmaris II
39 M. interosseus palmaris III
40 M. interosseus dorsalis IV
41 M. interosseus dorsalis III
42 Sehnen des M. flexor digitorum prof. (durchtrennt)
43 Sehnen des M. flexor digitorum superf. (durchtrennt)
44 Vaginae fibrosae digitorum manus

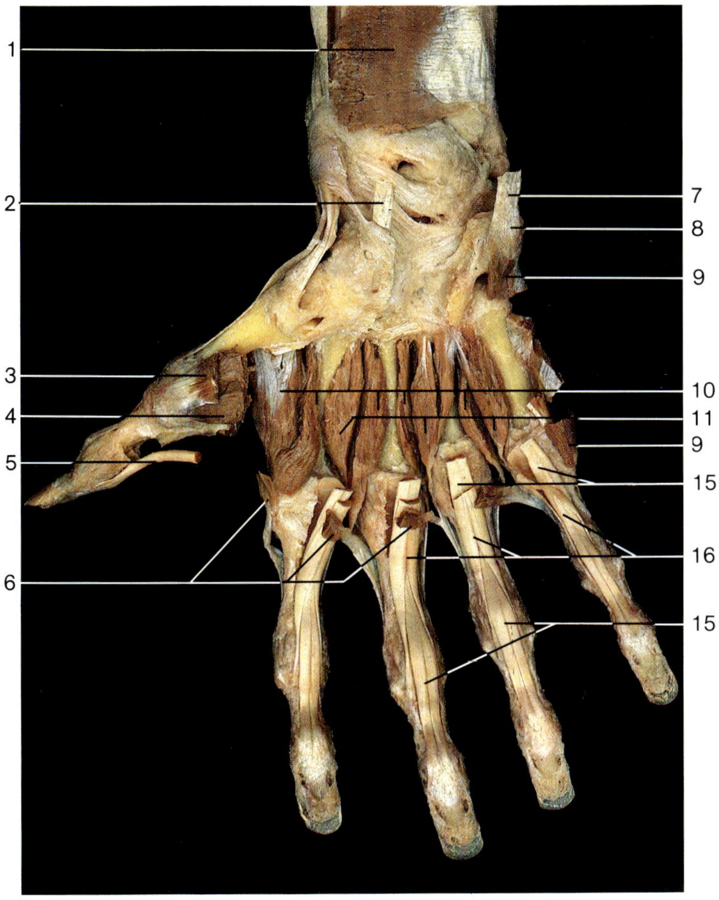

1 M. pronator quadratus
2 Sehne des M. flexor carpi radialis
3 M. abductor pollicis brevis (durchtrennt)
4 M. adductor pollicis (durchtrennt)
5 Sehne des M. flexor pollicis longus
6 Mm. lumbricales (durchtrennt)
7 Sehne des M. flexor carpi ulnaris
8 Os pisiforme
9 M. abductor digiti minimi (durchtrennt)
10 Mm. interossei dorsales
11 Musculi interossei palmares
12 Radius
13 Ulna
14 Retinaculum flexorum
15 Sehnen des M. flexor digitorum prof. (perforans)
16 Sehnen des M. flexor digitorum superf. (perforatus)

Handmuskulatur rechts, tiefe Schicht (von volar). Thenar- und Hypothenarmuskulatur wurden entfernt, um die Mm. interossei zu zeigen.

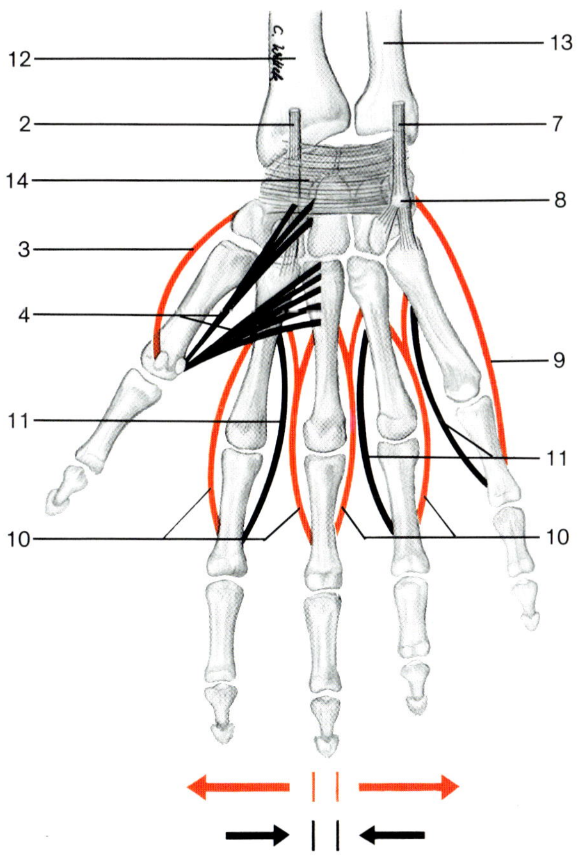

Wirkung der Handmuskulatur auf die Ab- bzw. Adduktion der Finger (Schemazeichnung) (W.). Rot = Abduktion (Mm. interossei dorsales, M. abductor digiti minimi und M. abductor pollicis brevis);
Schwarz = Adduktion (Mm. interossei palmares, M. adductor pollicis).

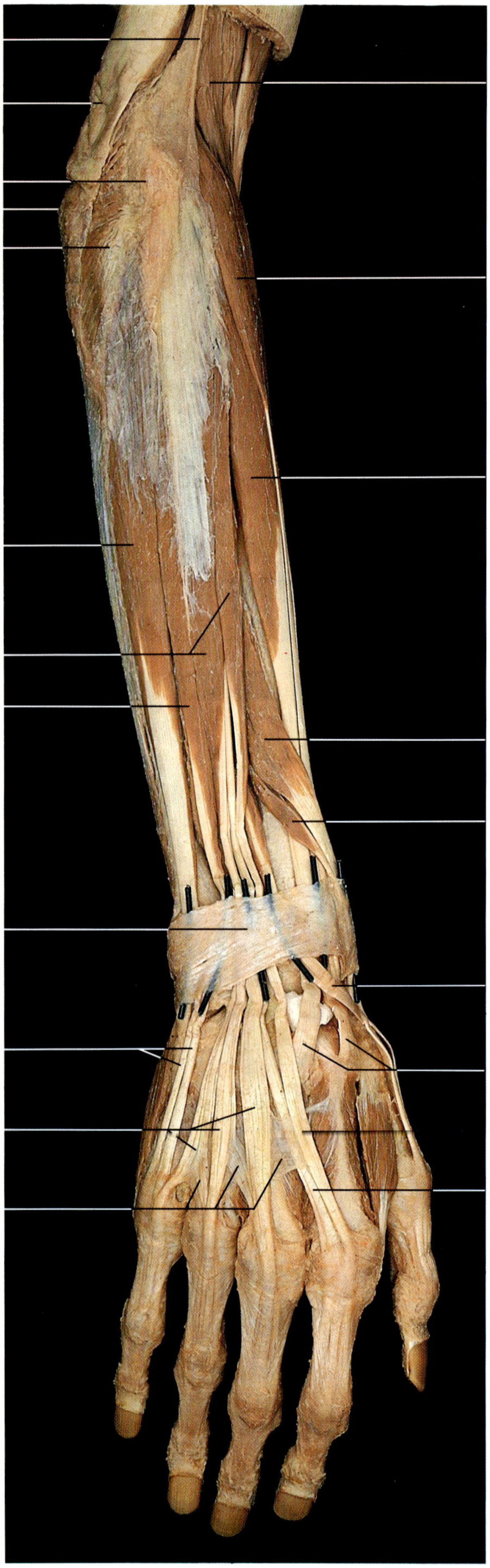

Extensorenmuskulatur von Unterarm und Hand, oberflächliche Schicht (von dorsal). Die dorsalen Sehnenfächer sind durch Sonden gekennzeichnet.

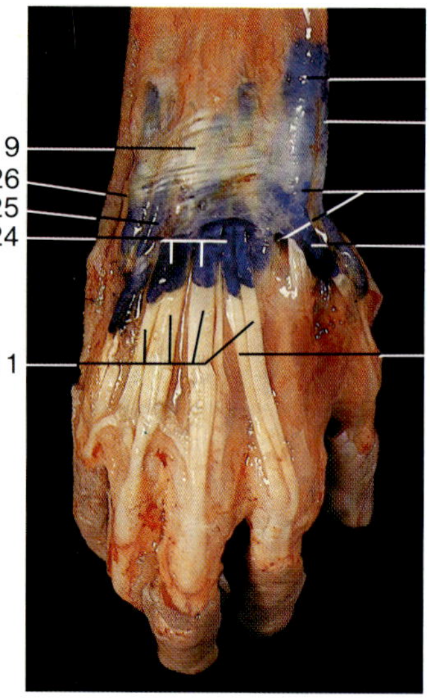

Sehnenscheiden an der Dorsalseite der rechten Hand. Darstellung durch Injektion von gefärbter Gelatinelösung.

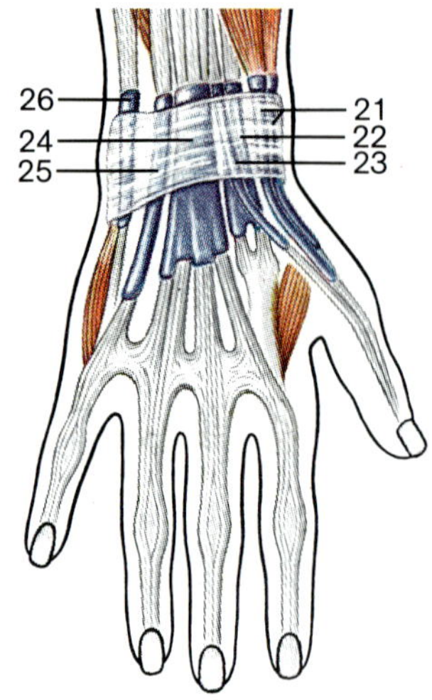

Lage der Sehnenscheiden im Verhältnis zum Retinaculum extensorum und zu den Sehnen der Streckmuskeln. Die 6 Sehnenfächer sind erkennbar (Schemazeichnung) (W.).

1 Septum intermusculare brachii lat.
2 Sehne des M. triceps brachii
3 Epicondylus lat. humeri
4 Olecranon
5 M. anconaeus
6 M. extensor carpi ulnaris
7 M. extensor digitorum
8 M. extensor digiti minimi
9 Retinaculum extensorum
10 Sehnen des M. extensor digiti minimi
11 Sehnen des M. extensor digitorum
12 Connexus intertendinei
13 M. brachioradialis
14 M. extensor carpi radialis longus
15 M. extensor carpi radialis brevis
16 M. abductor pollicis longus
17 M. extensor pollicis brevis
18 Sehne des M. extensor pollicis longus
19 Sehnen der Mm. extensores carpi radiales longus et brevis
20 Sehne des M. extensor indicis
21 1. Sehnenfach: M. abductor pollicis longus und M. extensor pollicis brevis
22 2. Sehnenfach: Mm. extensores carpi radiales longus et brevis
23 3. Sehnenfach: M. extensor pollicis longus
24 4. Sehnenfach: M. extensor digitorum und M. extensor indicis Vagina synovialis digitorum manus
25 5. Sehnenfach: M. extensor digiti minimi
26 6. Sehnenfach: M. extensor carpi ulnaris

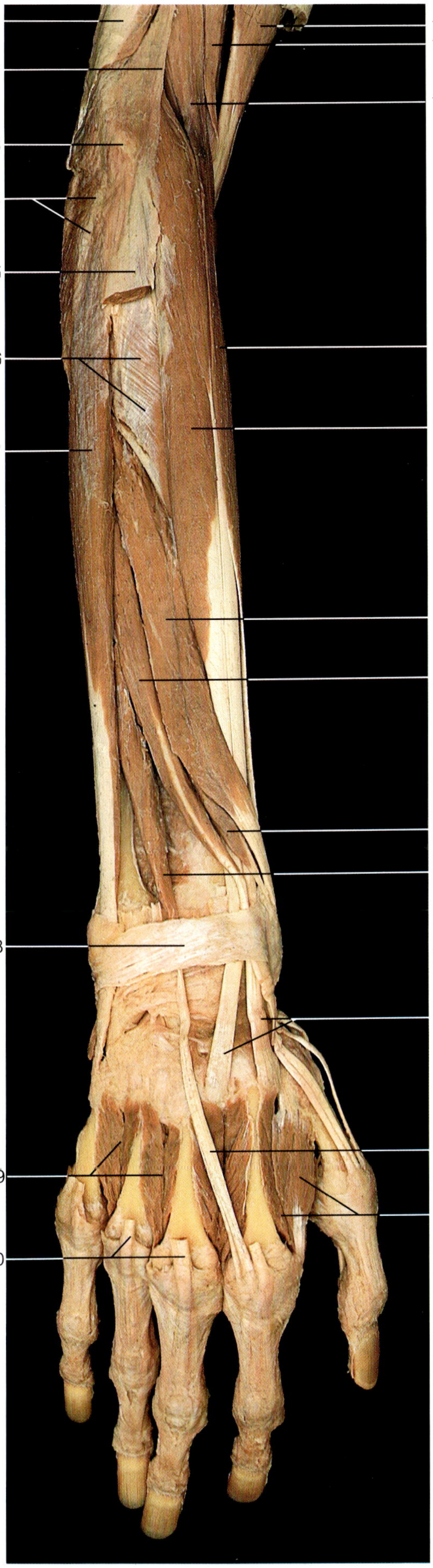

Extensoren von Unterarm und Hand, tiefe Schicht (von dorsal).

1 M. triceps brachii
2 Septum intermusculare brachii lat.
3 Epicondylus lat. humeri
4 M. anconaeus
5 M. extensor digitorum und M. extensor digiti minimi (durchtrennt)
6 M. supinator
7 M. extensor carpi ulnaris
8 Retinaculum extensorum
9 Mm. interossei dorsales III und IV
10 Sehnen des M. extensor digitorum (durchtrennt)
11 M. biceps brachii
12 M. brachialis
13 M. brachioradialis
14 M. extensor carpi radialis longus
15 M. extensor carpi radialis brevis
16 M. abductor pollicis longus
17 M. extensor pollicis longus
18 M. extensor pollicis brevis
19 M. extensor indicis
20 Sehnen der Mm. extensores carpi radiales longus et brevis
21 M. interosseus dorsalis I

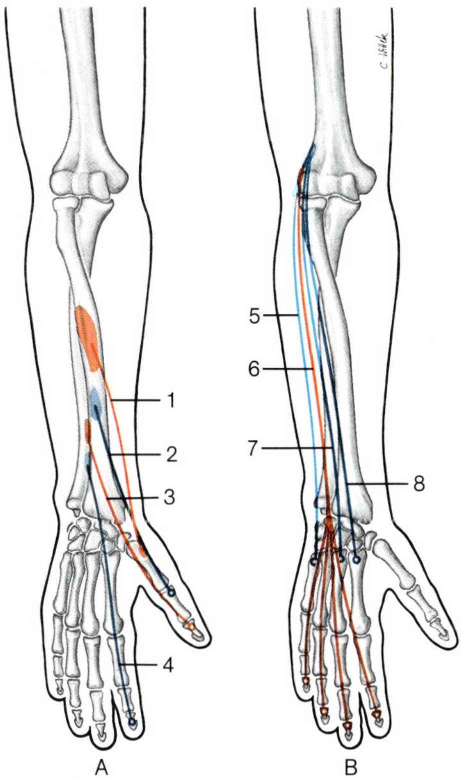

Ansatz- und Ursprungsgebiete der Extensoren des Unterarms (Schemazeichnung) (W.).

A Daumen- und Zeigefingerstrecker
B Finger- und Handgelenkstrecker

1 M. abductor pollicis longus (rot)
2 M. extensor pollicis brevis (blau)
3 M. extensor pollicis longus (rot)
4 M. extensor indicis (blau)
5 M. extensor carpi ulnaris (blau)
6 M. extensor digitorum (rot)
7 M. extensor carpi radialis brevis (blau)
8 M. extensor carpi radialis longus (blau)

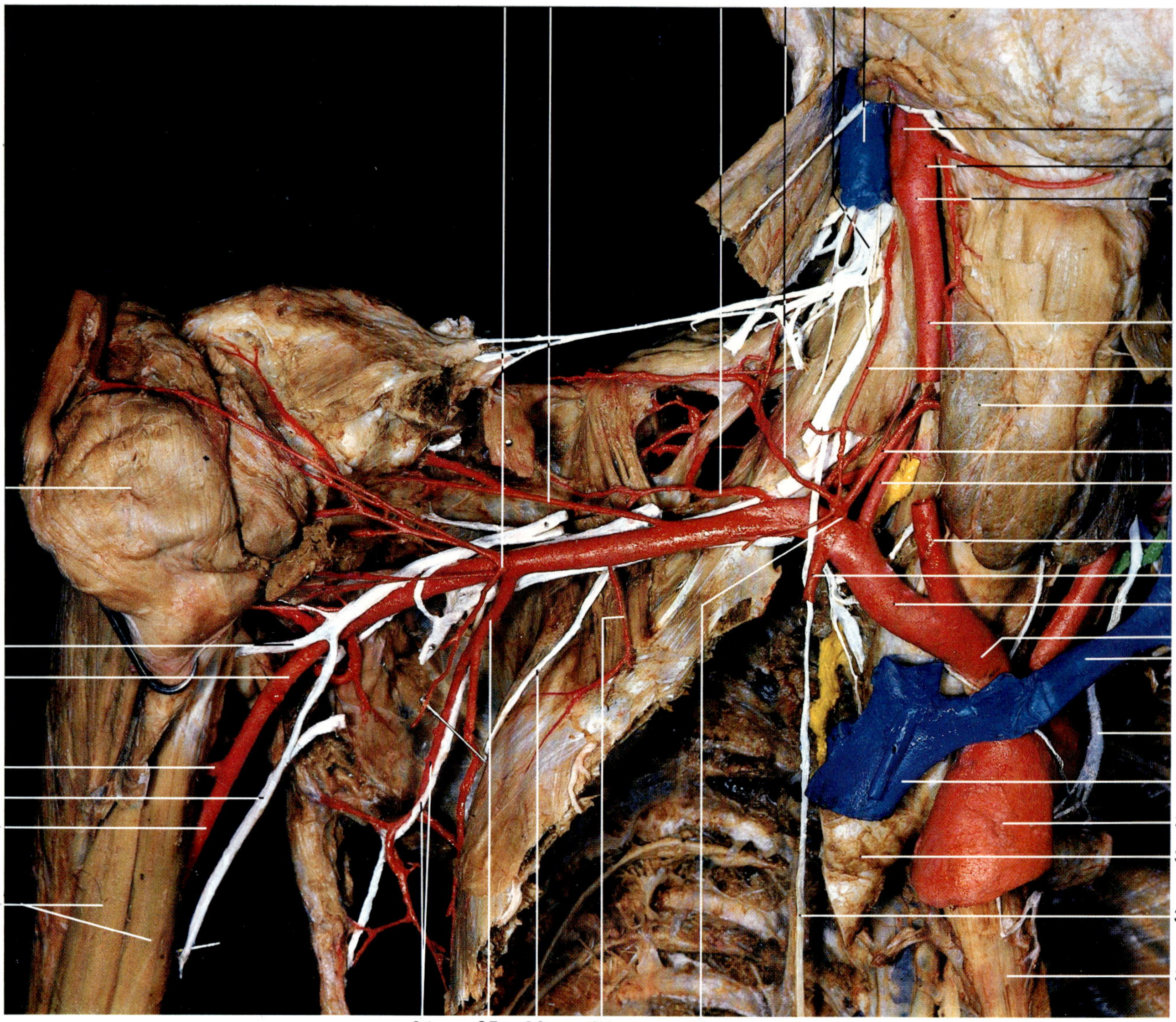

Astfolge der A. subclavia und A. axillaris (von ventral). Clavicula und vordere Thoraxwand wurden entfernt, Schulterblatt und Oberarm nach hinten verlagert. Rot = Arterien; blau = Venen; weiß = Nerven; gelb = Sympathikus. Injektion der Arterien mit gefärbter Kunststofflösung.

1 M. pectoralis minor (zurückgeklappt)
2 A. circumflexa humeri ant.
3 N. musculocutaneus
4 **A. axillaris**
5 A. circumflexa humeri post.
6 A. profunda brachii
7 N. medianus
8 **A. brachialis**
9 M. biceps brachii
10 A. thoracoacromialis
11 A. suprascapularis
12 A. scapularis descendens
13 A. transversa colli
14 Plexus cervicalis
15 V. jugularis int.
16 A. carotis int. dext.
17 A. carotis ext. dext.
18 Sinus caroticus
19 **A. carotis communis** dext.
20 A. cervicalis ascendens
21 Gl. thyroidea
22 A. thyroidea inf.
23 A. vertebralis
24 A. thoracica int.
25 **A. subclavia** dext.
26 Truncus brachiocephalicus
27 V. brachiocephalica sin.
28 N. vagus sin.
29 V. cava sup.
30 **Aorta ascendens**
31 Bronchus dext.
32 N. phrenicus dext.
33 Oesophagus
34 A. und N. thoracodorsalis
35 A. subscapularis
36 N. thoracicus longus
37 A. thoracica lat.
38 **Truncus thyrocervicalis**
39 A. intercostalis suprema
40 A. collateralis ulnaris sup.
41 A. collateralis ulnaris inf.
42 A. collateralis media
43 A. collateralis radialis
44 A. recurrens radialis
45 **A. radialis**
46 Aa. interosseae ant. et post.
47 A. princeps pollicis
48 **Arcus palmaris prof.**
49 Aa. digitales palmares communes
50 A. recurrens ulnaris
51 A. interossea recurrens
52 A. interossea communis
53 **A. ulnaris**
54 **Arcus palmaris superf.**
55 N. medianus mit A. brachialis
56 M. biceps brachii
57 N. ulnaris
58 M. flexor pollicis longus
59 Aa. digitales palmares propriae
60 A. interossea ant.
61 M. flexor carpi ulnaris
62 R. palmaris superf.

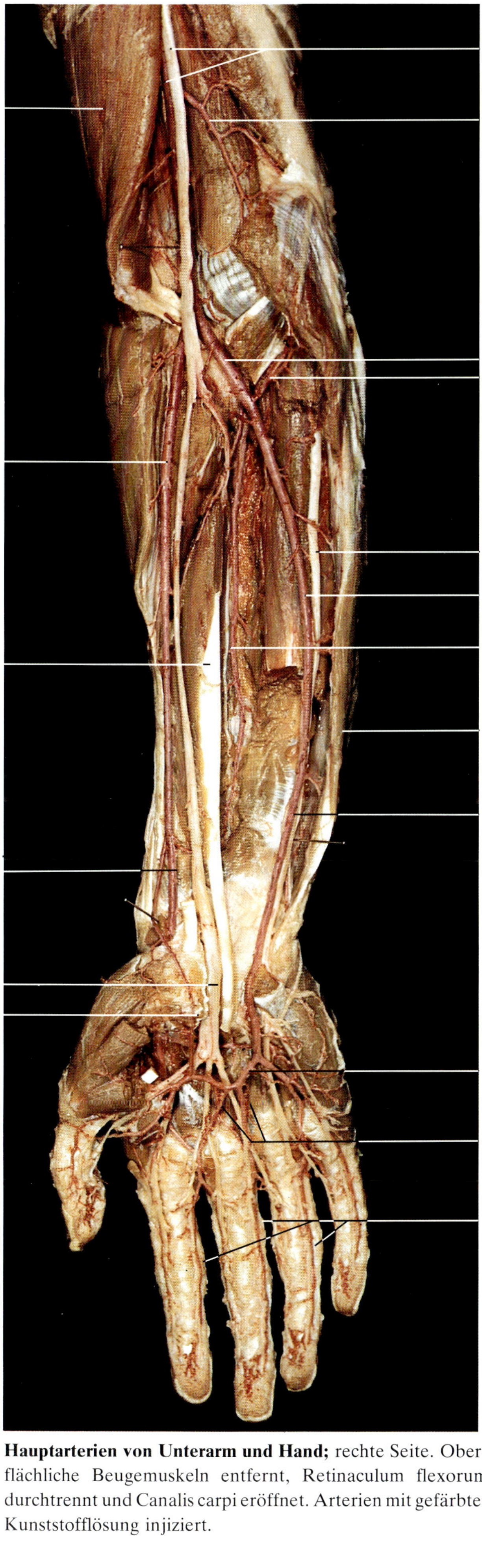

Hauptarterien von Unterarm und Hand; rechte Seite. Oberflächliche Beugemuskeln entfernt, Retinaculum flexorum durchtrennt und Canalis carpi eröffnet. Arterien mit gefärbter Kunststofflösung injiziert.

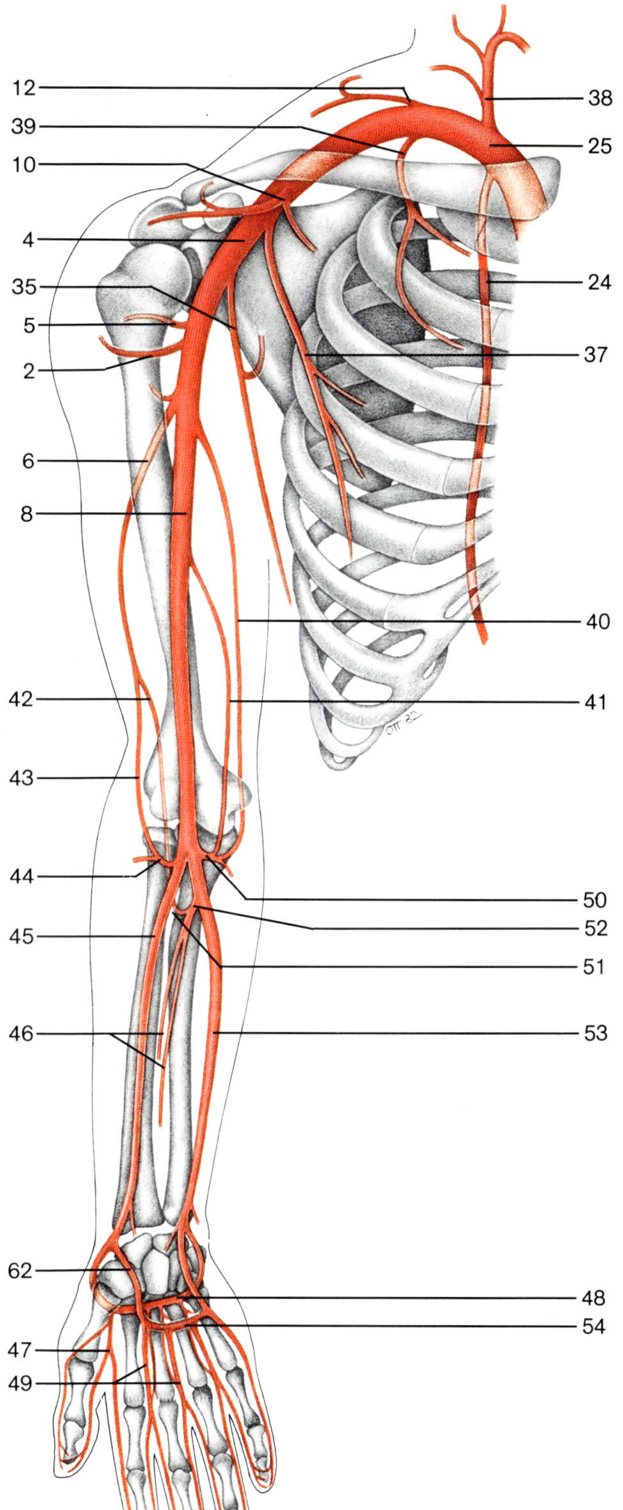

Arterien des Armes, Astfolge der A. subclavia, A. axillaris und A. brachialis (Schemazeichnung) (O.).

Venen der oberen Extremität

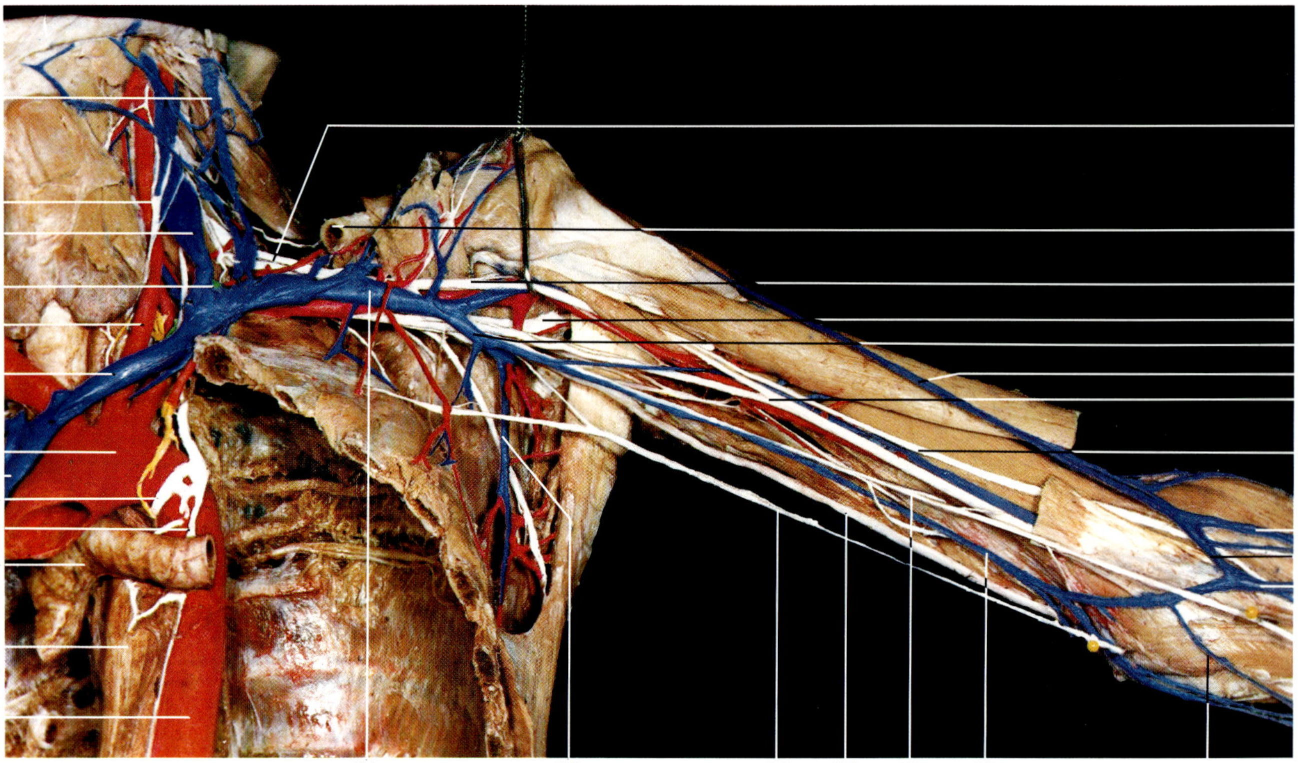

Venensystem und **Nerven des linken Armes** (von ventral). Clavicula durchtrennt, Thorax eröffnet und Schulter abgespreizt. Gefäße mit gefärbten Kunststofflösungen injiziert. Rot: Arterien; Blau: Venen.

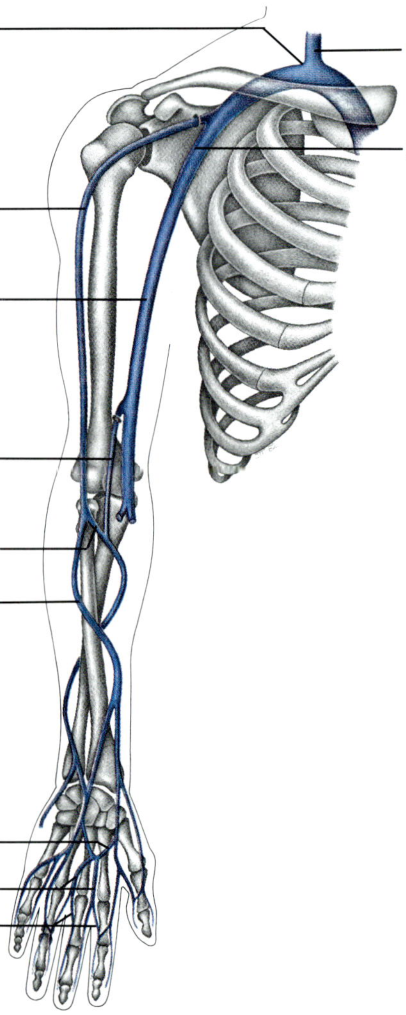

Hauptvenenstämme des rechten Armes (Schemazeichnung) (O.).

1 Plexus brachialis
2 Clavicula (durchtrennt)
3 Fasciculus lat. des Plexus brachialis
4 N. axillaris
5 **V. brachialis**
6 **V. cephalica**
7 N. medianus (Medianusschlinge)
8 N. musculocutaneus
9 V. cephalica accessoria
10 **V. mediana cubiti**
11 V. jugularis ext.
12 Ansa cervicalis
13 **V. jugularis int.**
14 A. carotis communis
15 Angulus venosus
[Einmündung des Ductus thoracicus (grün)]
16 **V. brachiocephalica**
17 **V. cava sup.**
18 Arcus aortae
19 N. laryngeus recurrens
20 N. vagus
21 Bifurcatio tracheae
22 Oesophagus
23 Aorta thoracica
24 **V. axillaris**
25 **V. thoracoepigastrica**
26 N. cutaneus brachii med.
27 N. ulnaris
28 N. cutaneus antebrachii med.
29 **V. basilica**
30 V. mediana basilica
31 V. mediana antebrachii
32 Rete venosum dorsale manus
33 Vv. metacarpeae dorsales
34 Vv. digitales palmares

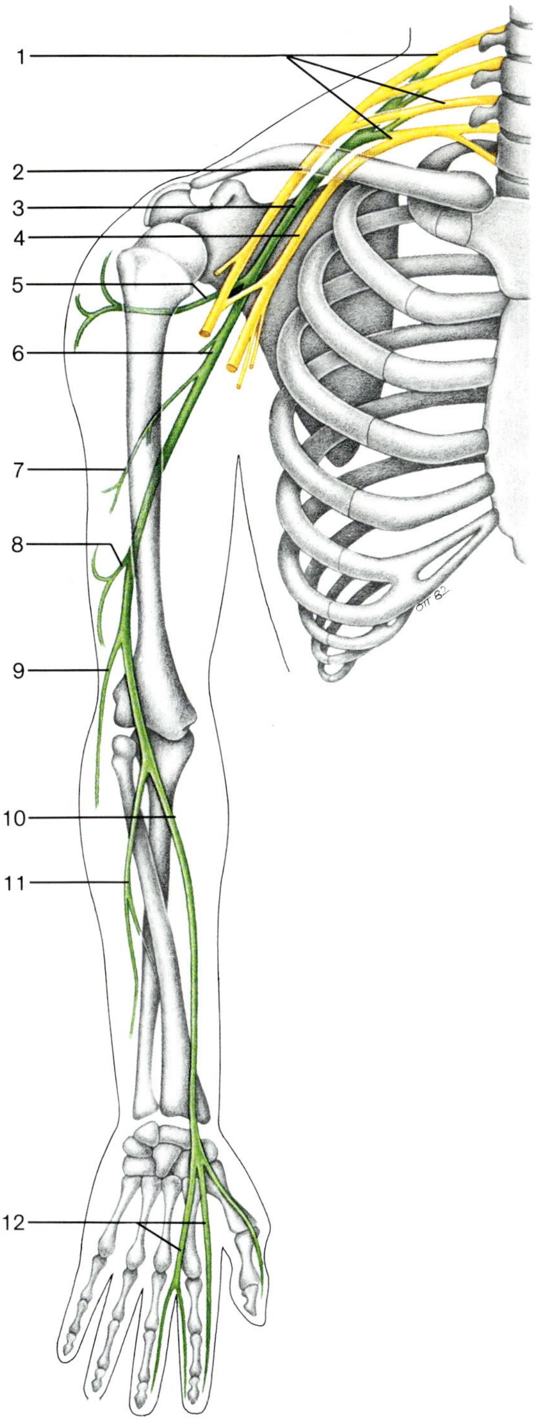

Verzweigungsmuster des N. radialis (Schemazeichnung) (O.).

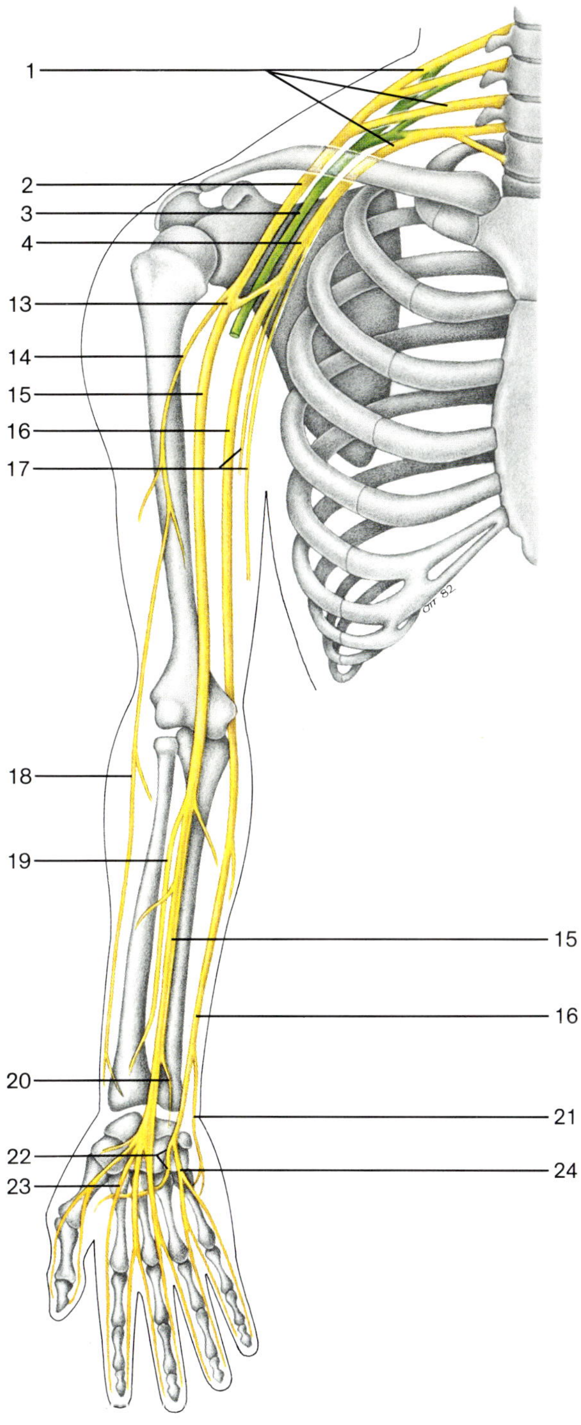

N. medianus, N. musculocutaneus und **N. ulnaris** mit ihren Ästen (Schemazeichnung) (O.).

1 Plexus brachialis
2 Fasciculus lat. des Plexus brachialis
3 Fasciculus post. des Plexus brachialis
4 Fasciculus med. des Plexus brachialis
5 **N. axillaris**
6 **N. radialis**
7 N. cutaneus brachii post.
8 N. cutaneus brachii lat. inf.
9 N. cutaneus antebrachii post.
10 Ramus superf. n. radialis
11 Ramus prof. n. radialis
12 Nn. digitales dorsales

13 Medianusschlinge
14 **N. musculocutaneus**
15 **N. medianus**
16 **N. ulnaris**
17 N. cutaneus brachii und antebrachii med.
18 N. cutaneus antebrachii lat.
19 N. interosseus (antebrachii) ant.
20 Ramus palmaris n. mediani
21 Ramus dorsalis n. ulnaris
22 Ramus prof. n. ulnaris
23 Nn. digitales palmares communes n. mediani
24 Ramus superf. n. ulnaris

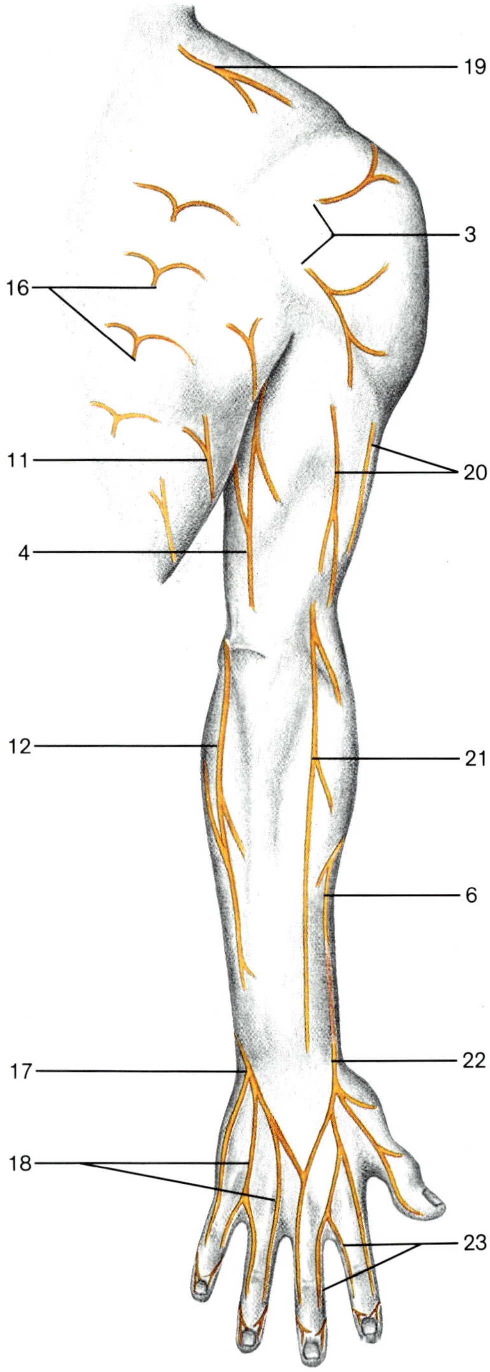

Hautnerven des rechten Armes, Dorsalseite (Schemazeichnung) (O.).

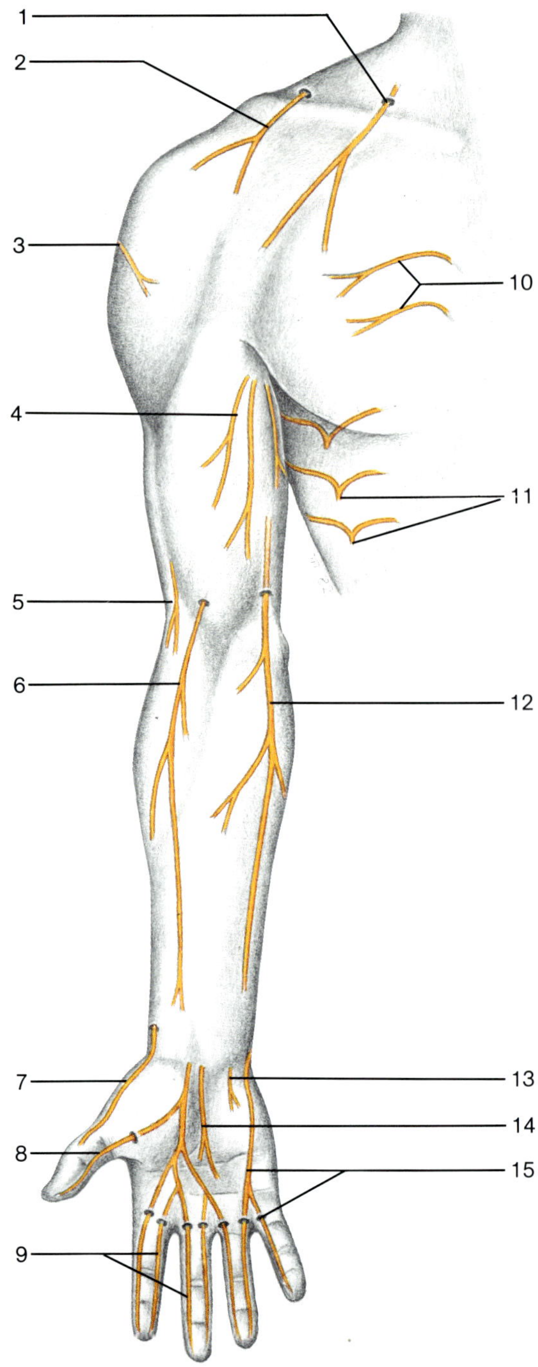

Hautnerven des rechten Armes, Ventralseite (Schemazeichnung) (O.).

1 N. supraclavicularis med.
2 N. supraclavicularis intermedius
3 N. cutaneus brachii lat. sup. (aus N. axillaris)
4 Endäste des N. cutaneus brachii med.
5 N. cutaneus brachii lat. inf. (aus N. radialis)
6 N. cutaneus antebrachii lat. (aus N. musculocutaneus)
7 Endast des Ramus superf. n. radialis
8 N. digitalis palmaris proprius pollicis (aus N. medianus)
9 Nn. digitales palmares proprii (aus N. medianus)
10 Rami cutanei ant. der Interkostalnerven
11 Rami cutanei lat. der Interkostalnerven
12 N. cutaneus antebrachii med.
13 Ramus palmaris (aus N. ulnaris)
14 Ramus palmaris (aus N. medianus)
15 Nn. digitales palmares (aus N. ulnaris)
16 Hautäste der Rami dorsales der thorakalen Spinalnerven
17 Ramus dorsalis (aus N. ulnaris)
18 Nn. digitales dorsales communes (aus N. ulnaris)
19 N. supraclavicularis lat.
20 N. cutaneus brachii post. (aus N. radialis)
21 N. cutaneus antebrachii post. (aus N. radialis)
22 Ramus superf. n. radialis
23 Nn. digitales dorsales proprii (aus N. radialis)

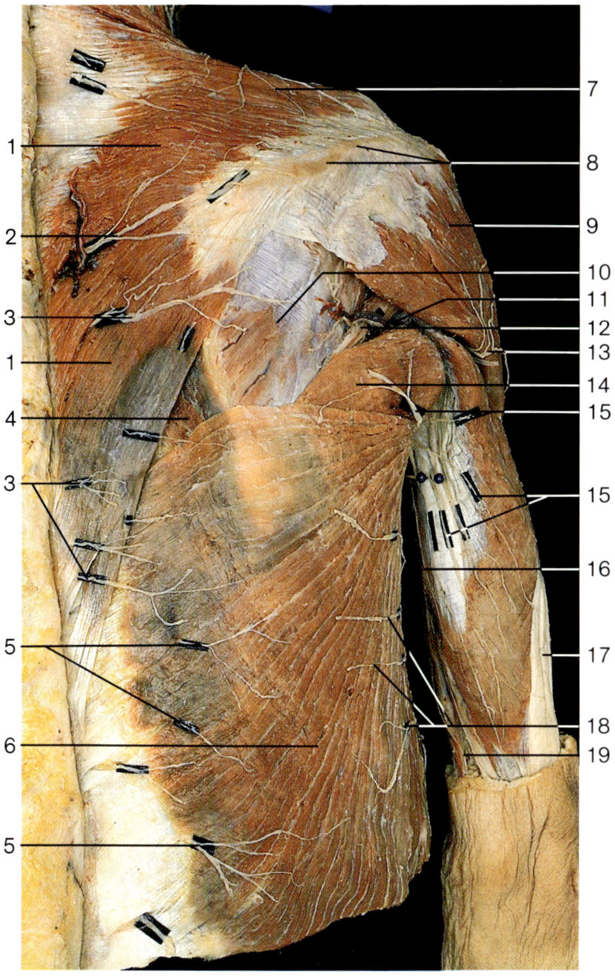

Schulterregion, oberflächliche Schicht (von dorsal). Man beachte die segmentale Anordnung der Hautnerven im Bereich des Rückens.

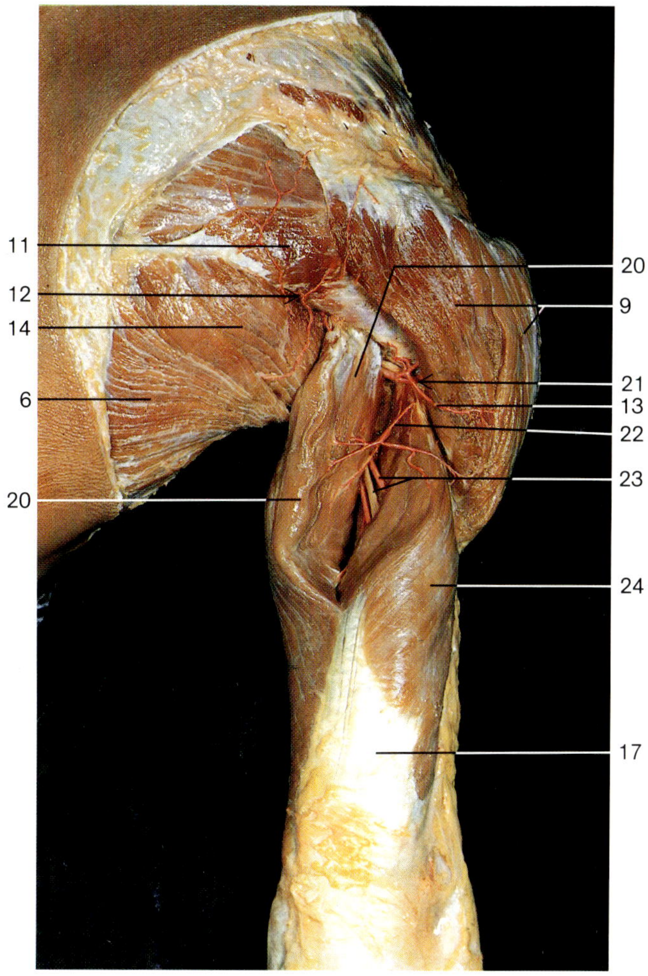

Schulter und Oberarm (von dorsal). Darstellung der Achselmuskellücken mit den zugehörigen Leitungsbahnen.

1 M. trapezius
2 Endäste der A. und V. transversa colli
3 Rami mediales der dorsalen Spinalnervenäste
4 M. rhomboideus major
5 Rami laterales der dorsalen Spinalnervenäste
6 M. latissimus dorsi
7 Nn. supraclaviculares lat.
8 Spina scapulae
9 M. deltoideus
10 M. infraspinatus
11 M. teres minor
12 **Mediale Achselmuskellücke** (For. axillare med.) mit A. und V. circumflexa scapulae
13 N. cutaneus brachii lat. sup. (aus N. axillaris)
14 M. teres major
15 Endäste der Nn. intercostobrachiales
16 N. cutaneus brachii med.
17 Sehne des M. triceps brachii
18 Posteriore Äste der Rr. cutanei laterales der Nn. intercostales
19 N. cutaneus antebrachii med.
20 Caput longum m. tricipitis brachii
21 **Laterale Achselmuskellücke** (For. axillare lat.) mit N. axillaris und A. und V. circumflexa humeri post.
22 Anastomose zwischen A. profunda brachii und A. circumflexa humeri post.
23 Gefäß-Nerven-Straße mit N. radialis und A. profunda brachii
24 Caput lat. m. tricipitis brachii
25 Gefäß-Nerven-Straße für N. dorsalis scapulae und A. scapularis descendens
26 Gefäß-Nerven-Straße für A., V. und N. suprascapularis

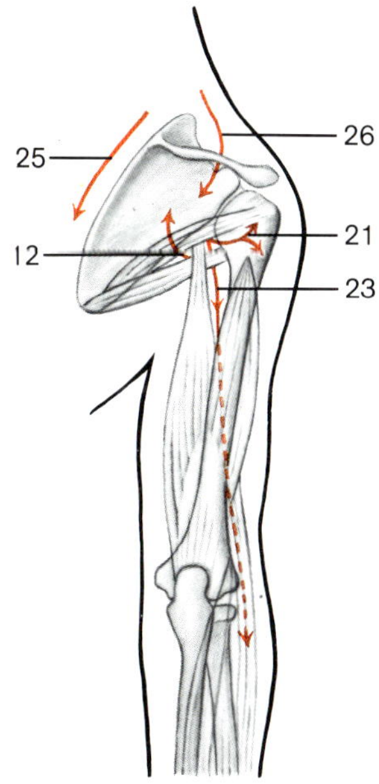

Lokalisation der Gefäß-Nerven-Straßen von Schulter und Oberarm (Schemazeichnung).

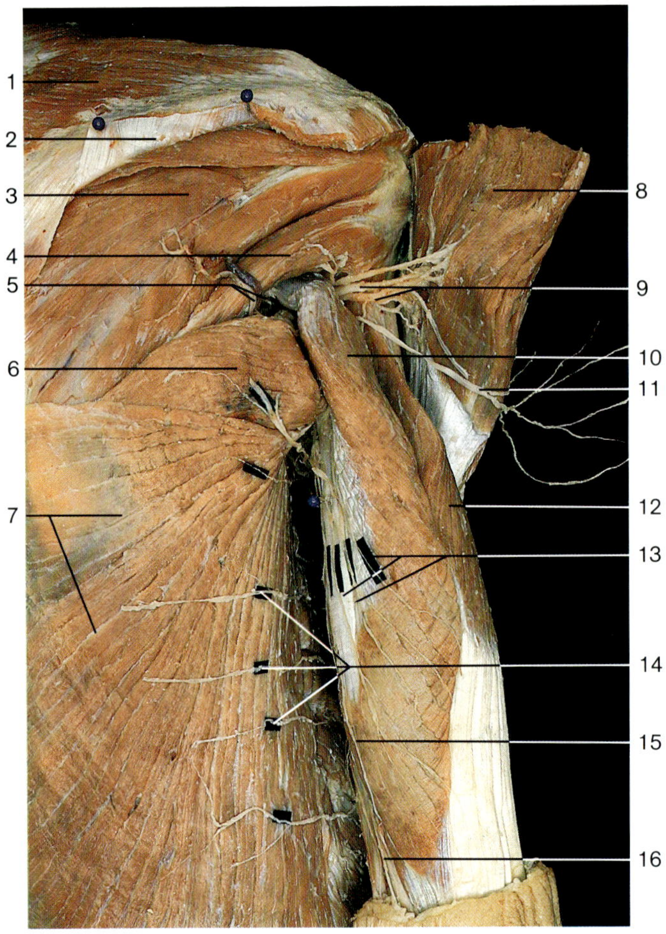

Regio scapularis, Oberarm und Schulter, tiefe Schicht (von dorsal). Der spinale Ursprung des M. deltoideus wurde durchtrennt und zurückgeklappt, um die beiden Achselmuskellücken zu zeigen.

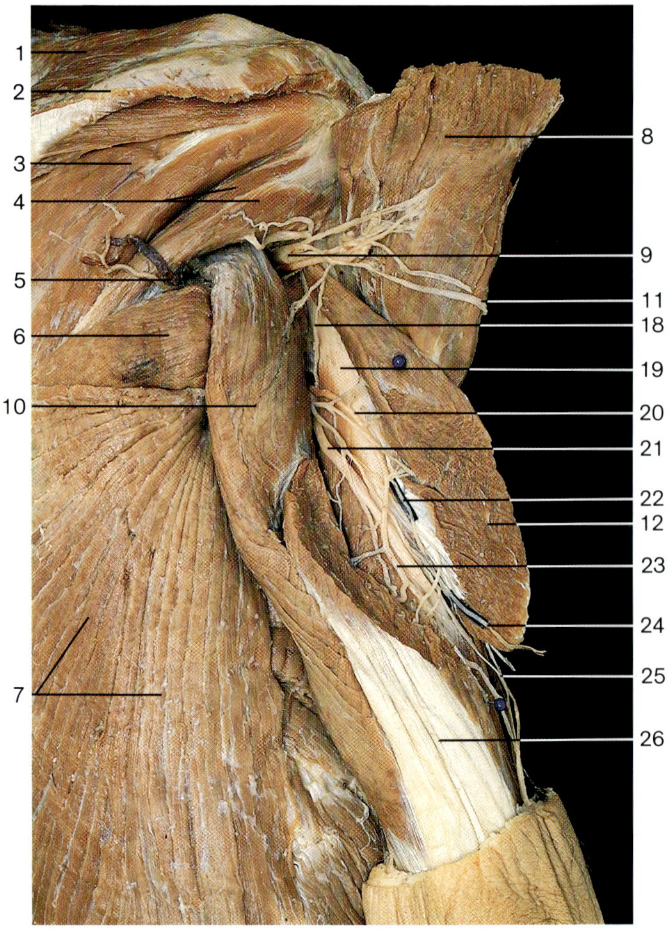

Regio scapularis, Regio brachii post., Oberarm und Schulter, tiefe Schicht (von dorsal). Zusätzlich zum nebenstehenden Präparat wurde das Caput laterale des M. triceps brachii durchtrennt und der Radialiskanal eröffnet.

1 M. trapezius
2 Spina scapulae
3 M. infraspinatus
4 M. teres minor
5 **Mediale Achselmuskellücke** mit A. und V. circumflexa scapulae
6 M. teres major
7 M. latissimus dorsi
8 M. deltoideus, pars spinata (durchtrennt und zurückgeklappt)
9 **Laterale Achselmuskellücke** mit N. axillaris und A. und V. circumflexa humeri post.
10 Caput longum m. tricipitis brachii
11 Hautast des N. axillaris (N. cutaneus brachii lat. sup.)
12 Caput lat. m. tricipitis brachii
13 Endäste des N. intercostobrachialis
14 Rr. cutanei lat. der Nn. intercostales
15 N. cutaneus brachii med.
16 N. cutaneus antebrachii med.
18 Anastomose zwischen A. profunda brachii und der A. circumflexa humeri post.
19 Humerus
20 **A. profunda brachii**
21 **N. radialis**
22 A. collateralis radialis
23 A. collateralis media
24 N. cutaneus brachii lat. inf.
25 N. cutaneus antebrachii post.
26 Sehne des M. triceps brachii

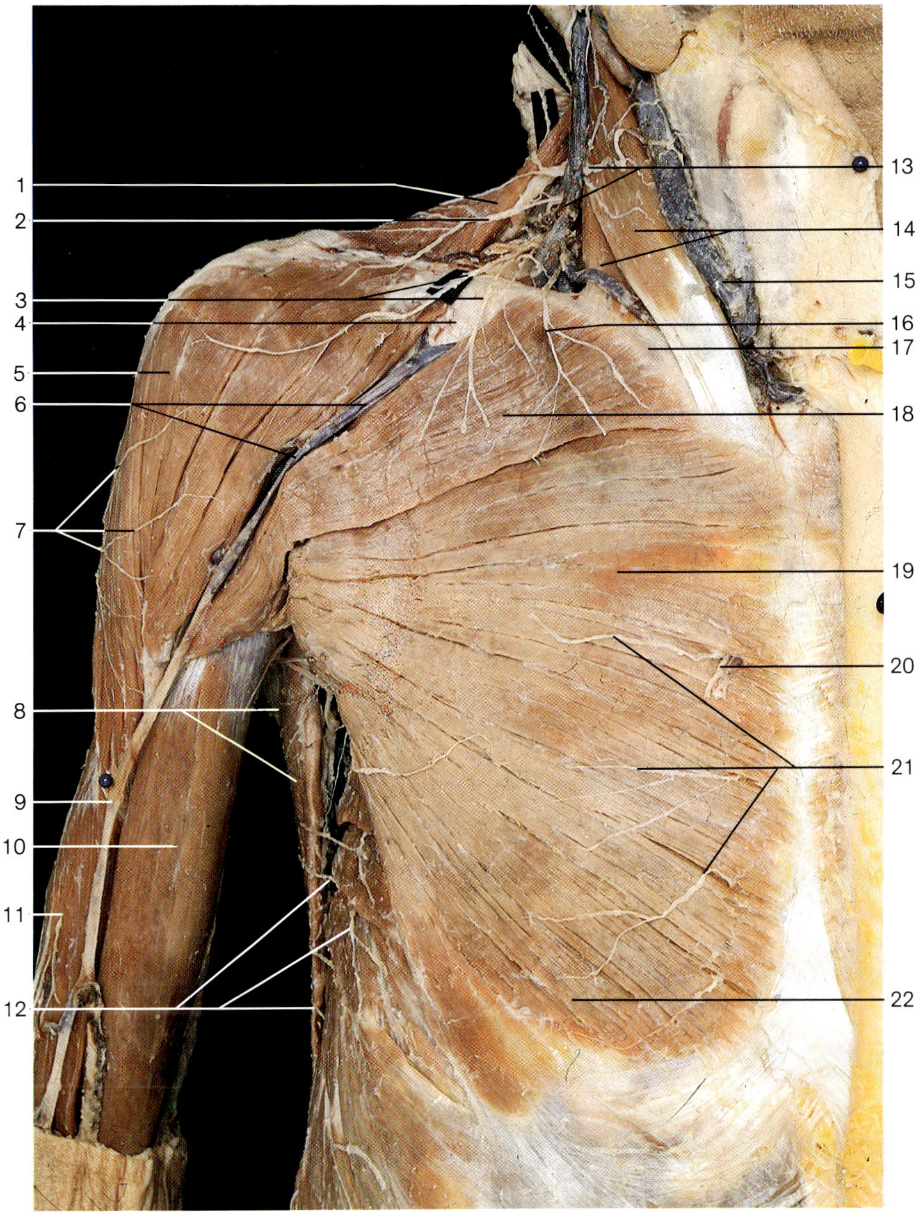

Brustwand und Schulter, oberflächliche Schicht (rechte Seite, von ventral). Darstellung der Hautnerven.

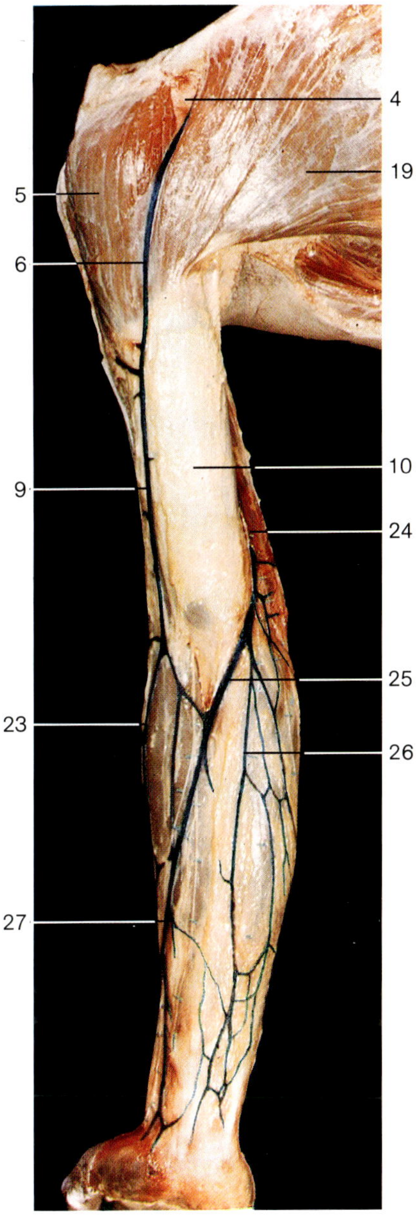

Hautvenen des rechten Armes nach Injektion mit blaugefärbter Gelatinelösung.

1 M. trapezius
2 N. supraclavicularis lat.
3 N. supraclavicularis intermedius
4 Trig. deltoideopectorale (Mohrenheimsche Grube)
5 M. deltoideus
6 V. cephalica im Sulcus deltoideopectoralis
7 N. cutaneus brachii lat. sup. aus dem N. axillaris
8 M. latissimus dorsi
9 V. cephalica im Sulcus bicipitalis lat.
10 M. biceps brachii
11 M. triceps brachii
12 Rami cutanei lat. der Nn. intercostales
13 N. transversus colli und V. jugularis, ext.
14 M. sternocleidomastoideus
15 V. jugularis ant.
16 N. supraclavicularis med.
17 Clavicula
18 Pars clavicularis m. pectoralis majoris
19 Pars sternocostalis m. pectoralis majoris
20 Ramus perforans der A. thoracica int.
21 Rami cutanei ant. der Nn. intercostales
22 Pars abdominalis m. pectoralis majoris
23 V. cephalica accessoria
24 V. basilica
25 V. mediana cubiti
26 V. mediana antebrachii
27 V. cephalica am Unterarm

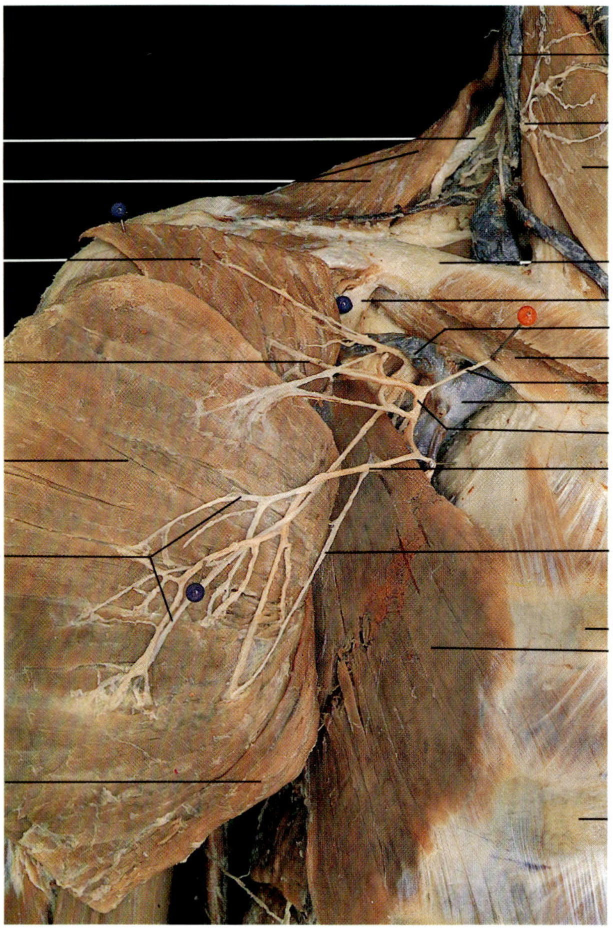

Trig. deltoideopectorale, Regio infraclavicularis (rechts). Der M. pectoralis major wurde durchtrennt und nach lateral geklappt.

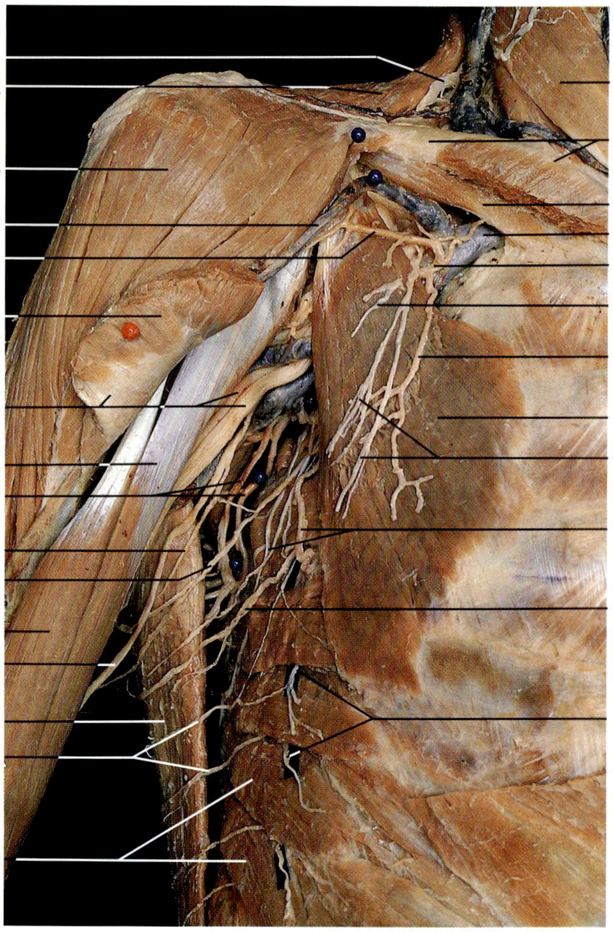

Brustwand und Schulter, tiefe Schicht, und **Regio axillaris** (rechte Seite, von vorne). Der M. pectoralis major wurde durchtrennt und teilweise entfernt.

1 N. accessorius
2 M. trapezius
3 Pars clavicularis m. pectoralis majoris
4 R. acromialis der A. thoracoacromialis
5 Pars sternocostalis des M. pectoralis major
6 Nn. pectorales lat. (Muskeläste des Plexus brachialis)
7 Pars abdominalis m. pectoralis majoris
8 V. jugularis ext.
9 Plexus cervicalis (Punctum nervosum)
10 M. sternocleidomastoideus
11 Clavicula
12 Fascia clavipectoralis (zurückgeklappt)
13 V. cephalica
14 M. subclavius
15 R. clavicularis der A. thoracoacromialis
16 V. subclavia
17 A. thoracoacromialis
18 R. pectoralis der A. thoracoacromialis
19 N. pectoralis med.
20 Zweite Rippe
21 M. pectoralis minor
22 Dritte Rippe
23 M. deltoideus
24 A. brachialis und N. medianus
25 Caput breve m. bicipitis brachii
26 A. und N. thoracodorsalis
27 N. cutaneus brachii med.
28 N. intercostobrachialis (Th_2)
29 Caput longum m. bicipitis brachii
30 N. cutaneus antebrachii med.
31 M. latissimus dorsi
32 Hintere Äste der Rr. cutanei lat. der Interkostalnerven
33 M. serratus ant.
34 N. pectoralis med.
35 N. thoracicus longus und A. thoracica lat.
36 N. intercostobrachialis (Th_3)
37 Vordere Äste der Rr. cutanei lat. der Interkostalnerven

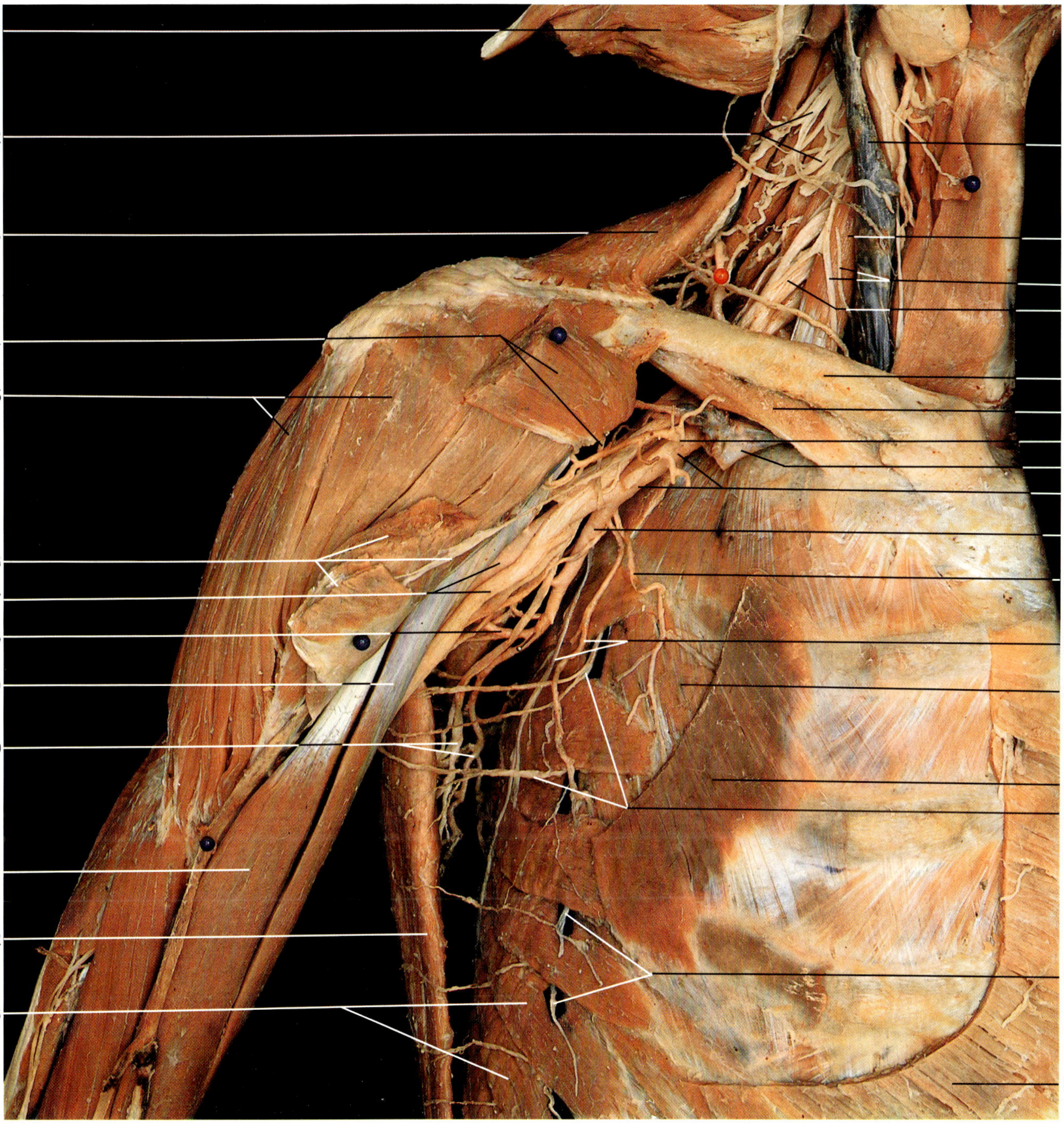

Regio axillaris, rechts (von vorne). Außer dem M. pectoralis major wurde hier auch der M. pectoralis minor durchtrennt, so daß der Gefäß-Nerven-Strang der Achselhöhle sichtbar geworden ist.

1 M. sternocleidomastoideus (durchtrennt und zurückgeklappt)
2 Plexus cervicalis
3 M. trapezius
4 M. pectoralis minor mit N. pectoralis med.
5 M. deltoideus
6 M. pectoralis major mit N. pectoralis lat.
7 N. medianus und A. brachialis
8 A. circumflexa scapulae
9 Caput breve m. bicipitis brachii
10 A. und N. thoracodorsalis
11 Caput longum m. bicipitis brachii
12 M. latissimus dorsi
13 M. serratus ant.
14 V. jugularis int.
15 M. scalenus ant.
16 N. phrenicus und A. cervicalis ascendens
17 Plexus brachialis
18 Clavicula
19 M. subclavius
20 A. thoracoacromialis
21 V. subclavia (durchtrennt)
22 A. subclavia bzw. A. axillaris
23 A. subscapularis
24 A. thoracica suprema
25 A. thoracica lat. und N. thoracicus longus
26 M. intercostalis ext.
27 Ansatz des M. pectoralis minor
28 Nn. intercostobrachiales
29 Rr. cutanei lat. der Interkostalnerven
30 Ansatz des M. pectoralis major

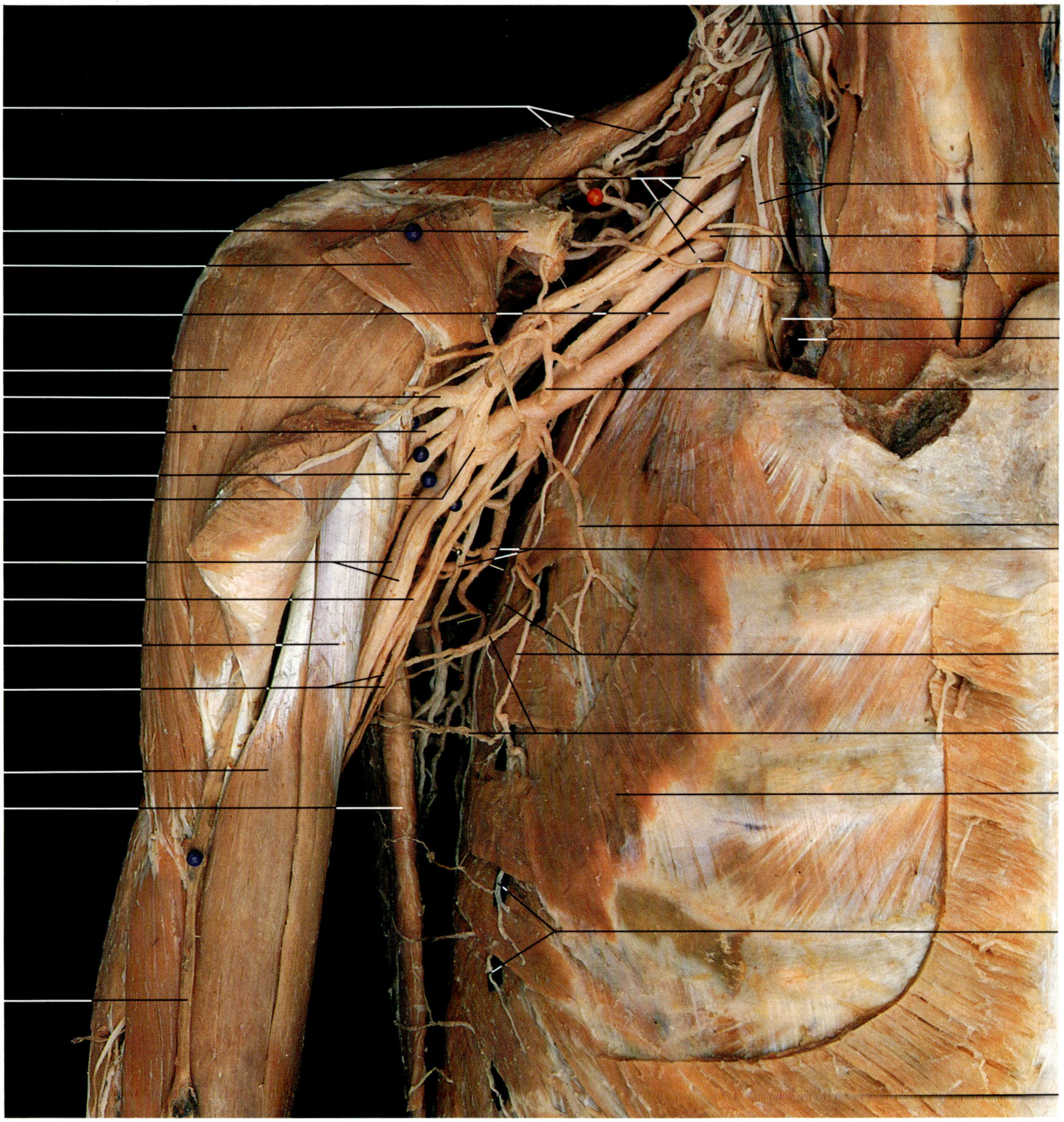

Nerven und Gefäße des Armes, hintere Skalenuslücke mit Plexus brachialis und A. subclavia, Regio axillaris und Oberarm (von ventral). Clavicula und Mm. pectorales wurden teilweise entfernt.

1 M. trapezius und N. accessorius
2 Plexus brachialis
3 Clavicula (durchtrennt)
4 M. pectoralis minor
5 A. axillaris bzw. A. subclavia
6 M. deltoideus
7 N. musculocutaneus
8 N. axillaris
9 N. radialis
10 Medianusschlinge
11 N. medianus und A. brachialis
12 N. ulnaris
13 Caput breve m. bicipitis brachii
14 N. cutaneus brachii und antebrachii med.
15 Caput longum m. bicipitis brachii
16 M. latissimus dorsi
17 V. cephalica
18 Plexus cervicalis
19 N. phrenicus und M. scalenus ant.
20 A. scapularis descendens
21 A. suprascapularis
22 A. thoracica int.
23 V. subclavia
24 A. thoracoacromialis
25 A. thoracica suprema
26 A. und N. thoracodorsalis
27 A. thoracica lat. und N. thoracicus longus
28 Nn. intercostobrachiales
29 Ansatz des M. pectoralis minor an der 2.–5. Rippe
30 Rami cutanei lat. der Interkostalnerven
31 Pars abdominalis des M. pectoralis major (durchtrennt)

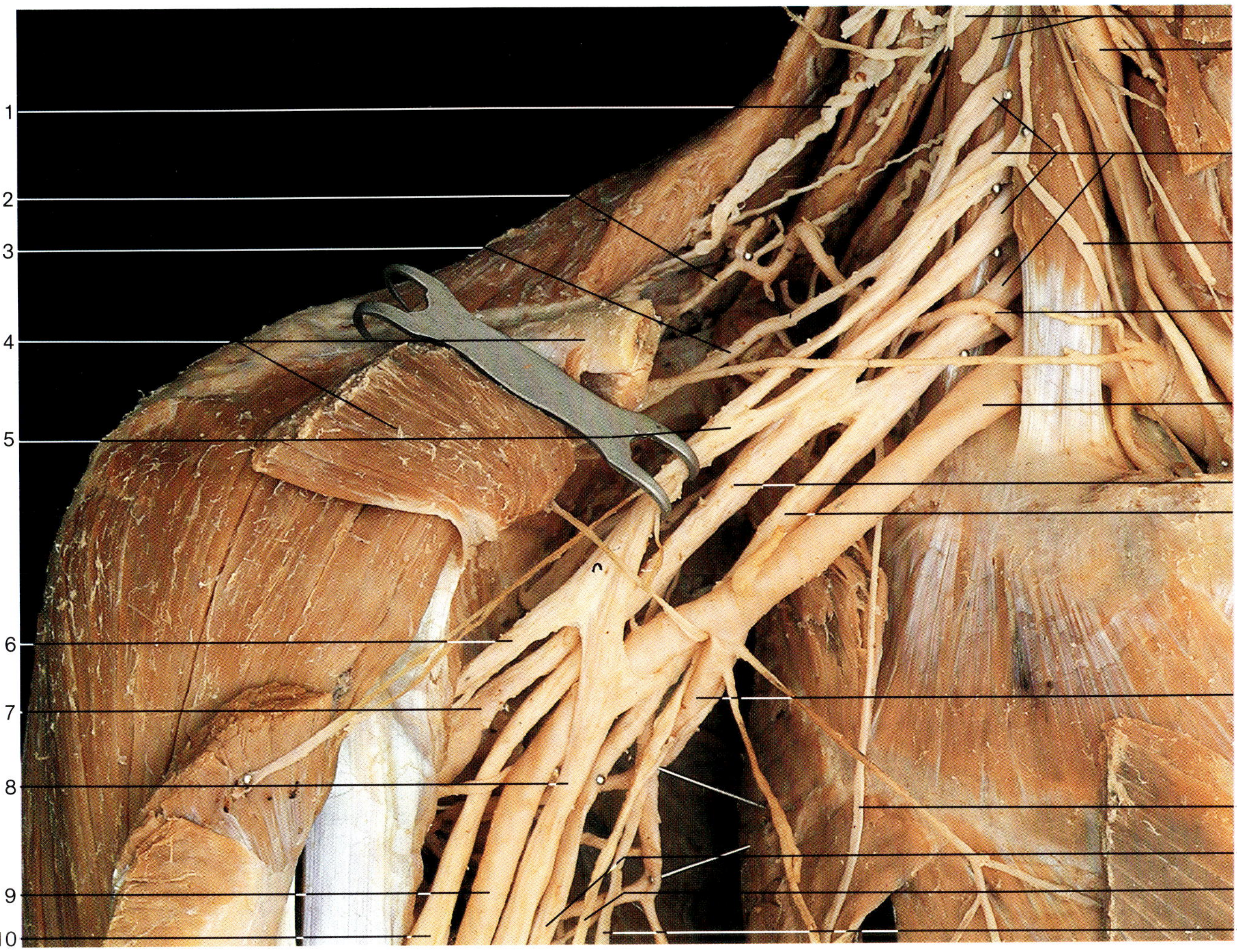

Plexus brachialis, rechts (von ventral). Clavicula und Pektoralismuskulatur wurden teilweise entfernt.

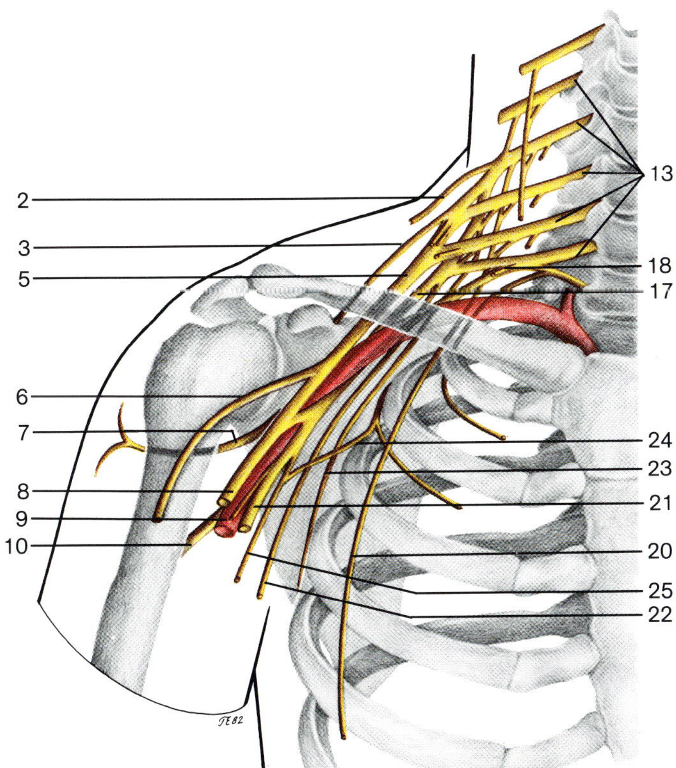

Gliederung und Astfolge des Plexus brachialis (Schemazeichnung) (Tr.).

1 N. accessorius
2 N. dorsalis scapulae
3 N. suprascapularis
4 Clavicula und M. pectoralis minor
5 **Fasciculus lat.** des Plexus brachialis
6 N. musculocutaneus
7 N. axillaris
8 N. medianus
9 A. brachialis
10 N. radialis
11 Plexus cervicalis
12 A. carotis communis
13 Wurzeln des Plexus brachialis (C_5-Th_1)
14 N. phrenicus
15 A. cervicalis descendens
16 A. subclavia
17 **Fasciculus post.** des Plexus brachialis
18 **Fasciculus med.** des Plexus brachialis
19 A. subscapularis
20 N. thoracicus longus
21 N. ulnaris
22 N. cutaneus antebrachii med.
23 N. thoracodorsalis
24 N. intercostobrachialis
25 N. cutaneus brachii med.

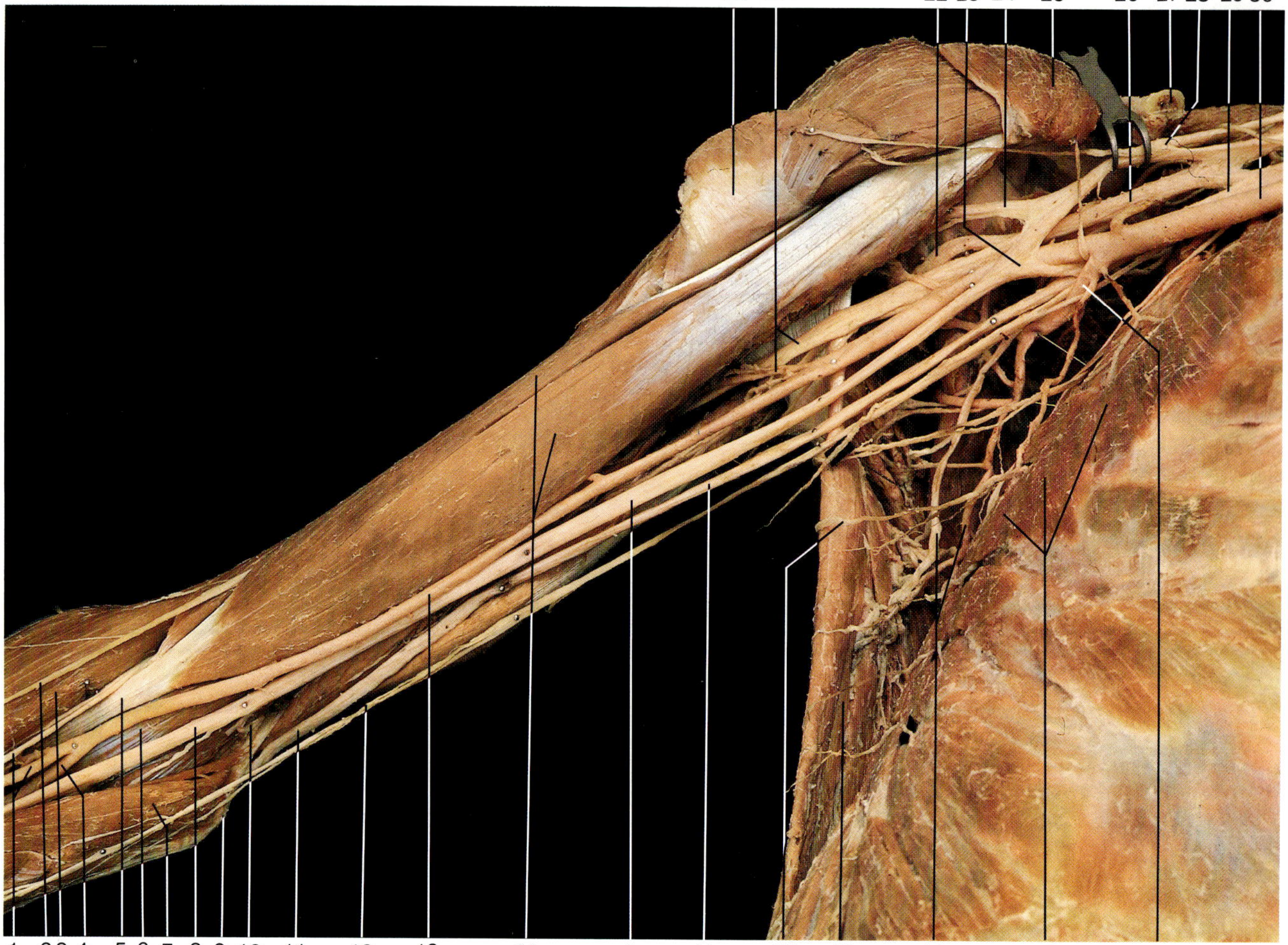

Rechter Oberarm. Darstellung der Leitungsbahnen von ventral. Schultergürtel etwas nach hinten abgespreizt.

1 A. radialis und Ramus superf. n. radialis
2 N. cutaneus antebrachii lat. (aus N. musculocutaneus)
3 M. brachioradialis
4 A. ulnaris
5 Sehne des M. biceps brachii
6 M. brachialis
7 M. pronator teres
8 N. medianus
9 Epicondylus medialis humeri
10 A. collateralis ulnaris inf.
11 N. ulnaris
12 N. cutaneus antebrachii med.
13 A. brachialis
14 M. biceps brachii
15 N. intercostobrachialis (Th_3)
16 M. latissimus dorsi
17 N. und A. thoracodorsalis
18 M. serratus ant.
19 A. subscapularis
20 M. pectoralis major (zurückgeklappt) mit N. pectoralis lat.
21 N. radialis und A. profunda brachii
22 N. axillaris
23 Medianusschlinge um die A. axillaris
24 N. musculocutaneus
25 M. pectoralis minor (zurückgeklappt) und N. pectoralis med.
26 Fasciculus post. des Plexus brachialis
27 Clavicula (durchtrennt)
28 Fasciculus lat. des Plexus brachialis
29 Fasciculus med. des Plexus brachialis
30 A. subclavia

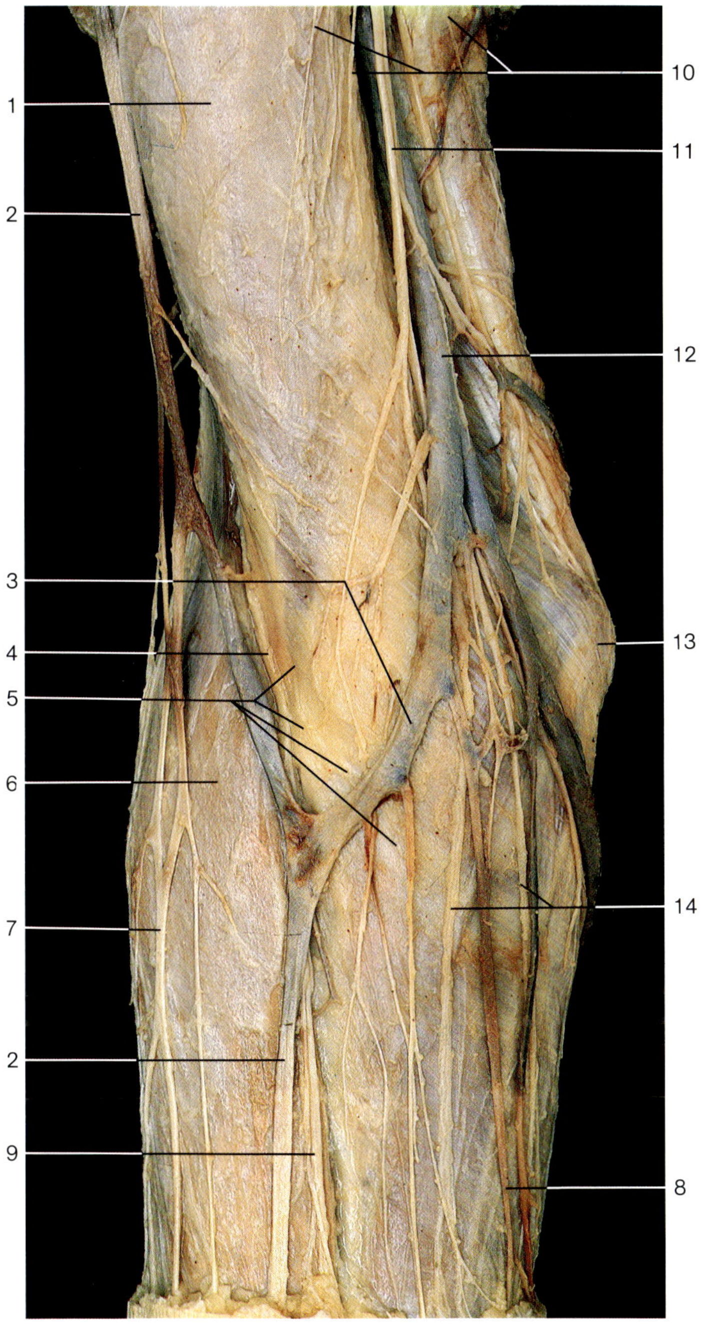

Regio cubiti I, Hautnerven und Venensystem der Ellenbeuge (von ventral).

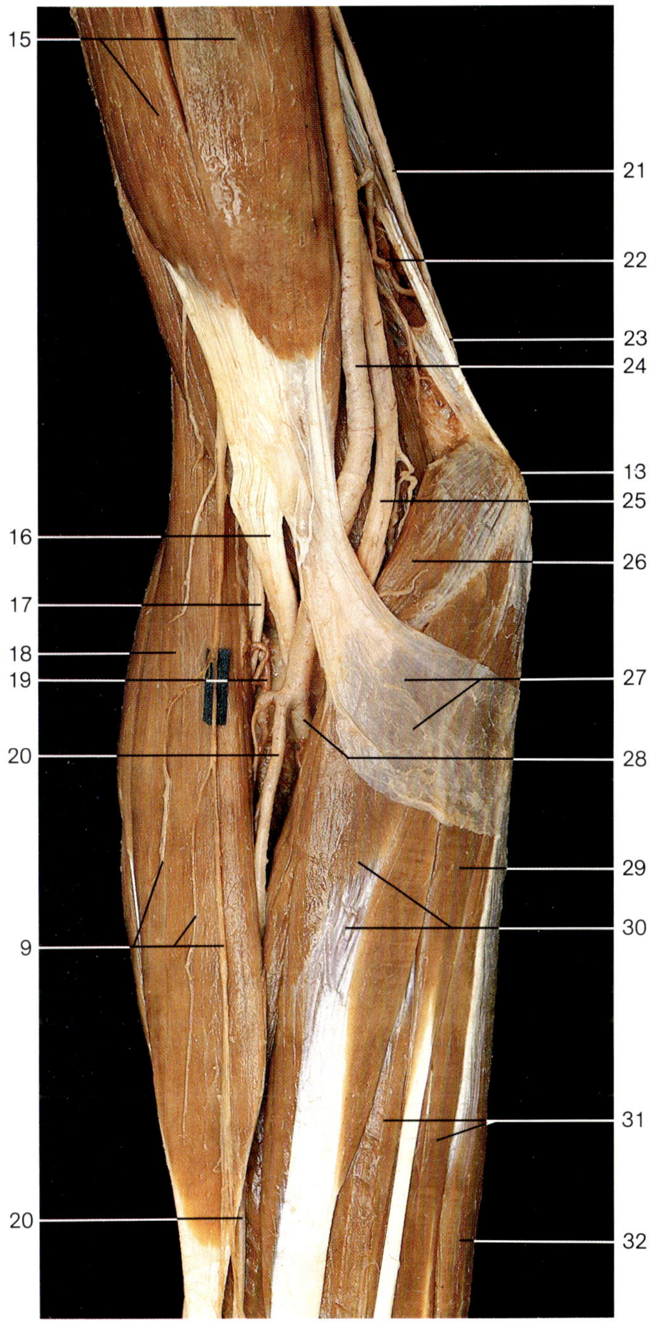

Regio cubiti II, oberflächliche Schicht (von ventral). Muskelfaszien entfernt.

1 M. biceps brachii mit Faszie
2 V. cephalica
3 V. mediana cubiti
4 N. musculocutaneus
5 Sehne und Aponeurose des M. biceps brachii (zusammen mit der Faszie des Unterarms)
6 M. brachioradialis mit Faszie
7 V. cephalica accessoria
8 V. mediana antebrachii
9 Hautäste des N. musculocutaneus (N. cutaneus antebrachii lat.)
10 Endäste des N. cutaneus brachii med.
11 N. cutaneus brachii med.
12 V. basilica
13 Epicondylus med. humeri
14 Endäste des N. cutaneus antebrachii med.
15 M. biceps brachii
16 Sehne des M. biceps brachii
17 N. radialis
18 M. brachioradialis
19 A. recurrens radialis
20 A. radialis
21 N. ulnaris
22 A. collateralis ulnaris inf.
23 Septum intermusculare brachii med.
24 A. brachialis
25 N. medianus
26 M. pronator teres
27 Aponeurose des M. biceps brachii
28 A. ulnaris
29 M. palmaris longus
30 M. flexor carpi radialis
31 M. flexor digitorum superficialis
32 M. flexor carpi ulnaris

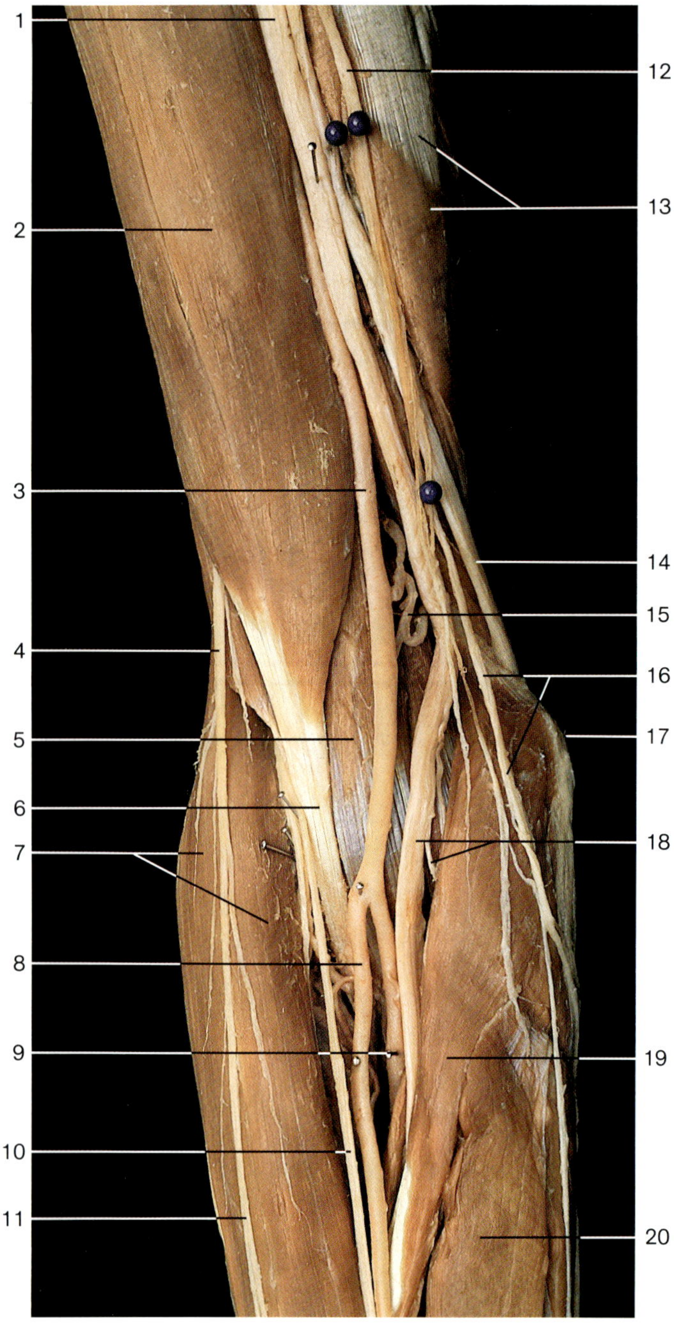

Regio cubiti III, mittlere Schicht (von ventral). Die Aponeurose des M. biceps brachii wurde entfernt.

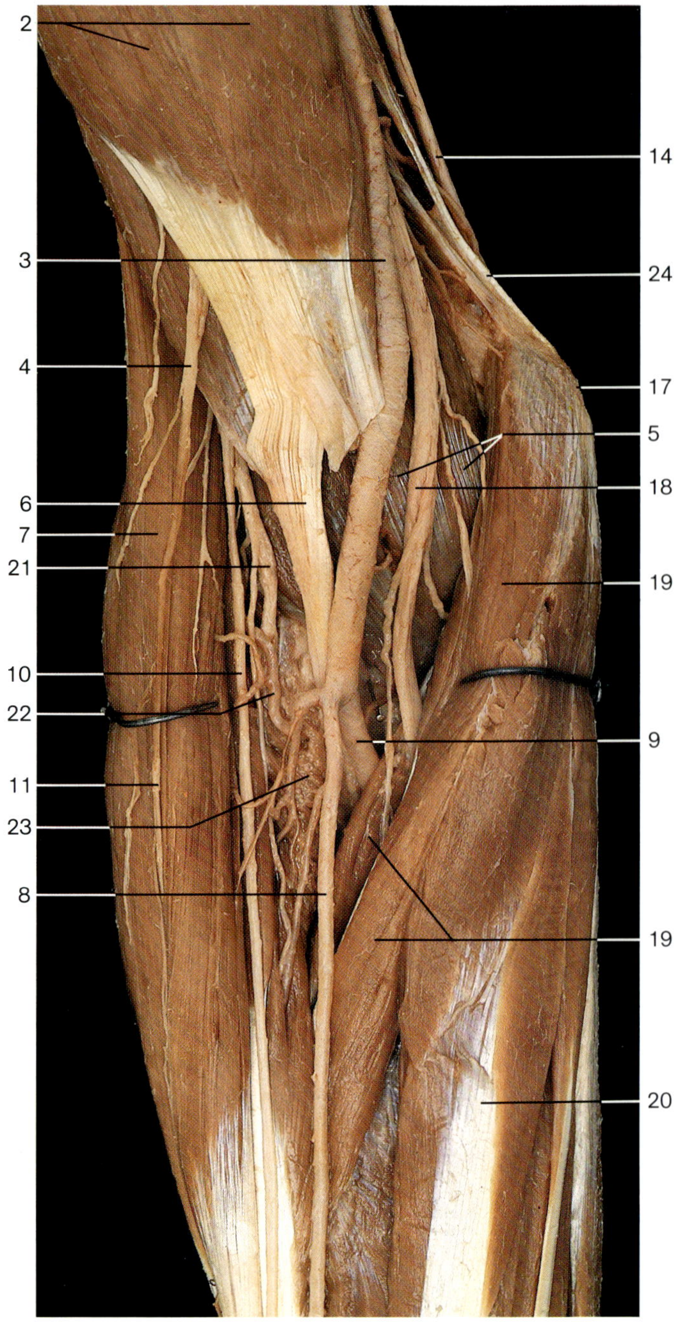

Regio cubiti IV, mittlere Schicht (von ventral). M. pronator teres und M. brachioradialis wurden etwas zur Seite gezogen.

1 N. medianus
2 M. biceps brachii
3 A. brachialis
4 N. musculocutaneus
5 M. brachialis
6 Sehne des M. biceps brachii
7 M. brachioradialis
8 A. radialis
9 A. ulnaris
10 Ramus superf. n. radialis
11 N. cutaneus antebrachii lat. (aus N. musculocutaneus)
12 N. cutaneus antebrachii med.
13 M. triceps brachii
14 N. ulnaris
15 A. collateralis ulnaris inf.
16 Endäste des N. cutaneus antebrachii med.
17 Epicondylus med. humeri
18 N. medianus mit Rami musculares (zum M. pronator teres)
19 M. pronator teres
20 M. flexor carpi radialis
21 R. profundus n. radialis
22 A. recurrens radialis
23 M. supinator
24 Septum intermusculare brachii med.

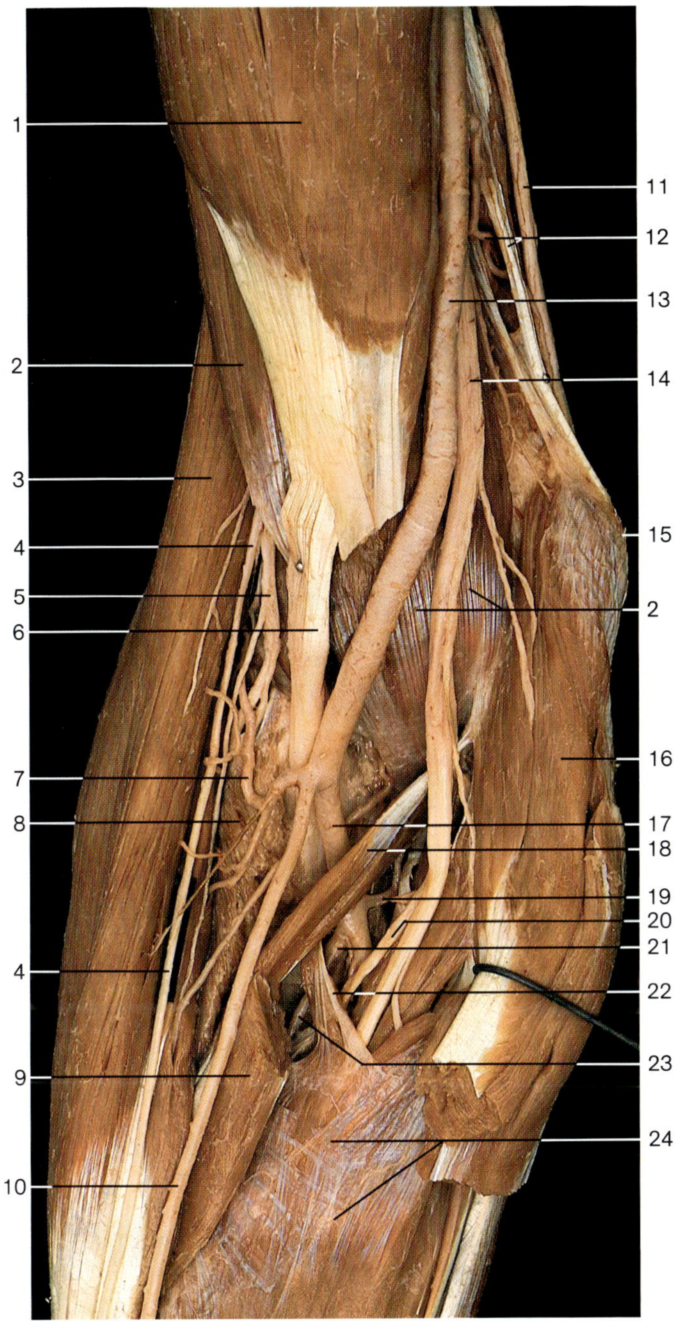

Regio cubiti V, tiefe Schicht (von ventral). M. pronator teres und M. flexor carpi ulnaris wurden durchtrennt und zur Seite gezogen.

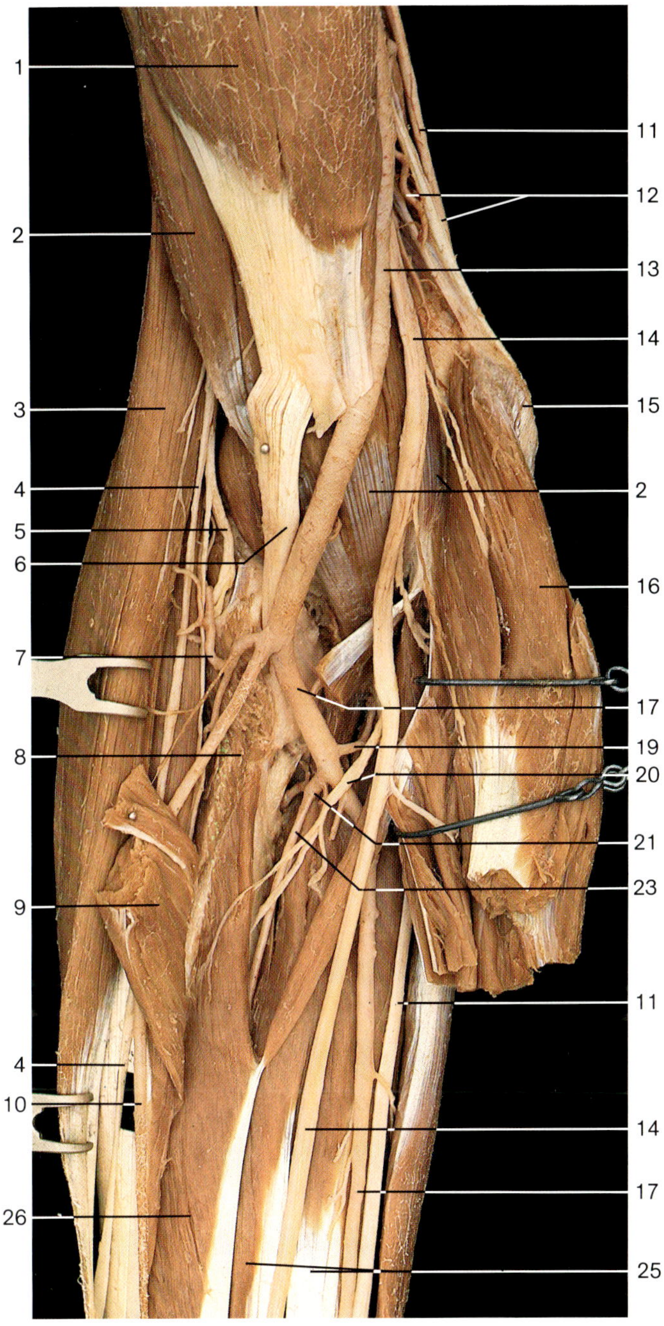

Regio cubiti VI, tiefste Schicht (von ventral). In Ergänzung zum nebenstehenden Bild wurden hier auch der M. flexor digitorum superf. sowie das Caput ulnare des M. pronator teres durchtrennt und zurückgeklappt.

1 M. biceps brachii
2 M. brachialis
3 M. brachioradialis
4 Ramus superf. n. radialis
5 Ramus prof. n. radialis
6 Sehne des M. biceps brachii
7 A. recurrens radialis
8 M. supinator
9 Ansatz des M. pronator teres (durchschnitten)
10 A. radialis
11 N. ulnaris
12 Septum intermusculare brachii med. und A. collateralis ulnaris inf.
13 A. brachialis
14 N. medianus
15 Epicondylus med. humeri
16 M. pronator teres, caput humerale
17 A. ulnaris
18 M. pronator teres, caput ulnare
19 A. recurrens ulnaris
20 N. interosseus antebrachii ant.
21 A. interossea communis
22 Sehnenbogen des M. flexor digitorum superf.
23 A. interossea ant.
24 M. flexor digitorum superf.
25 M. flexor digitorum prof.
26 M. flexor pollicis longus

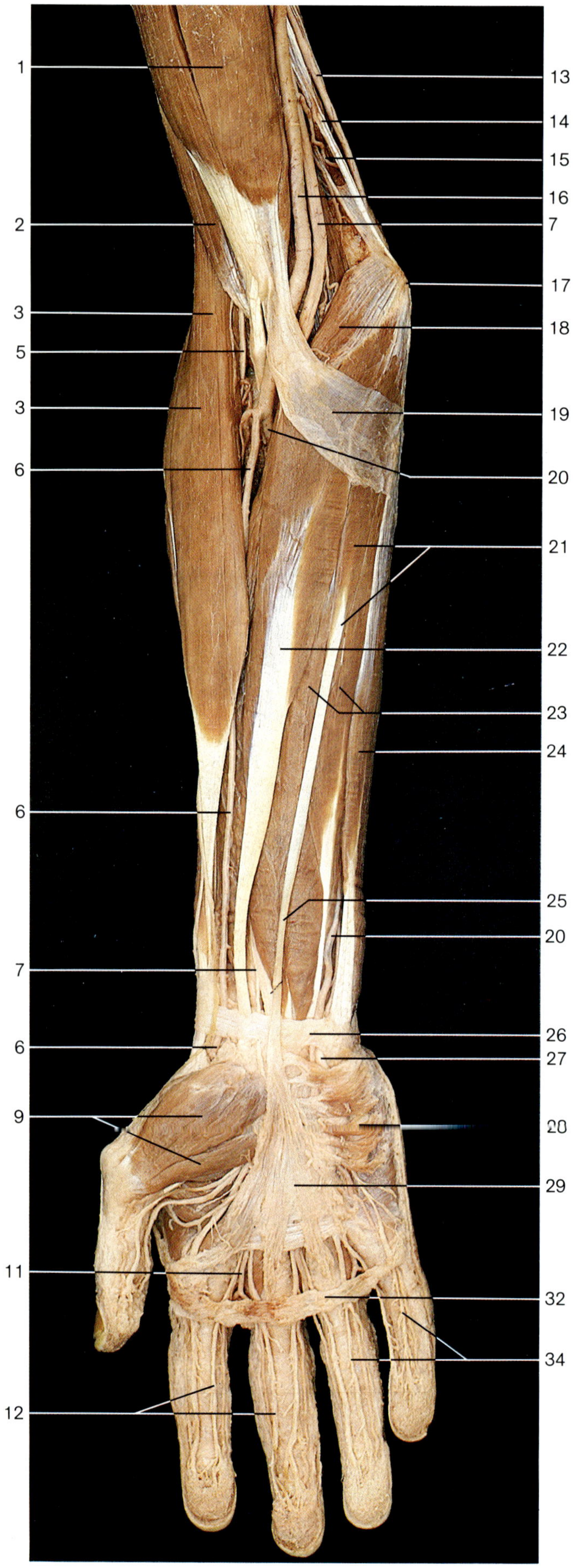

Gefäße und Nerven von Unterarm und Hand I, oberflächliche Schicht (rechts, von volar).

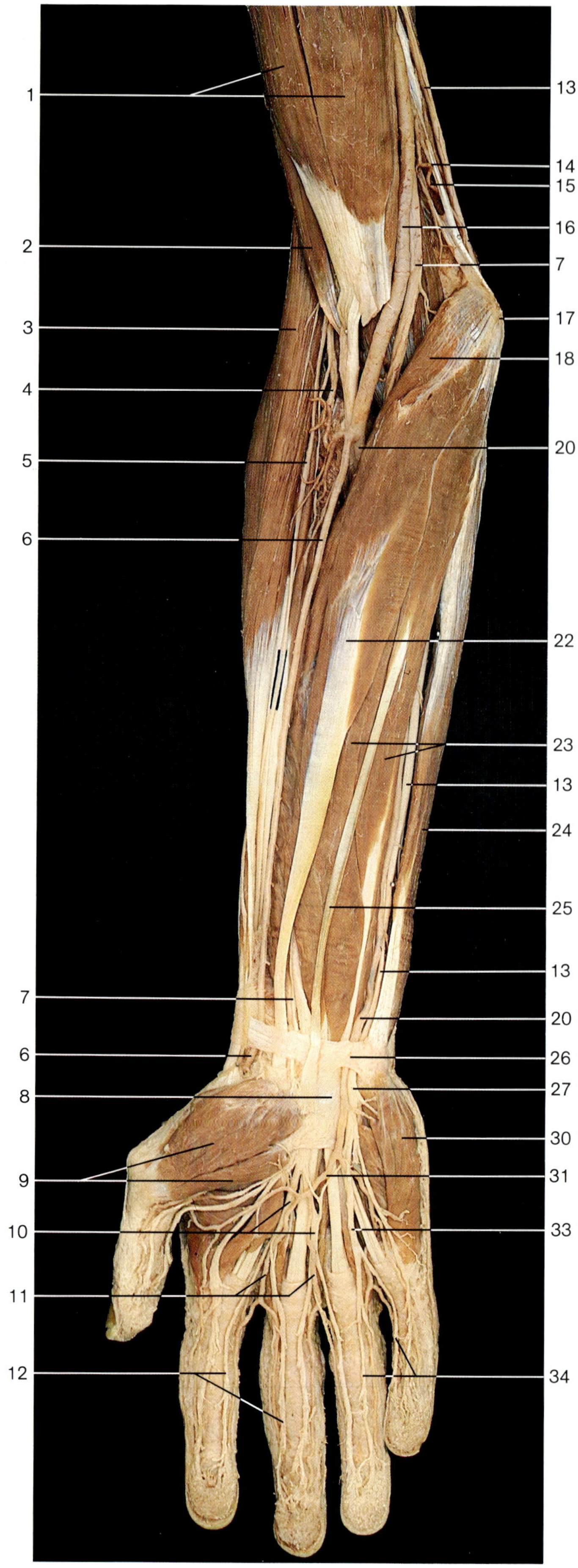

Gefäße und Nerven von Unterarm und Hand II, oberflächliche Schicht (rechts, von volar). Die Palmaraponeurose und die Bizepsaponeurose wurden entfernt.

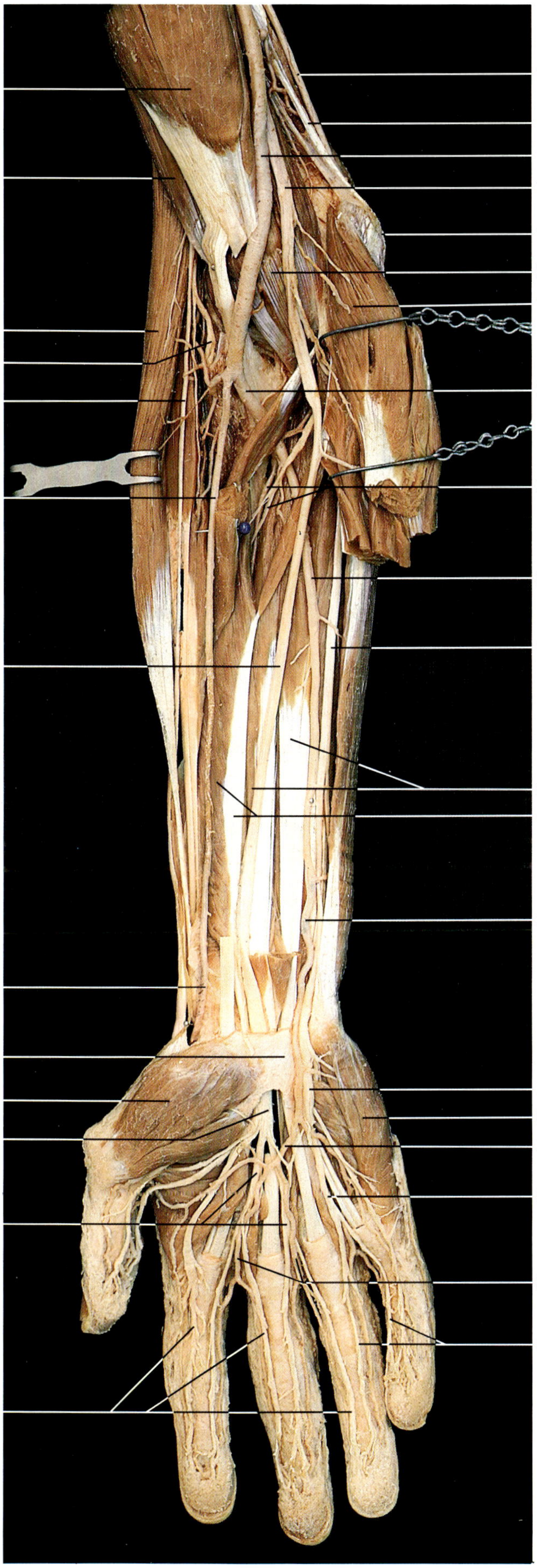

Gefäße und Nerven von Unterarm und Hand III, tiefe Schicht (von ventral). Die oberflächlichen Beuger wurden durchtrennt.

1 M. biceps brachii
2 M. brachialis
3 M. brachioradialis
4 R. prof. n. radialis
5 R. superf. n. radialis
6 A. radialis
7 N. medianus
8 Retinaculum flexorum
9 Thenarmuskulatur
10 Nn. digitales palmares communes (aus N. medianus)
11 Aa. digitales palmares communes
12 Nn. digitales palmares proprii (aus N. medianus)
13 N. ulnaris
14 Septum intermusculare brachii med.
15 A. collateralis ulnaris inf.
16 A. brachialis
17 Epicondylus med. humeri
18 M. pronator teres
19 Aponeurosis m. bicipitis brachii
20 A. ulnaris
21 M. palmaris longus
22 M. flexor carpi radialis
23 M. flexor digitorum superf.
24 M. flexor carpi ulnaris
25 Sehne des M. palmaris longus
26 Rest der Fascia antebrachii
27 Ramus superf. n. ulnaris
28 M. palmaris brevis
29 Palmaraponeurose
30 Hypothenarmuskulatur
31 **Arcus palmaris superficialis**
32 Lig. metacarpeum transversum superf.
33 N. digitalis palmaris communis (aus N. ulnaris)
34 Nn. digitales palmares proprii (aus N. ulnaris)
35 A. interossea und N. interosseus ant.
36 M. flexor digitorum prof.
37 Aa. digitales palmares communes
38 Ramus palmaris (aus N. medianus)
39 M. flexor pollicis longus
40 Ramus cutaneus palmaris (aus N. ulnaris)

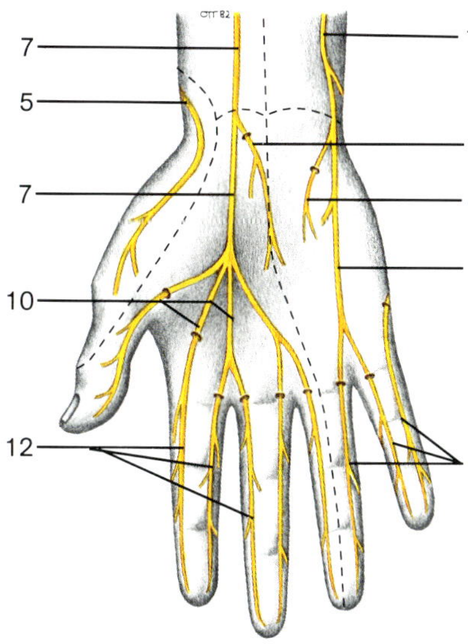

Sensible Innervation der Volarfläche der Hand (Schemazeichnung) (O.).
Innervation: $3^1/_2$ Finger vom N. medianus,
$1^1/_2$ Finger vom N. ulnaris.

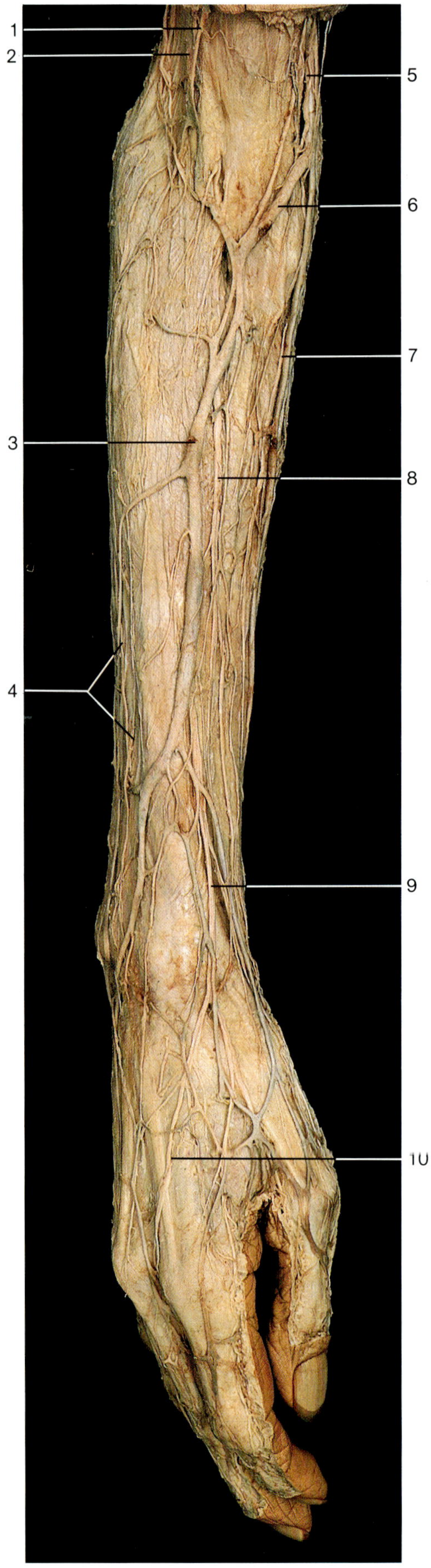

Subkutanes Venensystem und Hautnerven von Unterarm und Hand (von ventro-lateral).

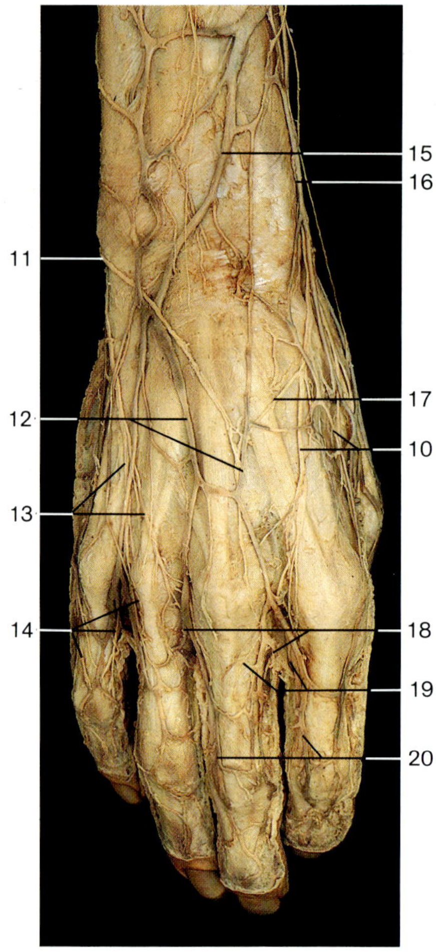

Handrücken, oberflächliche Schicht (von dorsal). Hautnerven und Venennetz.

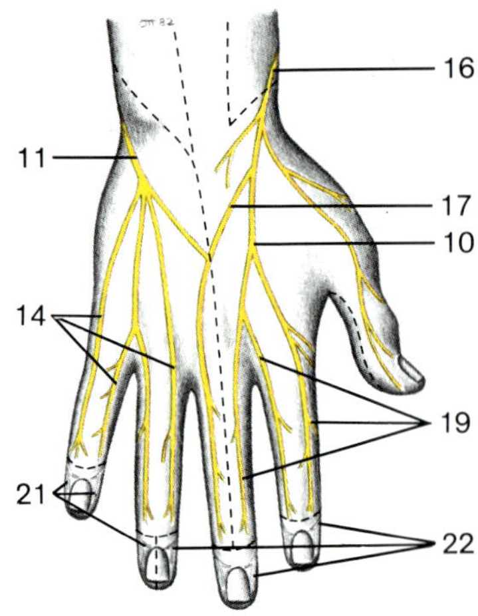

Sensible Innervation der Dorsalseite der Hand (Schemazeichnung) (O.).
Innervation:
$2^1/_2$ Finger vom N. ulnaris,
$2^1/_2$ Finger vom N. radialis.
Man beachte, daß die Endglieder von den palmaren Hautnerven versorgt werden.

1 N. musculocutaneus
2 V. cephalica im Sulcus bicipitalis lat.
3 V. cephalica
4 Nn. cutanei antebrachii post. (aus N. radialis)
5 V. basilica
6 V. mediana cubiti
7 N. cutaneus antebrachii med.
8 N. cutaneus antebrachii lat. (aus N. musculocutaneus)
9 Ramus superf. n. radialis
10 Nn. digitales dorsales n. radialis
11 R. dorsalis n. ulnaris
12 Rete venosum dorsale manus
13 Nn. digitales dorsales communes (aus N. ulnaris)
14 Nn. digitales dorsales proprii (aus N. ulnaris)
15 V. cephalica (Ursprung an der Handwurzel)
16 R. superf. n. radialis
17 R. communicans cum n. ulnare
18 Vv. intercapitales
19 Nn. digitales dorsales proprii (aus N. radialis)
20 Vv. digitales dorsales
21 Nn. digitales palmares proprii (aus N. ulnaris)
22 Nn. digitales palmares proprii (aus N. medianus)

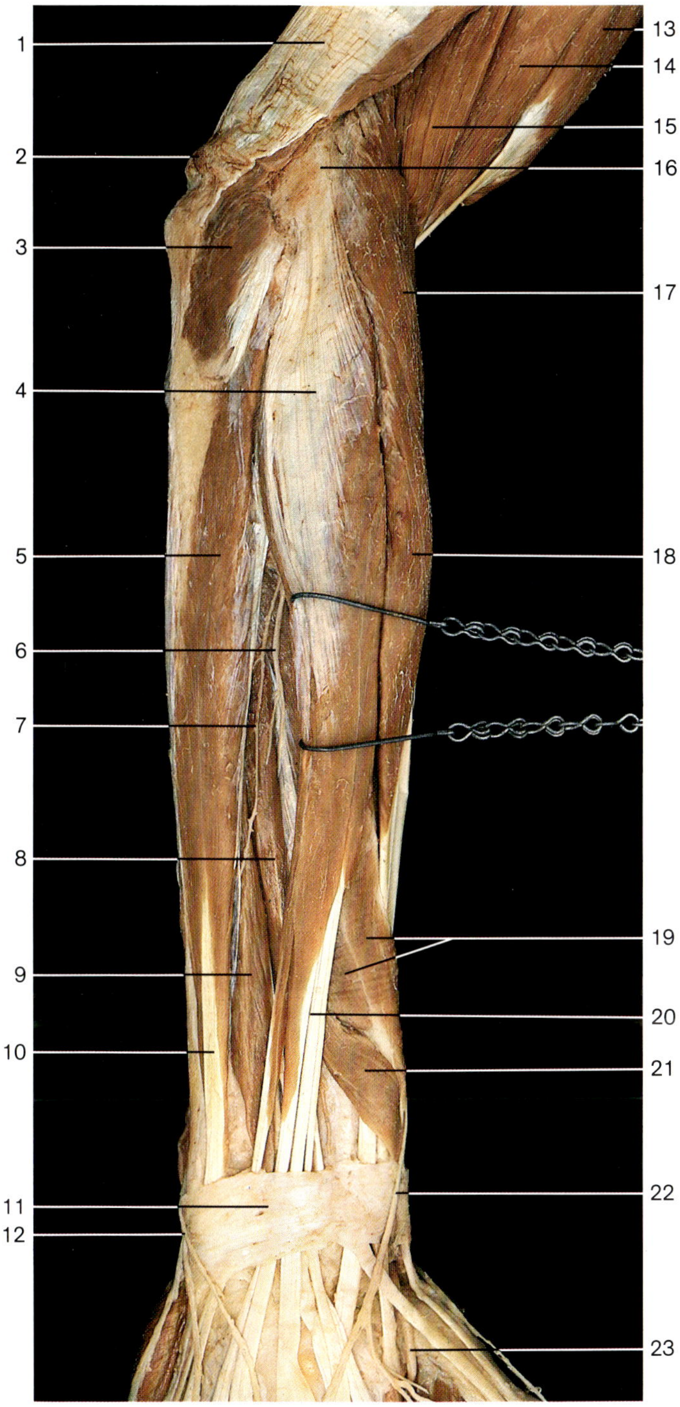

Gefäße und Nerven an der Dorsalseite des Unterarms, oberflächliche Präparation, Extensorenloge (rechter Arm).

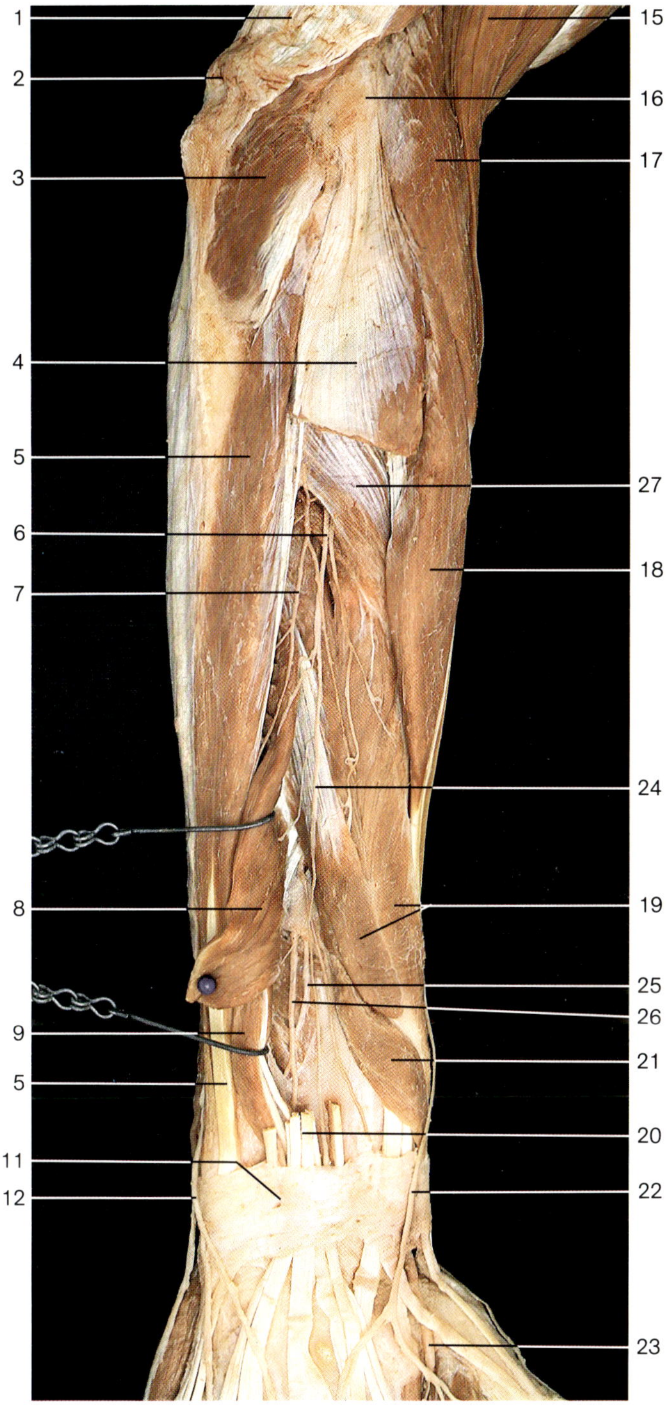

Gefäße und Nerven an der Dorsalseite des Unterarms, tiefe Präparation, Extensorenloge (rechter Arm).

1 Sehne des M. triceps brachii
2 Olecranon
3 M. anconaeus
4 M. extensor digitorum
5 M. extensor carpi ulnaris
6 Ramus prof. n. radialis
7 A. interossea post.
8 M. extensor pollicis longus
9 M. extensor indicis
10 Sehne des M. extensor carpi ulnaris
11 Retinaculum extensorum
12 Ramus dorsalis n. ulnaris
13 M. biceps brachii
14 M. brachialis
15 M. brachioradialis
16 Epicondylus lat. humeri
17 M. extensor carpi radialis longus
18 M. extensor carpi radialis brevis
19 M. abductor pollicis longus
20 Sehnen des M. extensor digitorum
21 M. extensor pollicis brevis
22 Ramus superf. n. radialis
23 A. radialis
24 N. interosseus antebrachii post.
25 N. interosseus antebrachii ant.
26 A. interossea ant.
27 M. supinator

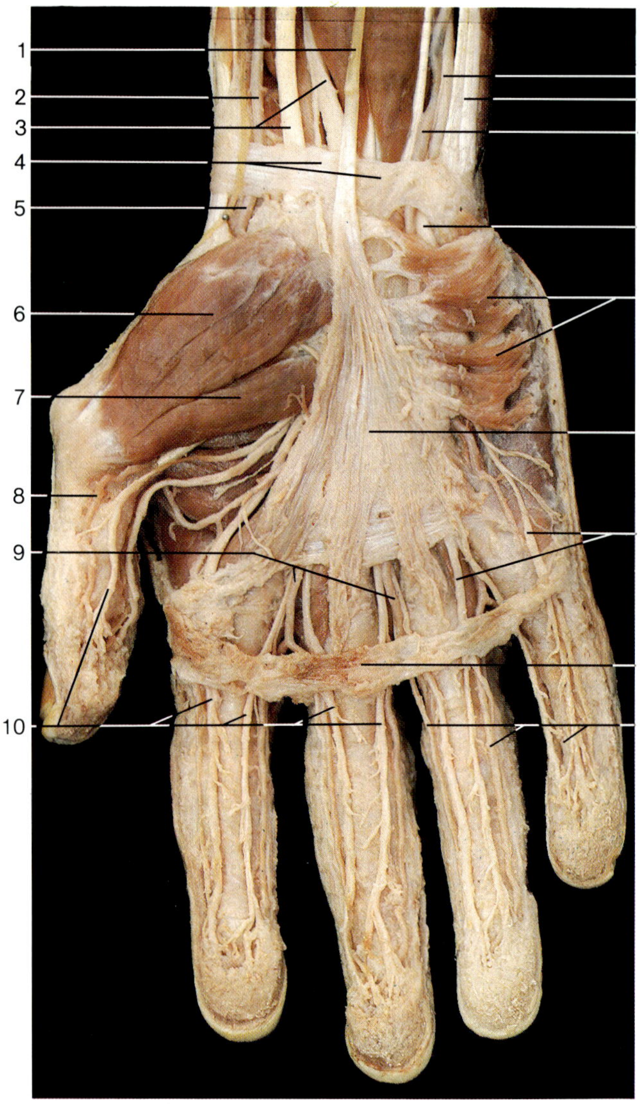

Rechte Hand I, Volarseite, oberflächliche Schicht mit Gefäßen und Nerven.

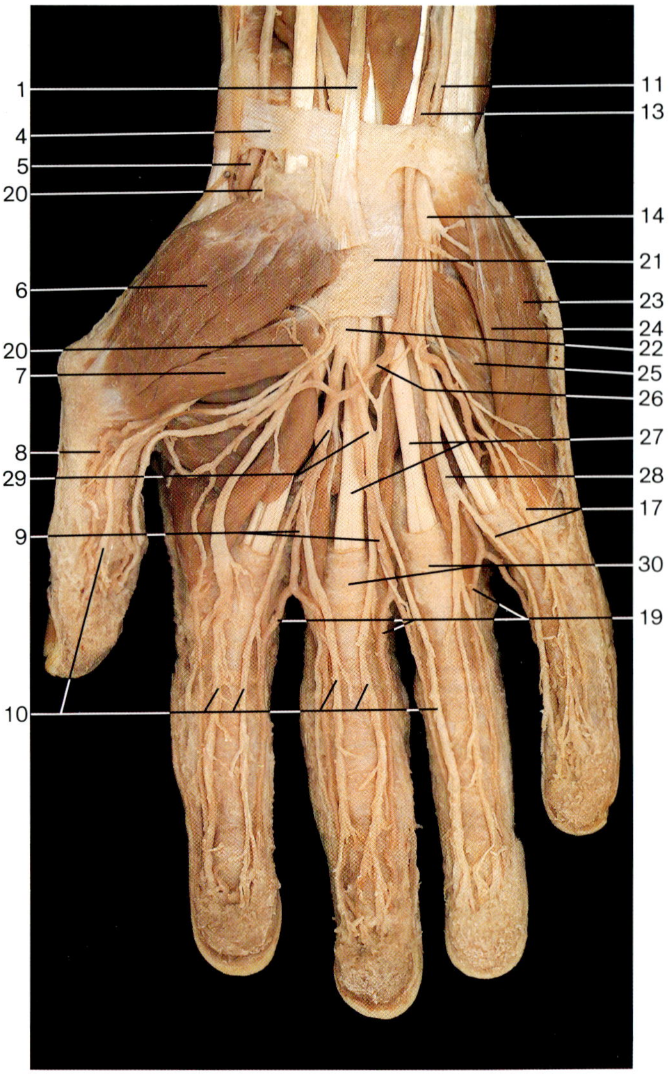

Rechte Hand II, Volarseite, oberflächliche Schicht nach Entfernung der Palmaraponeurose.

1 Sehne des M. palmaris longus
2 **A. radialis**
3 Sehne des M. flexor carpi radialis und N. medianus
4 Rest der Fascia antebrachii
5 A. radialis beim Übertritt in die Fovea radialis (Tabatière)
6 M. abductor pollicis brevis
7 M. flexor pollicis brevis (caput superf.)
8 A. digitalis palmaris propria pollicis
9 Aa. digitales palmares communes
10 Nn. digitales palmares proprii (aus N. medianus)
11 **N. ulnaris**
12 Sehne des M. flexor carpi ulnaris
13 **A. ulnaris**
14 Ramus superficialis n. ulnaris
15 M. palmaris brevis
16 Palmaraponeurose
17 Nn. digitales palmares proprii (aus N. ulnaris)
18 Lig. metacarpeum transversum superf.
19 Aa. digitales palmares proprii
20 Ramus palmaris superf. der A. radialis (Verbindung mit dem Arcus palmaris superf.)
21 Retinaculum flexorum
22 **N. medianus**
23 M. abductor digiti minimi
24 M. flexor digiti minimi brevis
25 M. opponens digiti minimi
26 **Arcus palmaris superf.**
27 Sehnen des M. flexor digitorum superf.
28 N. digitalis palmaris communis (aus N. ulnaris)
29 Nn. digitales palmares communes (aus N. medianus)
30 Vaginae fibrosae digitorum manus

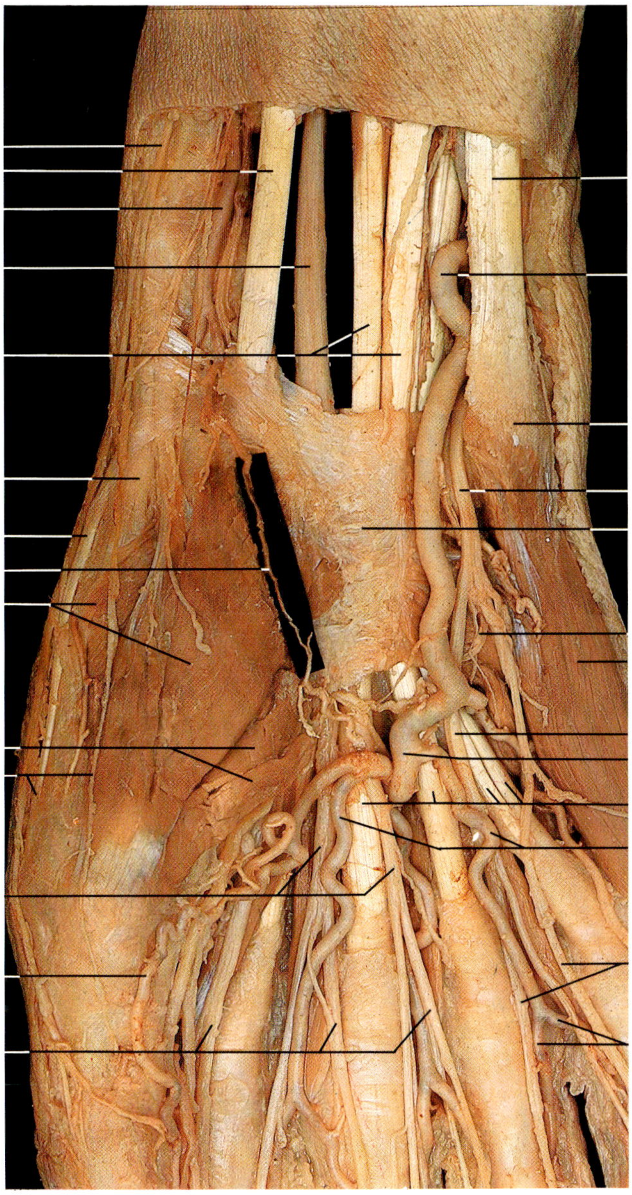

Rechte Hand III, Volarseite, oberflächliche Schicht im Handwurzelbereich. Darstellung des Arcus palmaris superficialis.

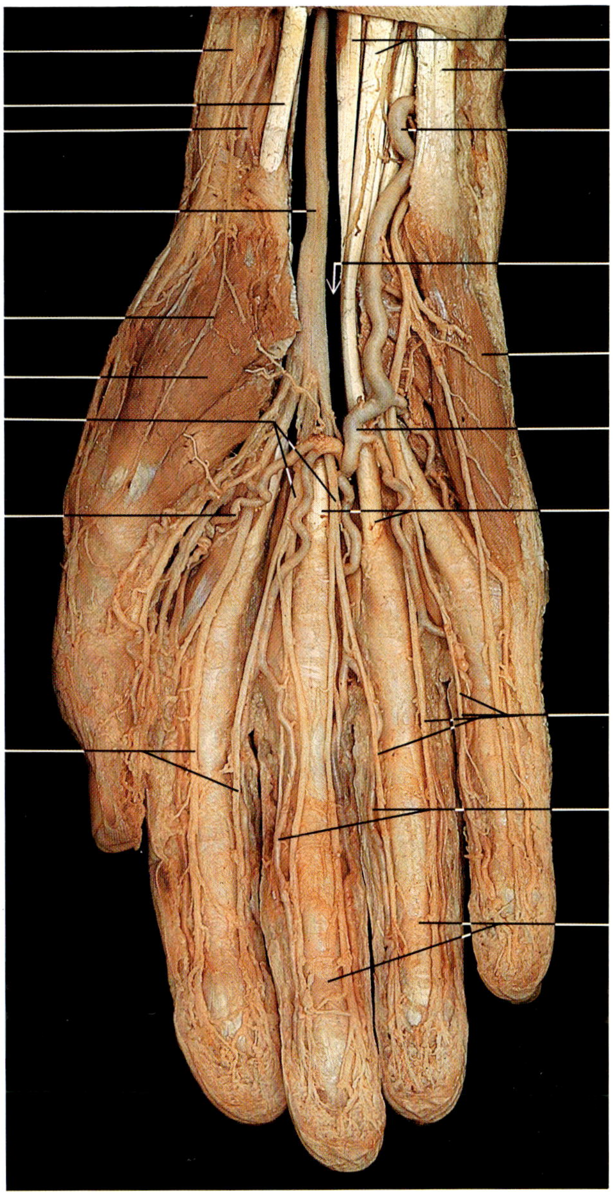

Rechte Hand IV, Volarseite, mittlere Schicht. Das Retinaculum flexorum wurde entfernt.

1 Ramus superf. n. radialis
2 Sehne des M. flexor carpi radialis
3 A. radialis
4 N. medianus
5 Sehnen des M. flexor digitorum superf.
6 Sehne des M. abductor pollicis longus
7 Sehne des M. extensor pollicis brevis
8 Ramus palmaris superf. der A. radialis
9 M. abductor pollicis brevis
12 Nn. digitales palmares communes (aus N. medianus)
13 A. digitalis palmaris propria pollicis
14 Nn. digitales palmares proprii (aus N. medianus)
15 Sehne des M. flexor carpi ulnaris
16 A. ulnaris
17 Lage des Os pisiforme
18 Ramus superf. n. ulnaris
19 Retinaculum flexorum
20 Ramus prof. n. ulnaris
21 M. abductor digiti minimi
22 N. digitalis palmaris communis (aus N. ulnaris)
23 Arcus palmaris superf.
24 Sehnen der Mm. flexores digitorum
25 Aa. digitales palmares communes
26 Nn. digitales palmares proprii (aus N. ulnaris)
27 Aa. digitales palmares propriae
28 Canalis carpi
29 Vaginae fibrosae digitorum manus

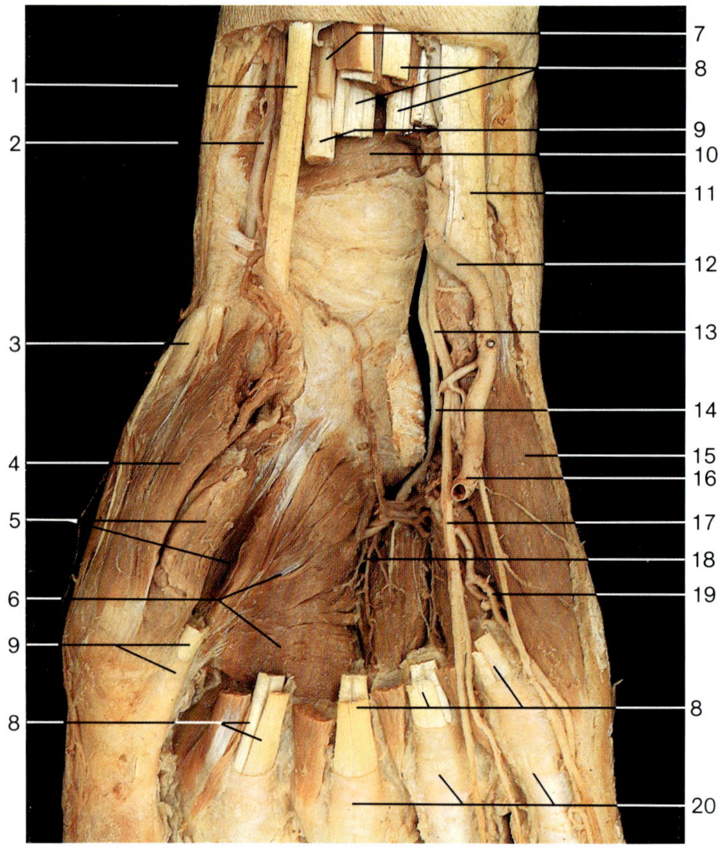

Rechte Hand V, Volarseite, tiefe Schicht. Canalis carpi eröffnet, Sehnen der Mm. flexores digitorum entfernt und Arcus palmaris superf. durchtrennt.

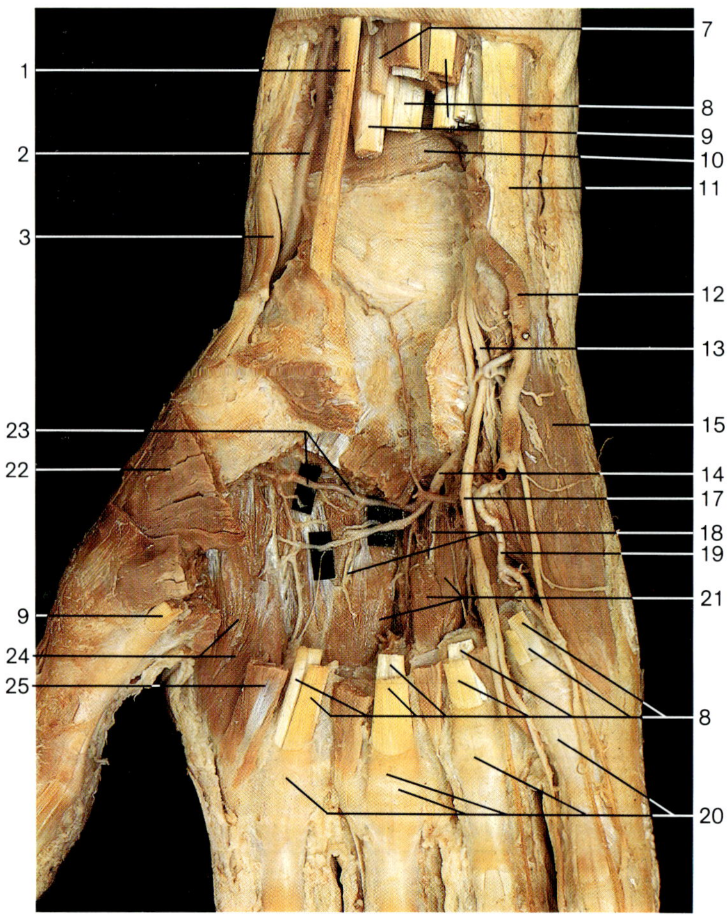

Rechte Hand VI, Volarseite, tiefste Schicht. Darstellung des **Arcus palmaris prof.**

1 Sehne des M. flexor carpi radialis
2 A. radialis
3 Sehne des M. abductor pollicis longus
4 M. abductor pollicis brevis
5 M. flexor pollicis brevis (caput superf. et prof.)
6 M. adductor pollicis (caput obliquum et transversum)
7 N. medianus
8 Sehnen der Mm. flexores digitorum
9 Sehne des M. flexor pollicis longus
10 M. pronator quadratus
11 Sehne des M. flexor carpi ulnaris
12 A. ulnaris
13 Ramus superf. n. ulnaris
14 Ramus prof. n. ulnaris
15 M. flexor digiti minimi
16 **Arcus palmaris superf.** (durchtrennt)
17 N. digitalis palmaris communis (aus N. ulnaris)
18 Aa. metacarpeae palmares (aus Arcus palmaris prof.)
19 A. digitalis palmaris propria für den 5. Finger
20 Vaginae fibrosae digitorum manus
21 Mm. interossei palmares
22 M. opponens pollicis (durchtrennt)
23 **Arcus palmaris profundus**
24 M. interosseus dorsalis I
25 M. lumbricalis I

Kapitel VI

Brustorgane
und
Brustsitus

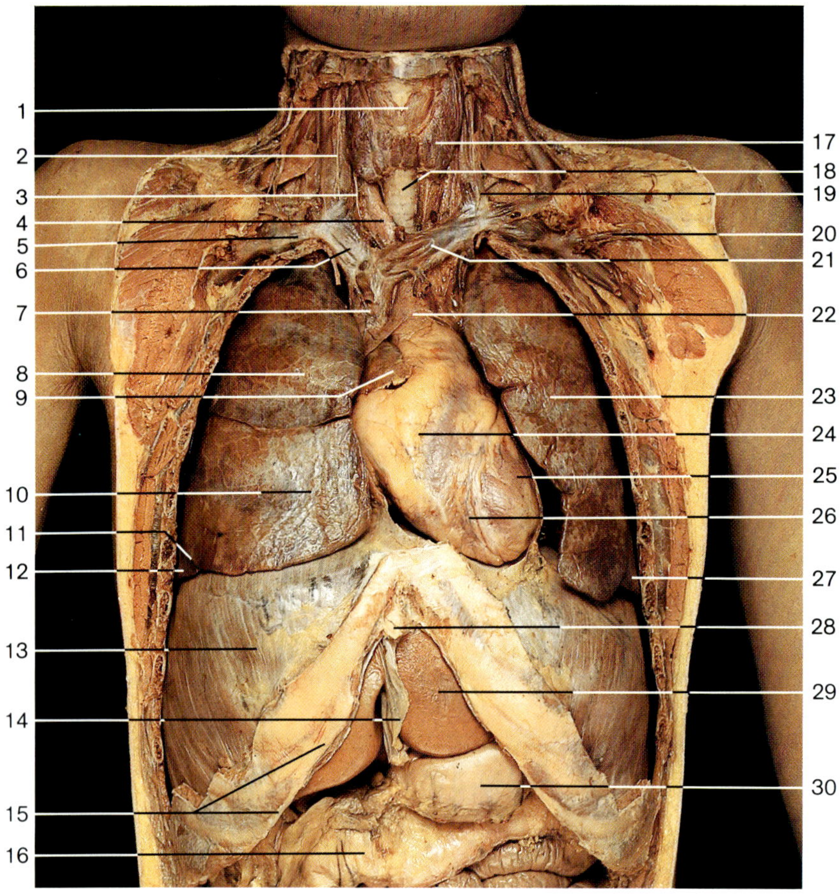

Übersicht über die Lage der **Brustorgane.** Die Brustwand wurde entfernt (Ansicht von vorne).

1 Larynx
2 V. jugularis int. dext.
3 N. vagus
4 A. carotis communis dext.
5 V. subclavia dext.
6 V. brachiocephalica dext.
7 V. cava sup.
8 Rechte Lunge, lobus sup.
9 Auricula dextra
10 Rechte Lunge, lobus medius
11 Fissura obliqua
12 Rechte Lunge, lobus inf.
13 Diaphragma
14 Lig. falciforme hepatis
15 Arcus costalis
16 Colon transversum
17 Glandula thyroidea
18 Trachea
19 V. jugularis int. sin.
20 V. cephalica sin.
21 V. brachiocephalica sin.
22 Perikard (Schnittrand)
23 Linke Lunge, lobus sup.
24 Rechter Ventrikel (Ventriculus dext.)
25 Linker Ventrikel (Ventriculus sin.)
26 Sulcus interventricularis ant.
27 Linke Lunge, lobus inf.
28 Processus xiphoideus
29 Leber (Hepar)
30 Magen (Ventriculus)
31 M. pectoralis major

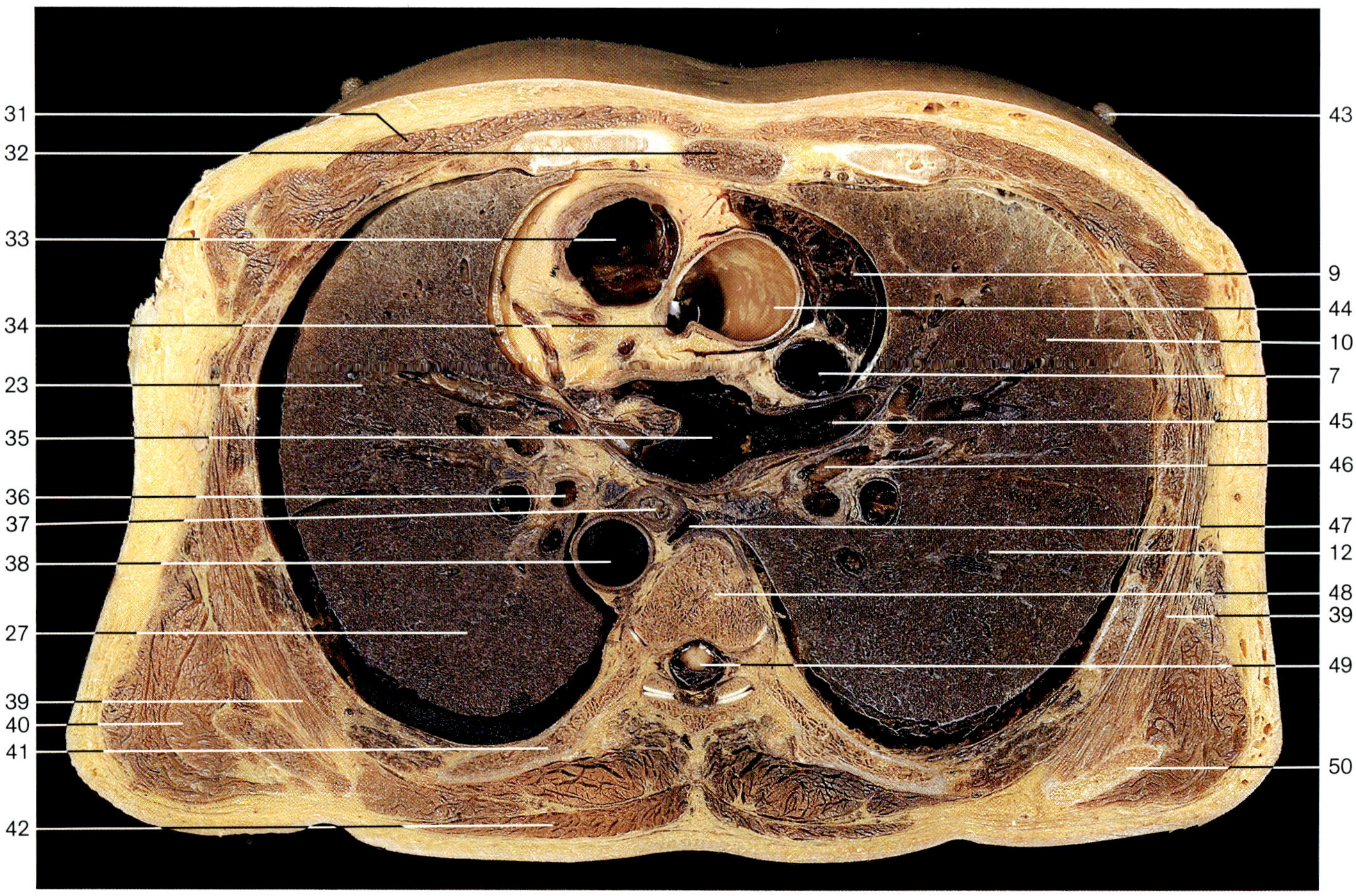

Horizontalschnitt durch den Thorax in Höhe des 7. Brustwirbelkörpers.

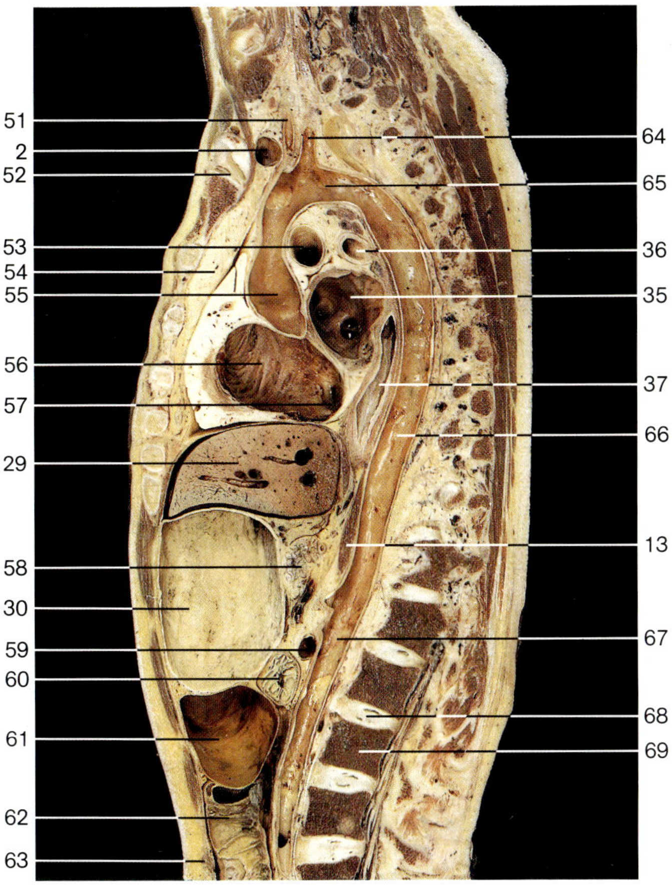

Sagittalschnitt durch den Thorax, parasternal, 2 cm links von der Medianebene

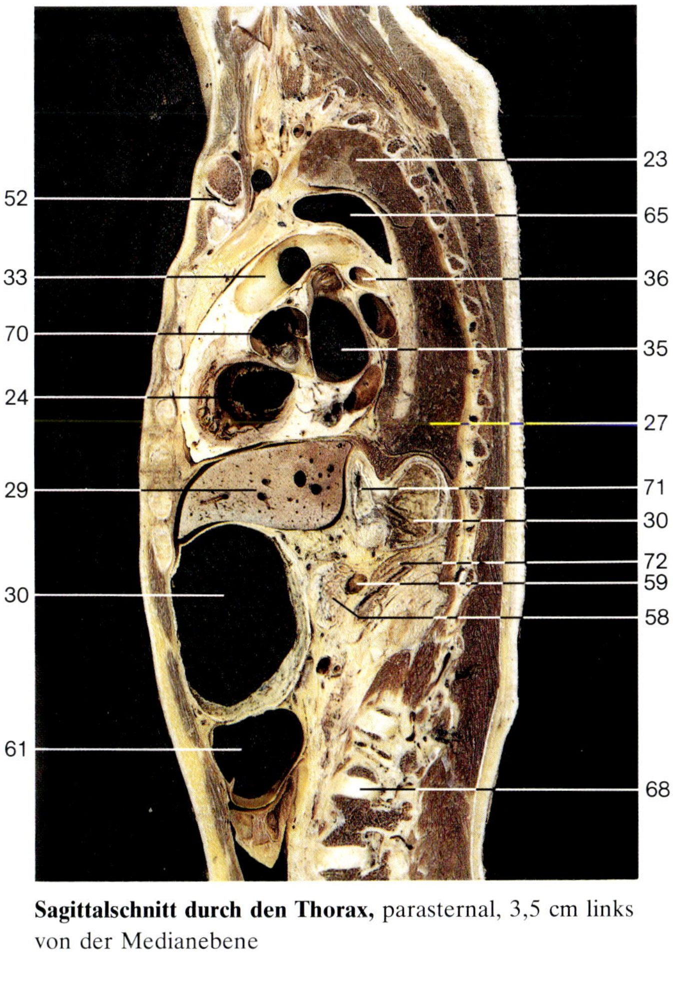

Sagittalschnitt durch den Thorax, parasternal, 3,5 cm links von der Medianebene

32 Sternum
33 Truncus pulmonalis
34 A. coronaria sin.
35 Atrium sin.
36 Bronchus principalis sin.
37 Oesophagus
38 Aorta thoracica
39 M. serratus ant.
40 M. teres major
41 Rippe
42 M. trapezius
43 Rechte Mammille
44 Aorta ascendens
45 Vv. pulmonales dext.
46 Bronchus lobaris
47 V. azygos
48 Brustwirbelkörper
49 Rückenmark (Medulla spinalis)
50 Scapula (Schnittfläche)
51 A. carotis communis sin.
52 Articulatio sternoclavicularis mit Discus articularis
53 A. pulmonalis dext.
54 Thymusrest
55 Bulbus aortae
56 Atrium dext.
57 Einmündung der V. cava inf. in den rechten Vorhof
58 Pancreas
59 V. portae
60 Duodenum
61 Colon transversum (dilatiert)
62 Dünndarm
63 Nabel (Umbilicus)
64 A. subclavia sin.
65 Arcus aortae
66 Aorta thoracica
67 Aorta abdominalis
68 Discus intervertebralis
69 Lendenwirbelkörper
70 Valva aortae
71 Cardia
72 Gl. suprarenalis

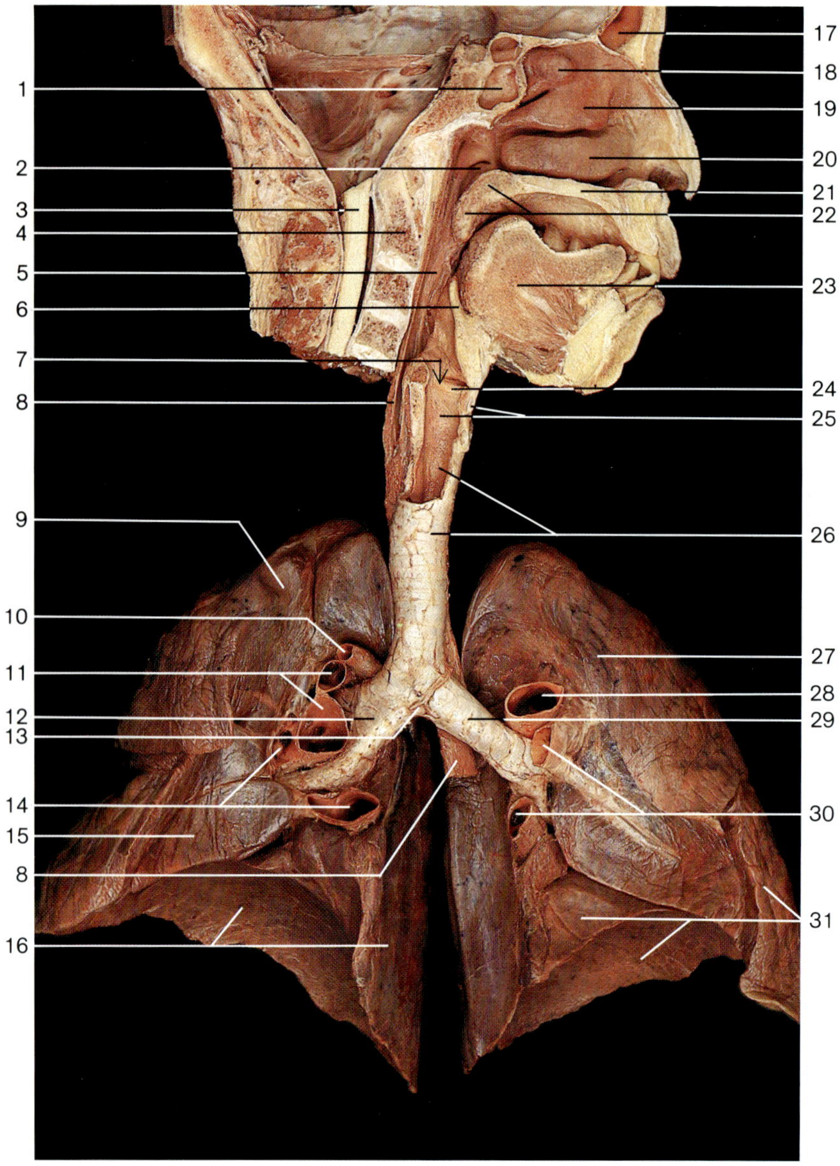

Übersicht über den Respirationstrakt. Die Lungen wurden in Exspirationsstellung fixiert.

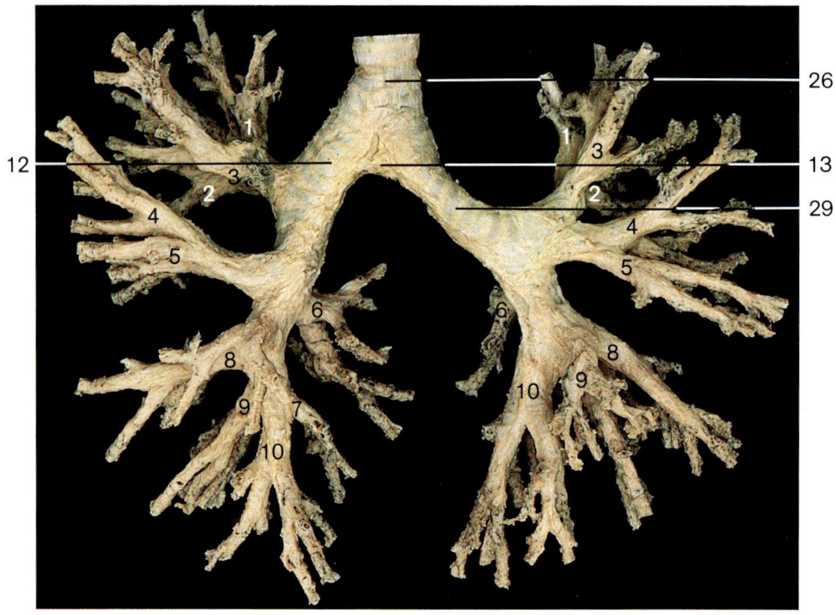

Gliederung des Bronchialbaumes (Ventralansicht); Lungenparenchym entfernt. 1–10 = Nummern der Segmentbronchien.

1 Sinus sphenoidalis
2 Ostium pharyngeum tubae auditivae
3 Medulla spinalis
4 Dens axis
5 Pars oralis pharyngis
6 Epiglottis
7 Aditus laryngis
8 Oesophagus
9 Rechte Lunge, lobus superior
10 V. azygos
11 A. pulmonalis dext.
12 Bronchus principalis dext.
13 Bifurcatio tracheae
14 Vv. pulmonales dext.
15 Rechte Lunge (Pulmo dext., lobus medius)
16 Rechte Lunge (Pulmo dext., lobus inferior)
17 Sinus frontalis
18 Concha nasalis sup.
19 Concha nasalis media
20 Concha nasalis inf.
21 Palatum durum
22 Palatum molle mit Uvula
23 Zunge (Lingua)
24 Plica vocalis
25 Larynx
26 Trachea
27 Linke Lunge (Pulmo sin., lobus sup.)
28 A. pulmonalis sin.
29 Bronchus principalis sin.
30 Vv. pulmonales sin.
31 Linke Lunge (Pulmo sin., lobus inf.)

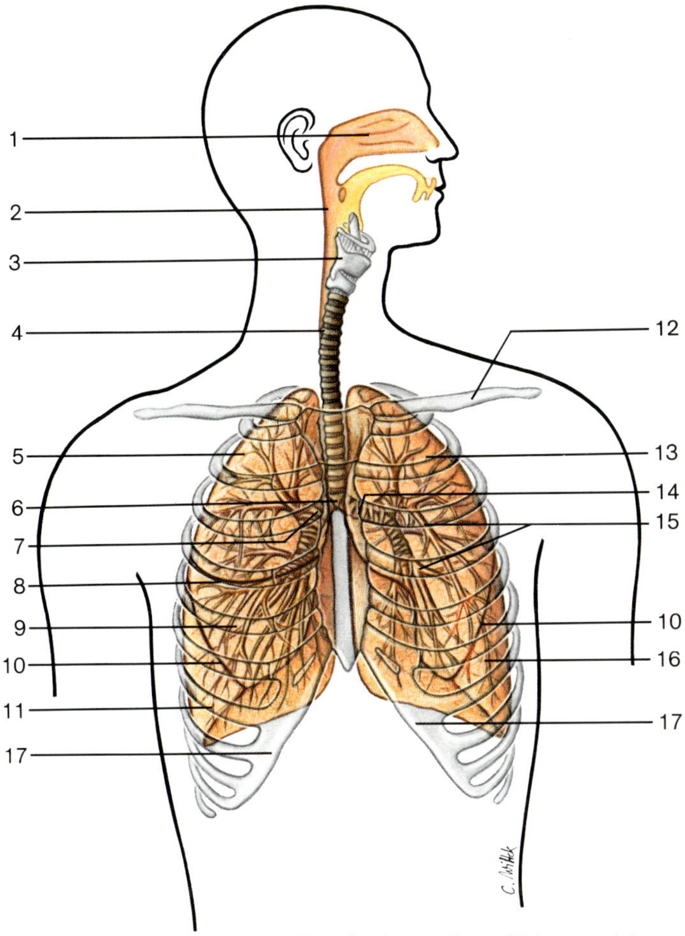

1 Cavum nasi
2 Pharynx
3 Larynx
4 Trachea
5 Lobus sup. der rechten Lunge
6 Bifurcatio tracheae
7 Bronchus principalis dext.
8 Fissura horizontalis
9 Lobus medius
10 Fissura obliqua
11 Lobus inf. der rechten Lunge
12 Clavicula sin.
13 Lobus sup. der linken Lunge
14 Bronchus principalis sin.
15 Segmentbronchien
16 Lobus inf. der linken Lunge
17 Arcus costalis

Gliederung und Lage des Respirationstraktes (Schemazeichnung) (W.).

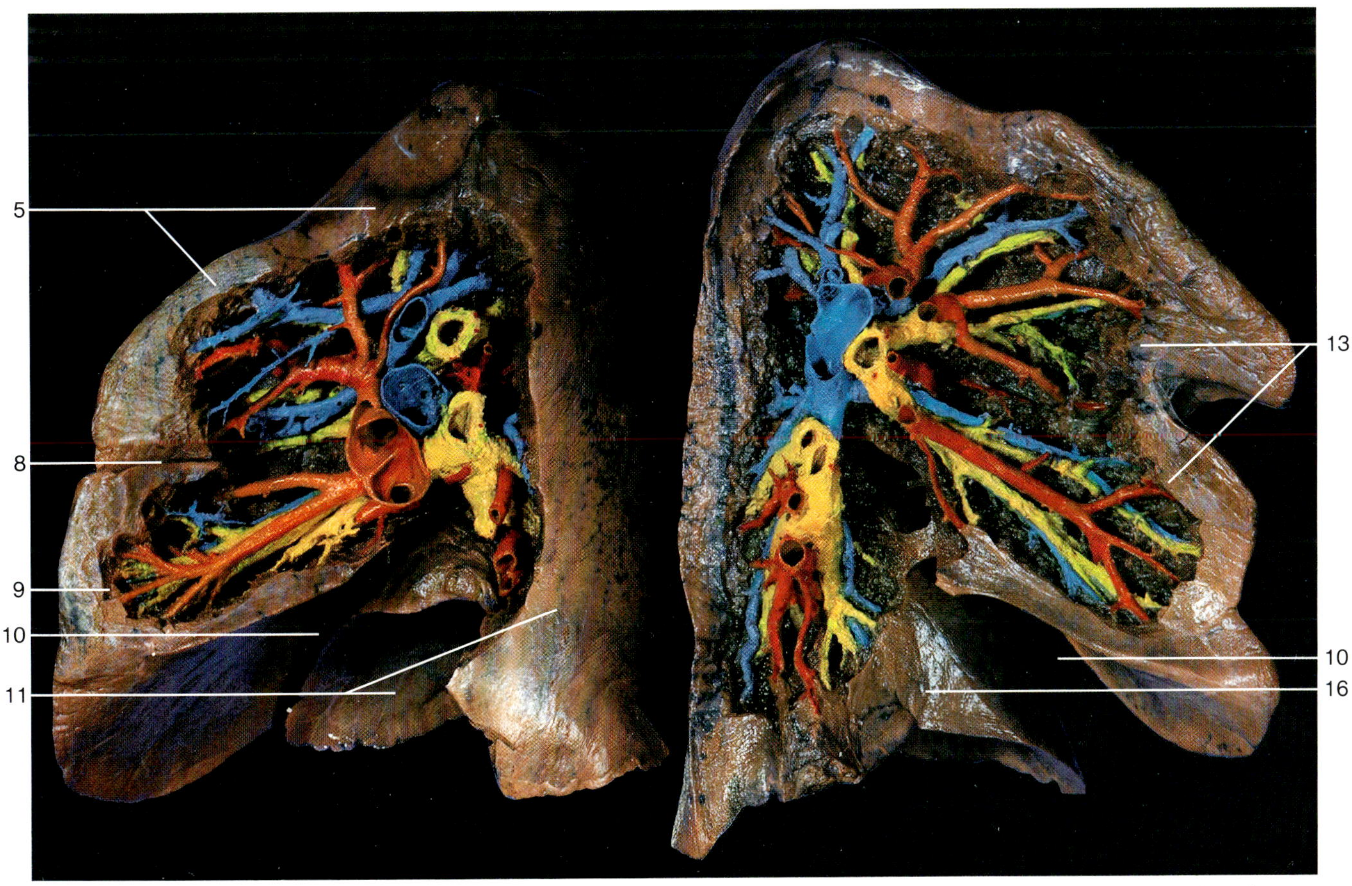

Architektur des Bronchialbaumes (gelb), **Lage der Lungenvenen** (rot) **und der Lungenarterien** (blau) in der rechten (links) und in der linken Lunge (rechts); vom Hilus aus präpariert (von mediastinal).

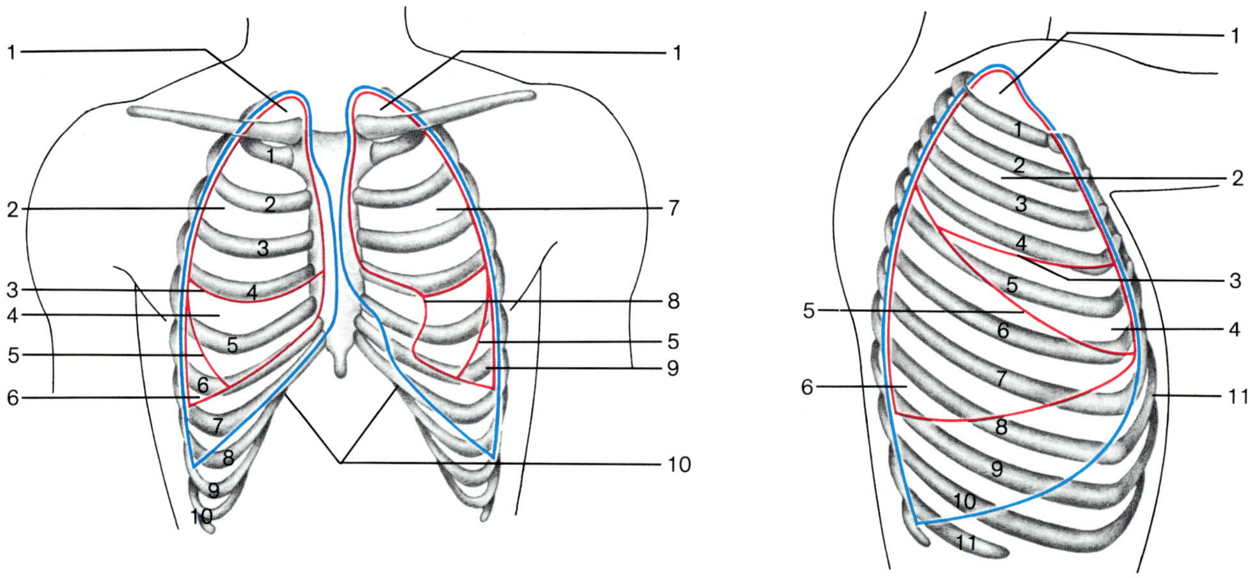

Projektion der Lungen- und Pleuragrenzen auf die Brustwand. Links: Ventralansicht; rechts: rechte Seitenansicht; rot = Lungengrenzen; blau = Pleuragrenzen. Die Nummern im Bild bezeichnen die Rippen.

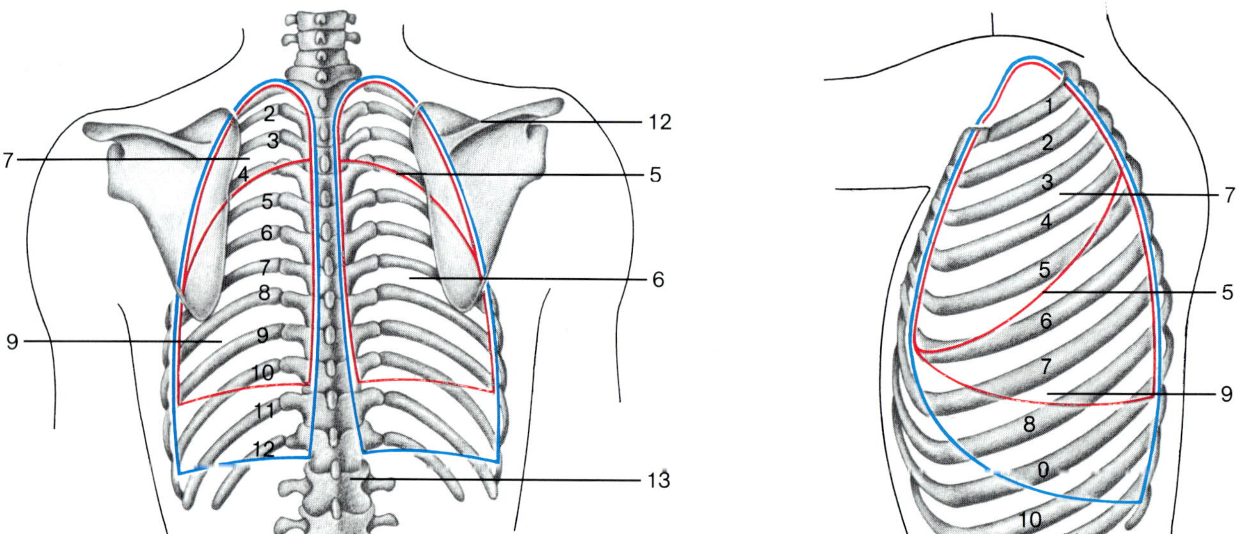

Projektion der Lungen- und Pleuragrenzen auf die Brustwand. Rechts: linke Seitenansicht; links: Dorsalansicht; rot = Lungengrenzen; blau = Pleuragrenzen. Die Nummern im Bild bezeichnen die Rippen.

1 Apex pulmonis
2 Lobus sup. der rechten Lunge
3 Fissura horizontalis
4 Lobus medius der rechten Lunge
5 Fissura obliqua
6 Lobus inf. der rechten Lunge
7 Lobus sup. der linken Lunge
8 Incisura cardiaca
9 Lobus inf. der linken Lunge
10 Angulus infrasternalis
11 Arcus costalis
12 Spina scapulae
13 Erster Lendenwirbel

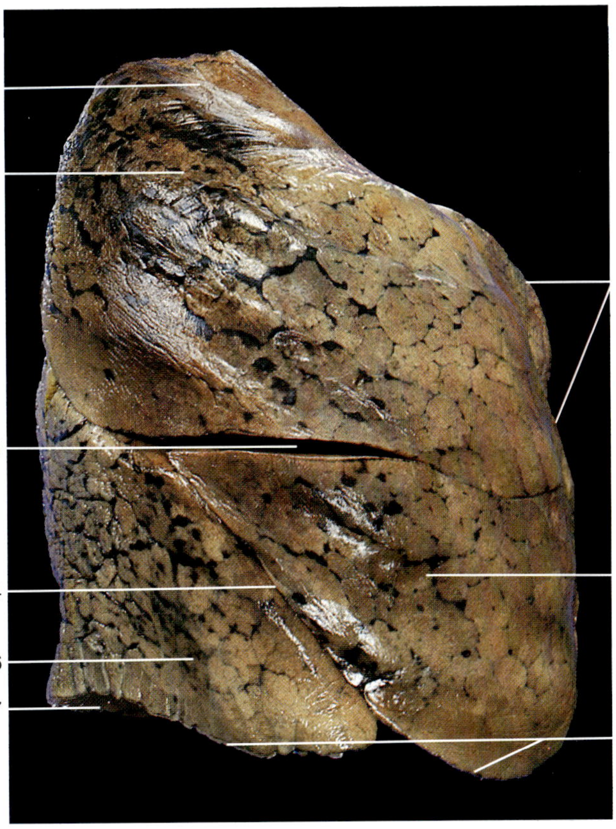

Rechte Lunge (von lateral).

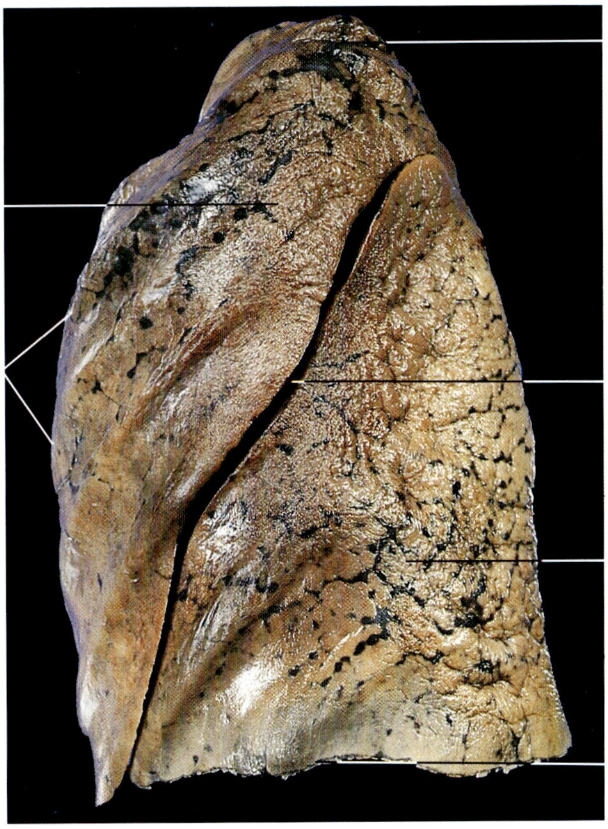

Linke Lunge (von lateral).

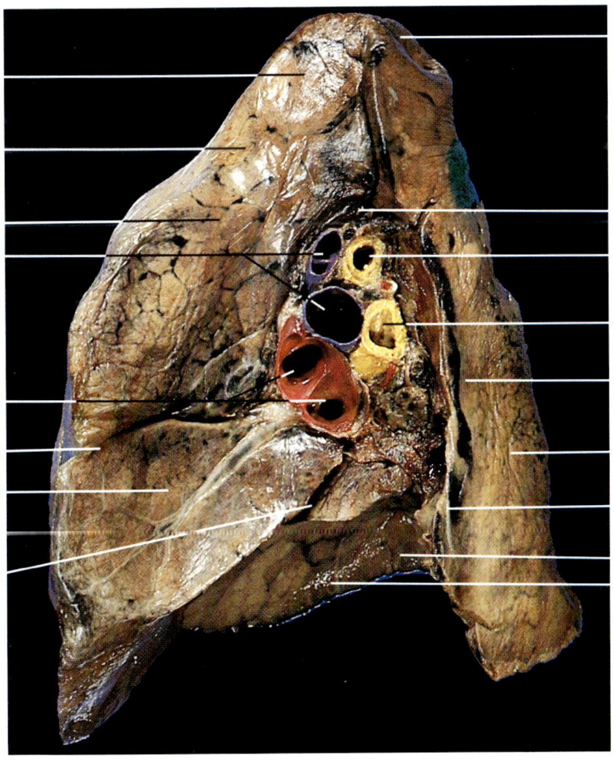

Rechte Lunge (von mediastinal).

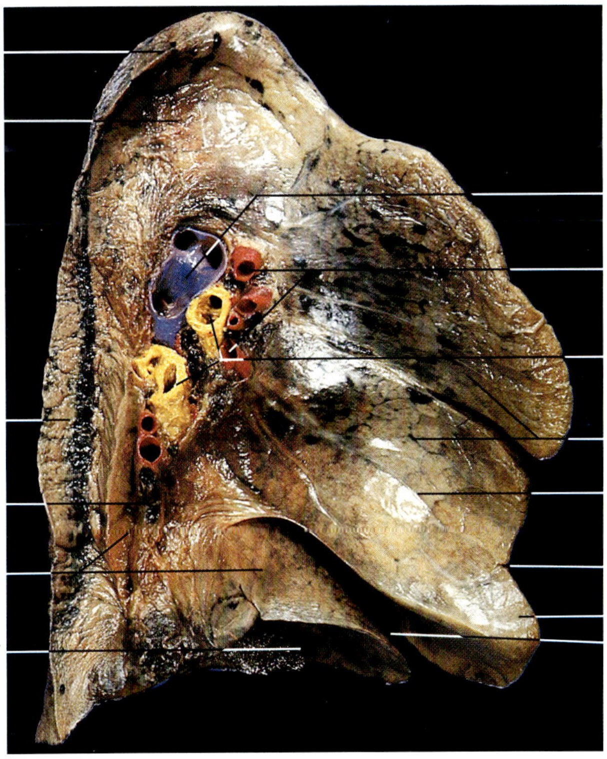

Linke Lunge (von mediastinal).

Leitungsbahnen: Bronchien (gelb); Lungenarterien (blau); Lungenvenen (rot).

1 Apex pulmonis
2 Lobus sup. pulmonis dext.
3 Fissura horizontalis
4 Fissura obliqua
5 Lobus medius } pulmonis dext.
6 Lobus inf. } pulmonis dext.
7 Facies diaphragmatica
8 Margo ant.
9 Margo inf.
10 Lobus sup. } pulmonis sin.
11 Lobus inf. } pulmonis sin.
12 Sulcus a. subclaviae
13 Sulcus v. cavae sup.
14 A. pulmonalis
15 Vv. pulmonales
16 Impressio cardiaca
17 Sulcus v. azygos
18 Eparterieller Bronchus
19 Hyparterielle Bronchi
20 Sulcus für den Oesophagus
21 Lig. pulmonale (Mesopneumonium)
22 Sulcus für die Aorta
23 Lingula pulmonis sin.
24 Incisura cardiaca

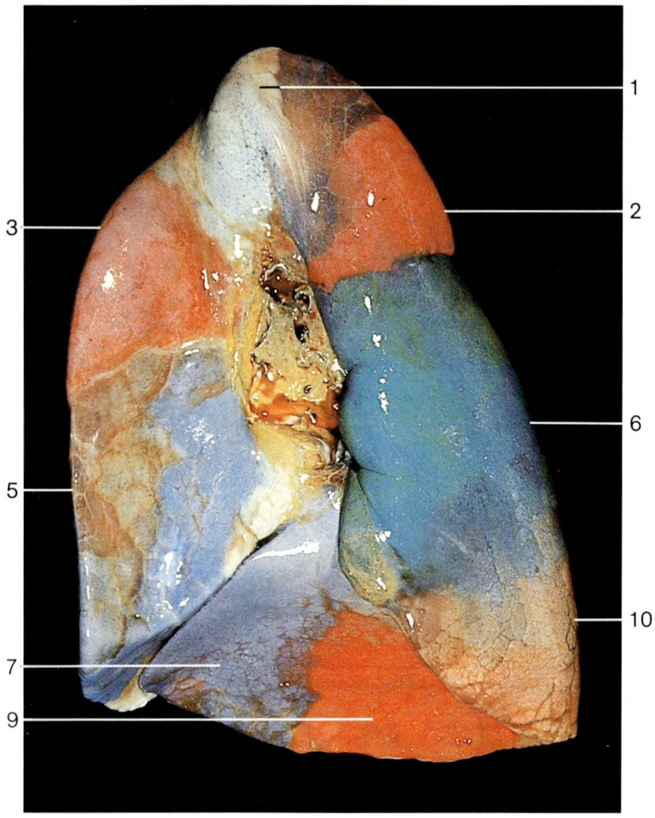

Rechte Lunge (von mediastinal).

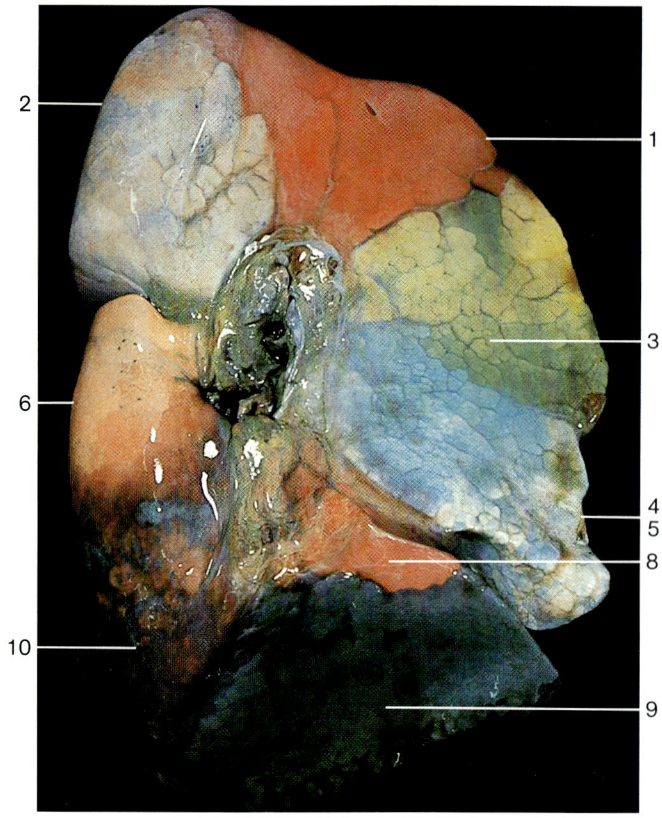

Linke Lunge (von mediastinal).

Rechte Lunge (von lateral).

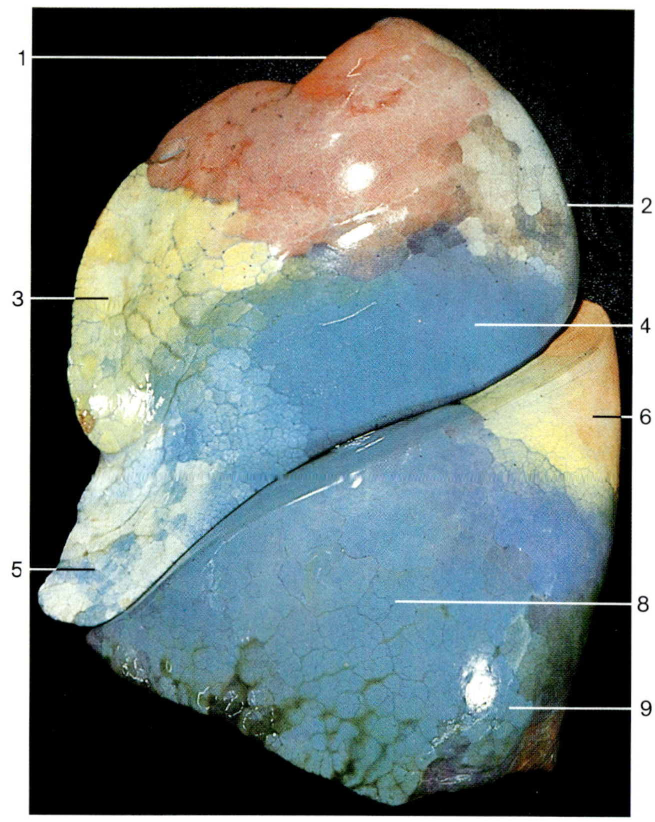

Linke Lunge (von lateral).

Die einzelnen Lungensegmente sind durch Farbinjektionen gekennzeichnet. Man beachte, daß bei der linken Lunge das 7. Segment fehlt; vgl. Schemazeichnung auf der gegenüberliegenden Seite. Die Nummern bezeichnen die jeweiligen Segmente.

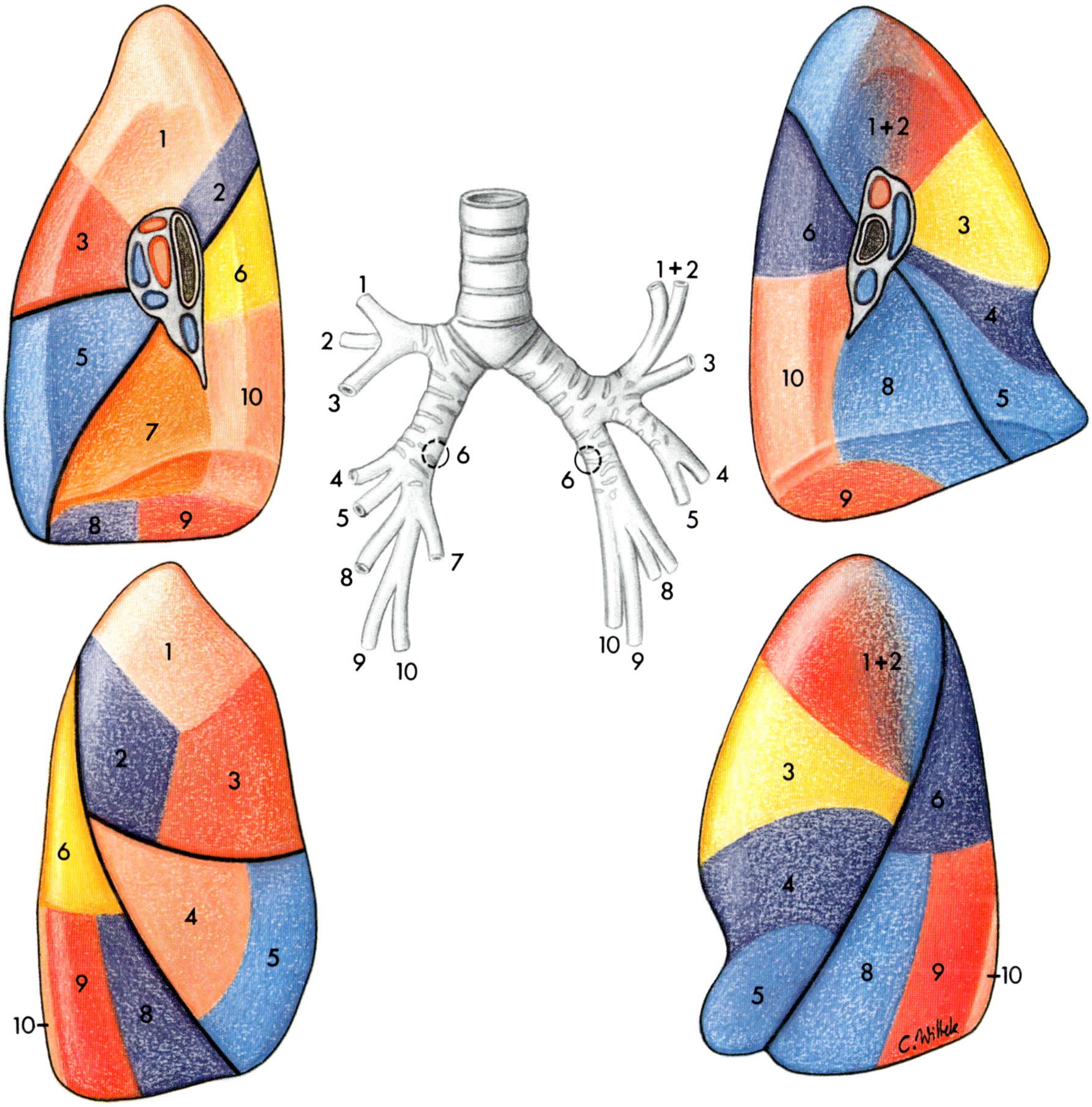

Nomenklatur der Lungensegmente und der zugehörigen Segmentbronchien (nach J. F. HUBER). Die Segmente sind jeweils mit den entsprechenden Nummern gekennzeichnet (vgl. gegenüberliegende Seite).

Rechte Lunge

1	Apikales Segment	Lobus sup.
2	Posteriores Segment	
3	Anteriores Segment	
4	Laterales Segment	Lobus medius
5	Mediales Segment	
6	Superiores Segment (apikales)	Lobus inf.
7	Mediobasales Segment	
8	Anterobasales Segment	
9	Laterobasales Segment	
10	Posterobasales Segment	

Linke Lunge

1+2	Apikoposteriores Segment	Pars sup.	Lobus sup.
3	Anteriores Segment		
4	Superiores Segment	Pars inf. (lingularis)	
5	Inferiores Segment		
6	Superiores Segment (apikales)	Lobus inf.	
7	–		
8	Anterobasales Segment		
9	Laterobasales Segment		
10	Posterobasales Segment		

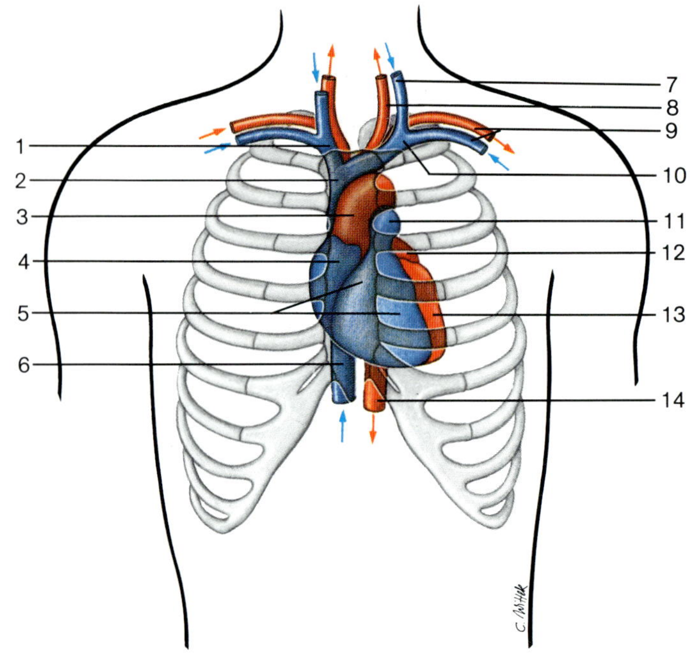

Lage des Herzens und der großen Gefäße im Brustraum (Schemazeichnung) (W.).

1 V. brachiocephalica dext.
2 V. cava sup.
3 Aorta ascendens
4 Atrium dext. mit Auricula dext.
5 Ventriculus dext.
6 V. cava inf.
7 V. jugularis int. sin.
8 A. carotis communis sin.
9 A. und V. subclavia sin.
10 V. brachiocephalica sin.
11 Truncus pulmonalis
12 Atrium sin. mit Auricula sin.
13 Ventriculus sin.
14 Aorta descendens

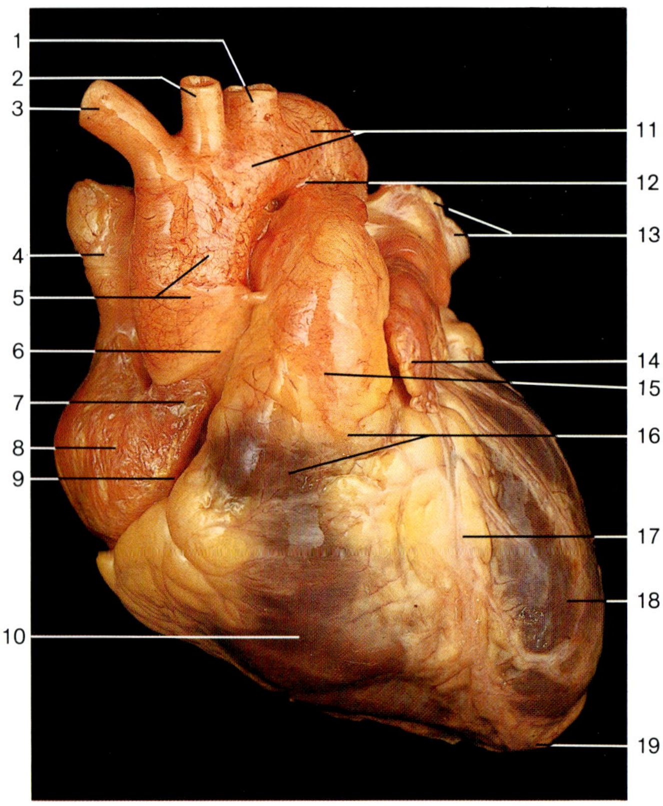

Herz einer 30jährigen Frau (von vorne).

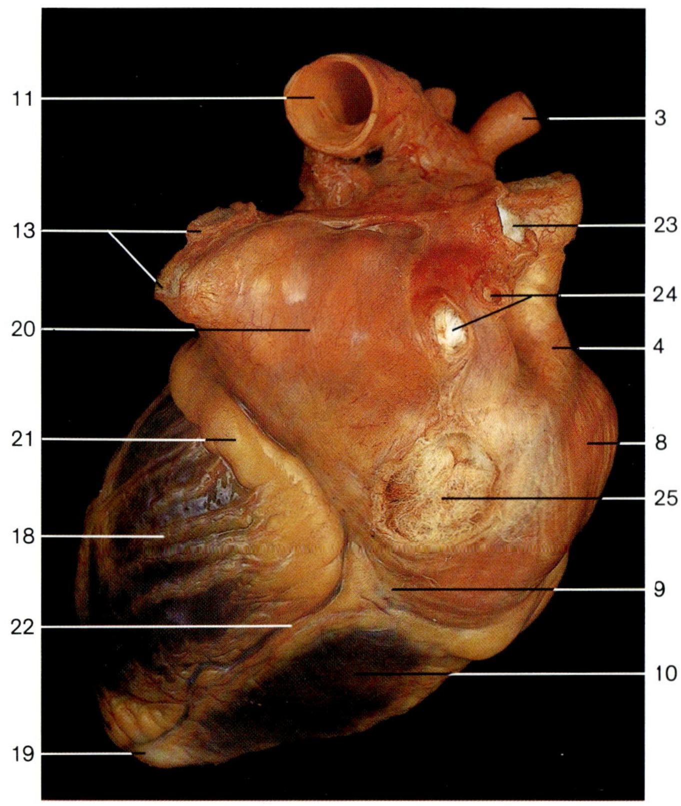

Herz einer 30jährigen Frau (schräg von hinten).

1 A. subclavia sin.
2 A. carotis communis sin.
3 Truncus brachiocephalicus
4 V. cava sup.
5 Aorta ascendens
6 Bulbus aortae
7 Auricula dext.
8 Atrium dext.
9 Sulcus coronarius
10 Rechter Ventrikel (Ventriculus dext.)
11 Arcus aortae
12 Lig. arteriosum
13 Vv. pulmonales sin.
14 Auricula sin.
15 Truncus pulmonalis
16 Sinus trunci pulmonalis
17 Sulcus interventricularis ant.
18 Linker Ventrikel (Ventriculus sin.)
19 Apex cordis
20 Linker Vorhof (Atrium sin.)
21 Sinus coronarius
22 Sulcus interventricularis post.
23 A. pulmonalis dext.
24 Vv. pulmonales dext.
25 V. cava inf.

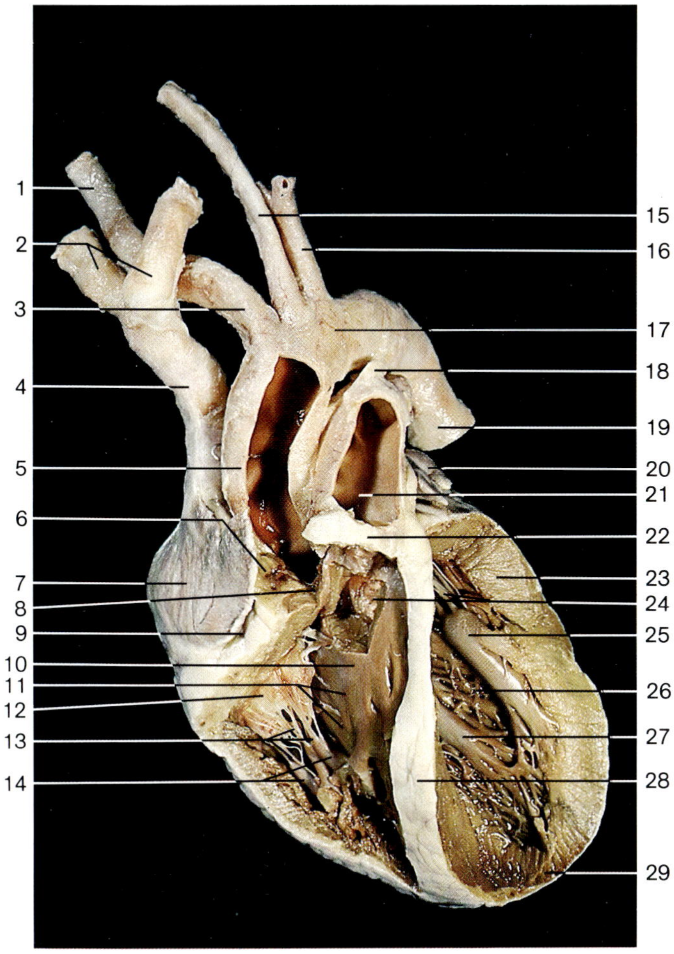

Strömungswege im Herzen (Ventralansicht). Die Vorderwand des rechten und linken Ventrikels wurde entfernt sowie die Aorta und der Truncus pulmonalis gefenstert, um die Aorten- und Pulmonalklappen zeigen zu können.

1 A. carotis comm. dext.
2 V. brachiocephalica dext. et sin.
3 Truncus brachiocephalicus
4 V. cava sup.
5 Aorta ascendens
6 Sinus aortae
7 Atrium dext.
8 Valva aortae
9 Sulcus coronarius
10 Conus arteriosus
11 Rechter Ventrikel
12 Valva tricuspidalis
13 Chordae tendineae
14 Mm. papillares des rechten Ventrikels
15 A. carotis communis sin.
16 A. subclavia sin.
17 Arcus aortae
18 Lig. arteriosum
19 Aorta descendens
20 Auricula sin.
21 Truncus pulmonalis
22 Valva trunci pulmonalis
23 Myocardium
24 Valva bicuspidalis (sive mitralis)
25 M. papillaris post. des linken Ventrikels
26 Linker Ventrikel
27 M. papillaris ant. des linken Ventrikels
28 Septum interventriculare
29 Apex cordis

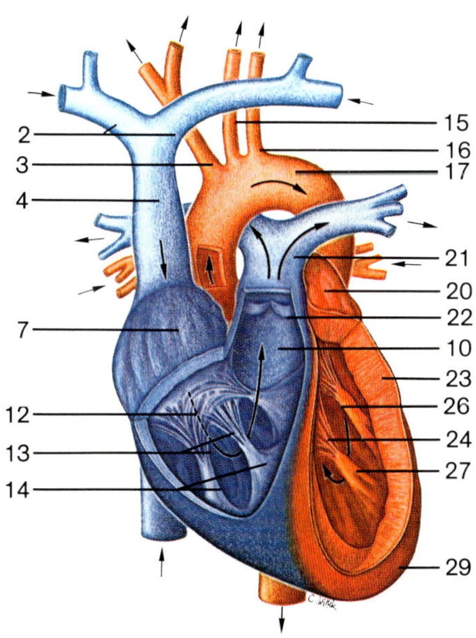

Strömungswege im Herzen (Schemazeichnung in Anlehnung an das obige Photo). Die Pfeile deuten die Strömungsrichtung des Blutes durch die Herzräume an. Blau = rechtes Herz; rot = linkes Herz.

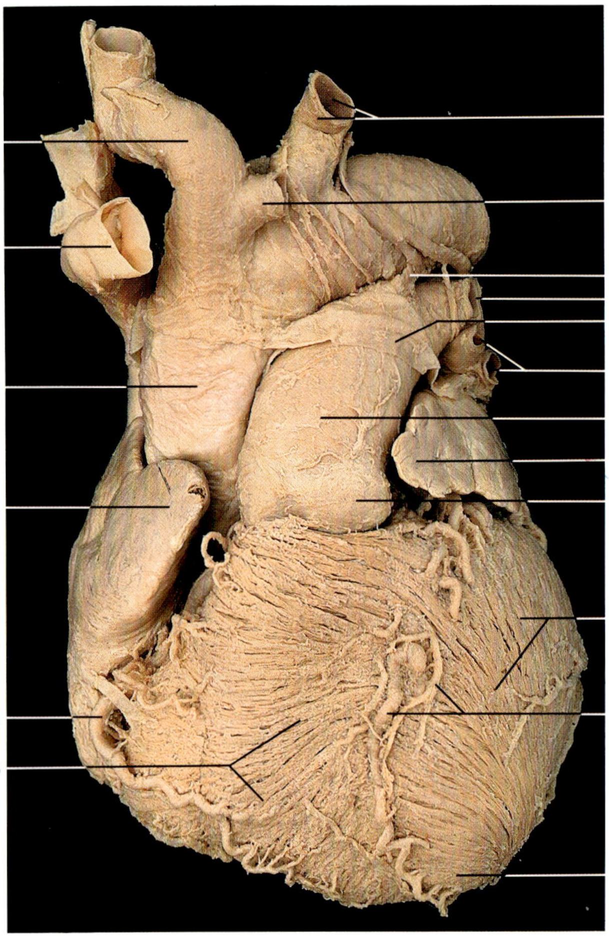

Architektur des Myokards (Ventralansicht).

1 Truncus brachiocephalicus (Var.)
2 V. brachiocephalica sin.
3 Aorta ascendens
4 Auricula dext.
5 A. coronaria dext.
6 Myocardium des rechten Ventrikels
7 A. subclavia sin.
8 A. carotis comm. sin. (Var.)
9 Lig. arteriosum
10 A. pulmonalis sin.
11 Umschlagsrand des Perikards ins Epikard (Ende des Herzbeutels)
12 Vv. pulmonales sin.
13 Truncus pulmonalis
14 Auricula sin.
15 Sinus trunci pulmonalis
16 Myocardium des linken Ventrikels
17 A. und V. interventricularis ant. im Sulcus interventricularis ant.
18 Apex cordis
19 Herzwirbel an der Spitze des rechten Ventrikels (Vortex cordis)
20 Sulcus interventricularis post.
21 Sulcus interventricularis ant.
22 Herzwirbel an der Spitze des linken Ventrikels (Vortex cordis)
23 Aorta
24 Atrium sin.
25 Sinus coronarius
26 V. cava sup.
27 V. pulmonalis
28 Atrium dext.
29 V. cava inf.
30 Sulcus coronarius

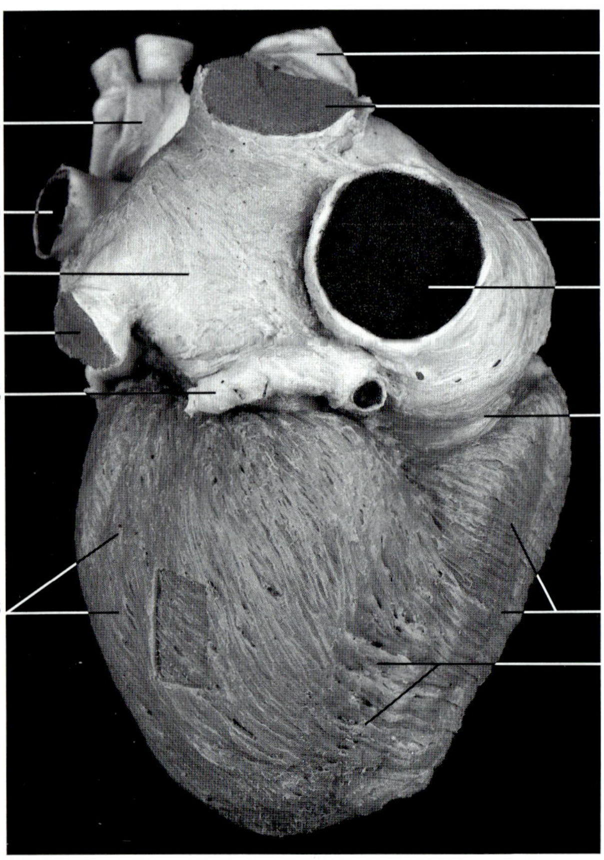

Architektur des Myokards (Dorsalansicht). Linke Ventrikelwand gefenstert, um die mehr zirkuläre Verlaufsrichtung der tieferen Muskelschichten zu zeigen.

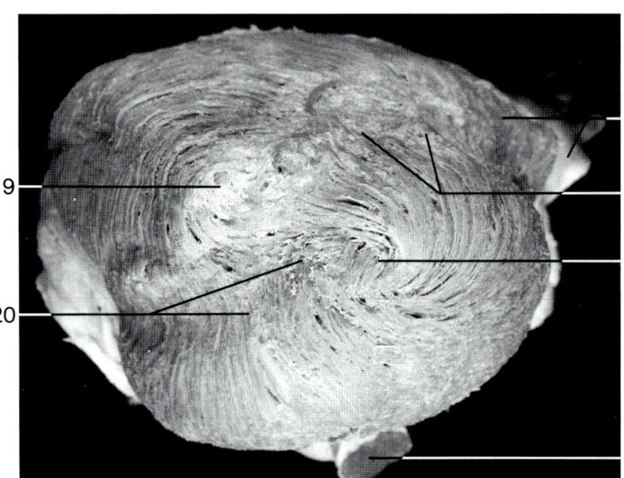

Herzwirbel, Vortex cordis (von unten).

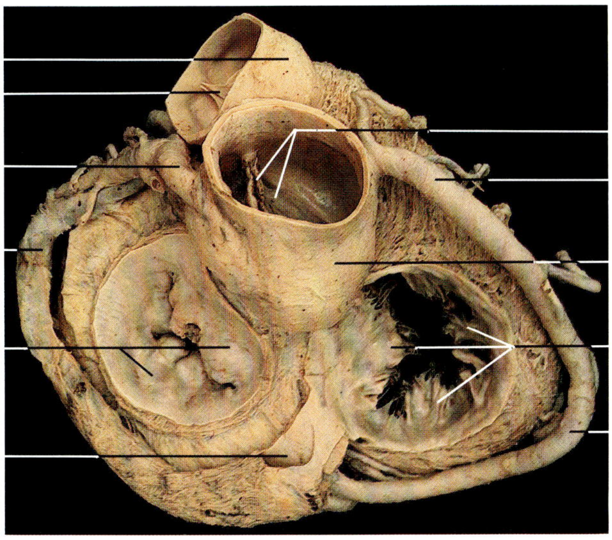

Herzklappen (von oben). Vorhöfe entfernt, Aufsicht auf die Ventilebene. Ventralseite des Herzens zeigt zum oberen Bildrand.

1 Sinus trunci pulmonalis
2 Valva trunci pulmonalis
3 A. coronaria sin.
4 V. cordis magna
5 Valva bicuspidalis sive mitralis
6 Sinus coronarius
7 Valva aortae
8 A. coronaria dext.
9 Bulbus aortae
10 Valva tricuspidalis
11 Valvula semilunaris ant. }
12 Valvula semilunaris sin. } der Valva trunci pulmonalis
13 Valvula semilunaris dext. }
14 Valvula semilunaris sin. }
15 Valvula semilunaris dext. } der Valva aortae
16 Valvula semilunaris post. }
17 Atrium dext.
18 Cuspis ant. der Trikuspidalklappe
19 Chordae tendineae
20 Trabeculae carneae
21 Septum interventriculare
22 Cuspis septalis
23 M. papillaris ant.
24 Myocardium des rechten Ventrikels

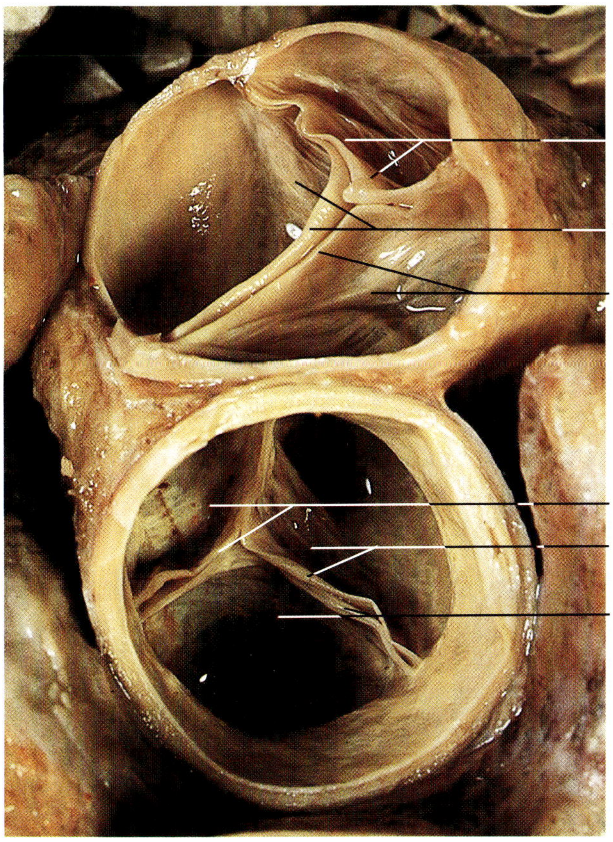

Pulmonal- und Aortenklappe (von oben). Segelklappen geschlossen. Vorderwand des Herzens am oberen Bildrand.

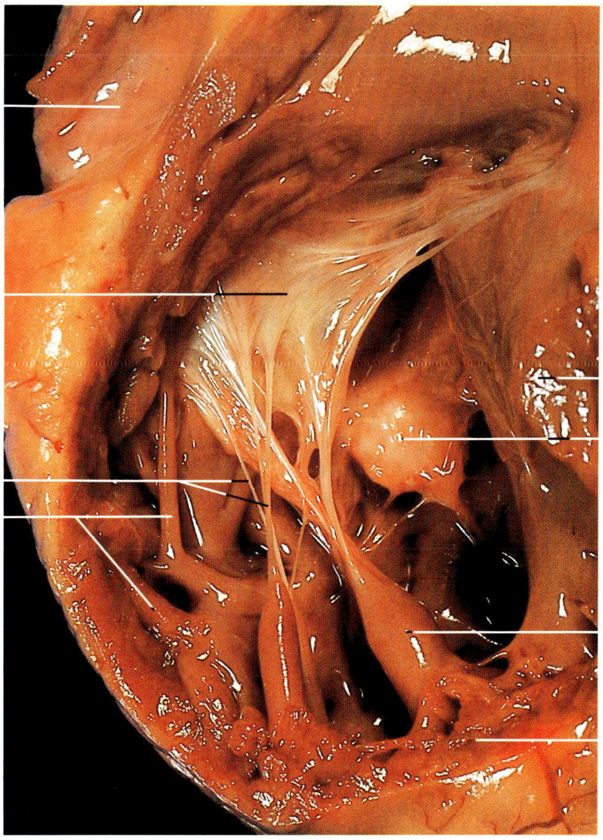

Atrioventrikularklappe des rechten Ventrikels. Trikuspidalklappe. Die vordere Ventrikelwand wurde entfernt. Die Herzspitze zeigt nach rechts unten.

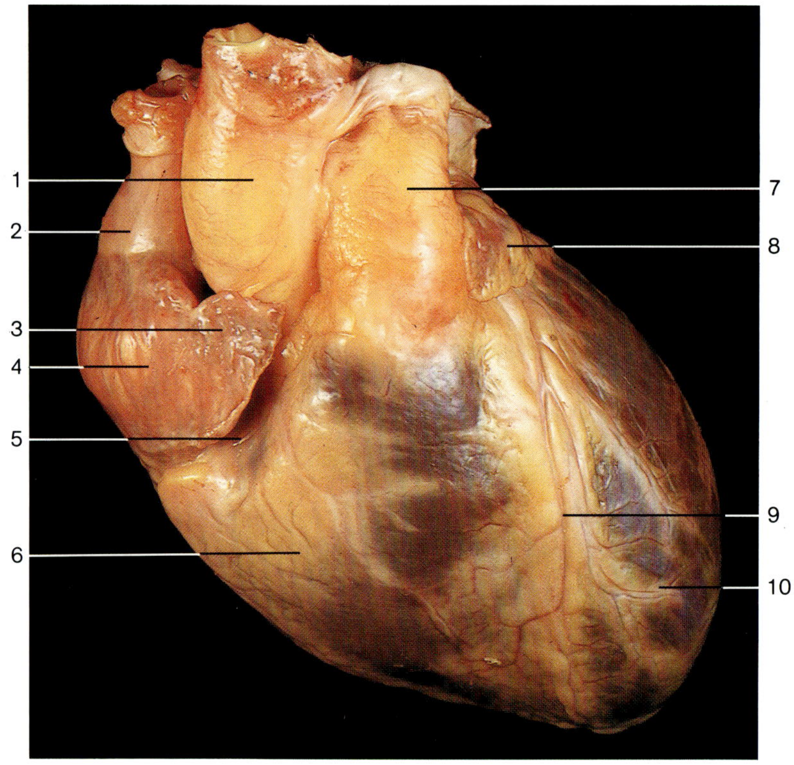

Herz, Zustand der **Diastole** (Ventralansicht). Die Kammern sind dilatiert, die Vorhöfe kontrahiert.

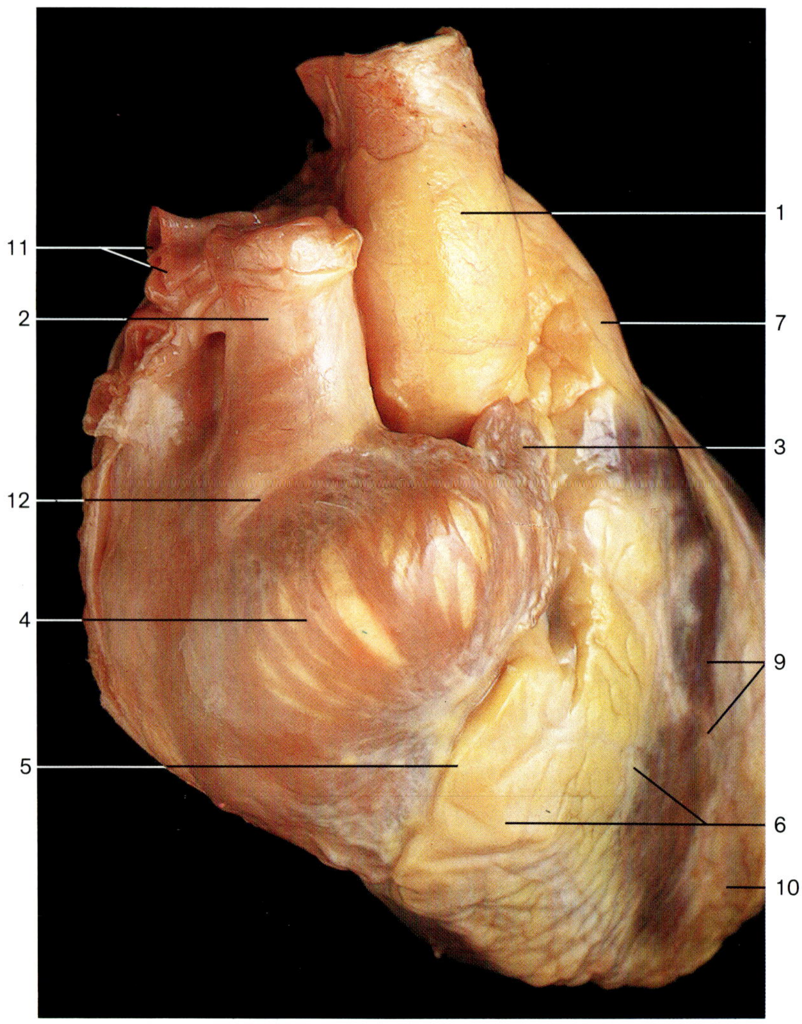

Herz, Zustand der Systole (Ventrolateralansicht). Die Kammern sind kontrahiert, die Vorhöfe dilatiert.

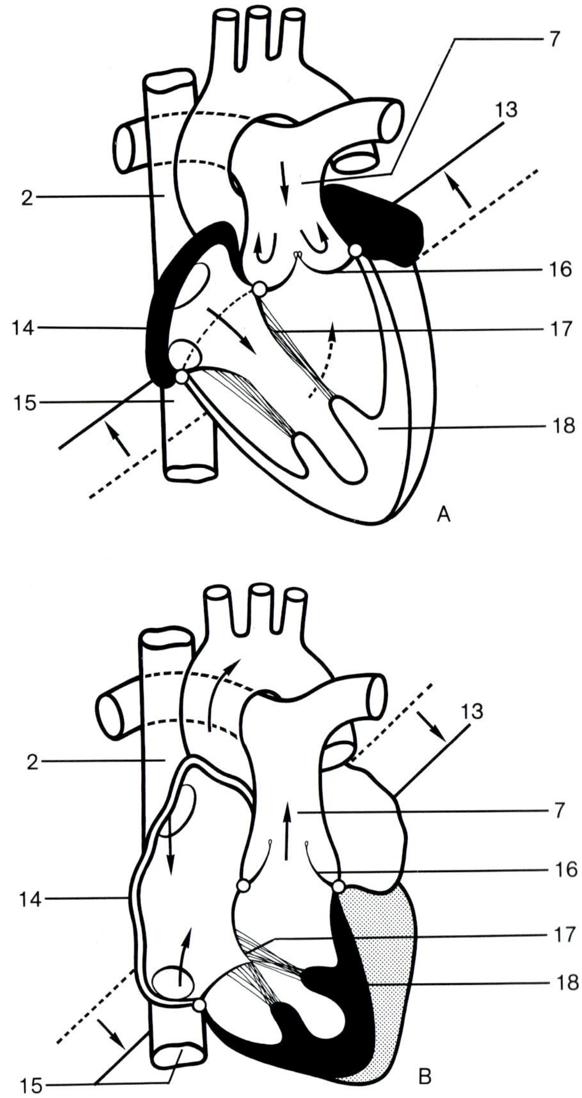

Arbeitsweise des rechten Herzens (Schemazeichnung nach Gauer) (W.). Die Verschiebung der Ventilebene ist durch Pfeile gekennzeichnet. Schwarz = kontrahierte Abschnitte;
A = Diastole, Kammermuskulatur erschlafft;
B = Systole, Kammermuskulatur kontrahiert.

1 Aorta ascendens
2 V. cava sup.
3 Auricula dext.
4 Atrium dext.
5 Sulcus coronarius
6 Ventriculus dext.
7 Truncus pulmonalis
8 Auricula sin.
9 Sulcus interventricularis ant.
10 Ventriculus sin.
11 A. pulmonalis dext.
12 Sulcus terminalis, Lokalisation des Nodus sinuatrialis (Herzschrittmacher)
13 Ventilebene
14 Vorhofmuskulatur
15 V. cava inf.
16 Valva trunci pulmonalis
17 Valva tricuspidalis
18 Kammermuskulatur

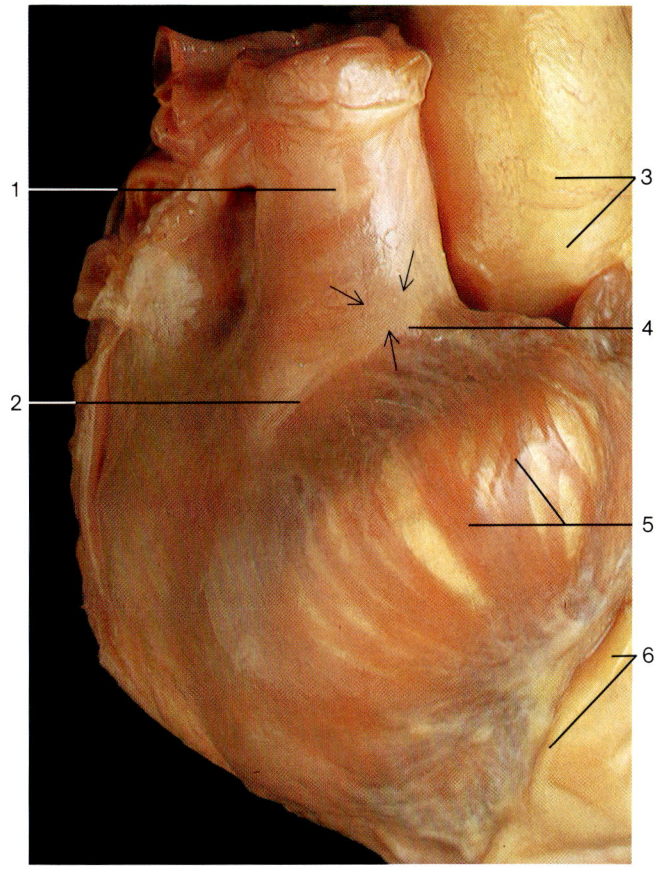

Rechter Vorhof des Herzens. Eintrittsstelle der V. cava sup., Lokalisation des Sinusknotens (Pfeile).

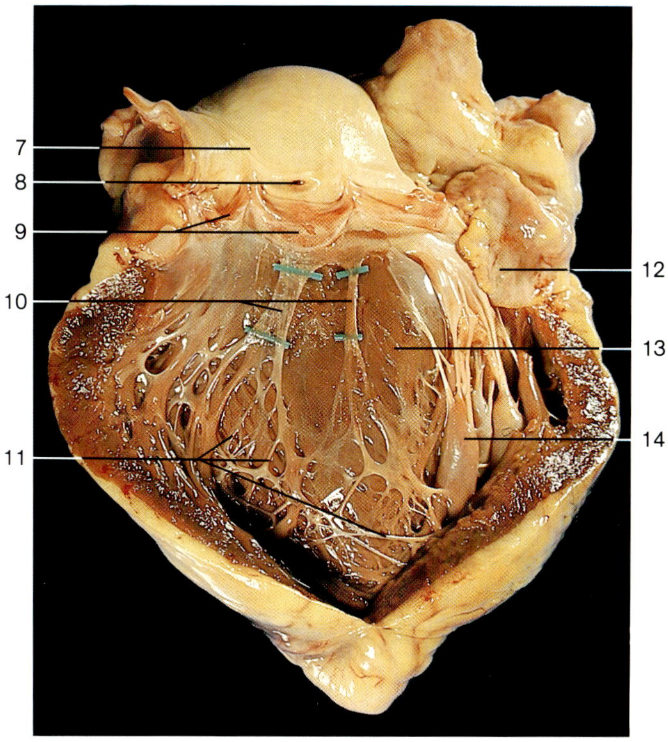

Linker Ventrikel (aufgeschnitten). Darstellung des linken Schenkels des Reizleitungssystems (unterlegt).

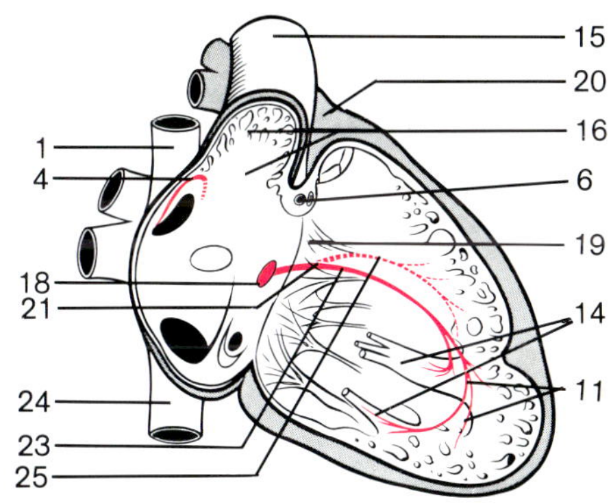

Reizleitungssystem (schematische Darstellung). Rechter Vorhof und rechter Ventrikel sind aufgeschnitten.

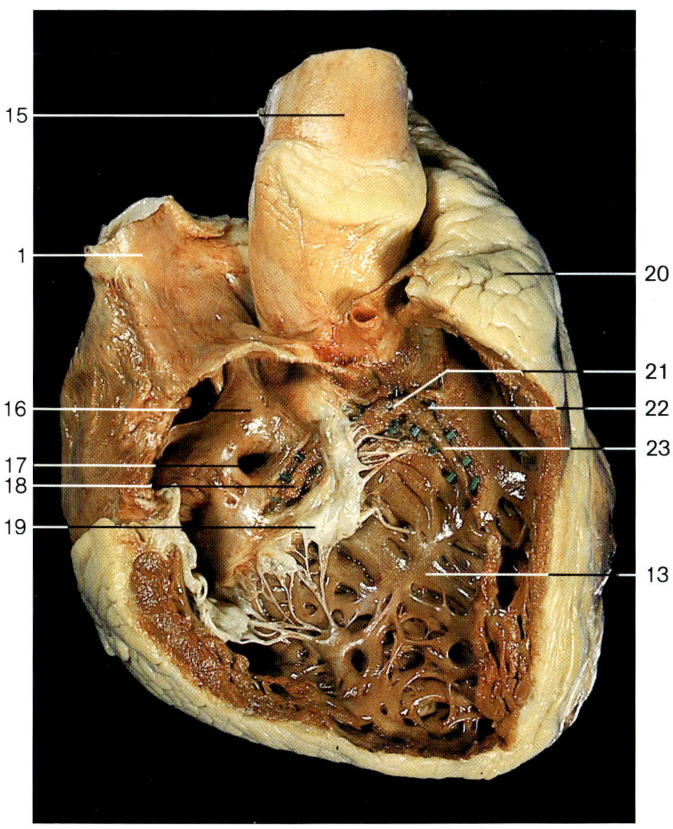

Rechter Ventrikel. Präparation des Atrioventrikularknotens, des Hisschen Bündels und des rechten Schenkels des Reizleitungssystems (unterlegt).

1 V. cava sup.
2 Sulcus terminalis
3 Bulbus aortae
4 Nodus sinuatrialis (Keith-Flackscher Knoten)
5 Muskelbündel des rechten Vorhofes
6 Sulcus coronarius (mit A. coronaria dext.)
7 Sinus aortae
8 Abgangsstelle der A. coronaria sin.
9 Valva aortae
10 Zweige des Crus sinistrum des Reizleitungssystems
11 Purkinjesche Fäden
12 Auricula sin.
13 Septum interventriculare
14 Mm. papillares ant.
15 Aorta ascendens
16 Atrium dext. mit Auricula dext.
17 Einmündung des Sinus coronarius
18 Nodus atrioventricularis (Aschoff-Tawarascher Knoten)
19 Valva tricuspidalis
20 Truncus pulmonalis
21 Fasciculus atrioventricularis (Hissches Bündel)
22 Bifurkation des Hisschen Bündels
23 Crus dextrum
24 V. cava inf.
25 Crus sinistrum

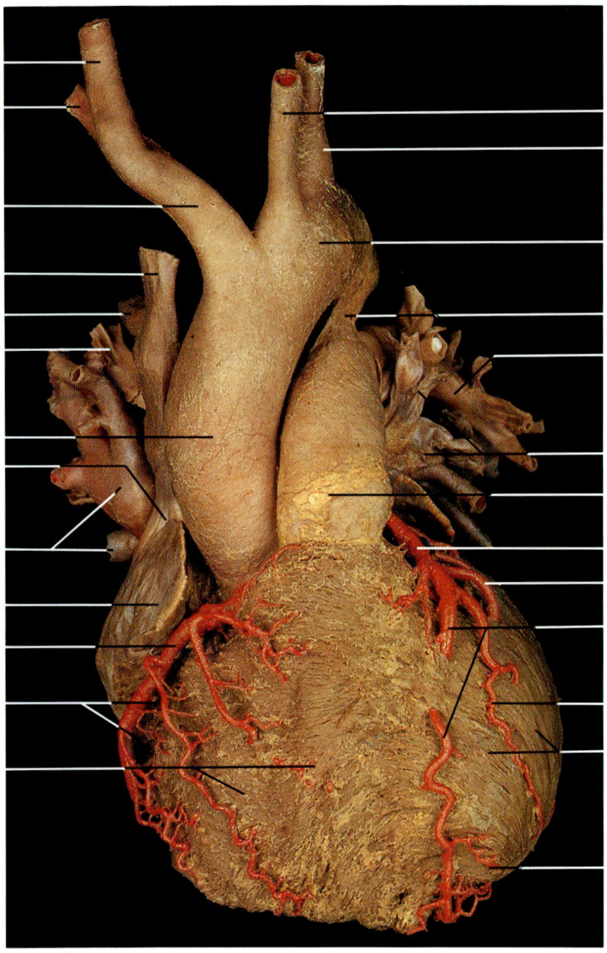

Kranzgefäßsystem des Herzens (Ventralansicht). Epikard und subepikardiales Fettgewebe wurden entfernt, die Koronararterien wurden mit gefärbter Gelatine injiziert und präparatorisch dargestellt. Die Vorderwandvenen sind nicht zur Darstellung gekommen.

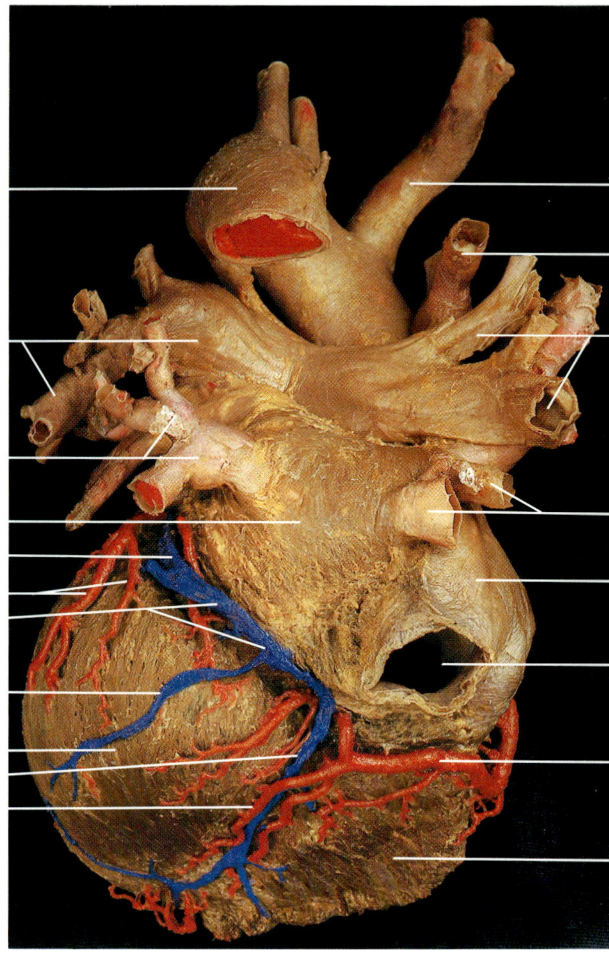

Herzvenen und Koronargefäße des Herzens (Dorsalansicht). Epikard und subepikardiales Fettgewebe wurden entfernt, die Herzvenen mit blauer, die Koronararterien mit roter Kunststofflösung injiziert.

1 A. carotis communis
2 A. subclavia dext.
3 Truncus brachiocephalicus
4 V. cava sup.
5 V. azygos
6 A. pulmonalis dext.
7 Aorta ascendens
8 Sulcus terminalis
9 Vv. pulmonales dext.
10 Rechtes Herzohr (Auricula dext.)
11 A. coronaria dext.
12 Sulcus coronarius (Höhe der Ventilebene)
13 Rechter Ventrikel (Ventriculus dexter)
14 A. carotis communis sin.
15 A. subclavia sin.
16 Arcus aortae
17 Lig. arteriosum (Rest des Ductus arteriosus Botalli)
18 A. pulmonalis sin.
19 Vv. pulmonales sin.
20 Truncus pulmonalis
21 A. coronaria sin.
22 Ramus circumflexus
23 Ramus interventricularis ant.
24 Ramus diagonalis
25 Linker Ventrikel (Ventriculus sin.)
26 Apex cordis (Herzspitze)
27 Linker Vorhof (Atrium sin.)
28 V. cordis magna
29 Endäste des Ramus circumflexus
30 Sinus coronarius
31 V. post. ventriculi sin.
32 V. cordis media
33 Ramus interventricularis post., Endast der A. coronaria dext.
34 Rechter Vorhof
35 V. cava inf.

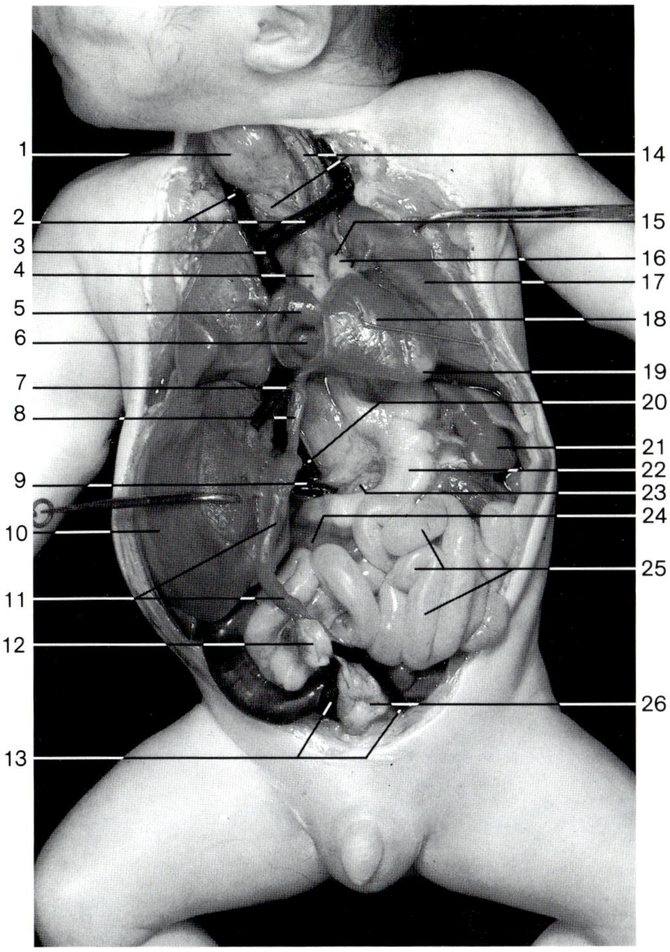

Situs bei einem Neugeborenen (Ventralansicht), Darstellung der Gefäße des Fetalkreislaufes. Der rechte Vorhof wurde eröffnet und der linke Leberlappen entfernt.

1 Gl. thyroidea
2 V. brachiocephalica dext. et sin.
3 V. cava sup.
4 Aorta ascendens
5 Auricula dext.
6 **Foramen ovale**
7 V. hepatica
8 **Ductus venosus** (Arantii)
9 V. portae und Ductus choledochus
10 Leber (Hepar)
11 **V. umbilicalis**
12 Nabel (Umbilicus)
13 A. umbilicalis dext. et sin.
14 A. carotis communis dext. et sin.
15 Ductus arteriosus (Botalli)
16 Truncus pulmonalis und A. pulmonalis dext.
17 Lunge (Pulmo)
18 Rechter Ventrikel (Ventriculus dext.)
19 Linker Ventrikel (Ventriculus sin.)
20 V. cava inf.
21 Milz (Lien)
22 Magen (Ventriculus)
23 Pancreas
24 Colon transversum
25 Dünndarmschlingen
26 Harnblase (Vesica urinaria)
27 Larynx
28 Arcus aortae
29 Linke Niere (Ren sin.)
30 Nabelstrang (Funiculus umbilicalis)
31 Placenta

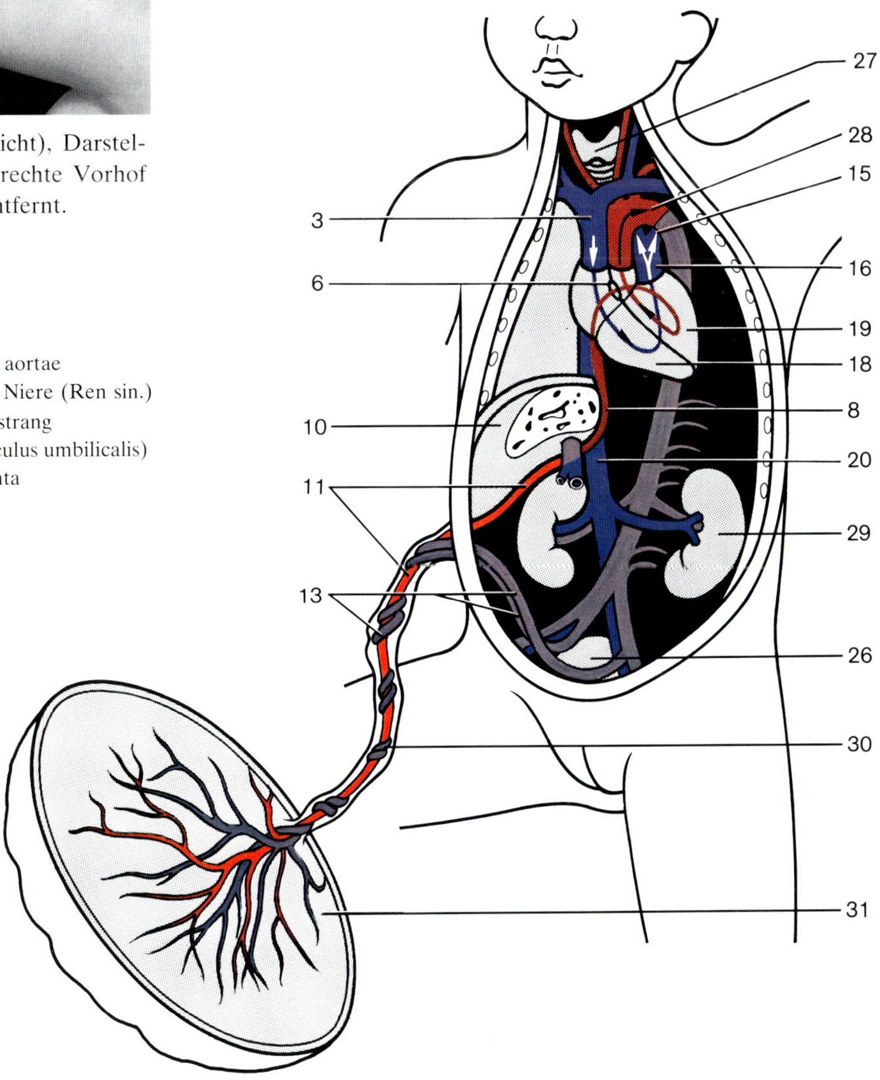

Gefäßsystem des Fetus (Schemazeichnung) (W.).

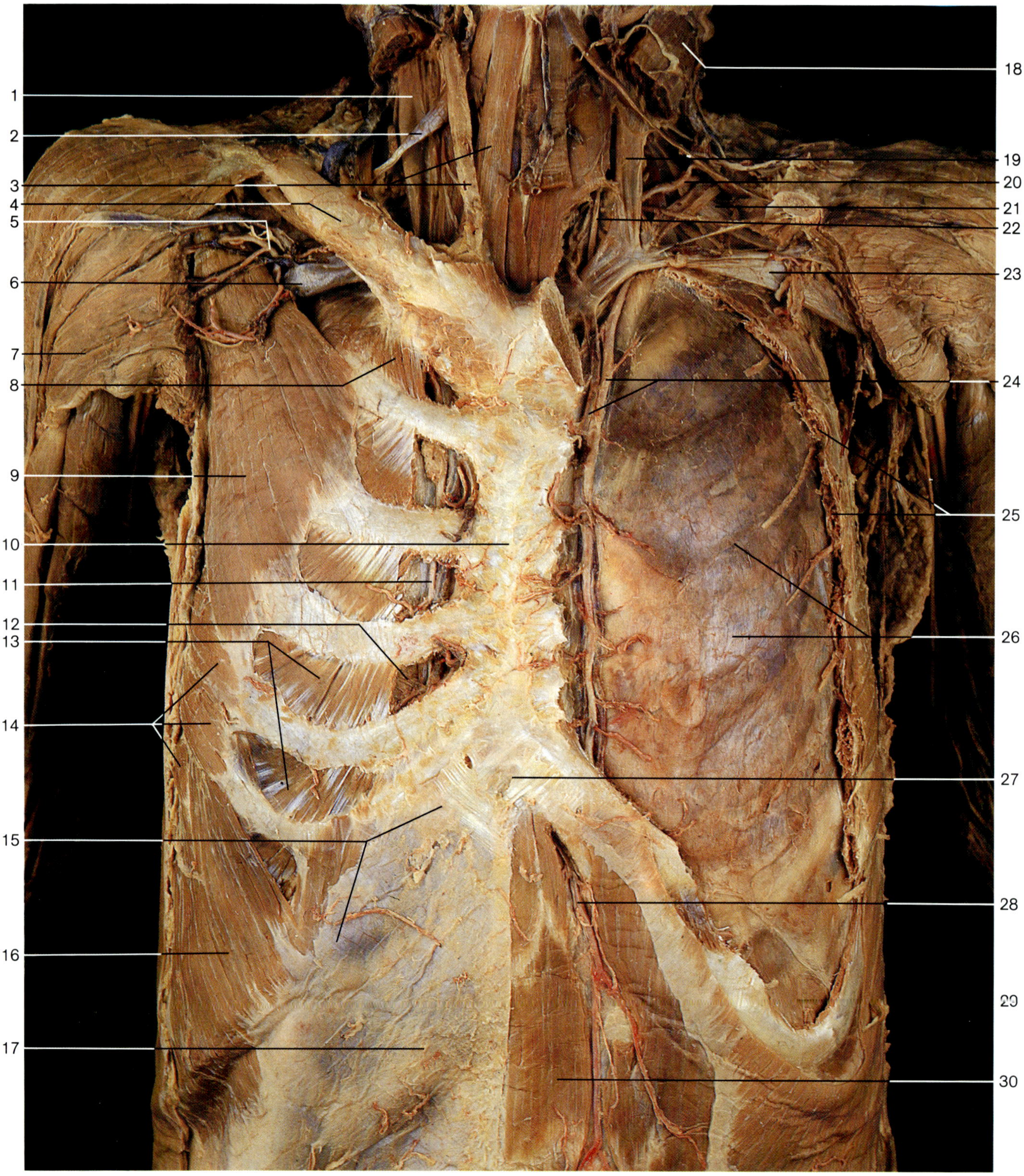

Brustwand und Brustsitus I (Ventralansicht). Die Rippen der linken vorderen Brustwand wurden entfernt und die Zwischenrippenräume rechts neben dem Sternum gefenstert, um die A. und V. thoracica int. zu zeigen.

1 V. jugularis int. dext.
2 M. omohyoideus
3 M. sternohyoideus und V. jugularis ant.
4 Clavicula
5 A. thoracoacromialis
6 V. subclavia dext.
7 M. pectoralis major (durchtrennt)
8 M. intercostalis ext.
9 M. pectoralis minor
10 Sternum (corpus sterni)
11 Vasa thoracica int. dext.
12 Muskelbündel des M. transversus thoracis
13 Mm. intercostales int.
14 M. serratus ant.
15 Arcus costalis
16 M. obliquus ext. abdominis
17 Vorderes Blatt der Rektusscheide
18 M. sternocleidomastoideus (durchtrennt)
19 V. jugularis int. sin.
20 A. transversa colli
21 Plexus brachialis
22 N. vagus
23 V. subclavia sin.
24 A. und V. thoracica int. sin.
25 Rippen (Schnittflächen) und Brustwand
26 Pleura costalis
27 Processus xiphoideus
28 A. epigastrica sup.
29 Diaphragma
30 M. rectus abdominis

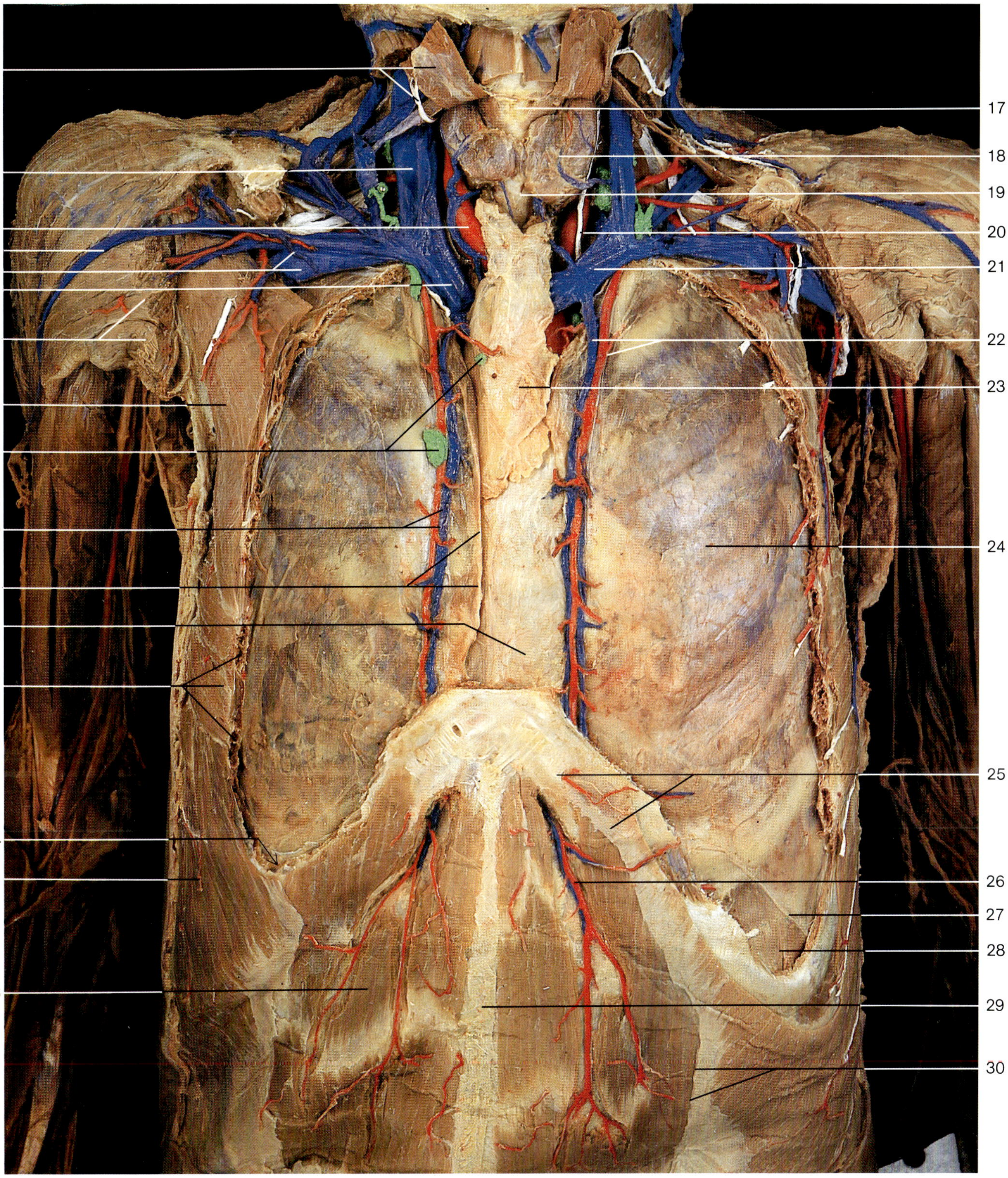

Brustsitus II (Ventralansicht). Vorderes Mediastinum und Pleuraverhältnisse.

1 M. sternothyroideus mit innervierenden Nerven (aus Ansa cervicalis)
2 V. jugularis int. dext.
3 A. carotis communis dext.
4 V. cephalica dext.
5 V. subclavia dext.
6 V. brachiocephalica dext.
7 M. pectoralis major (durchtrennt)
8 M. pectoralis minor (durchtrennt)
9 Nodi lymphatici mediastinales ant.
10 A. und V. thoracica int.
11 Umschlagsrand der Pleura costalis in die Pleura mediastinalis
12 Perikard
13 Fünfte und sechste Rippe (durchtrennt) und M. serratus ant.
14 Recessus costodiaphragmaticus
15 M. obliquus ext. abdominis
16 M. rectus abdominis
17 Larynx
18 Gl. thyroidea
19 Trachea
20 N. vagus sin.
21 V. brachiocephalica sin.
22 A. und V. thoracica int. sin.
23 Thymus
24 Pleura costalis
25 Arcus costalis (Rippenbogen)
26 A. epigastrica sup.
27 Umschlagsrand der Pleura costalis in die Pleura diaphragmatica
28 Diaphragma
29 Linea alba
30 Schnittrand vom vorderen Blatt der Rektusscheide

Trigonum thymicum und Trigonum pericardiacum

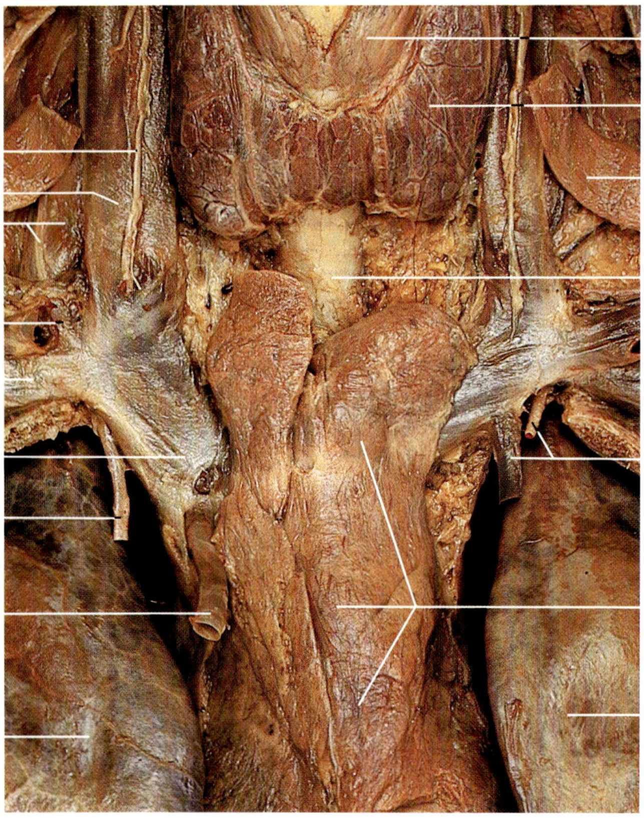

Ausschnittvergrößerung im Bereich des **Trigonum thymicum** mit Übergang zum Hals.

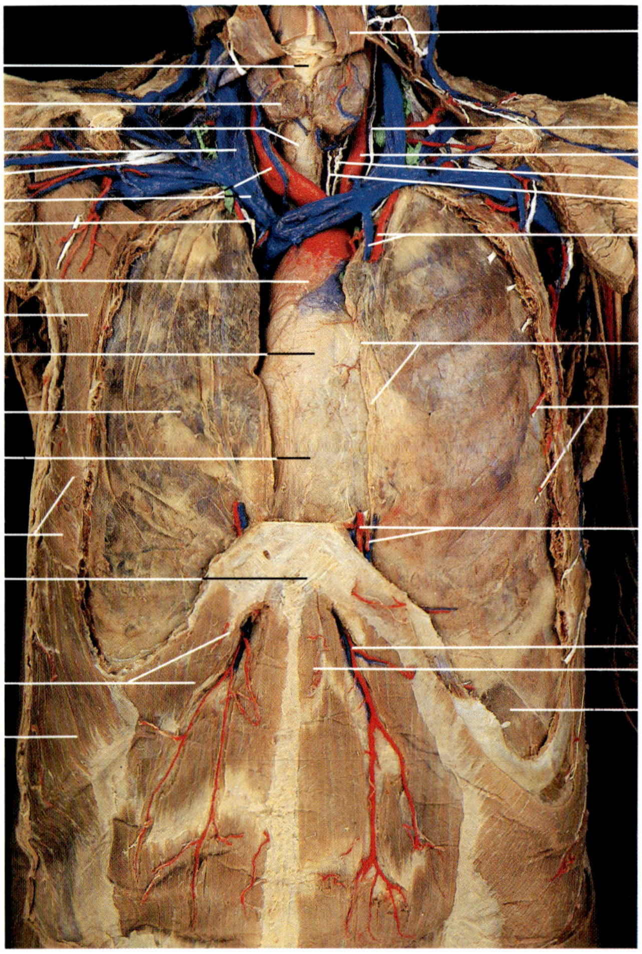

Brustsitus III (Ventralansicht). Vasa thoracica int. wurden entfernt und vordere Pleuraränder etwas nach der Seite verlagert.

1 Larynx
2 Gl. thyroidea
3 Trachea
4 V. jugularis int. dext.
5 Plexus brachialis
6 V. brachiocephalica dext. und Truncus brachiocephalicus
7 N. phrenicus dext.
8 Aorta ascendens
9 M. pectoralis minor (durchtrennt)
10 Truncus pulmonalis (im Herzbeutel)
11 Pleura costalis
12 Perikard und Herz
13 M. serratus ant.
14 Processus xiphoideus
15 Arcus costalis
16 M. obliquus ext. abdominis
17 M. sternothyroideus (durchtrennt und hochgeklappt)
18 N. vagus
19 A. carotis communis sin.
20 Truncus sympathicus sin. (nach vorne gezogen)
21 N. laryngeus recurrens sin.
22 A. und V. thoracica int. sin. (durchtrennt)
23 Umschlagsrand der Pleura costalis zur Pleura mediastinalis
24 Nn., Aa. und Vv. intercostales
25 A. epigastrica sup.
26 M. rectus abdominis
27 Diaphragma
28 R. muscularis der Ansa cervicalis
29 N. phrenicus dext. auf dem M. scalenus ant.
30 V. jugularis superf. dext.
31 V. subclavia dext.
32 V. brachiocephalica dext.
33 A. thoracica int. dext. (durchtrennt)
34 V. thoracica int.
35 Rechte Lunge (Pulmo dext.)
36 M. cricothyroideus, pars recta
37 M. omohyoideus, venter inf.
38 **Thymus**
39 Linke Lunge (Pulmo sin.)

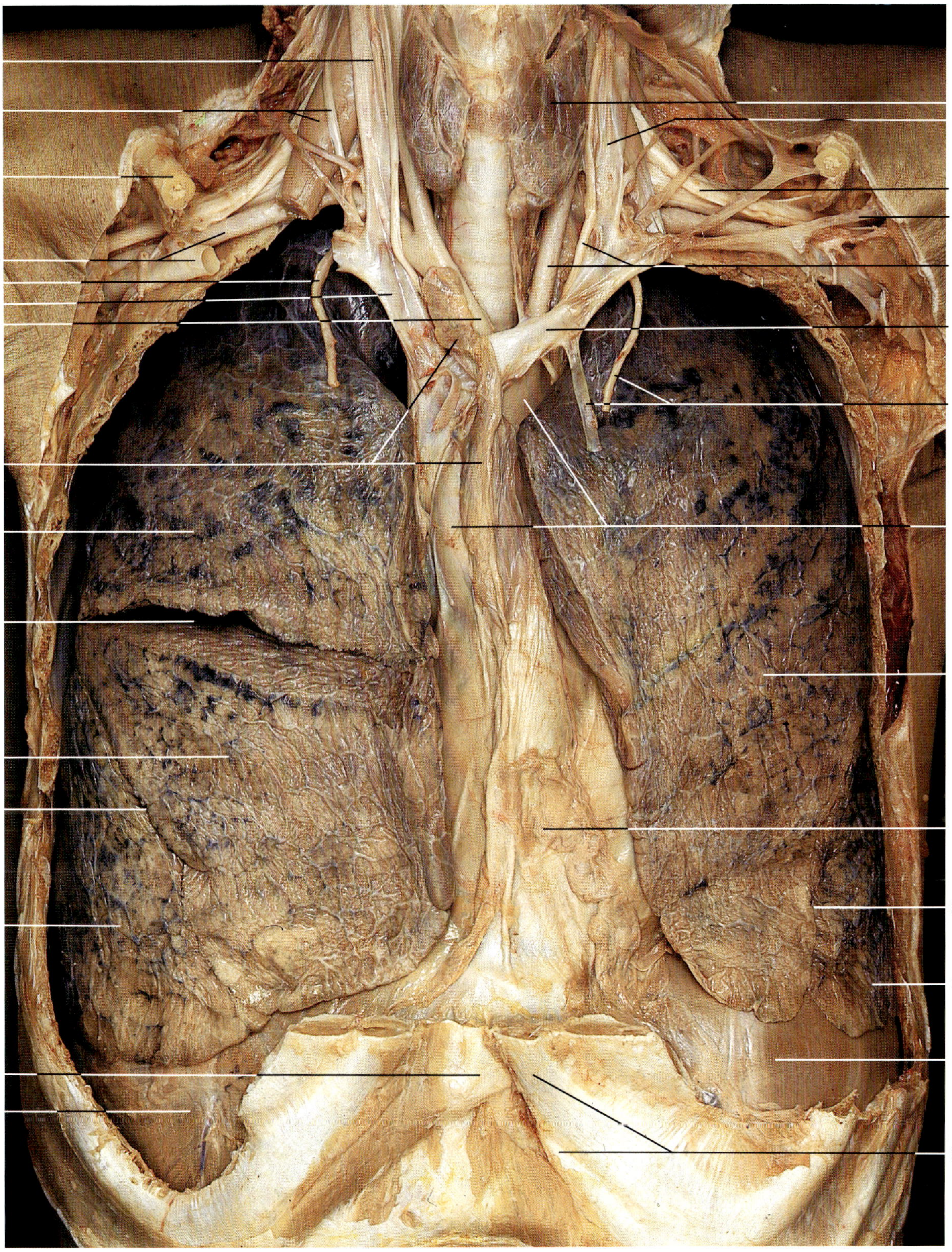

Brustsitus IV (Ventralansicht). Der Pleurasack wurde eröffnet und die Gebilde des Trig. thymicum und pericardiacum zur Darstellung gebracht.

1 V. jugularis int. dext.
2 N. phrenicus dext. und M. scalenus ant.
3 Clavicula (durchtrennt)
4 A. und V. subclavia dext.
5 A. thoracica int.
6 V. brachiocephalica dext.
7 Truncus brachiocephalicus
8 **Thymus** (teilweise rückgebildet), im Bereich des Trig. thymicum
9 Lobus sup. der rechten Lunge
10 Fissura horizontalis (unvollständig)
11 Lobus medius der rechten Lunge
12 Fissura obliqua dext.
13 Lobus inf. der rechten Lunge
14 Processus xiphoideus
15 Diaphragma
16 Gl. thyroidea
17 V. jugularis int. sin.
18 Plexus brachialis
19 V. cephalica sin.
20 A. carotis communis sin. und N. vagus sin.
21 V. brachiocephalica sin.
22 A. und V. thoracica int. (durchtrennt)
23 Aorta ascendens und Arcus aortae
24 Lobus superior der linken Lunge
25 Perikard (im Bereich des Trig. pericardiacum)
26 Fissura obliqua sin.
27 Lobus inf. der linken Lunge
28 Arcus costalis

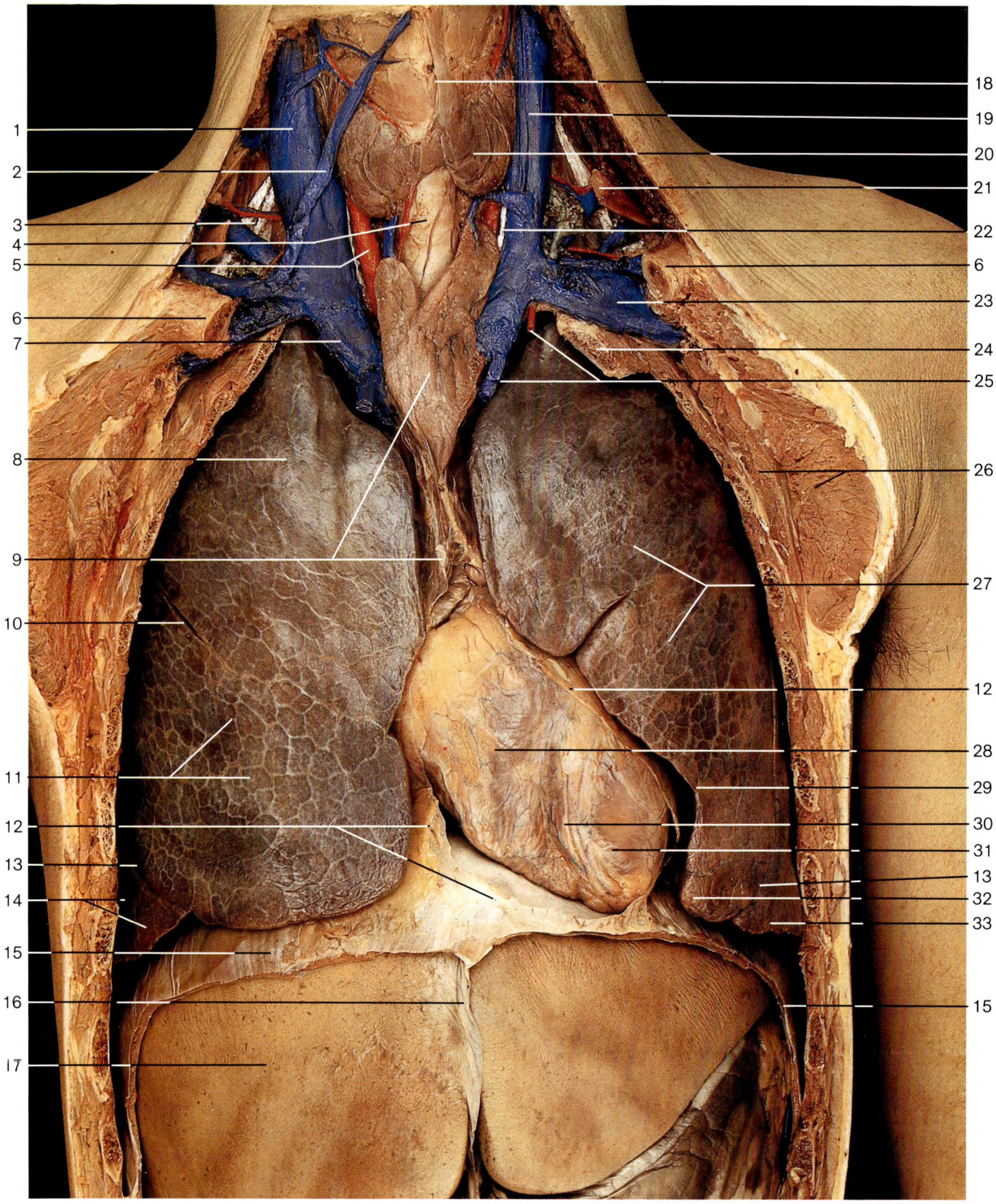

Brustsitus V (Ventralansicht). Der Brustkorb wurde eröffnet, Pleura costalis und vordere Anteile von Zwerchfell und Perikard wurden entfernt.

1 V. jugularis int.
2 V. jugularis ext.
3 Plexus brachialis
4 Trachea
5 A. carotis communis dext.
6 Clavicula (durchtrennt)
7 V. brachiocephalica dext.
8 Oberlappen der rechten Lunge
9 **Thymus** (unterer Abschnitt rückgebildet)
10 Fissura horizontalis
11 Mittellappen der rechten Lunge (Lobus medius)
12 Schnittrand des Perikards
13 Fissura obliqua
14 Unterlappen der rechten Lunge (Lobus inf.)
15 Diaphragma (durchtrennt)
16 Lig. falciforme hepatis
17 Leber (Hepar)
18 Larynx
19 V. jugularis int. sin.
20 Gl. thyroidea
21 M. omohyoideus (durchtrennt)
22 N. vagus
23 V. subclavia sin.
24 Erste Rippe (durchtrennt)
25 A. und V. thoracica int.
26 M. pectoralis major et minor (Schnittflächen)
27 Oberlappen der linken Lunge (Lobus sup.)
28 Rechter Ventrikel (Ventriculus dext.)
29 Incisura cardiaca pulmonis sin.
30 Sulcus interventricularis cordis ant.
31 Linker Ventrikel (Ventriculus sin.)
32 Lingula pulmonis sin.
33 Unterlappen der linken Lunge (Lobus inf.)

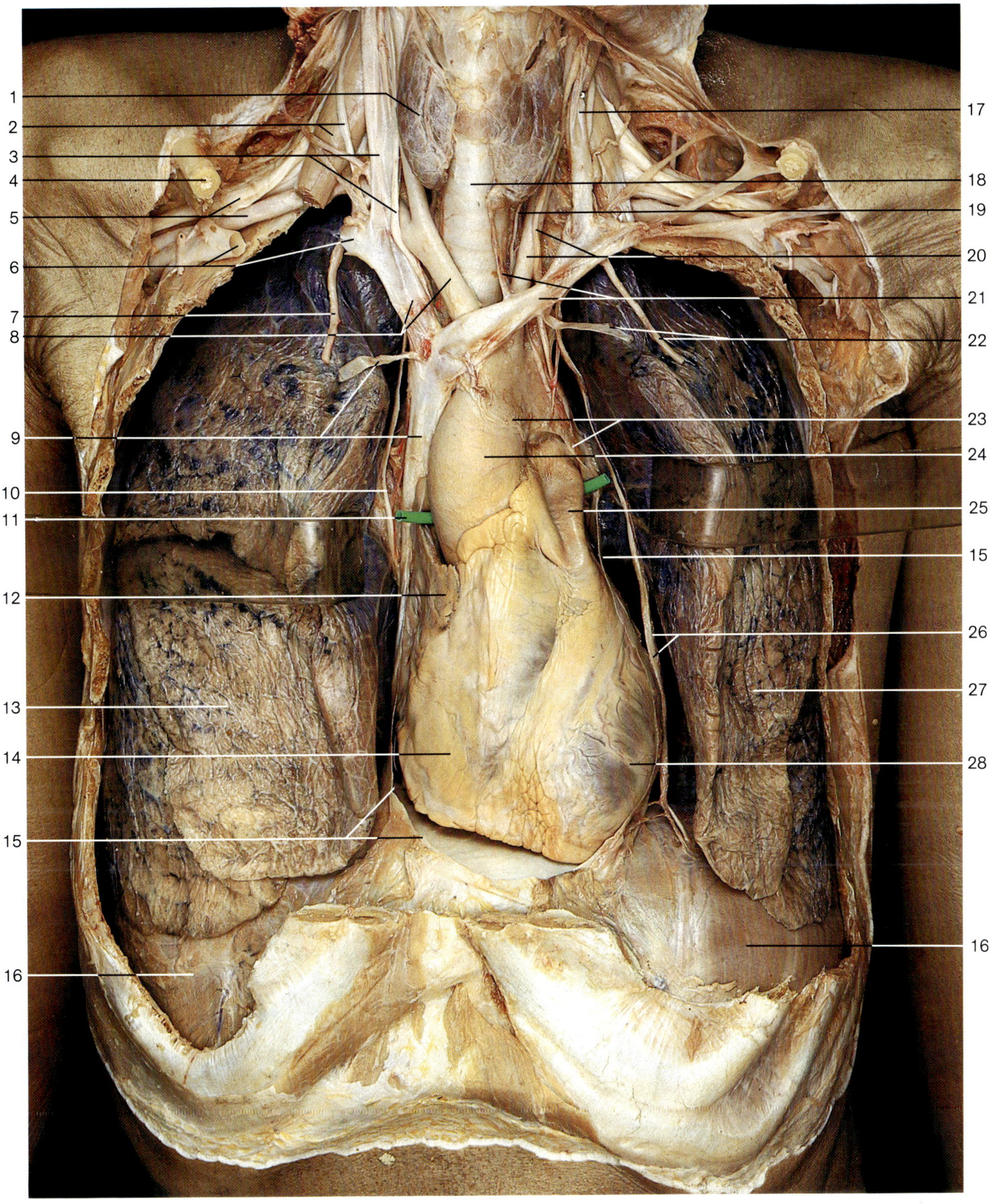

Brustsitus VI, Situs cordis und **mittleres Mediastinum** (Ventralansicht). Brustwand, parietale Pleura und Perikard wurden teilweise entfernt und die Lungen nach der Seite gezogen, um die Leitungsbahnen des mittleren Mediastinums zu zeigen. Im Sinus transversus pericardii liegt eine Sonde.

1 Gl. thyroidea
2 N. phrenicus und M. scalenus ant.
3 N. vagus und V. jugularis int.
4 Clavicula (durchtrennt)
5 Plexus brachialis und A. subclavia dext.
6 V. subclavia dext.
7 A. thoracica int. dext.
8 V. brachiocephalica dext., Truncus brachiocephalicus
9 V. cava sup. und V. thymica
10 N. phrenicus dext.
11 Sonde im Sinus transversus pericardii
12 Auricula dext.
13 Lobus medius der rechten Lunge
14 Rechter Ventrikel (Ventriculus dext.)
15 Schnittrand des Perikards
16 Diaphragma
17 V. jugularis int.
18 Trachea
19 N. laryngeus recurrens
20 A. carotis communis sin. und N. vagus sin.
21 V. brachiocephalica sin. und V. thyroidea inf. sin.
22 A. und V. thoracica int. sin. (durchtrennt)
23 Oberer Umschlagsrand des Perikards (Ende des Herzbeutels)
24 Aorta ascendens
25 Truncus pulmonalis
26 N. phrenicus sin. zusammen mit A. und V. pericardiacophrenica sin.
27 Oberlappen der linken Lunge (Lobus sup.)
28 Linker Ventrikel (Ventriculus sin.)

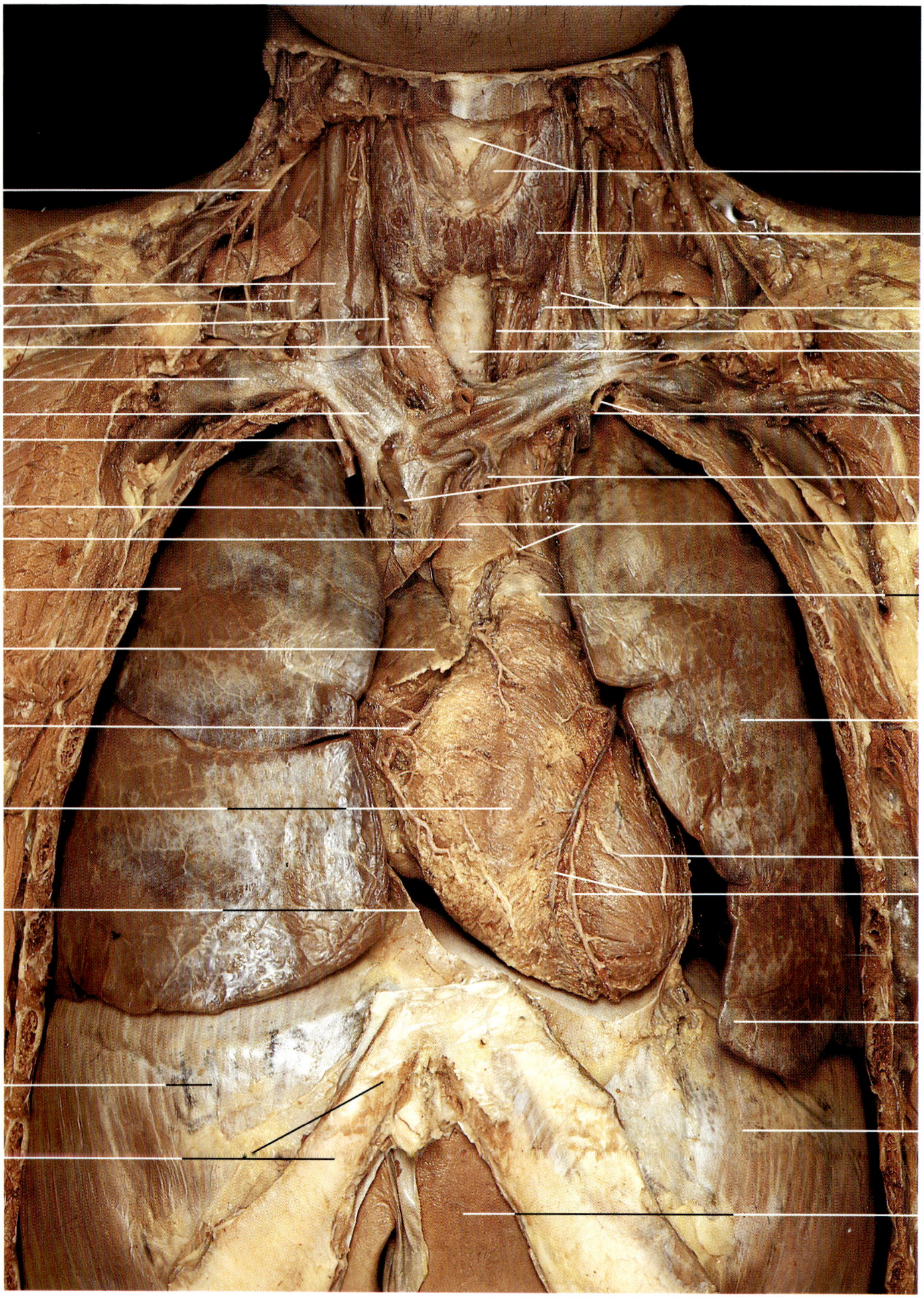

Brustsitus VII, Situs cordis, Herzkranzgefäße in situ (Ventralansicht). Vordere Thoraxwand, Pleura und Perikard wurden teilweise entfernt, die Kranzgefäße und Herzmuskulatur in situ präpariert.

1 N. supraclavicularis intermedius
2 V. jugularis int. dext.
3 N. phrenicus dext.
4 N. vagus dext.
5 A. carotis communis dext.
6 V. subclavia dext.
7 V. brachiocephalica dext.
8 A. thoracica int. dext.
9 V. cava sup.
10 Aorta ascendens
11 Rechte Lunge (Pulmo dext.)
12 Auricula dext.
13 A. coronaria dext. und V. cordis parva
14 Rechter Ventrikel (Ventriculus dext.)
15 Schnittrand vom Perikard
16 Diaphragma
17 Arcus costalis
18 Larynx und M. cricothyroideus
19 Gl. thyroidea
20 A. carotis communis sin. und N. vagus sin.
21 N. laryngeus recurrens
22 Trachea
23 A. und V. thoracica int. sin. (durchtrennt)
24 Vv. thymicae
25 Umschlagsrand des Perikards
26 Truncus pulmonalis
27 Linke Lunge (Pulmo sin.)
28 Linker Ventrikel (Ventriculus sin.)
29 A. und V. interventricularis ant.
30 Lingula pulmonis sin.
31 Leber (Hepar)

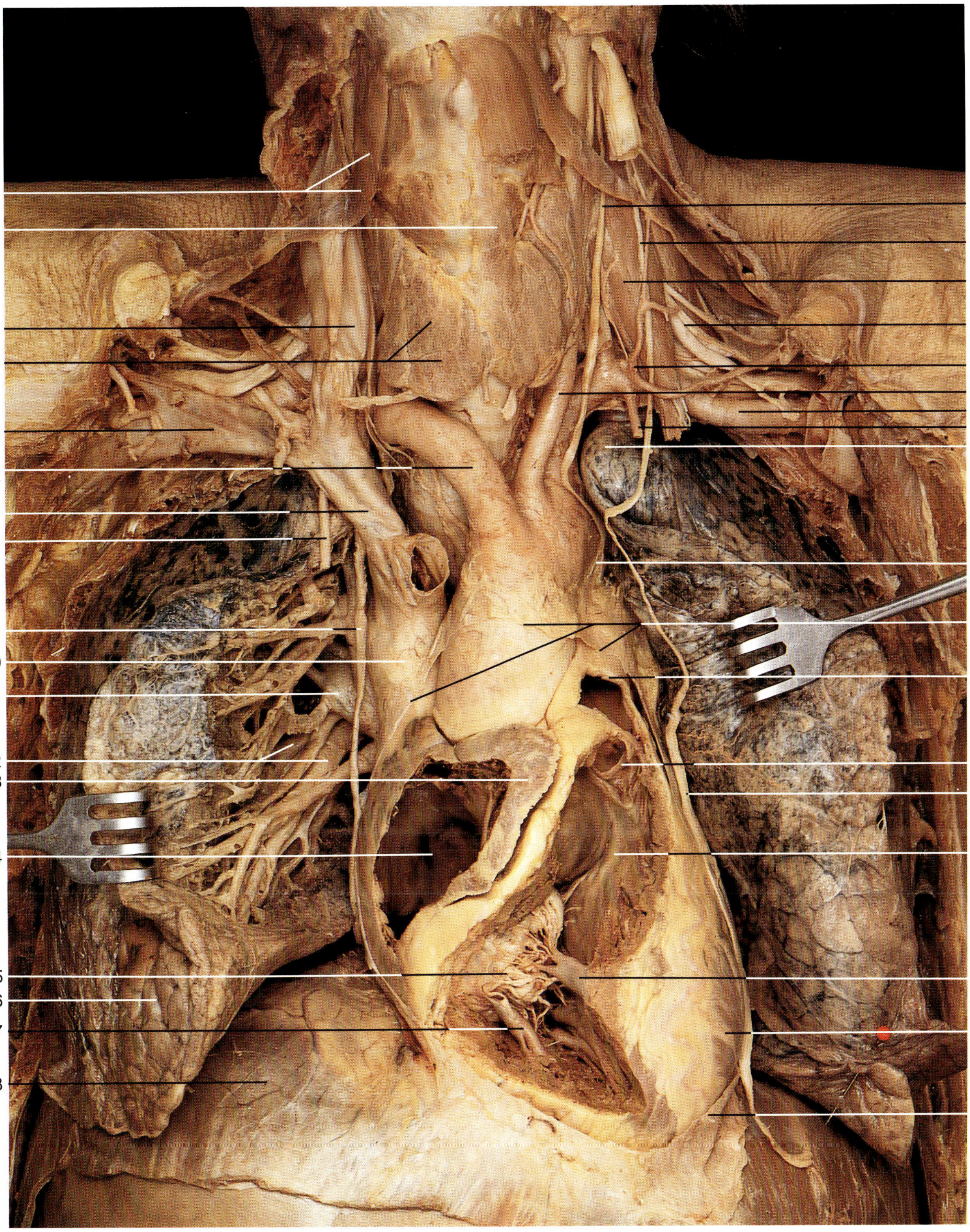

Brustsitus VIII, Situs cordis, Darstellung der Herzklappen in situ (Ventralansicht). Vordere Thoraxwand, Pleura und vorderer Abschnitt des Perikards wurden entfernt, rechter Vorhof und Truncus pulmonalis gefenstert. Die Vorderwand des rechten Ventrikels wurde entfernt, um die Klappen zu zeigen.

1 M. omohyoideus, Venter superior
2 Lobus pyramidalis gl. thyroideae
3 V. jugularis int.
4 Gl. thyroidea, Lobus dext.
5 V. subclavia dext.
6 Truncus brachiocephalicus
7 V. brachiocephalica dext.
8 A. thoracica int. dext.
9 N. phrenicus dext.
10 V. cava sup.
11 V. pulmonalis
12 Ast der A. pulmonalis
13 Auricula dext.
14 Atrium dext.
15 Valva tricuspidalis
16 Rechte Lunge (Pulmo dext.)
17 M. papillaris post.
18 Diaphragma
19 N. vagus sin.
20 N. phrenicus sin.
21 M. scalenus ant.
22 Plexus brachialis
23 Truncus thyrocervicalis
24 A. carotis communis sin.
25 A. subclavia sin.
26 A. thoracica int. sin.
27 Apex pulmonis sin.
28 N. laryngeus recurrens sin. (Abgang vom N. vagus am Arcus aortae)
29 Schnittrand des Perikards
30 Truncus pulmonalis (gefenstert)
31 Valva trunci pulmonalis
32 Conus arteriosus des rechten Ventrikels (eröffnet)
33 M. papillaris ant.
34 Linker Ventrikel (Ventriculus sin.)

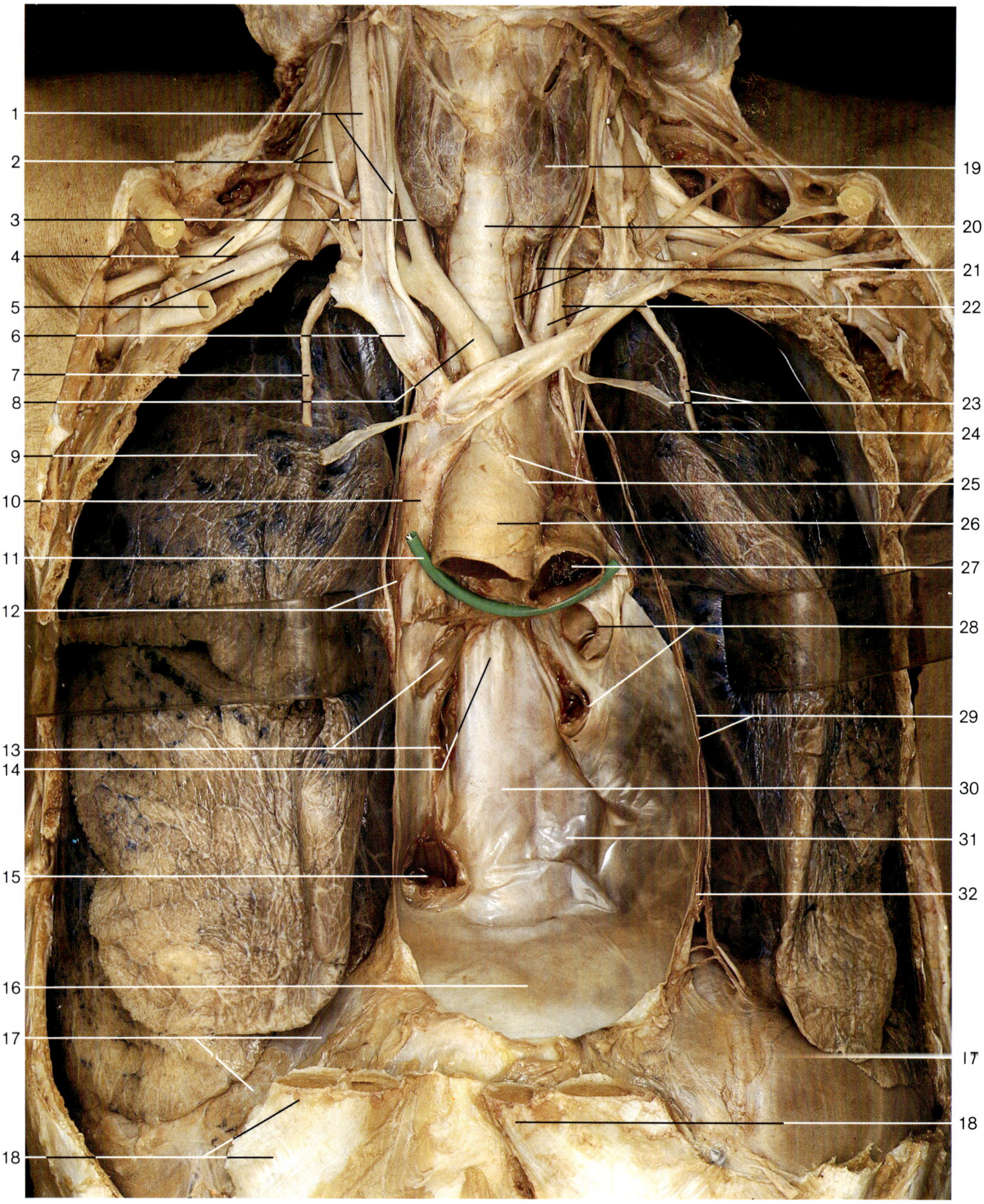

Brustsitus IX, Herzbeutel und **mediastinale Leitungsbahnen** (Ventralansicht). Das Herz wurde entfernt und die Lungen nach der Seite gezogen. Im Sinus transversus pericardii liegt eine Sonde.

1 V. jugularis int. dext. und N. vagus dext.
2 N. phrenicus dext. und M. scalenus ant.
3 A. carotis communis dext.
4 Plexus brachialis dext.
5 A. und V. subclavia dext.
6 V. brachiocephalica dext.
7 A. thoracica int. dext. (durchtrennt)
8 Truncus brachiocephalicus
9 Lobus superior der rechten Lunge
10 V. cava sup.
11 Sonde im Sinus transversus pericardii
12 N. phrenicus dext., A. und V. pericardiacophrenica dext.
13 Vv. pulmonales dext.
14 Sinus obliquus pericardii
15 V. cava inf.
16 Anlagerungsfläche des Perikards an das Zwerchfell
17 Diaphragma
18 Arcus costalis
19 Gl. thyroidea
20 Trachea
21 N. laryngeus recurrens sin. und V. thyroidea inf.
22 A. carotis communis sin. und N. vagus sin.
23 A. und V. thoracica int. sin. (durchtrennt und zurückgeklappt)
24 N. vagus am Aortenbogen
25 Umschlagsrand des Perikards
26 Aorta ascendens
27 Truncus pulmonalis (durchtrennt)
28 Vv. pulmonales sin.
29 N. phrenicus sin., A. und V. pericardiacophrenica sin.
30 Anlagerungsstelle des Oesophagus ans Perikard
31 Anlagerungsstelle der Aorta ans Perikard
32 Schnittrand des Perikards

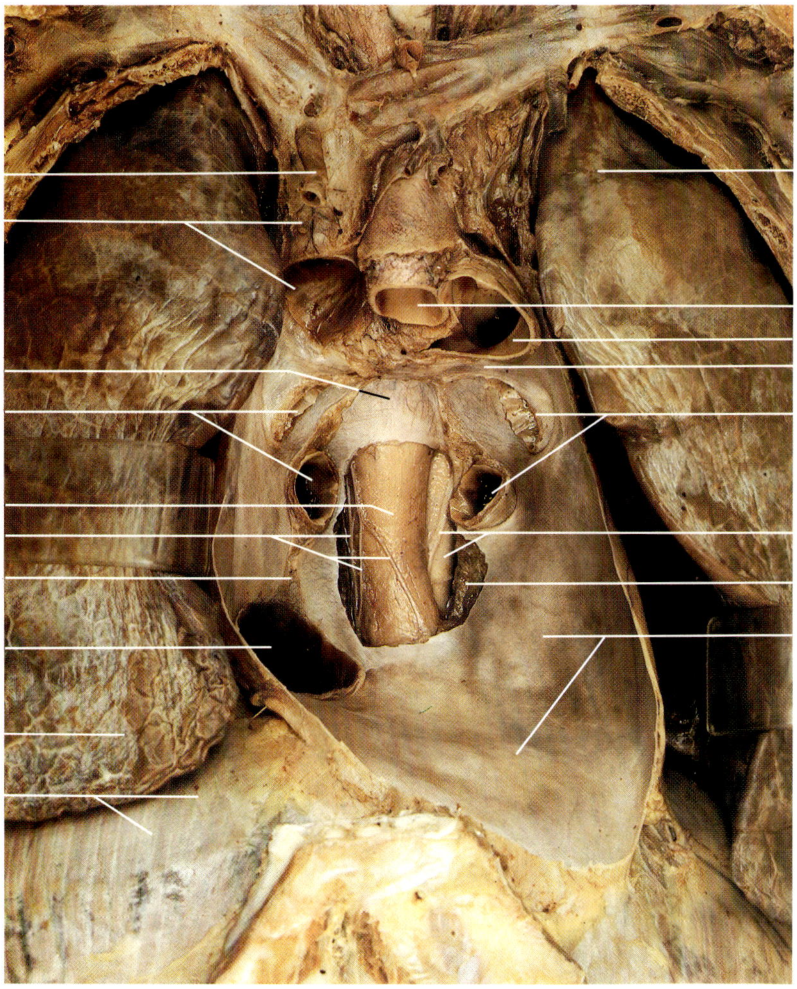

Herzbeutel und angrenzende Gebilde des hinteren Mediastinums (Ansicht von ventral). Das Herz wurde entfernt und die Hinterwand des Perikardsackes gefenstert, um Oesophagus und Aorta thoracica zu zeigen.

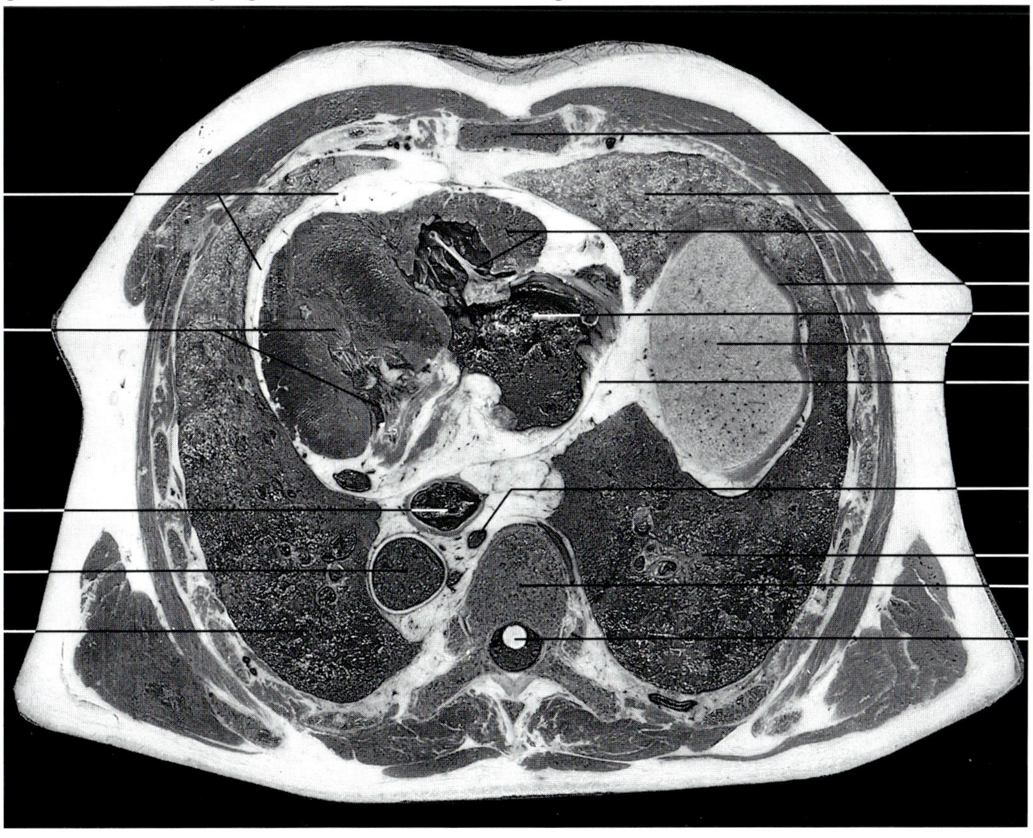

Querschnitt durch den Thorax in Höhe des 7. Brustwirbels.

1 V. thoracica int.
2 V. cava sup.
3 Oberer Abschnitt des Sinus obliquus pericardii
4 Vv. pulmonales dext.
5 Oesophagus (Vorderwand)
6 Äste des rechten N. vagus
7 Mesocardium
8 V. cava inf.
9 Rechte Lunge (Mittellappen)
10 Diaphragma, pars costalis
11 Linke Lunge (Oberlappen)
12 Aorta ascendens
13 Truncus pulmonalis
14 Sinus transversus pericardii
15 Vv. pulmonales sin.
16 Aorta descendens und linker N. vagus
17 Linke Lunge (hinter dem Herzbeutel)
18 Pericardium
19 Linker Ventrikel mit Valva bicuspidalis
20 Oesophagus (Querschnitt)
21 Aorta thoracica
22 Linke Lunge (Unterlappen)
23 Sternum
24 Rechte Lunge (Mittellappen)
25 Rechter Ventrikel mit Valva tricuspidalis
26 Querschnitt des Zwerchfells
27 Linker Vorhof (Atrium sin.)
28 Anschnitt der Leber (Lobus dexter hepatis)
29 V. hemiazygos
30 Rechte Lunge (Unterlappen)
31 Brustwirbelkörper
32 Medulla spinalis

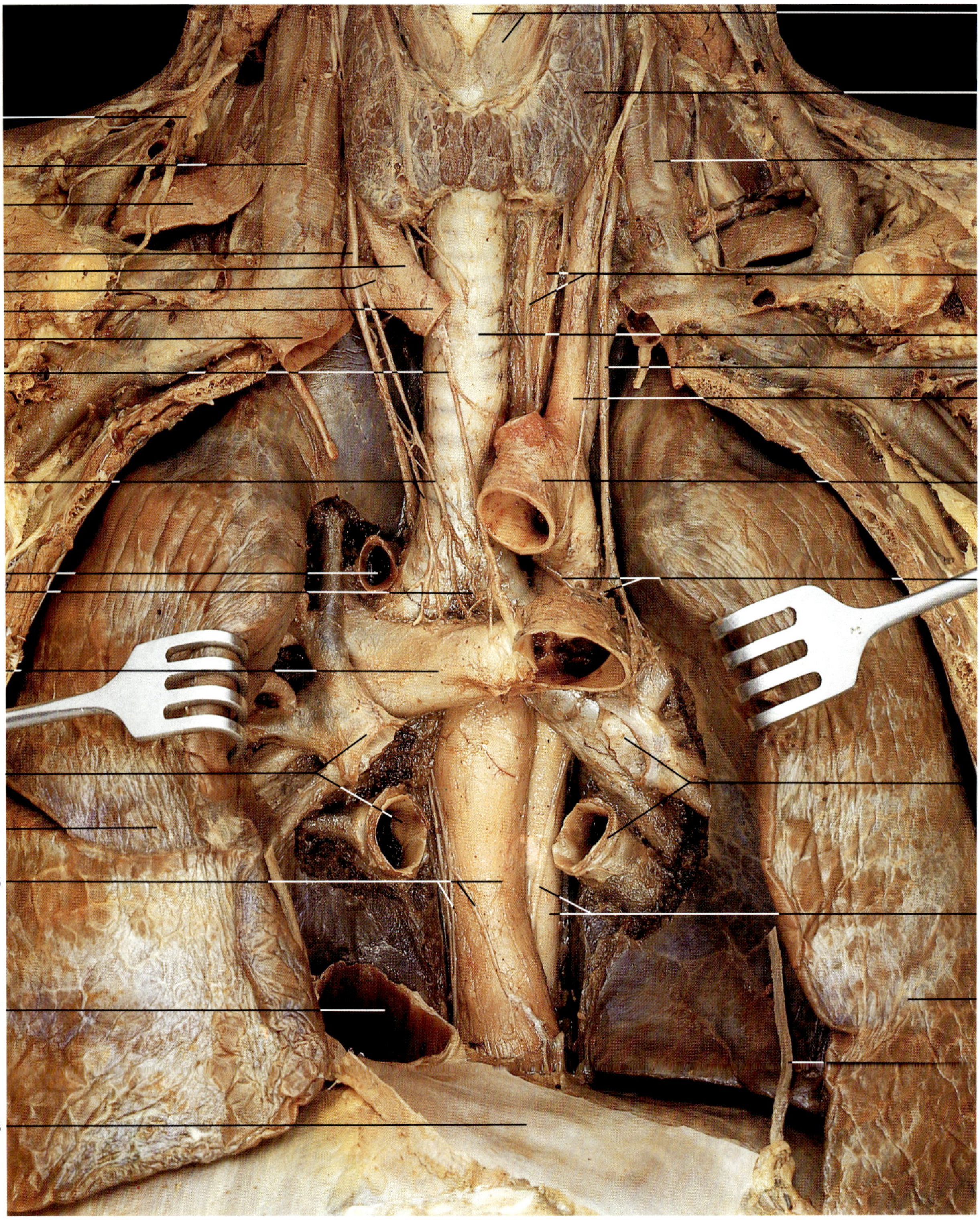

Mediastinalorgane nach Entfernung von Herz und Herzbeutel (Ventralansicht). Beide Lungen wurden etwas zur Seite gezogen.

1 Nn. supraclaviculares
2 V. jugularis int.
3 M. omohyoideus
4 N. vagus dext.
5 A. carotis comm. dext.
6 A. subclavia dext.
7 Truncus brachiocephalicus
8 V. brachiocephalica dext.
9 R. cardiacus cervicalis sup.
10 Rr. cardiaci cervicales inf.
11 V. azygos (durchtrennt)
12 Bifurcatio tracheae
13 A. pulmonalis dext.
14 Vv. pulmonales sin.
15 Rechte Lunge
16 Oesophagus mit Ästen des rechten Vagus
17 V. cava inf.
18 Perikard
19 Larynx und M. cricothyroideus
20 Gl. thyroidea
21 V. jugularis int.
22 Oesophagus und N. laryngeus recurrens sin.
23 Trachea
24 N. vagus sin.
25 A. carotis comm. sin.
26 Arcus aortae
27 N. laryngeus recurrens sin. am Abgang vom N. vagus
28 Vv. pulmonales sin.
29 Aorta thoracica mit Ast des linken Vagus
30 Linke Lunge
31 N. phrenicus sin. (durchtrennt)

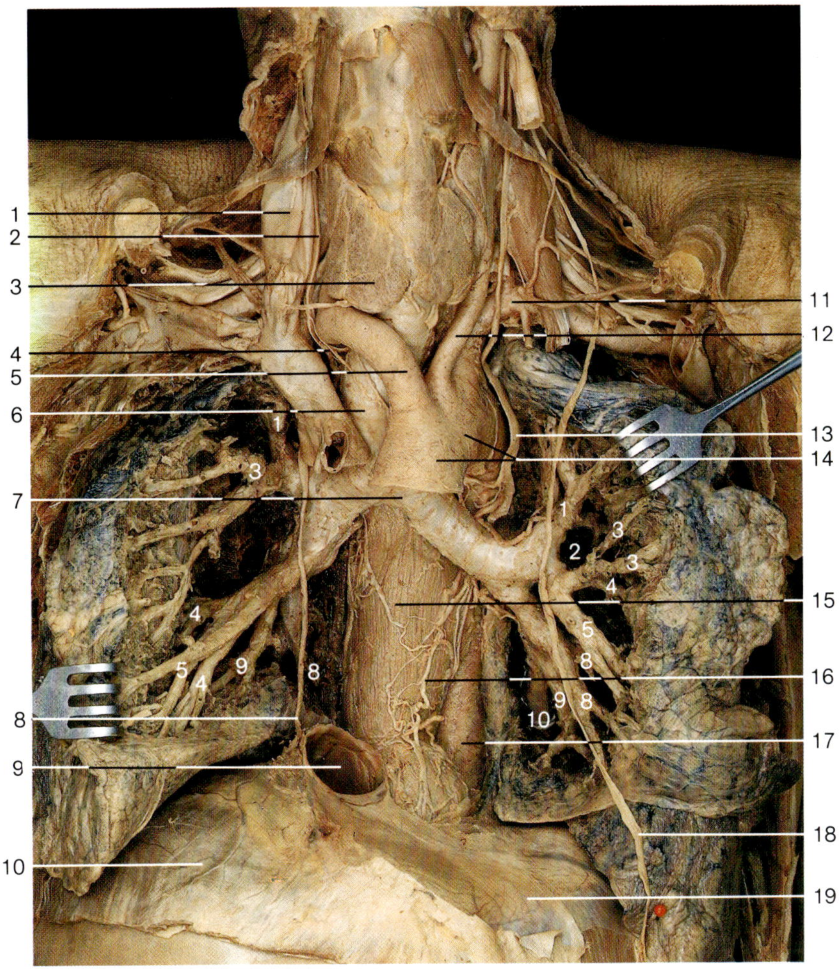

Bronchialbaum in situ (Ventralansicht). Herz und Perikard wurden entfernt, die Segmentbronchien vom Hilus aus dargestellt.
1–10 = Nummern der Segmentbronchien (vgl. S. 60 u. 61).

1 V. jugularis int.
2 N. vagus dext.
3 Gl. thyroidea
4 N. laryngeus recurrens dext.
5 Truncus brachiocephalicus
6 Trachea
7 Bifurcatio tracheae
8 N. phrenicus dext.
9 V. cava inf.
10 Diaphragma
11 A. subclavia sin.
12 A. carotis comm. sin.
13 N. vagus sin.
14 Arcus aortae
15 Oesophagus
16 Plexus oesophageus
17 Aorta thoracica
18 N. phrenicus sin.
19 Perikard auf dem Centrum tendineum des Zwerchfells
20 A. pulmonalis dext.
21 A. pulmonalis sin.
22 Nodi lymphatici paratracheales
23 Nodi lymphatici tracheobronchiales sup.
24 Nodi lymphatici bronchopulmonales

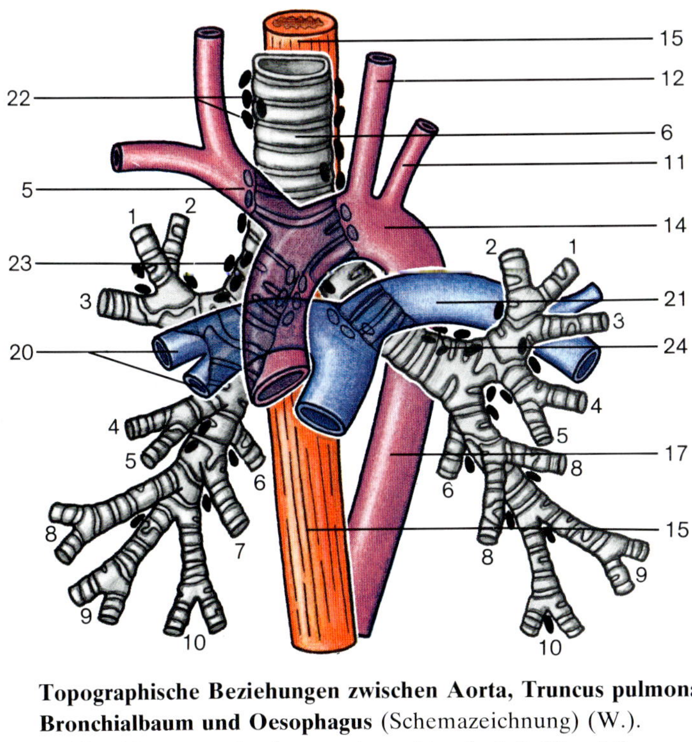

Topographische Beziehungen zwischen Aorta, Truncus pulmonalis, Bronchialbaum und Oesophagus (Schemazeichnung) (W.).
1–10 = Nummern der Segmentbronchien (vgl. S. 60 u. 61).

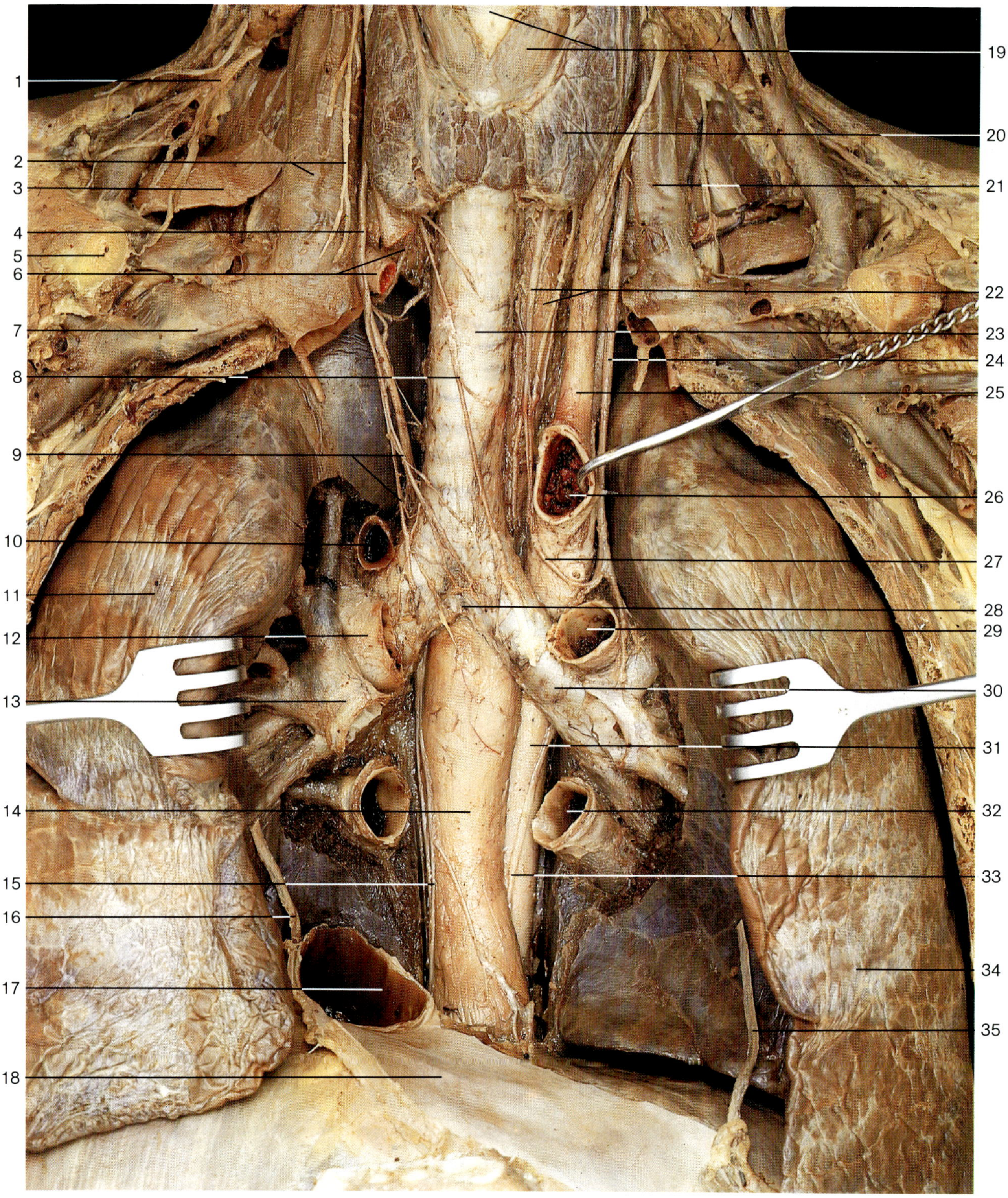

Mediastinalorgane nach Entfernung des Herzens und des Herzbeutels (Ventralansicht). Beide Lungen sowie der Aortenbogen wurden etwas zur Seite gezogen. Darstellung der Nn. vagi.

1 Nn. supraclaviculares
2 V. jugularis int. dext. mit Ansa cervicalis
3 M. omohyoideus, venter inf.
4 **N. vagus dext.**
5 Clavicula
6 A. subclavia dext. und N. laryngeus recurrens dext.
7 V. subclavia dext.
8 Ramus cardiacus cervicalis sup. } n. vagi dext.
9 Rami cardiaci cervicales inf. } n. vagi dext.
10 V. azygos (durchtrennt)
11 Rechte Lunge (Pulmo dext.)
12 A. pulmonalis dext.
13 Vv. pulmonales dext.
14 Oesophagus
15 Plexus oesophageus
16 N. phrenicus dext. (durchtrennt)
17 V. cava inf.
18 Perikardrest auf dem Centrum tendineum des Zwerchfells
19 Larynx und M. cricothyroideus
20 Gl. thyroidea
21 V. jugularis int. sin.
22 Oesophagus und N. laryngeus inf. sin.
23 Trachea
24 **N. vagus sin.**
25 A. carotis communis sin.
26 Arcus aortae
27 N. laryngeus recurrens sin.
28 Bifurcatio tracheae
29 A. pulmonalis sin.
30 Bronchus principalis sin.
31 Aorta descendens
32 Vv. pulmonales sin.
33 Ast des linken N. vagus
34 Linke Lunge (Pulmo sin.)
35 N. phrenicus sin. (durchtrennt)

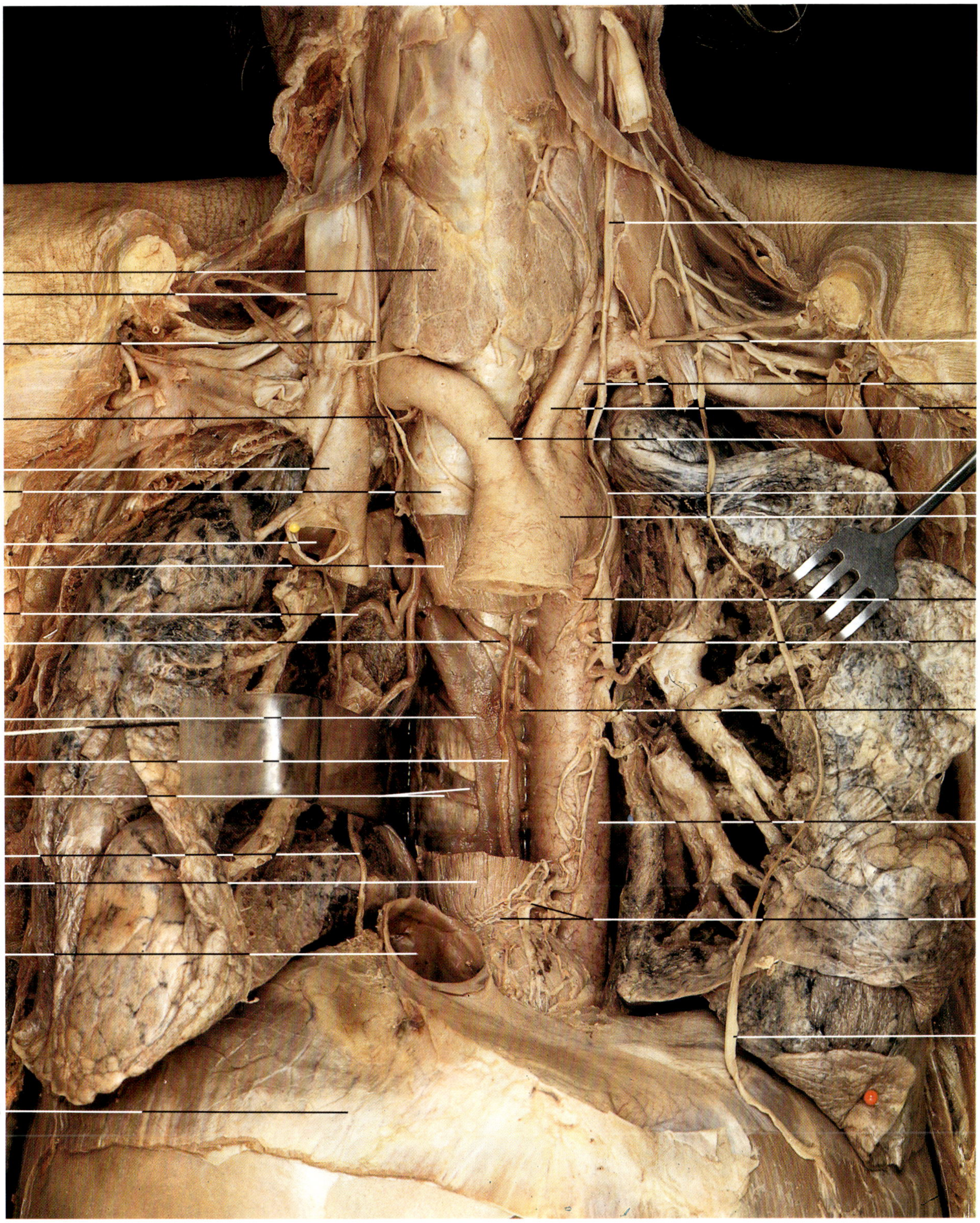

Mediastinalorgane (Ventralansicht). Herz und ein Teil des Oesophagus wurden entfernt, um die vor der Wirbelsäule verlaufenden Leitungsbahnen zu zeigen.

1 Gl. thyroidea
2 V. jugularis int. dext.
3 N. vagus dext.
4 N. laryngeus recurrens dext.
5 V. brachiocephalica dext.
6 Trachea
7 V. brachiocephalica sin.
8 Oesophagus
9 A. bronchialis dext.
10 A. intercostalis
11 **V. azygos**
12 **Ductus thoracicus**
13 A. und V. intercostalis (vor der Wirbelsäule)
14 N. phrenicus dext.
15 V. cava inf.
16 Diaphragma
17 N. vagus sin.
18 Truncus thyrocervicalis
19 A. subclavia sin.
20 A. carotis comm. sin.
21 Truncus brachiocephalicus
22 N. vagus sin.
23 Arcus aortae
24 N. laryngeus recurrens sin.
25 A. bronchialis sin.
26 Lymphknoten
27 Aorta thoracica
28 Plexus oesophageus
29 N. phrenicus sin.

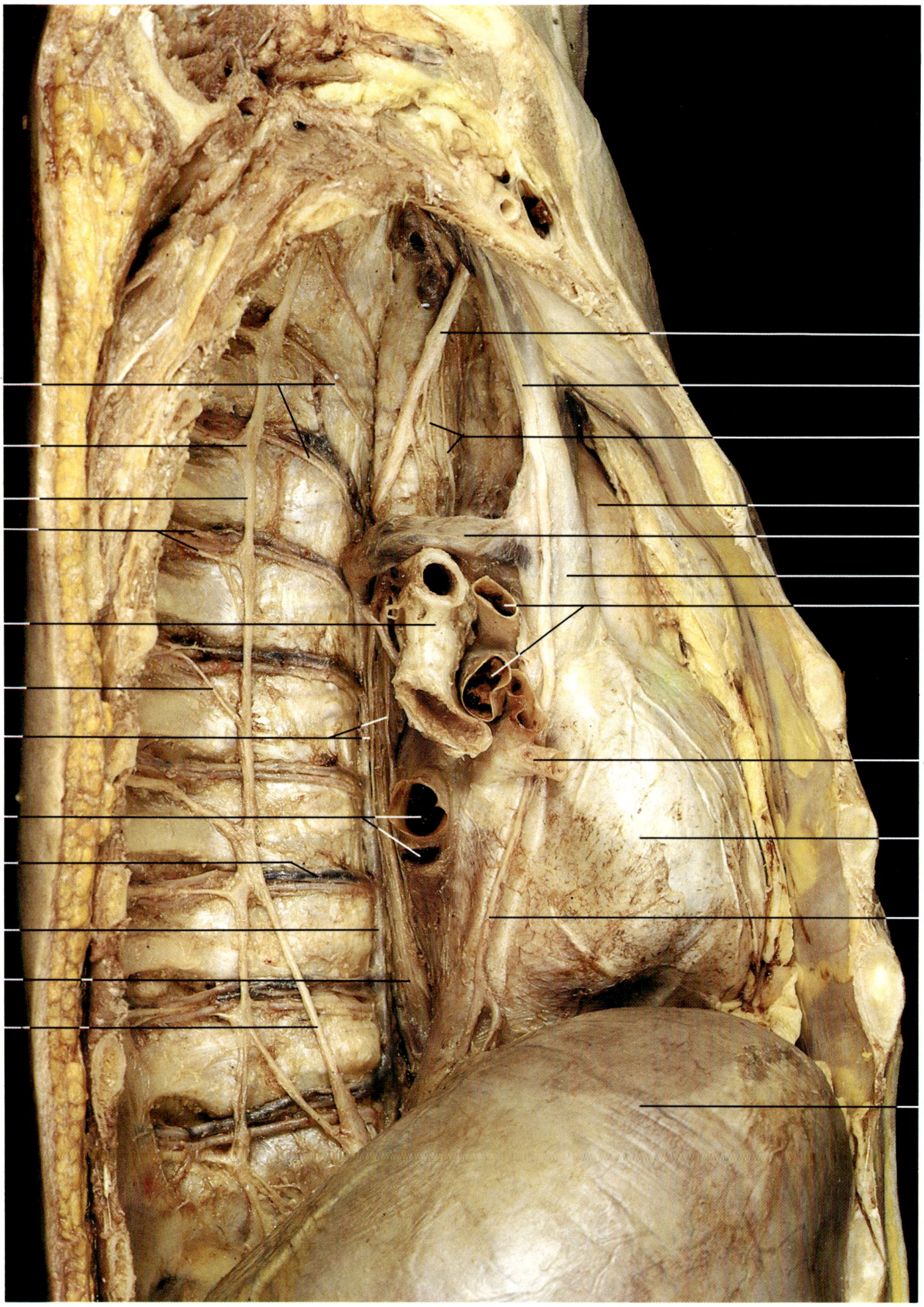

Mediastinalorgane, von rechts lateral gesehen. Rechte Lunge, Pleura parietalis und Fascia endothoracica der rechten Thoraxhälfte wurden entfernt.

1 Aa. intercostales
2 Ganglion des Truncus sympathicus
3 R. interganglionaris des Truncus sympathicus
4 Gefäß-Nerven-Bündel im Spatium intercostale (von oben nach unten: V., A. und N. intercostalis)
5 Bronchus principalis dext.
6 R. communicans
7 Plexus oesophageus (Äste des rechten N. vagus)
8 Vv. pulmonales dext.
9 V. intercostalis
10 V. azygos
11 Oesophagus
12 N. splanchnicus major
13 N. vagus
14 N. phrenicus dext.
15 Rr. cardiaci cervicales inff. n. vagi
16 Arcus aortae
17 V. cava sup.
18 A. pulmonalis dext.
19 Herz mit Herzbeutel
20 Diaphragma

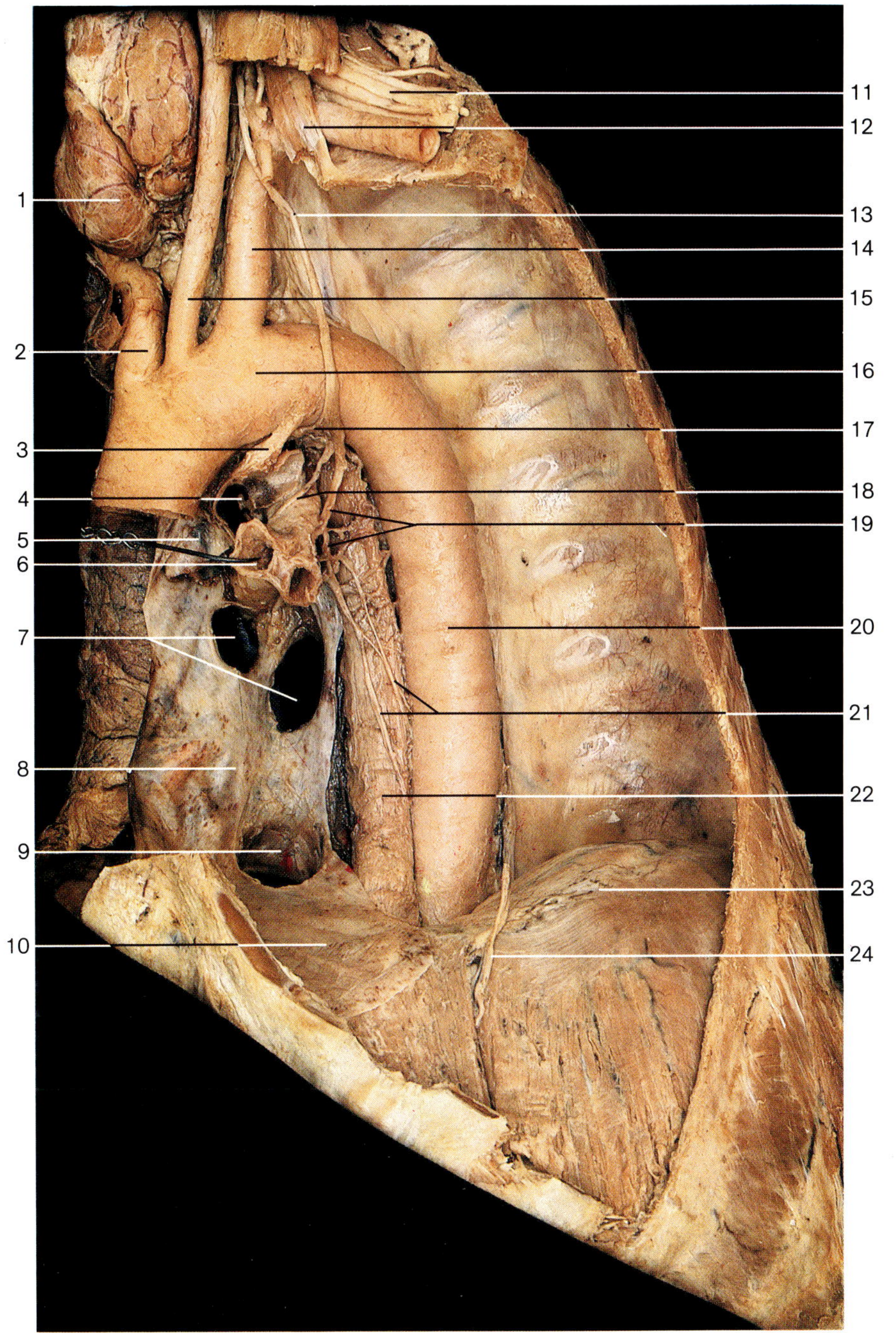

Mediastinum posterius und superius (von lateral, linke Thoraxhälfte). Topographische Beziehungen zwischen Oesophagus und Aorta thoracica.

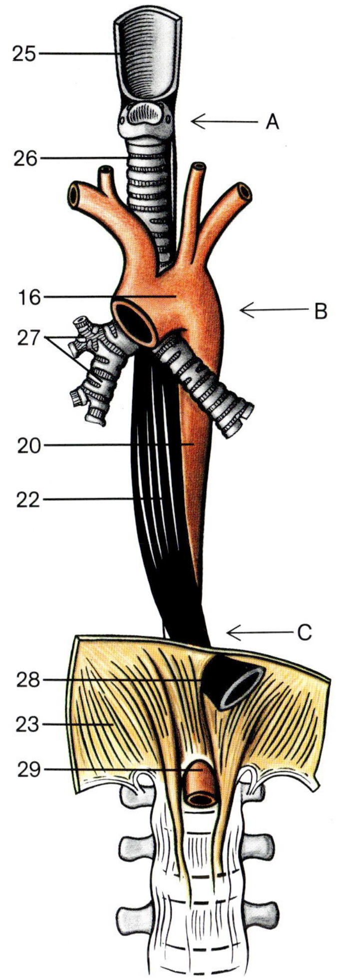

Mediastinalorgane (von ventral) (Schemazeichnung) (W.).

A Obere Ösophagusenge (am Ringknorpel)
B Mittlere Ösophagusenge (am Aortenbogen)
C Untere Ösophagusenge (am Zwerchfelldurchtritt)

1 Gl. thyroidea
2 Truncus brachiocephalicus
3 Lig. arteriosum (Rest des Ductus arteriosus Botalli)
4 A. pulmonalis dext.
5 V. cava sup.
6 Bronchus principalis sin.
7 Vv. pulmonales dext.
8 Perikard im Bereich des Mediastinums
9 V. cava inf.
10 Centrum tendineum und Perikard
11 Plexus brachialis sin.
12 M. scalenus ant.
13 N. vagus sin. (Abgang des R. cardiacus cervicalis inf.)
14 A. subclavia sin.
15 A. carotis comm. sin.
16 Arcus aortae
17 N. laryngeus recurrens sin.
18 Rr. bronchiales
19 N. vagus sin. (pars thoracalis)
20 Aorta thoracica
21 Plexus oesophageus n. vagi
22 Oesophagus, pars thoracica
23 Diaphragma
24 N. phrenicus sin. (durchtrennt)
25 Pharynx
26 Trachea
27 Bronchi pulmonales
28 Oesophagus, pars abdominalis
29 Aorta abdominalis

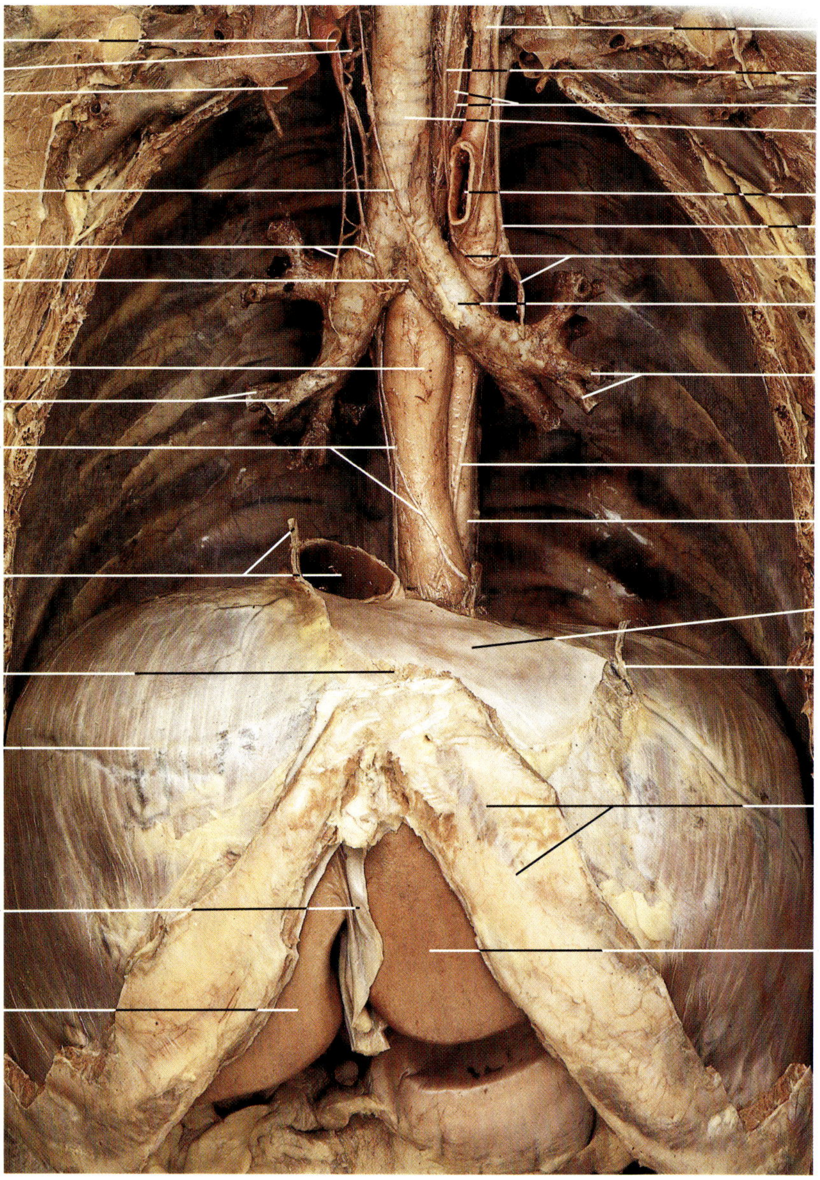

Hintere Mediastinalorgane und Zwerchfell (Ventralansicht). Herz und Lungen wurden entfernt. Der Rippenbogen blieb noch erhalten. Man beachte den unterschiedlichen Verlauf der beiden Nn. vagi.

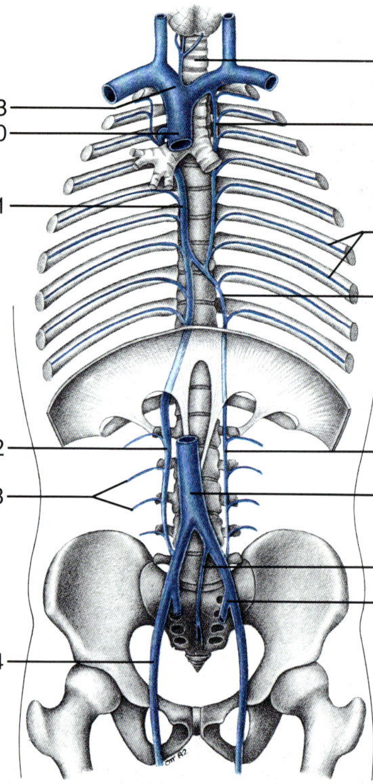

Venen der dorsalen Brust- und Bauchwand (Schemazeichnung) (O.).

1 A. subclavia dext.
2 N. laryngeus recurrens dext.
3 V. brachiocephalica dext.
4 R. cardiacus cervicalis sup.
5 Rr. cardiaci cervicales inff. und Rr. pulmonales
6 Bifurcatio tracheae
7 Oesophagus
8 Bronchi segmentales (4. und 5. Segment des Lobus medius)
9 Plexus oesophageus
10 V. cava inf. und N. phrenicus dext. (durchtrennt)
11 Pars sternalis diaphragmatis
12 Pars costalis diaphragmatis
13 Lig. falciforme hepatis
14 Lobus hepatis dext.
15 A. carotis comm. sin.
16 N. laryngeus recurrens sin.
17 Rr. oesophagei n. vagi und Oesophagus
18 Trachea
19 Arcus aortae
20 N. vagus sin.
21 N. laryngeus recurrens sin. mit R. cardiacus inf.
22 Bronchus principalis sin.
23 Bronchi segmentales (4. und 5. Segment des Lobus sup.)
24 Plexus oesophageus, Ast des linken N. vagus
25 Aorta thoracica
26 Centrum tendineum mit einem Teil vom Perikard
27 N. phrenicus sin. (durchtrennt)
28 Arcus costalis
29 Lobus hepaticus sin.
30 V. cava sup.
31 V. azygos
32 V. lumbalis ascendens
33 Vv. lumbales
34 V. iliaca ext. dext.
35 V. hemiazygos accessoria
36 Vv. intercostales
37 V. hemiazygos
38 V. cava inf.
39 V. sacralis mediana
40 V. iliaca int.

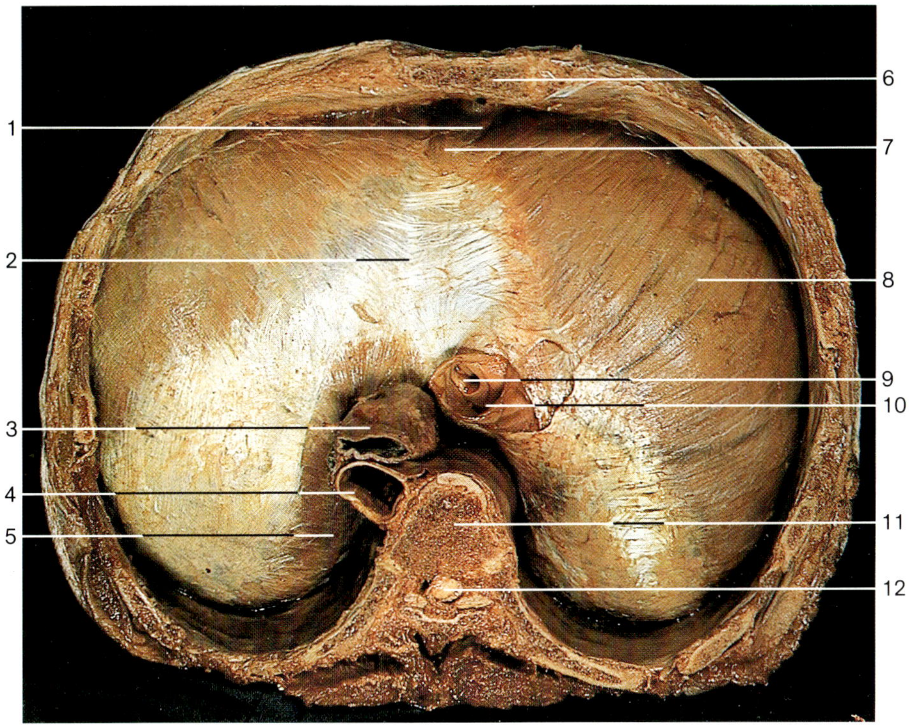

Diaphragma (von oben). Pleura diaphragmatica und Thoraxwand wurden entfernt.

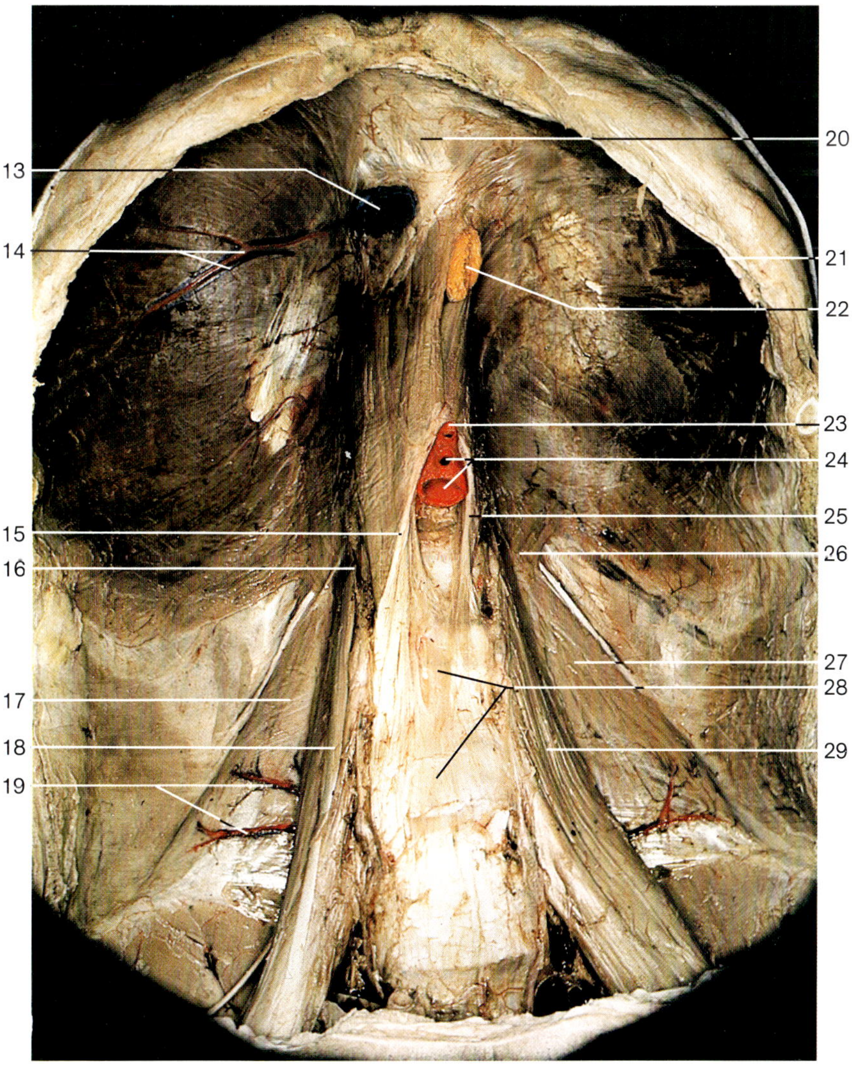

Diaphragma und **dorsale Bauchwand** (von unten).

1 Trigonum sternocostale (Larreysche Spalte)
2 Centrum tendineum (von oben)
3 Oesophagus
4 Aorta
5 Pars lumbalis des Zwerchfells
6 Sternum
7 Pars sternalis des Zwerchfells
8 Pars costalis diaphragmatis
9 Einmündung der Vv. hepaticae in die V. cava inf.
10 V. cava inf.
11 Corpus vertebrae (9. Brustwirbel)
12 Rückenmark (quergeschnitten)
13 Foramen venae cavae inf.
14 A. und V. phrenica inf.
15 Crus dextrum der Pars lumbalis des Zwerchfells
16 Lig. arcuatum med. (Psoasarkade)
17 M. quadratus lumborum
18 M. psoas minor
19 Aa. und Vv. lumbales
20 Centrum tendineum (von unten)
21 Pars costalis des Zwerchfells
22 Hiatus oesophageus mit Oesophagus und Nn. vagi
23 Lig. arcuatum medianum
24 Hiatus aorticus mit Aorta und Ductus thoracicus
25 Crus sinistrum der Pars lumbalis des Zwerchfells
26 Lig. arcuatum lat. (Quadratusarkade)
27 M. quadratus lumborum (linke Seite)
28 Lendenwirbelsäule
29 M. psoas major

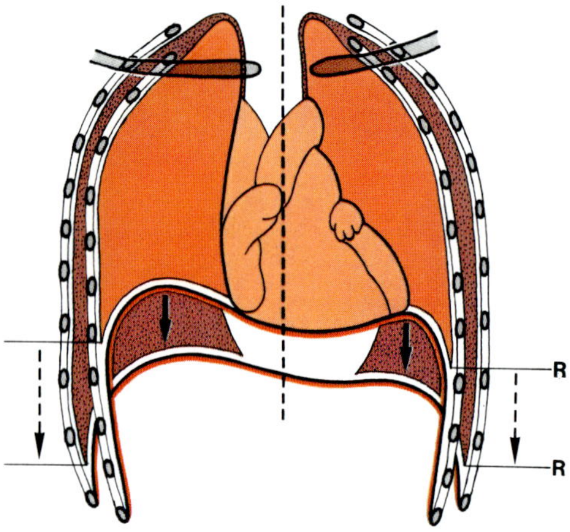

Formveränderungen von Zwerchfell und Thorax bei der Atmung (Schemazeichnung). Gleichzeitig mit der Senkung des Zwerchfells (Pfeile) vergrößert sich der Thorax, vor allem im unteren Bereich, so daß sich der Recessus costodiaphragmaticus erweitern und die Lunge kaudalwärts (gestrichelter Pfeil) ausdehnen kann.
R = Margo inf. der Lunge im Recessus costodiaphragmaticus.

1 Oesophagus mit Ästen des N. vagus dext.
2 Vv. hepaticae
3 V. cava inf.
4 Centrum tendineum
5 A. phrenica inf.
6 Pars lumbalis des Zwerchfells (crus dextrum)
7 Pars costalis des Zwerchfells
8 A. renalis mit Plexus renalis
9 Plexus intermesentericus
10 A. und V. lumbalis
11 Aorta thoracica mit Ast des N. vagus sin.
12 Schnittrand des Diaphragma
13 Oesophagus mit Vagusästen; Übergang des Truncus vagalis ant. in den Plexus gastricus ant.
14 Übergang des Truncus vagalis post. in den Plexus coeliacus
15 Plexus coeliacus mit Ganglion coeliacum
16 A. mesenterica sup. mit Ganglion mesentericum sup.
17 Trig. lumbocostale (Bochdalek)
18 Zwölfte Rippe
19 Aorta abdominalis
20 Truncus sympathicus mit Ganglion
21 M. psoas major
22 M. quadratus lumborum
23 Plexus mesentericus inf.

Zwerchfell mit den durchtretenden Leitungsbahnen (von unten).

Kapitel VII

Bauchorgane
Bauchsitus

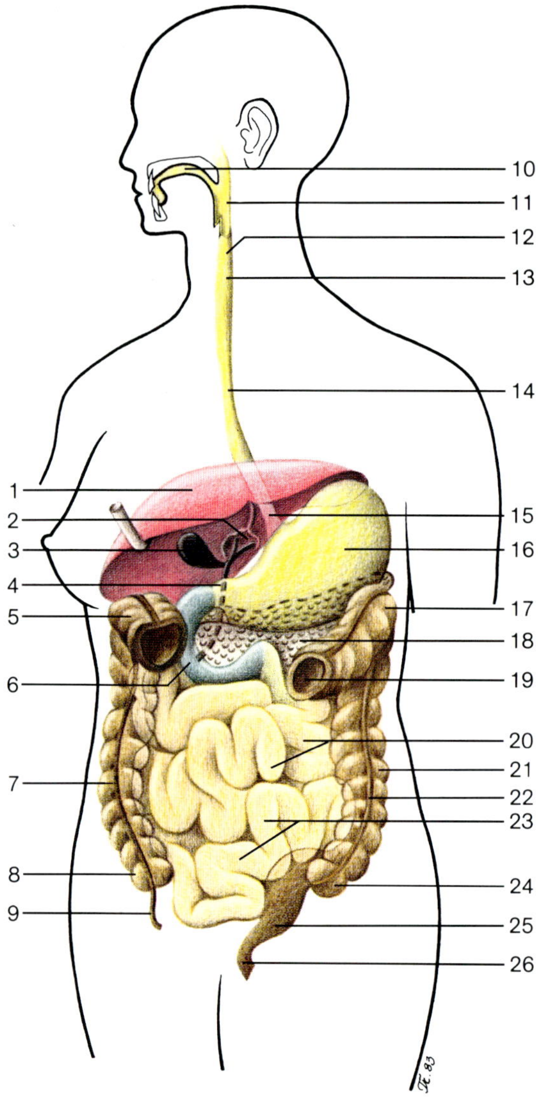

Übersicht über die Lage und Gliederung der Bauchorgane (Schemazeichnung) (Tr.).

1 Leber (Hepar)
2 Porta hepatis mit Ductus hepatici
3 Gallenblase (Vesica fellea)
4 Ductus choledochus
5 Flexura coli dext.
6 Duodenum
7 Colon ascendens
8 Caecum
9 Appendix vermiformis
10 Mundhöhle (Cavum oris)
11 Pharynx
12 Ösophagusmund (Höhe des Ringknorpels)
13 Oesophagus, pars cervicalis
14 Oesophagus, pars thoracica
15 Oesophagus, pars abdominalis
16 Magen (Ventriculus)
17 Flexura coli sin.
18 Pancreas
19 Colon transversum (durchtrennt)
20 Jejunum
21 Colon descendens
22 Taenia libera coli
23 Ileum
24 Colon sigmoideum
25 Rectum
26 Canalis analis mit Anus
27 M. rectus abdominis sin.
28 Dünndarmschlingen mit viszeralem Peritoneum
29 Aorta abdominalis
30 Peritoneum parietale
31 Colon descendens mit Peritoneum (sekundär retroperitoneal)
32 Lendenwirbelkörper
33 M. psoas major sin.
34 M. quadratus lumborum sin.
35 Autochthone Rückenmuskulatur
36 Bauchmuskulatur (Mm. obliqui und M. transversus abdominis)
37 Mesenterium
38 V. cava inf.
39 Colon ascendens mit Peritoneum (sekundär retroperitoneal)
40 Obliterierter Peritoneumabschnitt

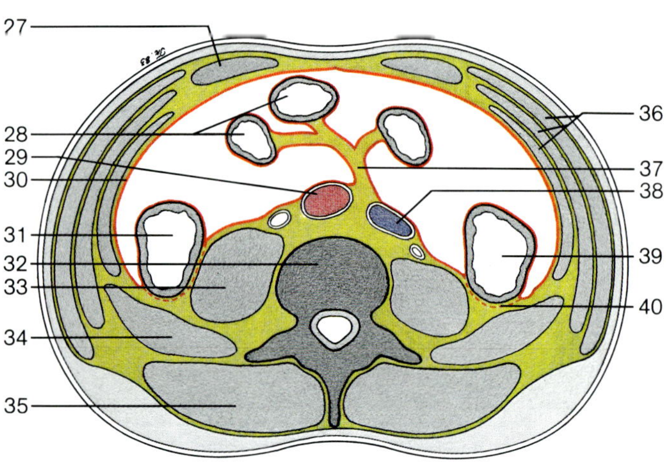

Horizontalschnitt durch die Bauchhöhle zur Darstellung der Peritonealverhältnisse (Schemazeichnung) (Tr.).
Rot = Peritoneum.

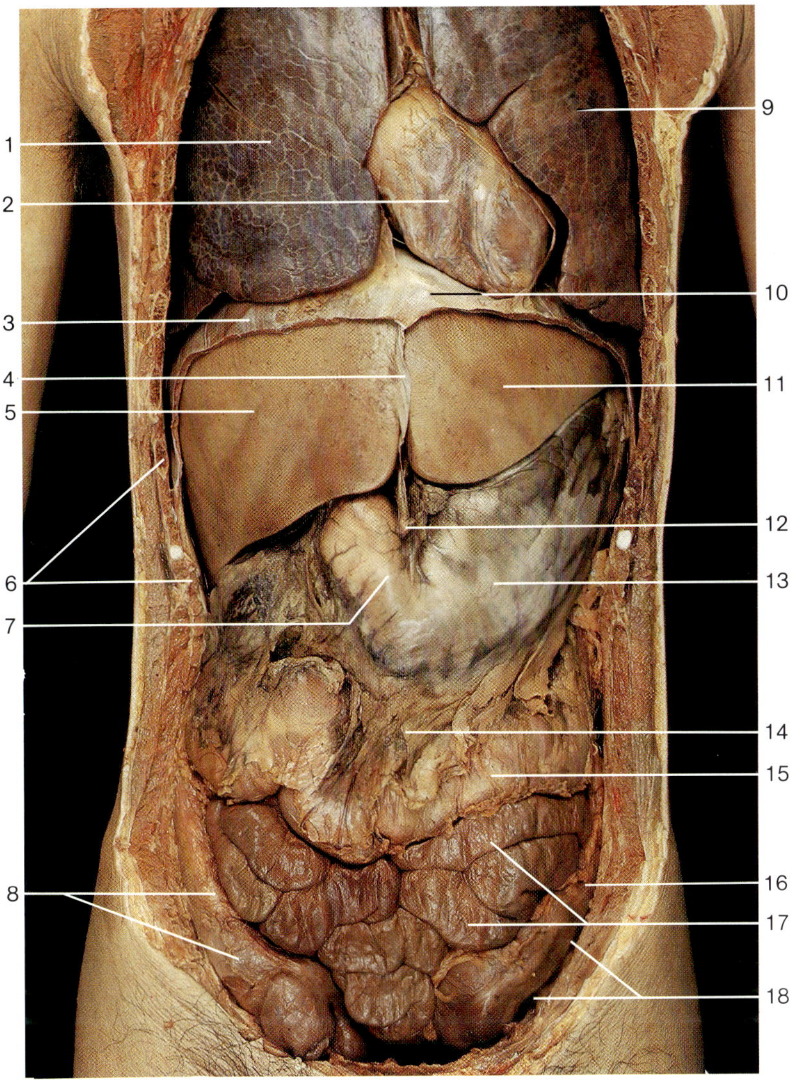

Übersicht über Bauchorgane in situ, Bauch- und Brustwand wurden teilweise entfernt. Man beachte, daß die Oberbauchorgane (Leber, Magen etc.) teilweise auch im unteren Drittel des Thoraxraumes untergebracht sind. Die Leber erscheint etwas vergrößert.

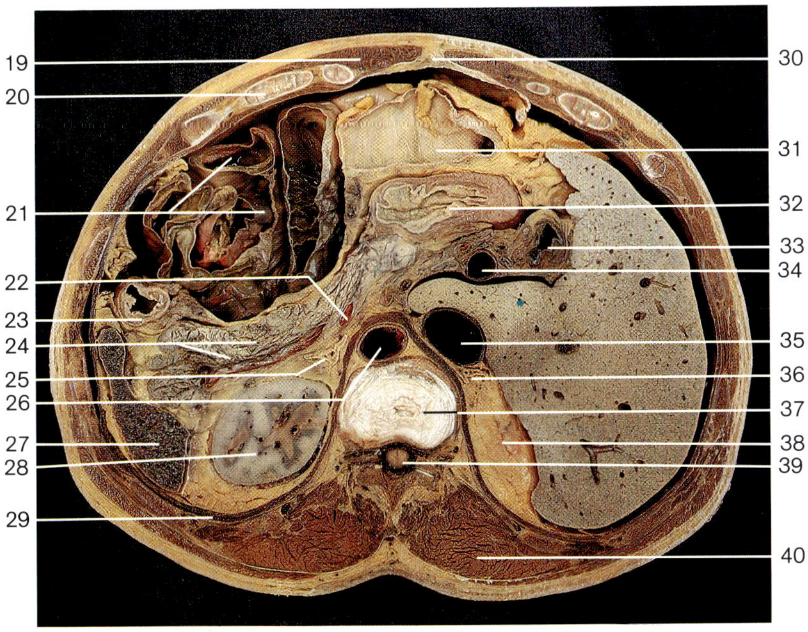

Horizontalschnitt durch die Bauchhöhle in Höhe des Pancreas.

1 Rechte Lunge (Pulmo dexter)
2 Herz (Cor)
3 Pars costalis diaphragmatis
4 Lig. falciforme hepatis
5 Lobus dexter hepatis
6 Rippenquerschnitte (untere Thoraxhälfte)
7 Magen (Ventriculus), pars pylorica
8 Colon ascendens
9 Linke Lunge (Pulmo sinister)
10 Centrum tendineum diaphragmatis
11 Lobus sin. hepatis
12 Lig. teres hepatis
13 Corpus ventriculi
14 Lig. gastrocolicum
15 Colon transversum
16 Colon descendens
17 Dünndarm (Intestinum tenue)
18 Colon sigmoideum
19 M. rectus abdominis
20 Rippenknorpel (Cartilago costalis)
21 Anschnitte von Dünndarmschlingen (Jejunum)
22 A. lienalis
23 Colon descendens, Querschnitt
24 Pancreas
25 Teil von der Gl. suprarenalis sin.
26 Aorta abdominalis
27 Milz (Lien)
28 Linke Niere (Ren)
29 Diaphragma
30 Linea alba
31 Colon transversum, Anschnitt
32 Magen, Anschnitt der Pars pylorica
33 Gallenblase (Vesica fellea)
34 V. portae
35 V. cava inf.
36 Gl. suprarenalis dext.
37 Discus intervertebralis eines Lendenwirbelkörpers
38 Retroperitoneales Fettlager
39 Rückenmark
40 Autochthone Rückenmuskulatur

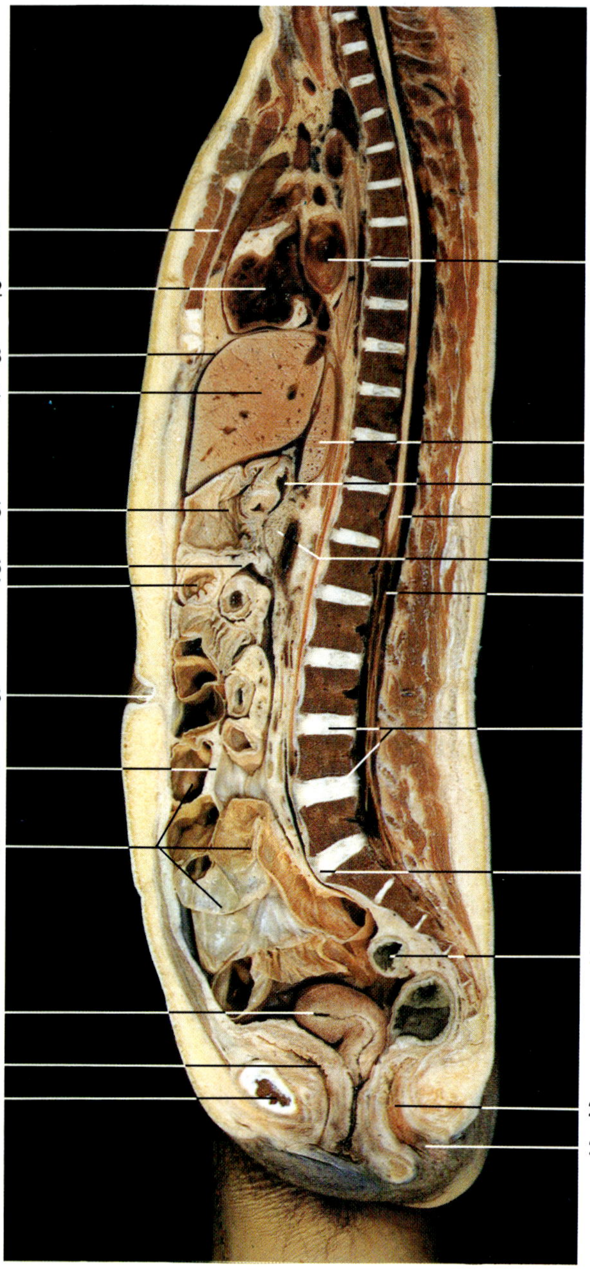

Medianschnitt durch den Rumpf. Übersicht über die Gliederung der Bauchhöhle (weiblicher Situs).

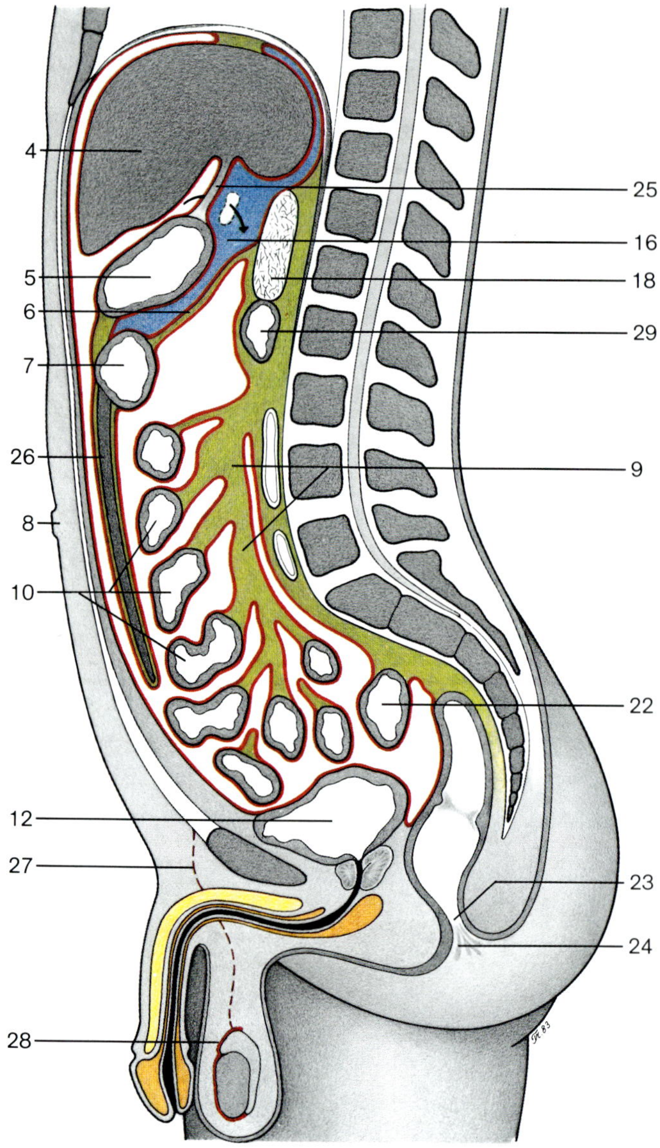

Peritonealverhältnisse der Bauchhöhle beim Mann (Medianschnitt) (Schemazeichnung) (Tr.). Rot = Peritoneum bzw. Derivate des Peritoneums (Tunica vaginalis testis). Der Zugang zur Bursa omentalis (blau) ist durch einen Pfeil im For. epiploicum gekennzeichnet.

1 Sternum
2 Herz (Cor)
3 Diaphragma
4 Leber (Hepar)
5 Magen (Ventriculus)
6 Mesocolon transversum
7 Colon transversum
8 Nabel (Umbilicus)
9 Mesenterium
10 Dünndarmschlingen
11 Uterus
12 Harnblase (Vesica urinaria)
13 Symphysis pubica
14 Linker Vorhof (Atrium sinistrum)
15 Lobus caudatus der Leber
16 Bursa omentalis
17 Conus medullaris des Rückenmarks
18 Pancreas
19 Cauda equina im Canalis vertebralis
20 Disci intervertebrales
21 Promontorium
22 Colon sigmoideum
23 Canalis analis des Rectums
24 Anus
25 Omentum minus
26 Omentum majus
27 Processus vaginalis
28 Tunica vaginalis testis
29 Duodenum

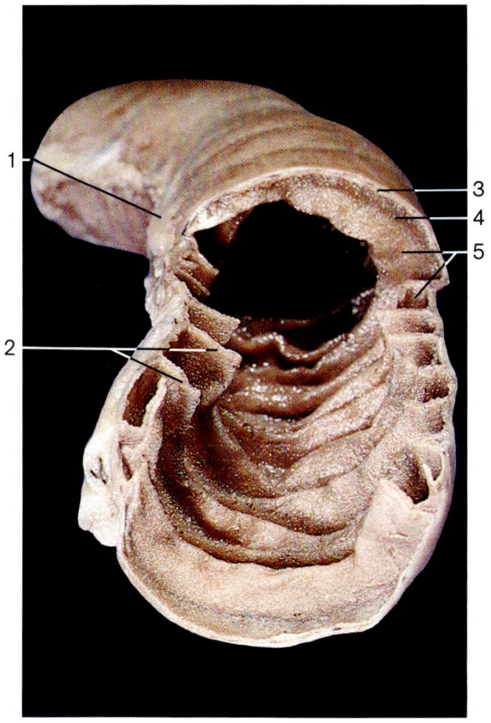

Jejunum.

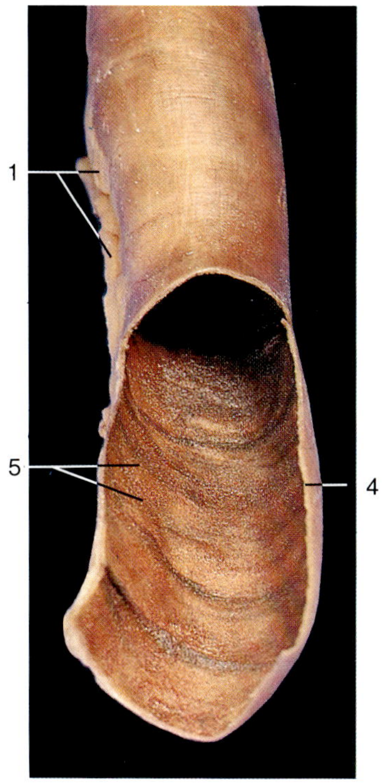

Ileum.

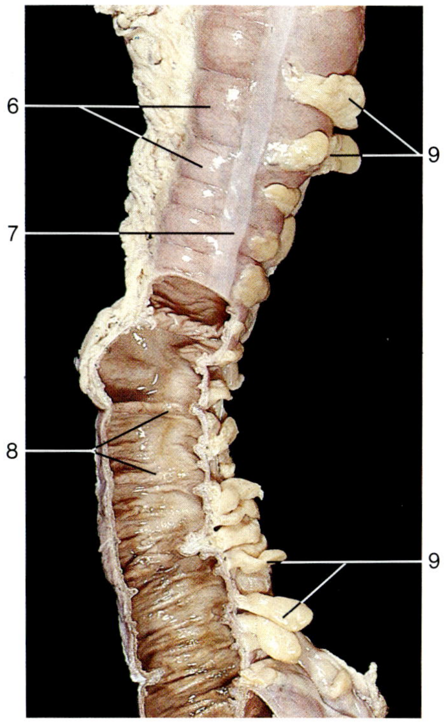

Colon.

Die obere Hälfte der Darmwand wurde entfernt, um das jeweilige Schleimhautrelief zu zeigen.

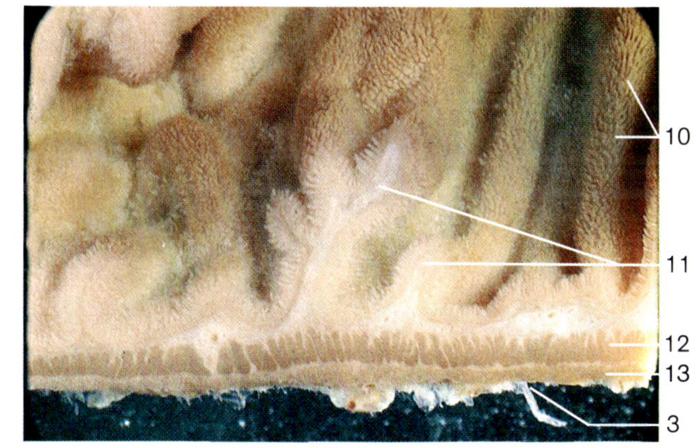

Falten und Zotten der Dünndarmschleimhaut (Lupenvergrößerung).

1 Anheftungsstelle des Mesenteriums
2 Plicae circulares (Kerckringsche Falten)
3 Serosa
4 Tunica muscularis propria
5 Mucosa
6 Haustrae
7 Taenia libera
8 Plicae semilunares
9 Appendices epiploicae
10 Dünndarmzotten (Villi intestinales)
11 Plicae circulares (angeschnitten)
12 Stratum circulare der Muscularis propria
13 Stratum longitudinale der Muscularis propria

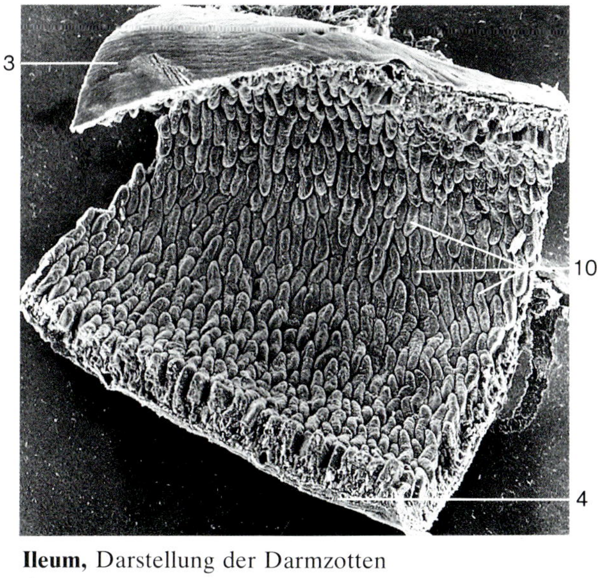

Ileum, Darstellung der Darmzotten (rasterelektronenmikroskopische Aufnahme, 15x).

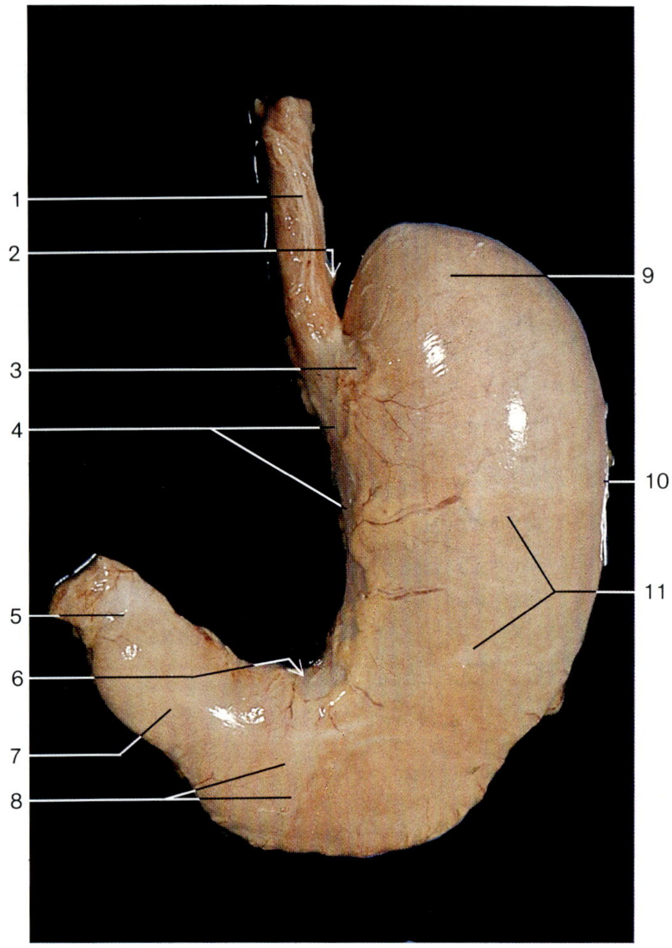

Magen (Ventriculus) (von ventral).

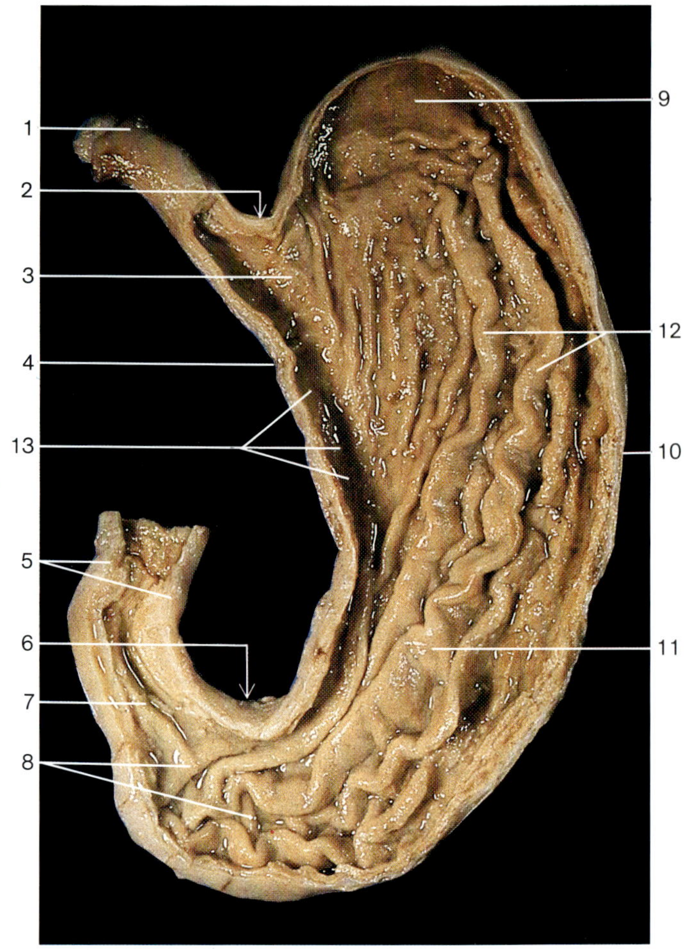

Magenschleimhaut, hintere Hälfte des Magens (von ventral).

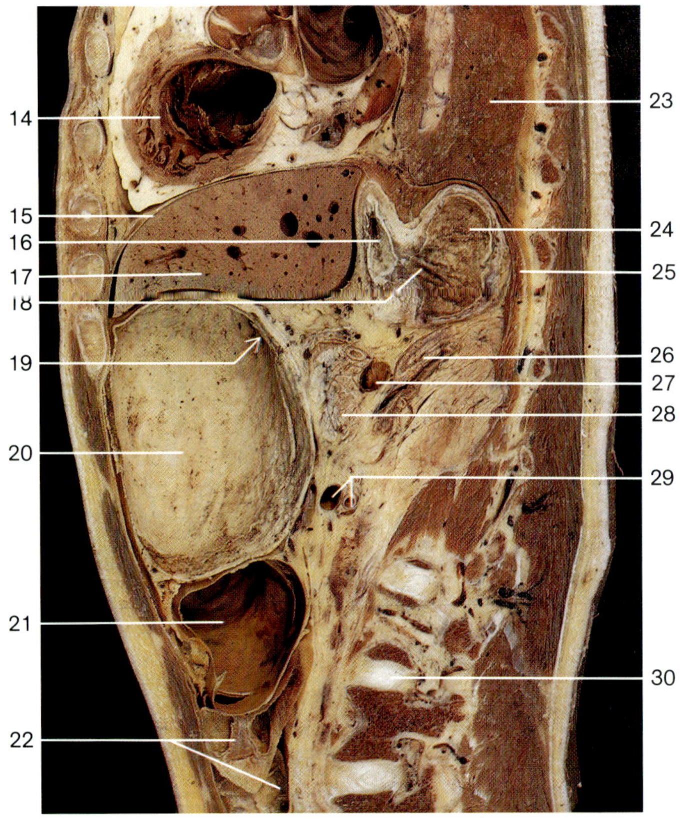

Lokalisation des Magens, Sagittalschnitt durch die Bauchhöhle, 2 cm links von der Medianebene.

1 Oesophagus
2 Incisura cardiaca
3 Pars cardiaca ventriculi
4 Curvatura minor ventriculi
5 Lokalisation des M. sphincter pylori
6 Incisura angularis
7 Antrum pyloricum
8 Pars pylorica ventriculi
9 Fundus ventriculi
10 Curvatura major
11 Corpus ventriculi
12 Magenschleimhaut mit Plicae gastricae
13 Magenstraße (Canalis ventriculi)
14 Rechter Herzventrikel (Ventriculus dext. cordis)
15 Diaphragma (Schnittfläche)
16 Pars abdominalis oesophagi
17 Leber (Hepar)
18 Pars cardiaca ventriculi (Schnittfläche)
19 Übergang zum Pylorus ventriculi
20 Corpus ventriculi (Anschnitt)
21 Colon transversum
22 Dünndarm
23 Lunge (Schnittfläche)
24 Fundus ventriculi (Schnittfläche)
25 Diaphragma, pars lumbalis
26 Nebenniere
27 V. lienalis
28 Pancreas
29 A. und V. mesenterica sup.
30 Discus intervertebralis

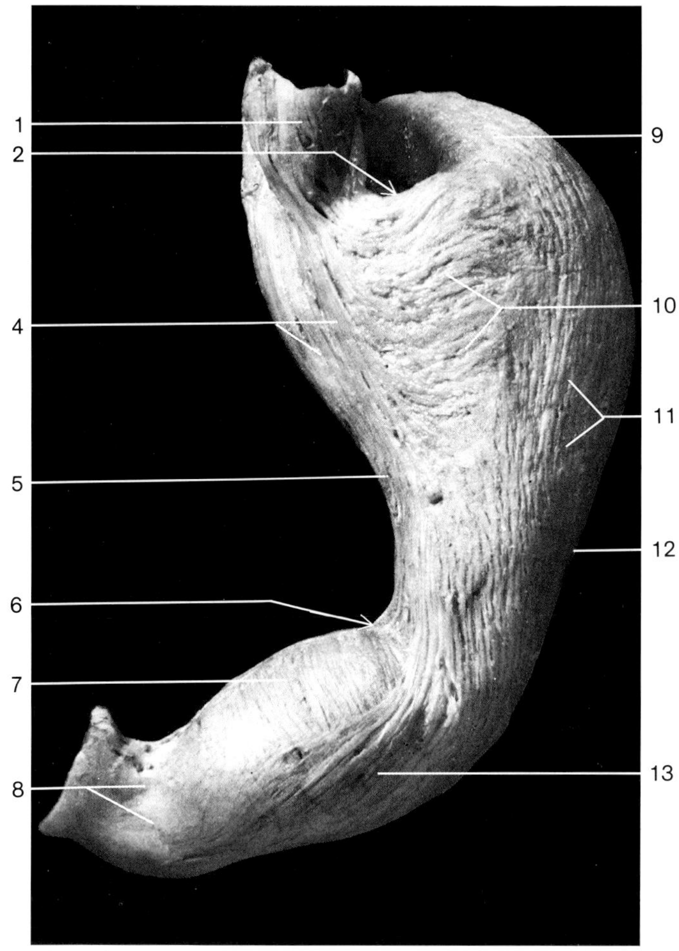

Magenmuskulatur, äußere Schicht (von ventral).

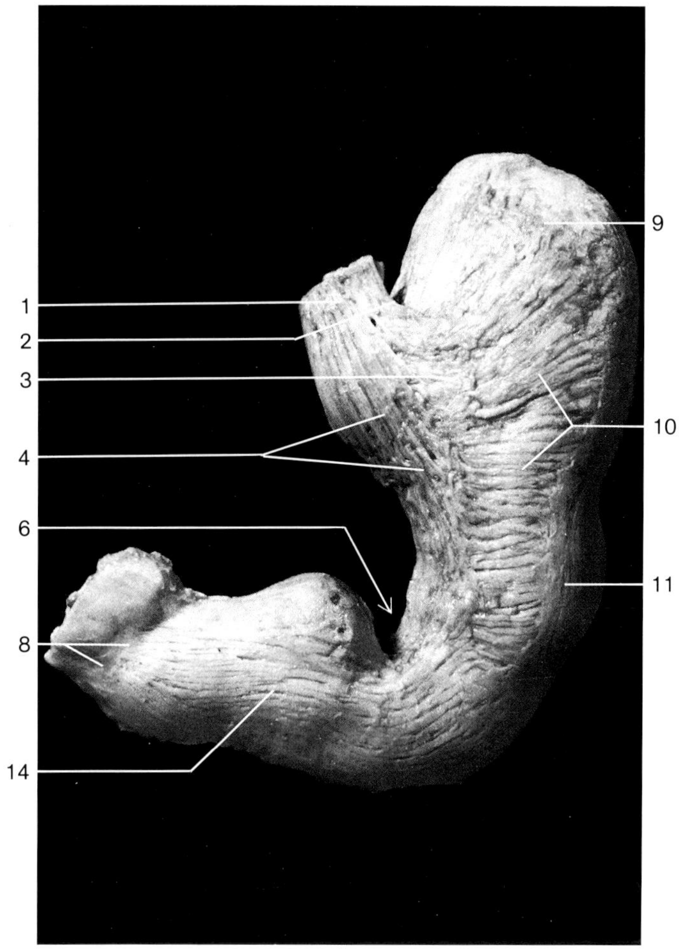

Magenmuskulatur, mittlere Schicht (von ventral).

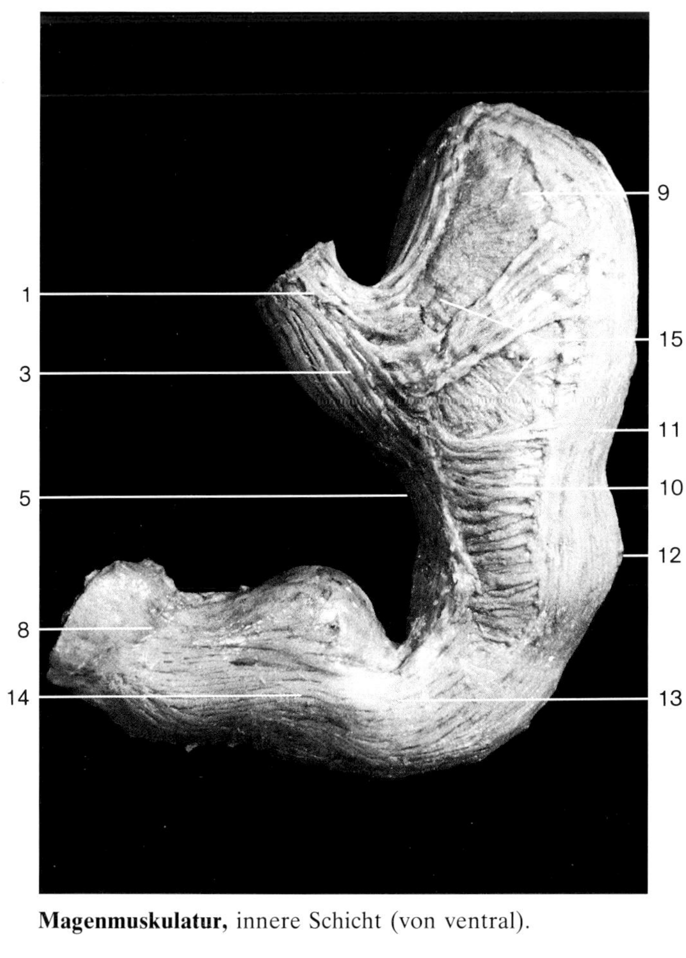

Magenmuskulatur, innere Schicht (von ventral).

1 Oesophagus
2 Incisura cardiaca
3 Pars cardiaca ventriculi
4 Stratum longitudinale an der kleinen Kurvatur
5 Curvatura minor
6 Incisura angularis
7 Stratum circulare der Pars pylorica
8 Lage des M. sphincter pylori
9 Fundus ventriculi
10 Stratum circulare des Corpus ventriculi
11 Stratum longitudinale an der großen Kurvatur
12 Curvatura major
13 Stratum longitudinale, Übergang der longitudinalen Korpusmuskulatur in den Pylorusabschnitt
14 Pars pylorica ventriculi
15 Fibrae obliquae

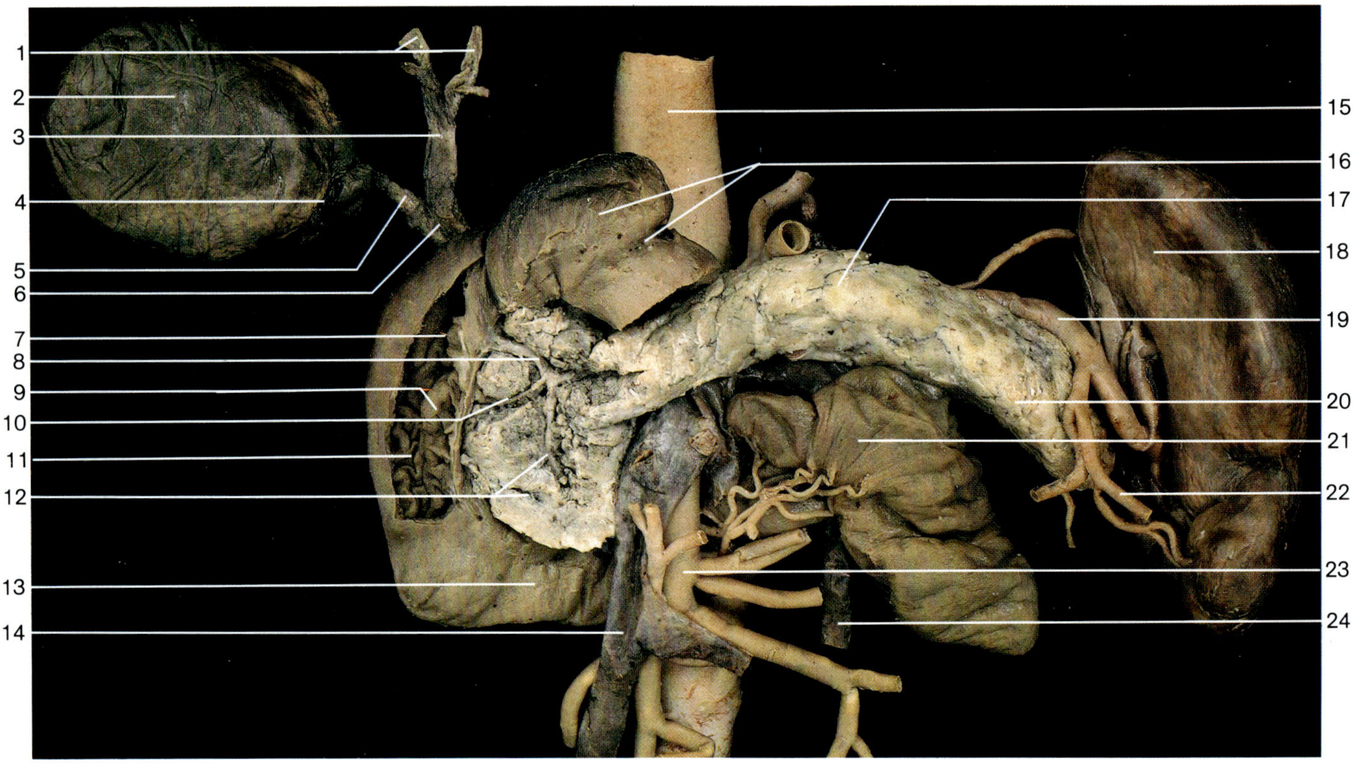

Pancreas mit Duodenum, Milz und extrahepatischen Gallenwegen (Ventralansicht). Das Duodenum wurde gefenstert und ein Teil des Pankreaskopfes entfernt, um die Ductus pancreatici zu zeigen.

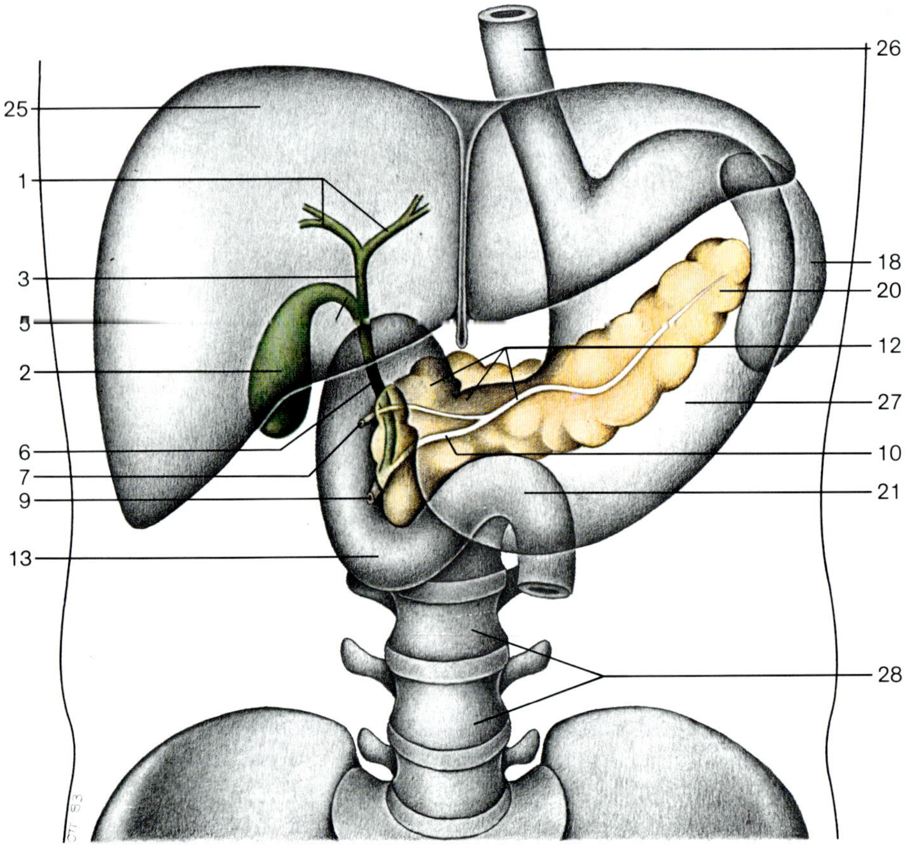

Oberbauchorgane der extrahepatischen Gallenwege und Ausführungsgänge des Pancreas (Schemazeichnung) (O).

1 Ductus hepaticus dext. und sin.
2 Vesica fellea
3 Ductus hepaticus communis
4 Collum vesicae felleae
5 Ductus cysticus
6 Ductus choledochus
7 Papilla duodeni minor (Sonde)
8 **Ductus pancreaticus accessorius**
9 Papilla duodeni major (Sonde)
10 **Ductus pancreaticus**
11 Pars descendens duodeni
12 Caput pancreatis mit Ausführungsgang
13 Pars inf. duodeni
14 V. mesenterica sup.
15 Aorta
16 Bulbus duodeni und Sphincter pylori
17 Corpus pancreatis
18 Milz (Lien)
19 A. lienalis
20 Cauda pancreatis
21 Flexura duodenojejunalis
22 A. gastroepiploica sin.
23 A. mesenterica sup.
24 V. mesenterica inf.
25 Leber (Hepar)
26 Oesophagus
27 Magen (Ventriculus)
28 Lendenwirbelsäule

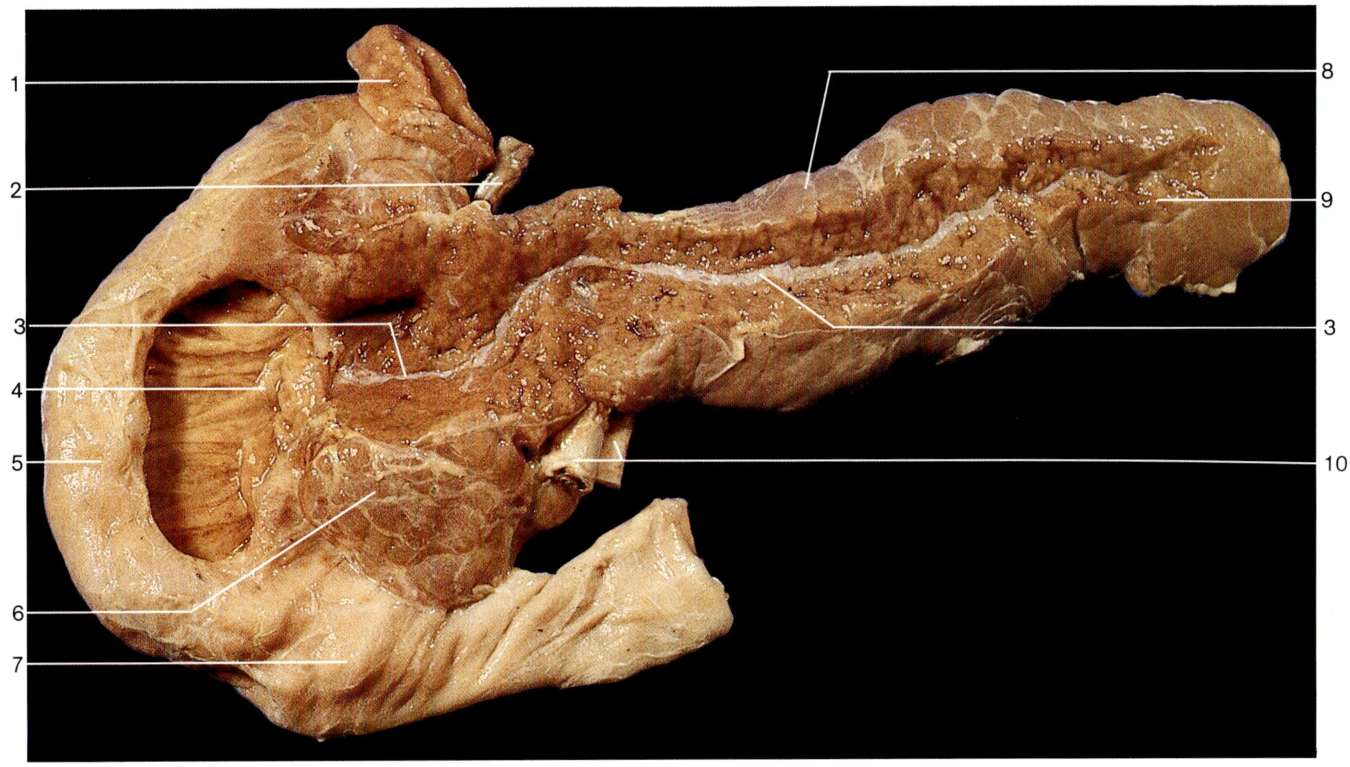

Pancreas und Duodenum, isoliert. Das Duodenum wurde gefenstert und der Pankreasgang dargestellt (Ventralansicht).

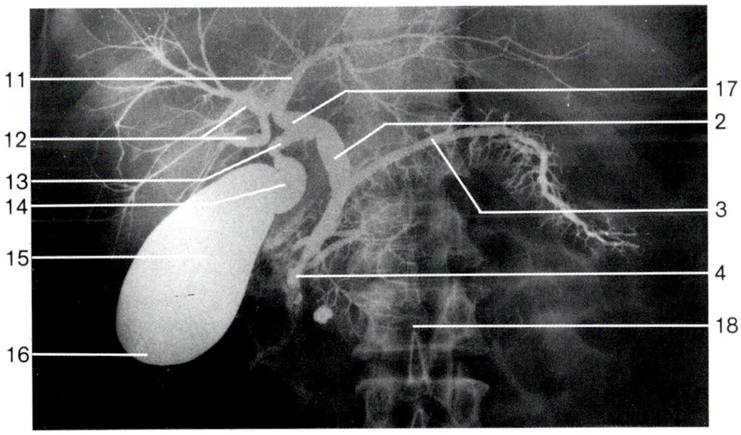

Röntgenaufnahme der extrahepatischen Gallenwege, der Gallenblase und des Pankreasganges (a.-p.-Aufnahme).

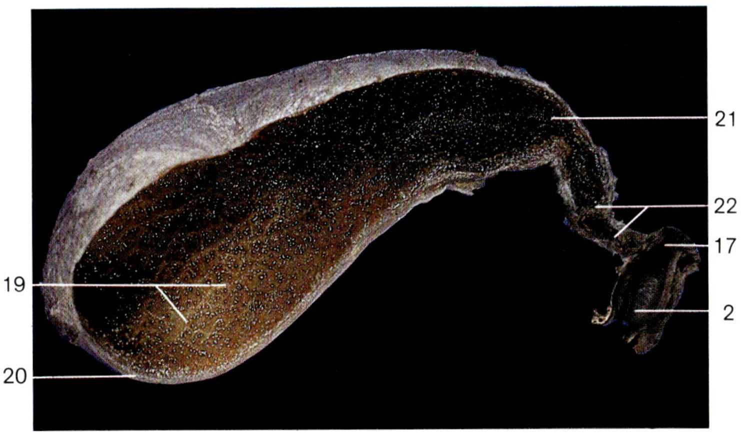

Gallenblase mit Ductus cysticus (Ventralansicht).
Die Gallenblase und der Ductus cysticus wurden halbiert.

1 Pars sup. duodeni
2 **Ductus choledochus**
3 **Ductus pancreaticus**
4 Papilla duodeni major
5 Pars descendens duodeni
6 Caput pancreatis
7 Pars inf. duodeni
8 Corpus pancreatis
9 Cauda pancreatis
10 A. und V. mesenterica sup.
11 **Ductus hepaticus sin.**
12 **Ductus hepaticus dext.**
13 **Ductus cysticus**
14 Collum vesicae felleae
15 Corpus vesicae felleae
16 Fundus vesicae felleae
17 **Ductus hepaticus communis**
18 Zweiter Lendenwirbelkörper
19 Schleimhautrelief der Gallenblase
20 Gallenblasenmuskulatur
21 Collum vesicae felleae (eröffnet)
22 Ductus cysticus mit Plica spiralis

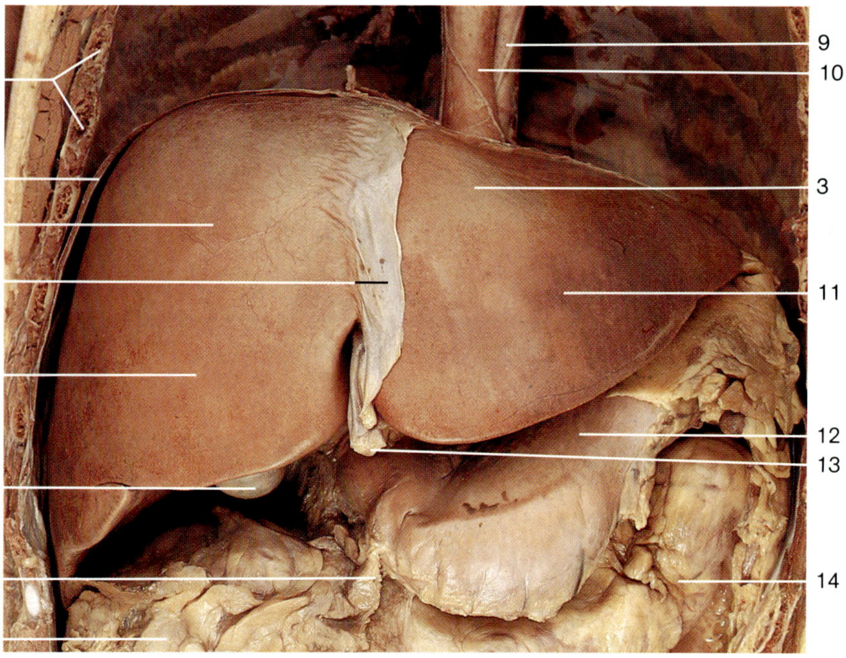

Leber (Hepar) in situ (von ventral). Das Zwerchfell wurde größtenteils entfernt.

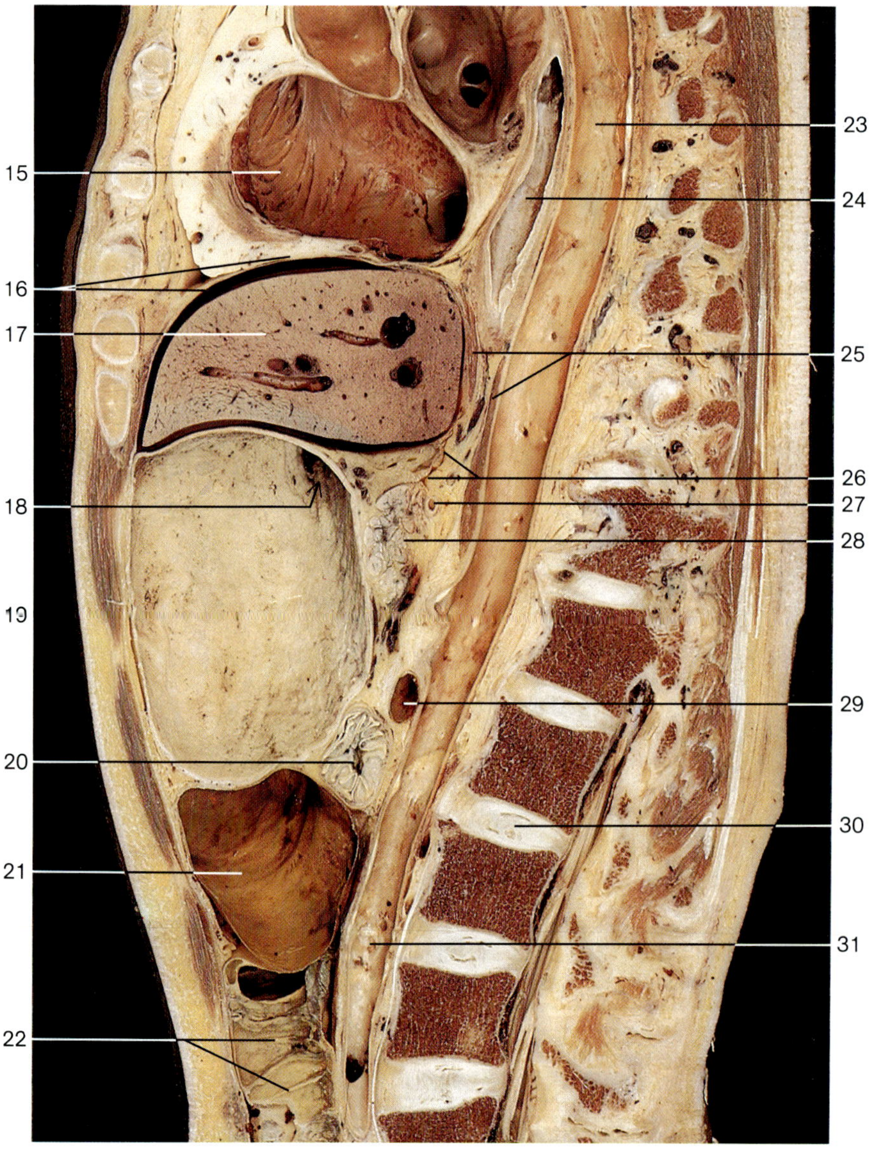

Lokalisation der Leber, Sagittalschnitt durch den Rumpf, 2 cm links von der Medianebene.

1 Rippen (Schnittfläche)
2 Diaphragma
3 Facies diaphragmatica hepatis
4 Lig. falciforme hepatis
5 Lobus hepatis dexter
6 Fundus vesicae felleae
7 Lig. gastrocolicum
8 Omentum majus
9 Aorta
10 Oesophagus
11 Lobus sin. hepatis
12 Magen (Ventriculus)
13 Lig. teres hepatis
14 Colon transversum
15 Herz (Ventriculus dext.)
16 Diaphragma, pars sternalis und Centrum tendineum
17 Leber (Schnittfläche)
18 Übergang vom Magen ins Duodenum (Pylorus)
19 Magen (Ventriculus)
20 Duodenum, pars inferior
21 Colon transversum (erweitert)
22 Dünndarmschlingen
23 Aorta thoracica
24 Oesophagus
25 Hiatus oesophageus diaphragmatis
26 Bursa omentalis
27 A. lienalis
28 Pancreas
29 V. mesenterica sup.
30 Discus intervertebralis
31 Aorta abdominalis

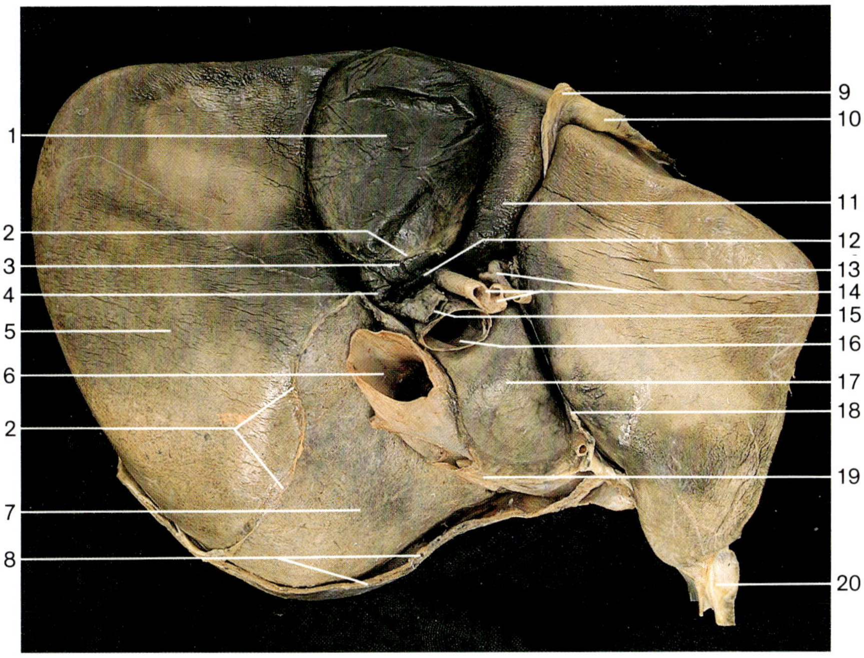

Leber (**von kaudal**, Unterrand der Leber zeigt nach oben). Die Gallenblase ist stark gefüllt.

1 Vesica fellea (Fundus)
2 Schnittrand des Peritoneums
3 A. cystica
4 Ductus cysticus
5 Lobus dext. hepatis
6 V. cava inf.
7 Area nuda hepatis
8 Diaphragma (Schnittrand)
9 Lig. teres hepatis
10 Lig. falciforme hepatis
11 Lobus quadratus
12 Ductus hepaticus comm.
13 Lobus sin. hepatis
14 A. hepatica propria } im Lig. hepatoduodenale
15 Ductus choledochus } im Lig. hepatoduodenale
16 V. portae } im Lig. hepatoduodenale
17 Lobus caudatus
18 Lig. venosum hepatis
19 Lig. venae cavae
20 Appendix fibrosa hepatis
21 Lig. coronarium hepatis
22 Vv. hepaticae
23 Porta hepatis

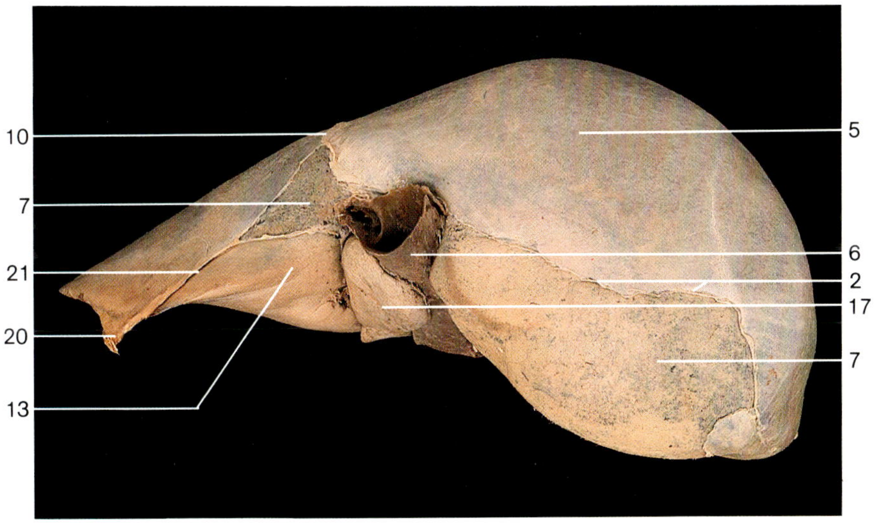

Leber (von dorsal). Die Peritoneum-freie Fläche (Area nuda) erscheint aufgerauht und marmoriert.

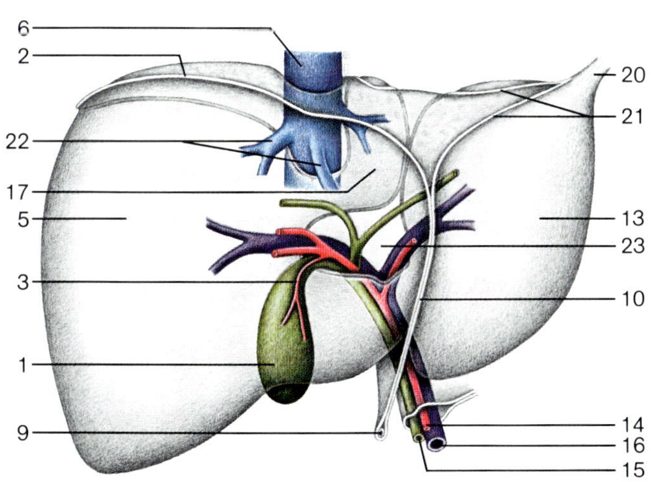

Peritonealverhältnisse der Leber (Ventralansicht).
Die Leber ist durchscheinend gedacht (Schemazeichnung) (O.)

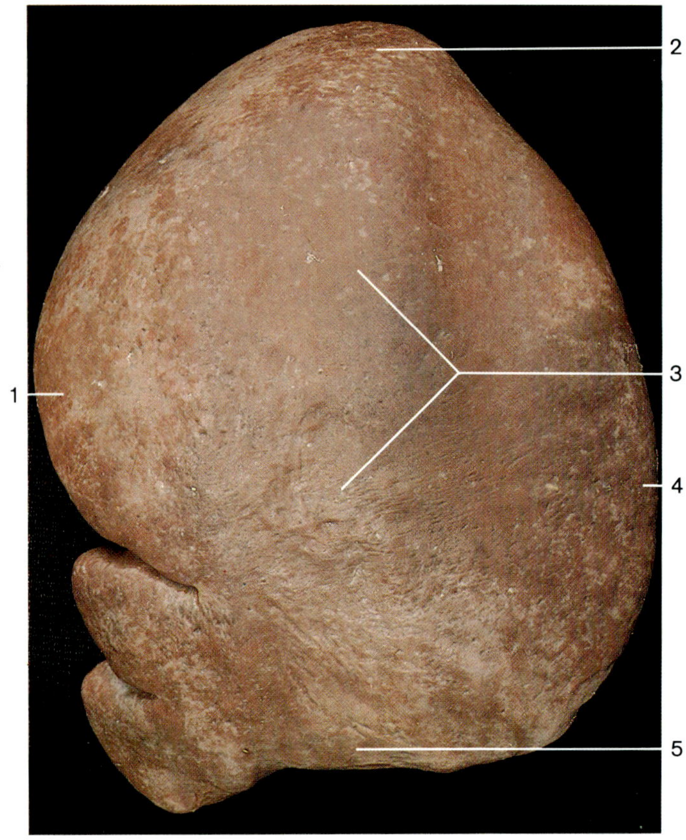

Milz, Facies diaphragmatica.

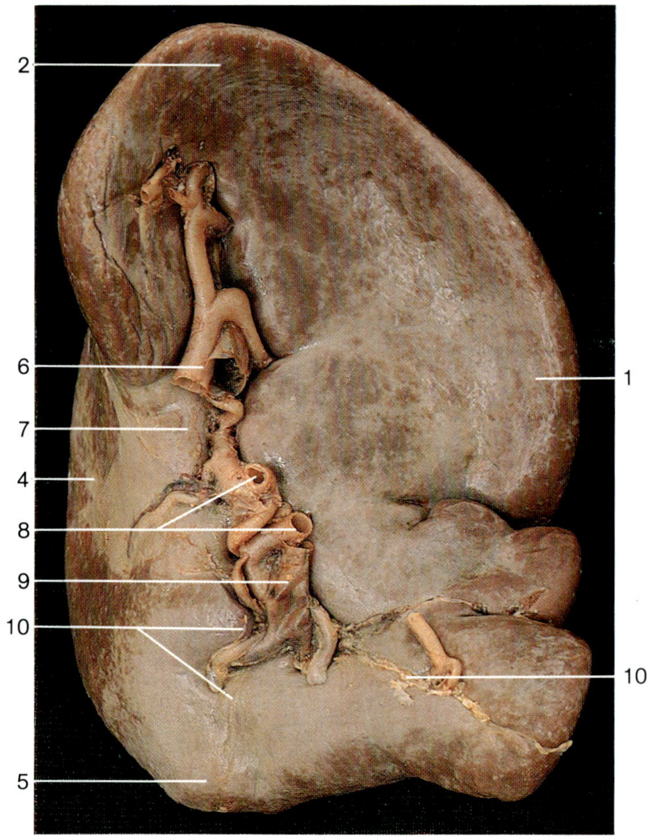

Milz, Facies visceralis mit Milzhilus.

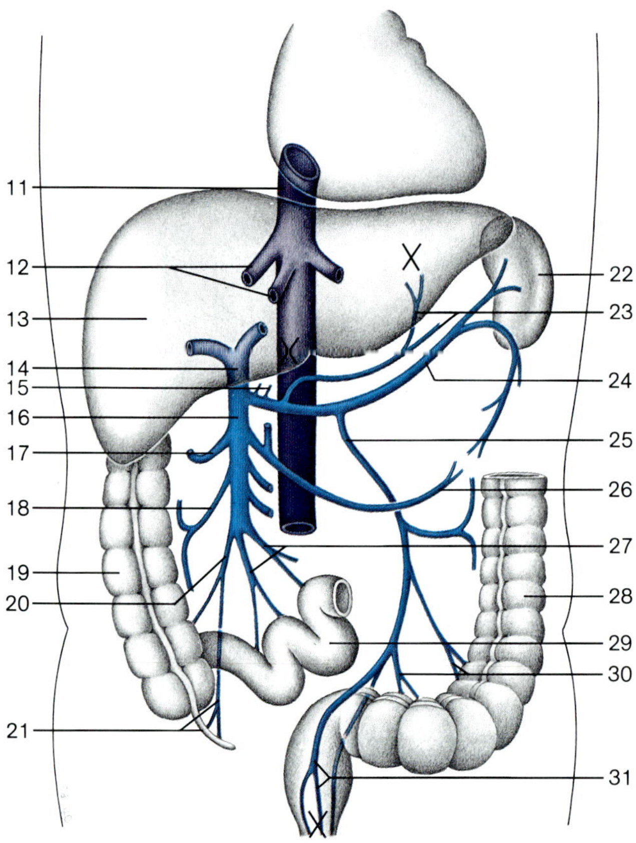

Hauptäste der V. portae (Schemazeichnung) (O.).
X = Anastomosengebiete zwischen Pfortader- und Kavasystem.

1 Margo sup.
2 Extremitas post.
3 Facies diaphragmatica
4 Margo inf.
5 Extremitas ant.
6 R. post. der A. lienalis
7 R. post. der V. lienalis
8 Rr. ant. der A. lienalis
9 R. ant. der V. lienalis
10 Reste des Lig. gastrolienale
11 V. cava inf.
12 Vv. hepaticae
13 Leber
14 V. portae
15 Vv. paraumbilicales (im Bereich des Lig. teres hepatis)
16 V. mesenterica sup.
17 V. colica media
18 V. colica dext.
19 Colon ascendens
20 V. ileocolica
21 Appendix vermiformis und V. appendicularis
22 Milz (Lien)
23 V. gastrica sin mit Rr. oesophagei
24 V. lienalis
25 V. mesenterica inf.
26 V. gastroepiploica dext.
27 Vv. jejunales et ilei
28 Colon descendens
29 Ileum
30 Vv. sigmoideae
31 V. rectalis sup.

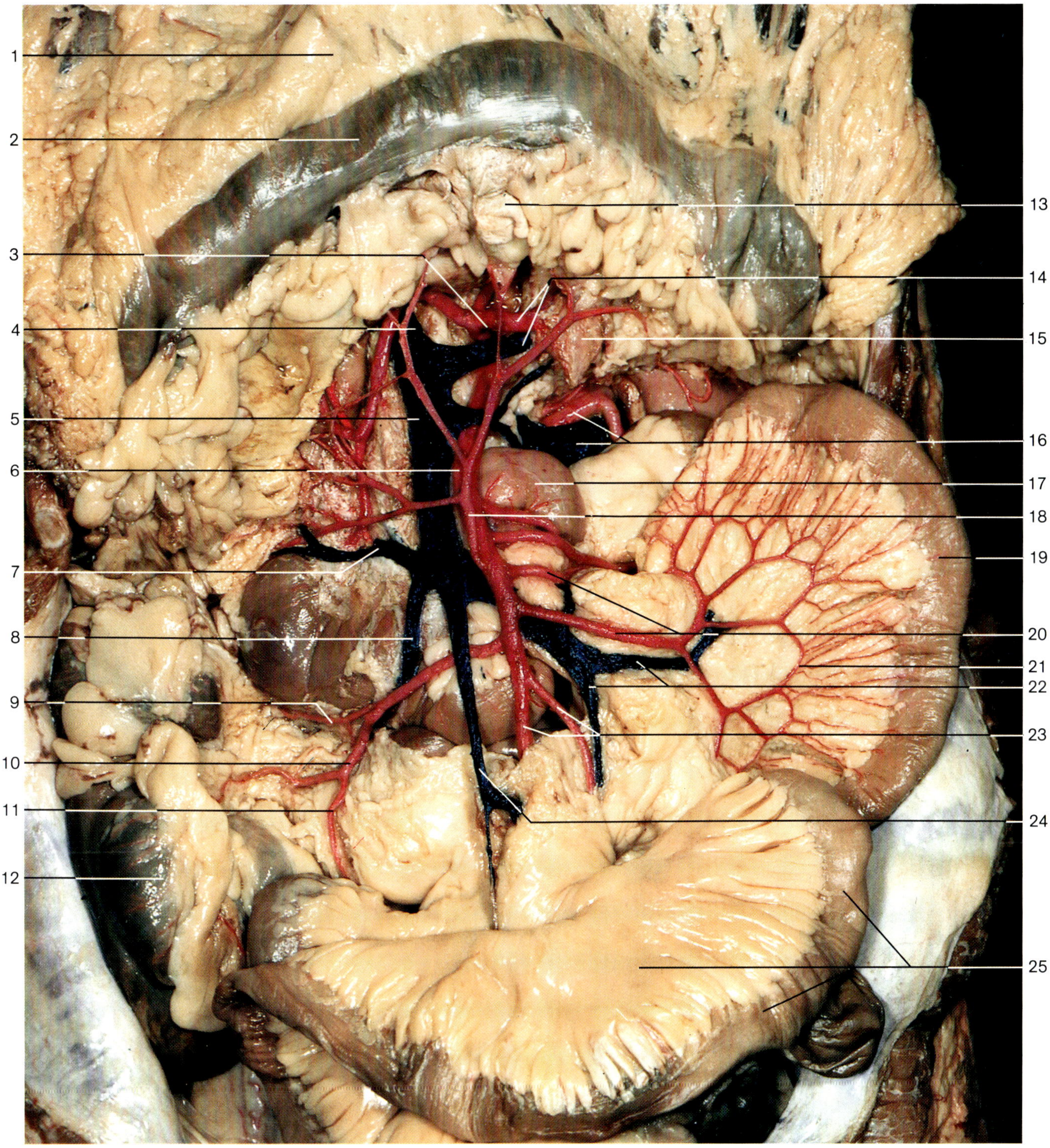

Hauptstämme der V. portae und A. mesenterica sup. (nach Injektion einer farbigen Lösung). Rot = Arterien; blau = Venen. Das Omentum majus wurde nach oben verlagert. Das obere Blatt des Mesenteriums und Teile des Mesokolons und des Pankreaskopfes wurden entfernt, um die Gefäße darstellen zu können.

1 Omentum majus
2 Colon transversum
3 Truncus coeliacus
4 V. portae
5 V. mesenterica sup.
6 A. mesenterica sup.
7 V. colica dext.
8 V. ileocolica
9 A. colica dext.
10 A. ileocolica
11 A. appendicularis
12 Caecum
13 Mesocolon transversum
14 A. und V. lienalis
15 Pancreas
16 A. und V. renalis
17 Flexura duodenojejunalis
18 A. colica media
19 Jejunum
20 Aa. jejunales
21 Arterielle Gefäßarkaden des Dünndarms
22 Vv. jejunales
23 Aa. ilei
24 Vv. ilei
25 Ileum mit Mesenterium

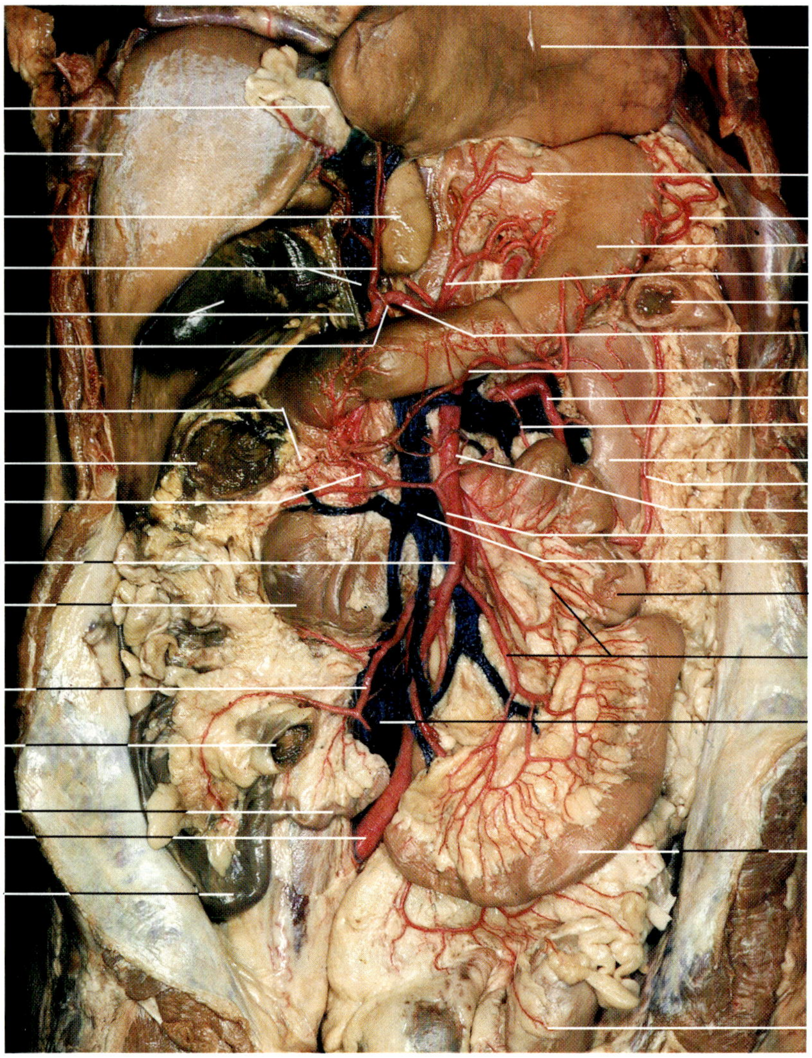

Gefäße der Bauchorgane (nach Injektion mit Farbstofflösungen) (Ventralansicht). Rot = Arterien; blau = Venen.
Colon transversum, Omentum minus und Teile des Dünndarms wurden entfernt und die Leber nach oben gezogen.

1 Lig. teres hepatis
2 Lobus dexter der Leber
3 Lobus caudatus der Leber
4 A. hepatica propria und V. portae
5 Gallenblase und Ductus choledochus
6 A. gastrica dext.
7 Pancreas
8 Flexura coli dext.
9 A. gastroduodenalis
10 A. mesenterica sup.
11 Duodenum
12 A. ileocolica
13 Endabschnitt des Ileum
14 Appendix vermiformis
15 A. iliaca communis dext.
16 Caecum
17 Lobus sin. der Leber
18 Rr. oesophagei der A. gastrica sin.
19 A. gastroepiploica sin.
20 Magen (Ventriculus)
21 A. gastrica sin.
22 Flexura coli sin.
23 A. hepatica communis
24 A. gastroepiploica dext.
25 A. renalis sin.
26 A. testicularis sin.
27 Linke Niere (Ren sin.)
28 A. colica sin.
29 A. colica media
30 V. mesenterica sup.
31 Jejunum
32 Aa. jejunales
33 V. cava inf.
34 Colon sigmoideum
35 A. colica dext.
36 A. appendicularis
37 A. mesenterica inf.
38 Aa. sigmoideae
39 A. rectalis sup.
40 Fundus vesicae felleae
41 Ductus choledochus
42 V. portae
43 Anfang des Jejunum
44 Flexura duodenojejunalis
45 Ureter dext.
46 A. lienalis
47 Truncus coeliacus
48 V. renalis sin.
49 Aorta abdominalis (in der Zeichnung: Mesocolon transversum)
50 Colon descendens
51 A. iliaca communis sin.

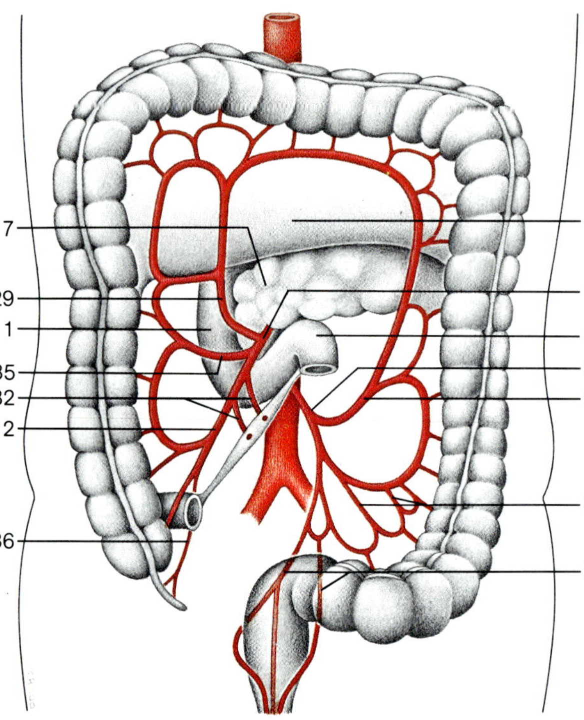

Hauptäste der A. mesenterica sup. und inf. (Schemazeichnung) (O.).

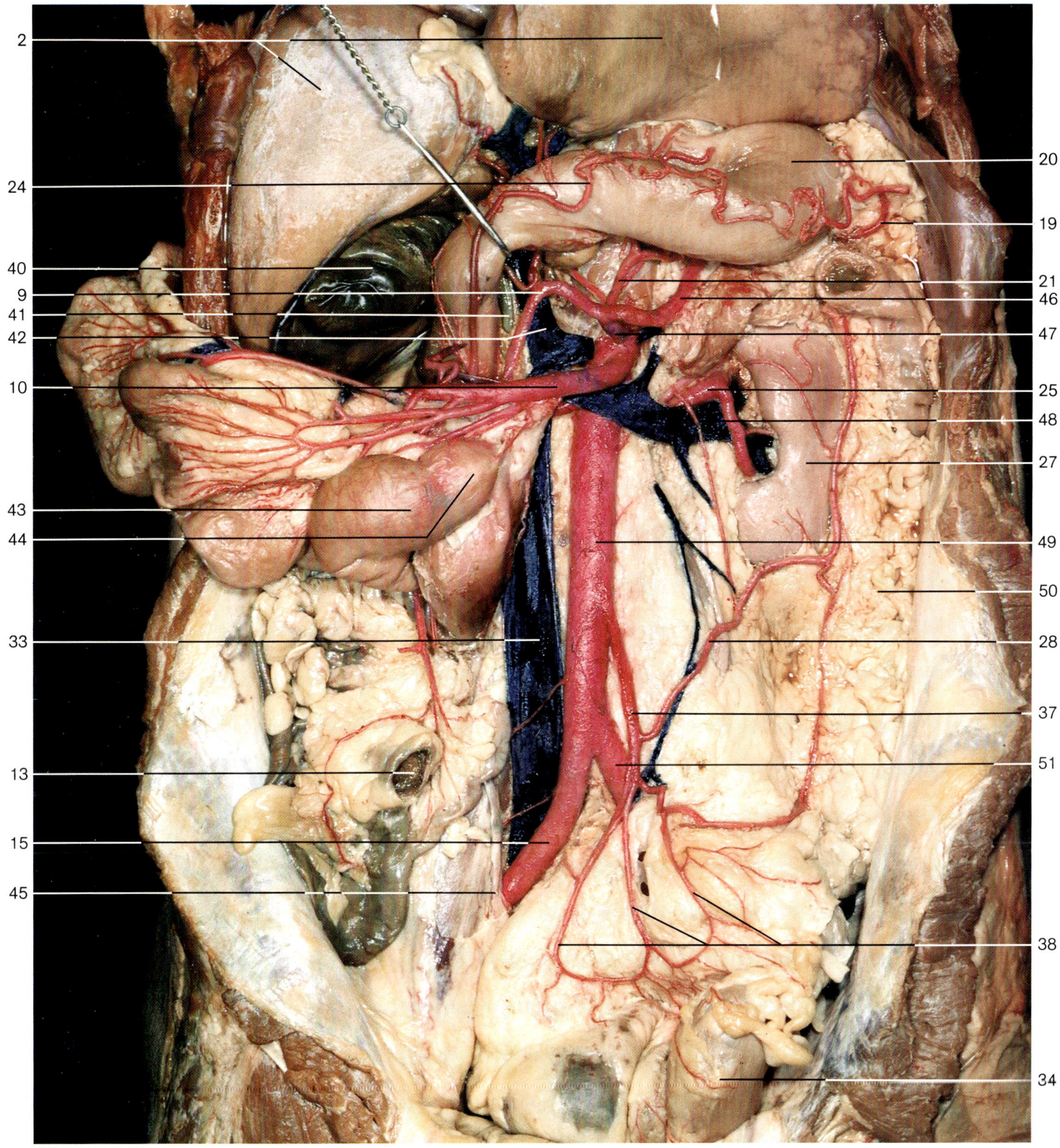

Darstellung der retroperitonealen Gefäßstämme mit der A. mesenterica inf.
(Injektionspräparat). Rot = Arterien; blau = Venen.
Die Dünndarmschlingen mit dem Mesenterium, insbesondere die Flexura duodenojejunalis, wurden nach rechts verlagert, Magen und Leber nach oben gezogen. Das Peritoneum der dorsalen Bauchwand wurde entfernt, um die Äste des Truncus coeliacus darzustellen.

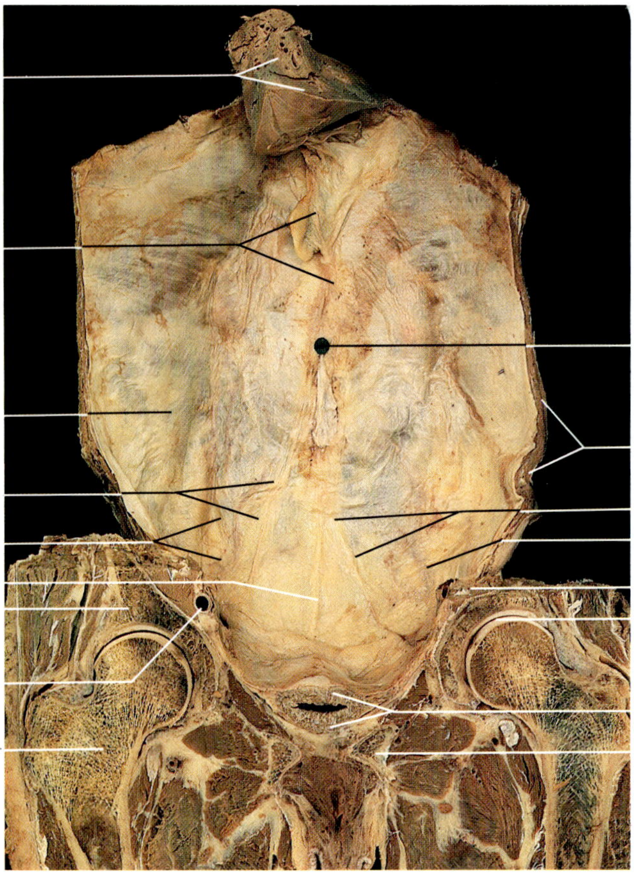

Vordere Bauchwand bei der Frau (von hinten), Becken und Oberschenkel wurden frontal geschnitten.

1 Leberrest
2 Lig. falciforme
3 Peritoneum parietale
4 Plica umbilicalis med. (mit Chorda a. umbilicalis)
5 Plica umbilicalis lat. (mit Vasa epigastrica)
6 Plica umbilicalis mediana (mit Chorda urachi)
7 Os coxae (Anschnitt)
8 A. iliaca ext. dext.
9 Femur (Schnittfläche)
10 Lokalisation des Nabels
11 Mm. obliqui abdominis und M. transversus abdominis (Schnittfläche)
12 M. iliopsoas (Schnittfläche)
13 Articulatio coxae
14 Harnblase (Vesica urinaria)
15 Os pubis (Schnittfläche)
16 M. transversus abdominis
17 Hinteres Blatt der Rektusscheide
18 Linea arcuata (Douglasi)
19 Chorda a. umbilicalis
20 A. und V. epigastrica inf.
21 Anulus inguinalis prof. sin. (als Bruchpforte erweitert)
22 N. ilioinguinalis
23 Chorda urachi in Verbindung mit dem Apex vesicae urinariae
24 M. rectus abdominis dext.
25 Anulus inguinalis prof. dext.
26 Lig. teres uteri

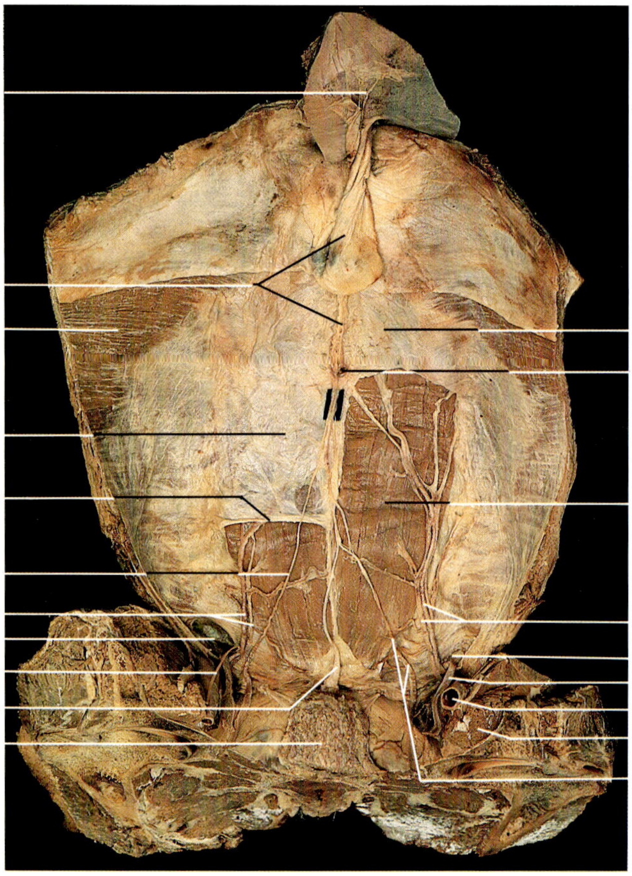

Vordere Bauchwand bei der Frau (von hinten). Rechts wurden Peritoneum und Rektusscheide entfernt. Links lag ein Leistenbruch vor, so daß der Leistenkanal stark erweitert ist. Die vorgefallenen Darmschlingen wurden entfernt.

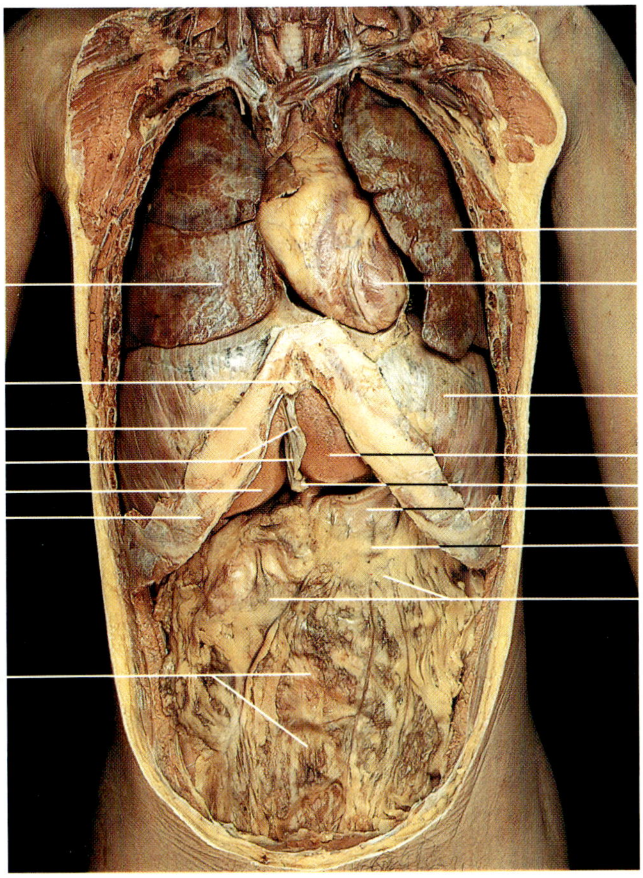

Bauchsitus nach Entfernen von Brust- und Bauchwand.

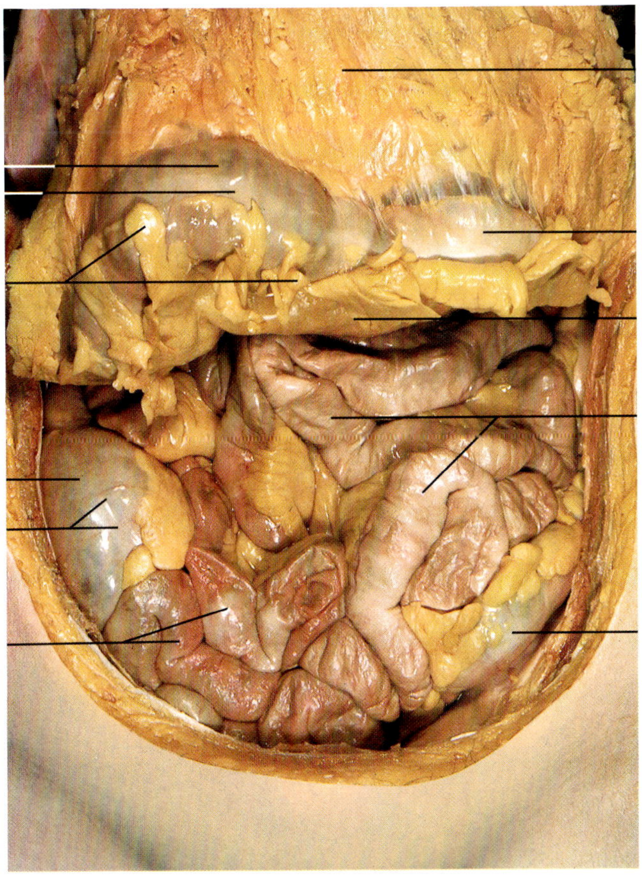

Bauchsitus nach Hochheben des Omentum majus.
Das Omentum hängt an der Taenia omentalis des Colon transversum.

1 Rechte Lunge (Lobus medius)
2 Processus xiphoideus
3 Arcus costalis
4 Lig. falciforme hepatis
5 Lobus dexter hepatis
6 Omentum majus
7 Linke Lunge (Pulmo sinister)
8 Herz (Cor)
9 Diaphragma
10 Lobus sin. hepatis
11 Lig. teres hepatis
12 Magen (Ventriculus)
13 Lig. gastrocolicum
14 Colon transversum
15 Taenia libera
16 Appendices epiploicae
17 Caecum
18 Taenia libera am Caecum
19 Dünndarmschlingen (Ileum)
20 Mesocolon transversum
21 Dünndarmschlingen (Jejunum)
22 Colon sigmoideum

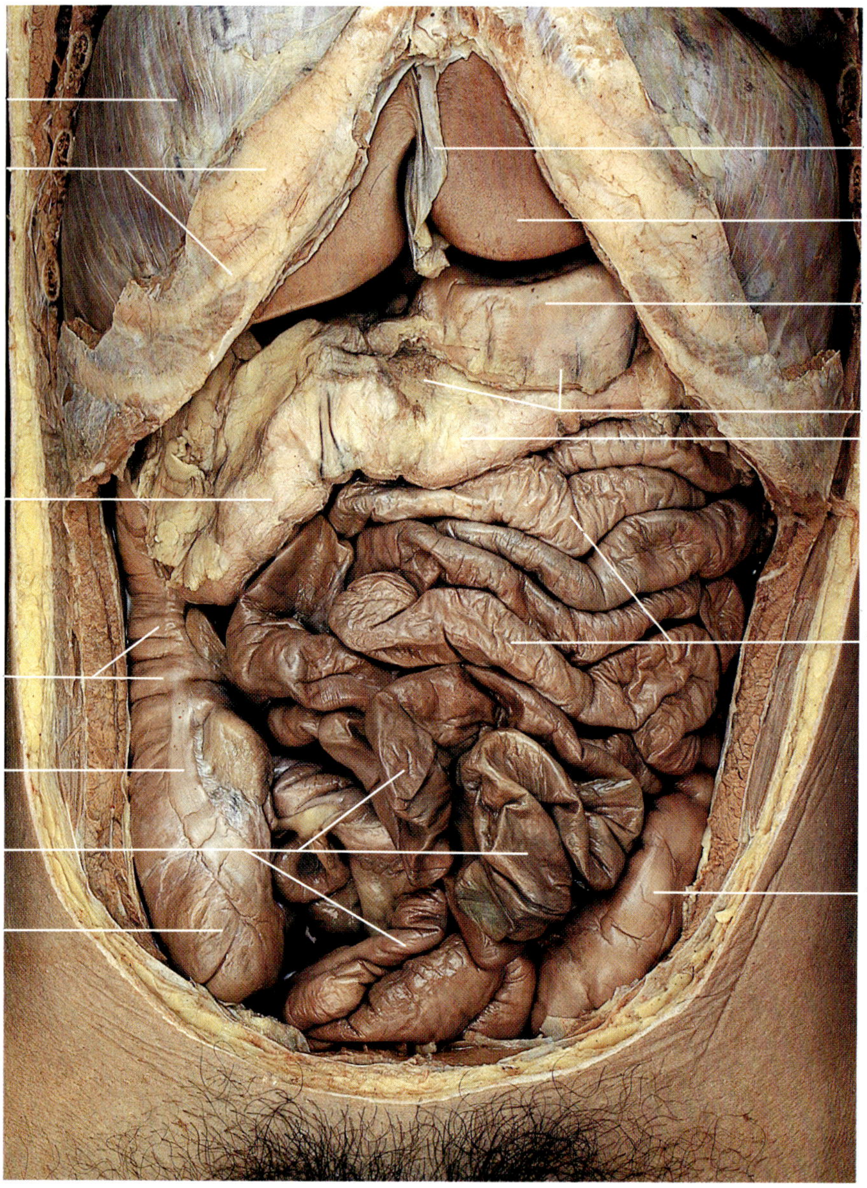

1 Diaphragma
2 Arcus costalis
3 Colon transversum
4 Colon ascendens
5 Taenia libera
6 Dünndarmschlingen (Ileum)
7 Caecum
8 Lig. falciforme hepatis
9 Leber (Hepar)
10 Magen (Ventriculus)
11 Lig. gastrocolicum
12 Dünndarmschlingen (Jejunum)
13 Colon sigmoideum
14 Appendix vermiformis
15 Ende des Ileum
16 Mesoappendix

Bauchsitus. Das Omentum majus wurde entfernt.

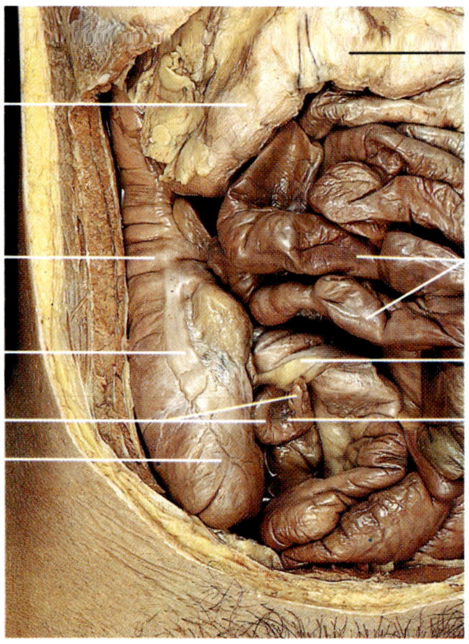

Rechte untere Hälfte der Bauchhöhle; Colon ascendens, Caecum und Appendix vermiformis (Ausschnitt aus der obigen Abbildung).

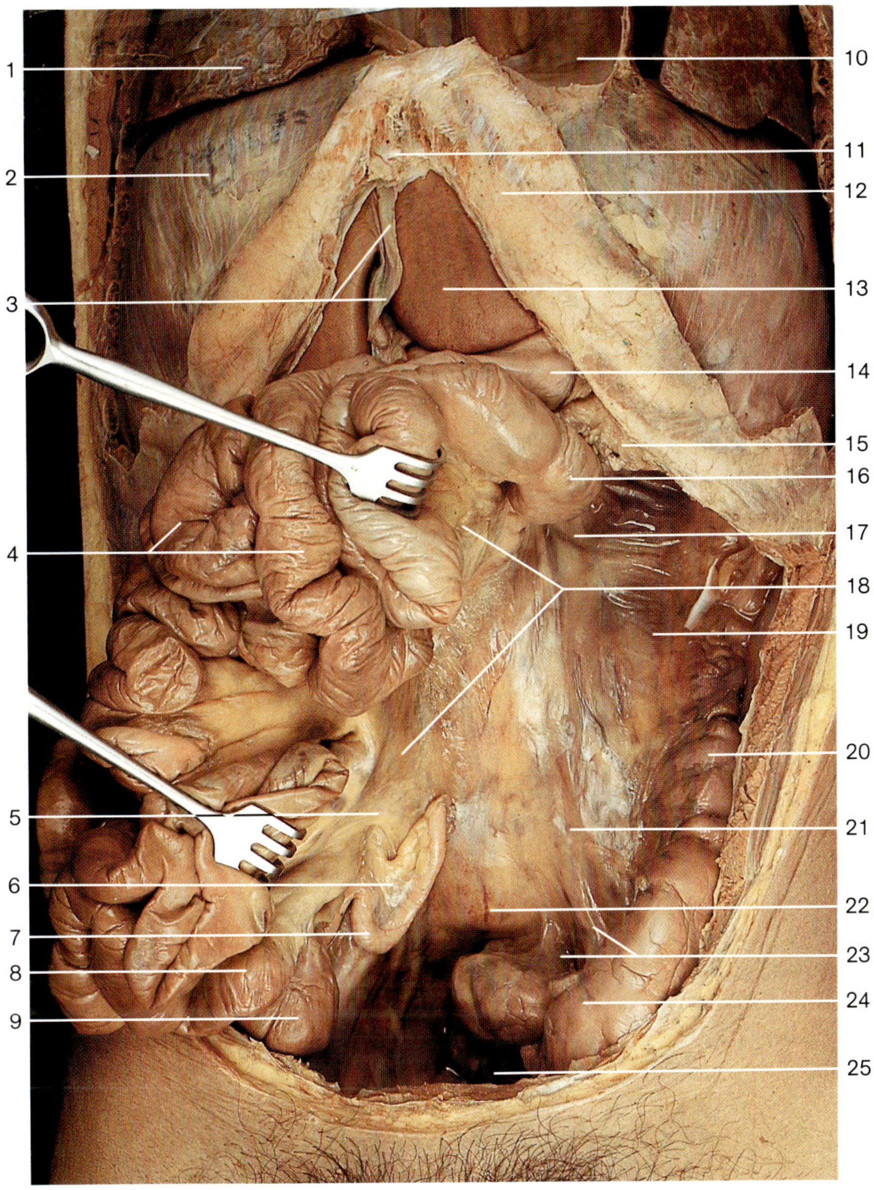

Bauchsitus. Demonstration des Mesenteriums. Die Dünndarmschlingen wurden nach rechts oben verlagert.

1 Rechte Lunge (Pulmo dexter)
2 Diaphragma
3 Lig. falciforme hepatis
4 Jejunum
5 Plica ileocaecalis
6 Mesoappendix
7 Appendix vermiformis
8 Ende des Ileum
9 Caecum
10 Herzbeutel (Perikard)
11 Processus xiphoideus
12 Arcus costalis
13 Leber (Lobus sin.)
14 Magen (Ventriculus)
15 Colon transversum
16 Flexura duodenojejunalis
17 Plica duodenalis inf.
18 Mesenterium
19 Lokalisation der linken Niere
20 Colon descendens
21 Lokalisation der A. iliaca comm. sin.
22 Promontorium
23 Mesosigmoideum
24 Colon sigmoideum
25 Rectum
26 Erste Jejunumschlinge
27 Peritoneum parietale der dorsalen Bauchwand
28 Mesocolon transversum
29 Plica duodenalis sup.
30 Recessus duodenalis sup.
31 Recessus retroduodenalis
32 Taenia libera des Colon ascendens
33 Valva ileocaecalis
34 Frenulum der Valva ileocaecalis
35 Ostium appendicis vermiformis
36 A. ileocaecalis
37 Appendix vermiformis mit A. appendicularis

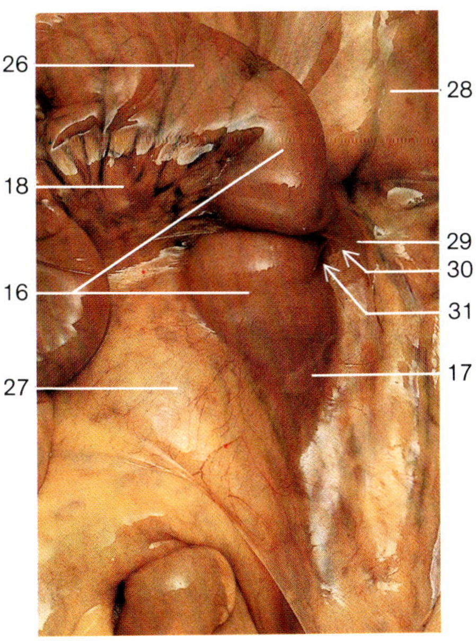

Flexura duodenojejunalis (Ausschnittvergrößerung).

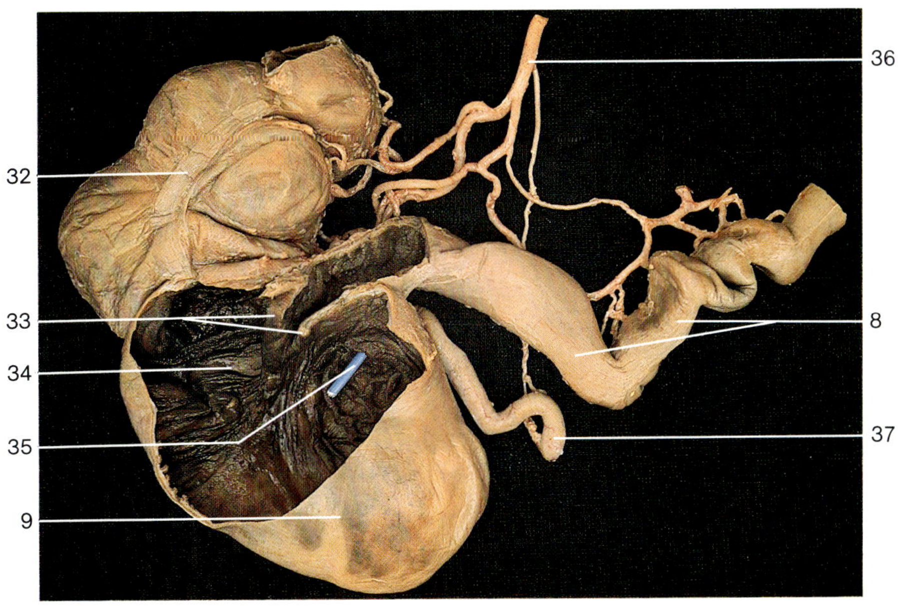

Caecum mit Ileumende, Valva ileocaecalis. Die Vorderwand des Caecum wurde entfernt, um die Ileozäkalklappe zu zeigen.

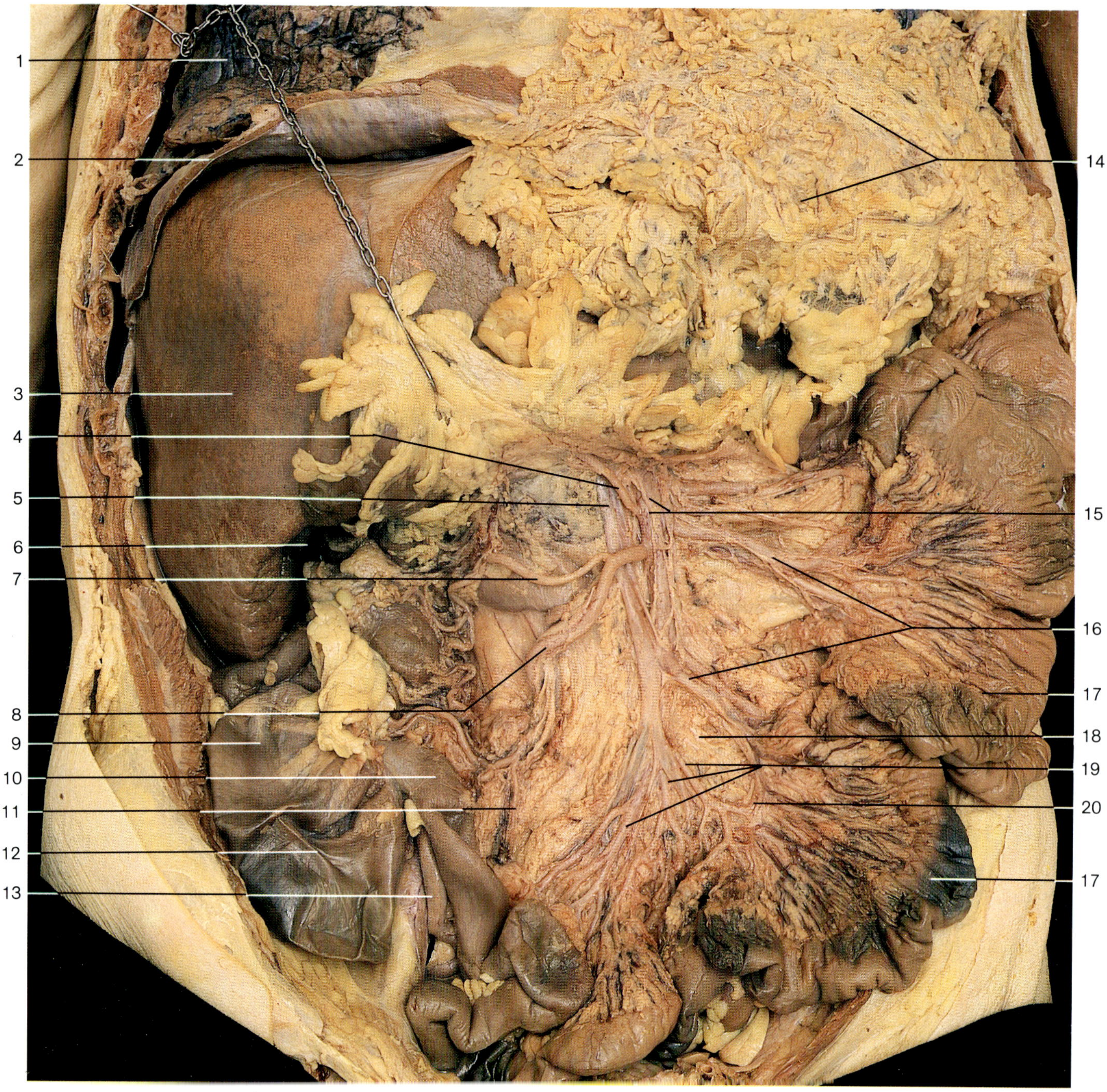

Bauchsitus I. Darstellung der Vasa mesenterica sup. (Ventralansicht). Das Omentum majus wurde nach oben verlagert.

1 Lunge (Pulmo)
2 Diaphragma (Schnittrand)
3 Leber (Hepar)
4 A. colica media
5 V. mesenterica sup.
6 Gallenblase (Vesica fellea)
7 A. colica dext.
8 A. ileocolica
9 Taenia libera des Colon ascendens
10 Endabschnitt des Ileum
11 A. appendicularis
12 Caecum
13 Appendix vermiformis
14 Omentum majus
15 A. mesenterica sup. mit vegetativem Nervenplexus
16 Aa. jejunales
17 Jejunum
18 Mesenterium, hinteres peritoneales Blatt
19 Aa. ilei
20 Arterielle Arkaden im Bereich des Dünndarms

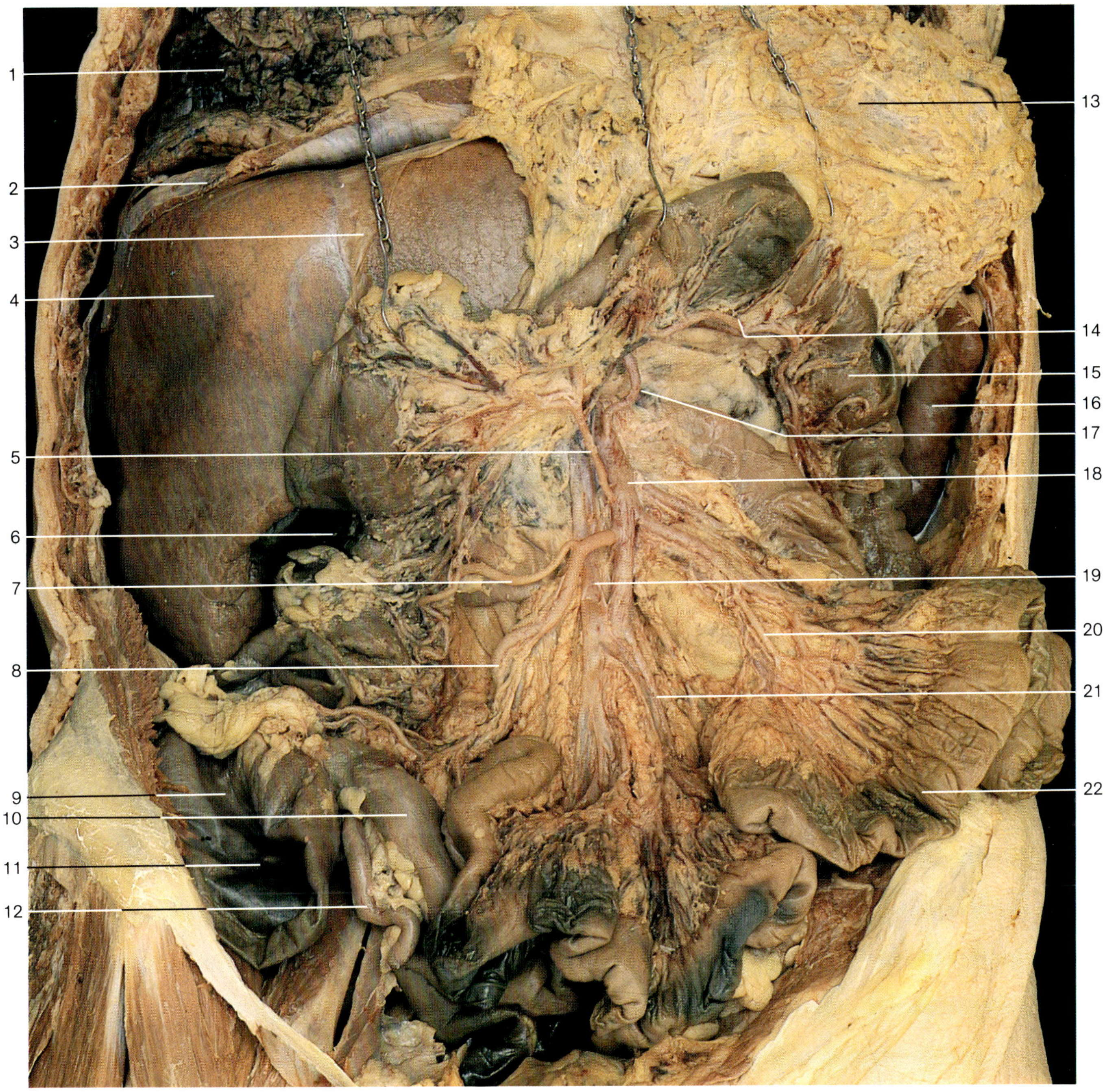

Bauchsitus II. Darstellung der A. colica media und A. mesenterica sup. Das Omentum majus wurde nach oben verlagert. (In diesem Präparat sind 2 statt wie normal nur 1 A. colica media vorhanden.)

1 Lunge (Pulmo)
2 Diaphragma
3 Lig. falciforme hepatis
4 Leber (Hepar)
5 A. colica media accessoria (var.)
6 Gallenblase (Vesica fellea)
7 A. colica dext.
8 A. ileocolica
9 Taenia libera des Colon ascendens
10 Endabschnitt des Ileum
11 Caecum
12 Appendix vermiformis
13 Omentum majus (nach oben verlagert)
14 Gefäßarkaden der A. colica media am Colon transversum
15 Colon transversum
16 Milz (Lien)
17 A. colica media
18 A. mesenterica sup.
19 V. mesenterica sup.
20 Aa. jejunales
21 Aa. ilei
22 Jejunum

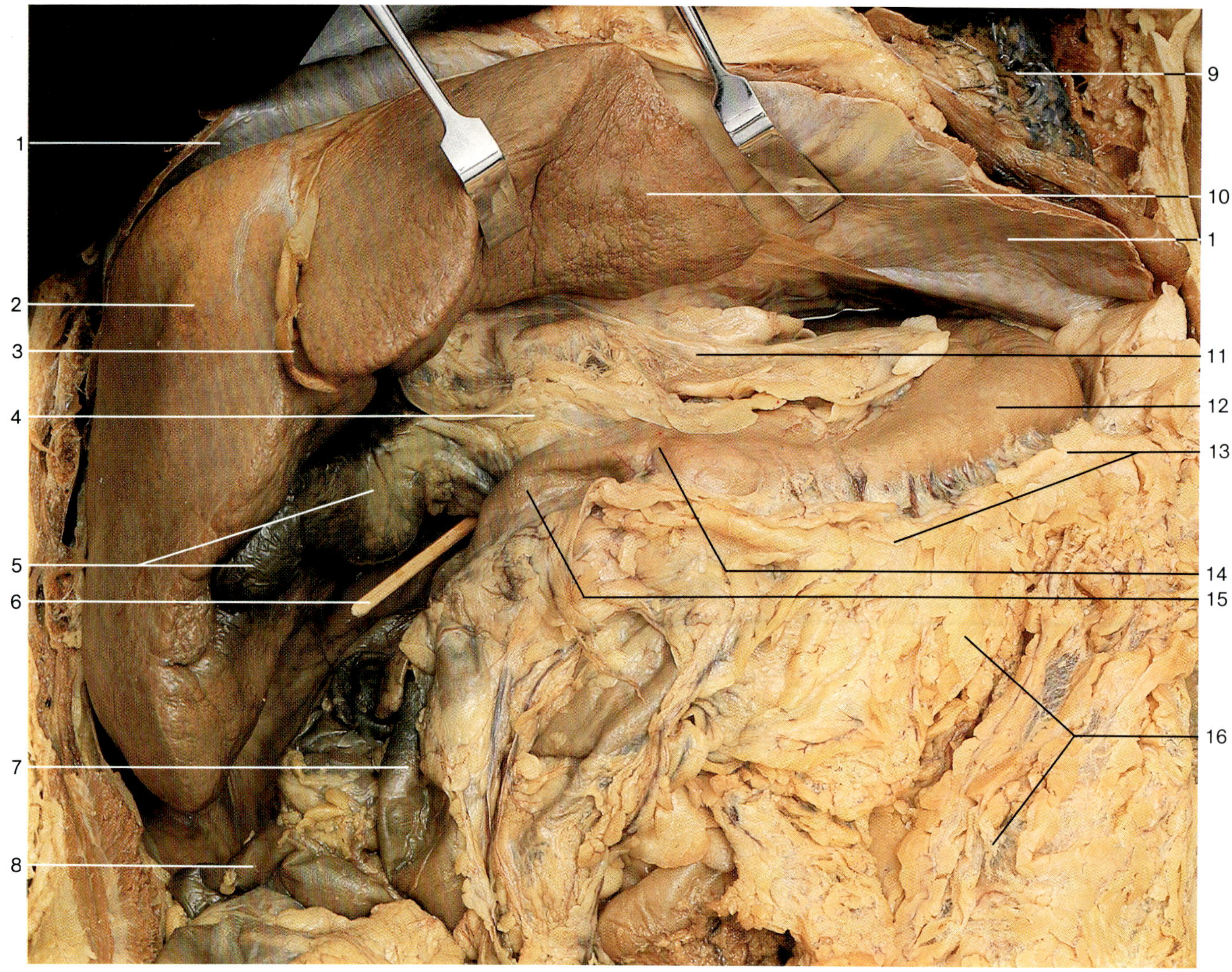

Bauchsitus III. Oberbauchorgane (Ventralansicht). Rippenbogen und Zwerchfell wurden teilweise entfernt. Die Leber wurde nach oben gezogen, um das Omentum minus sichtbar zu machen.

1 Diaphragma (Schnittrand)
2 Leber (Lobus dext.)
3 Lig. falciforme hepatis
4 Lig. hepatoduodenale
5 Gallenblase (Vesica fellea)
6 Sonde im For. epiploicum (Winslowi)
7 Colon transversum
8 Flexura coli dext.
9 Lunge
10 Leber (Lobus sin.)
11 Lig. hepatogastricum
12 Magen (Corpus ventriculi)
13 Lig. gastrocolicum
14 Pylorus
15 Pars sup. duodeni
16 Omentum majus
17 Erster Lendenwirbel
18 Niere
19 Gl. suprarenalis
20 V. cava inf.
21 Lig. falciforme hepatis
22 Aorta abdominalis
23 Milz (Lien)
24 Lig. phrenicolienale
25 Lig. gastrolienale
26 Pancreas
27 Bursa omentalis

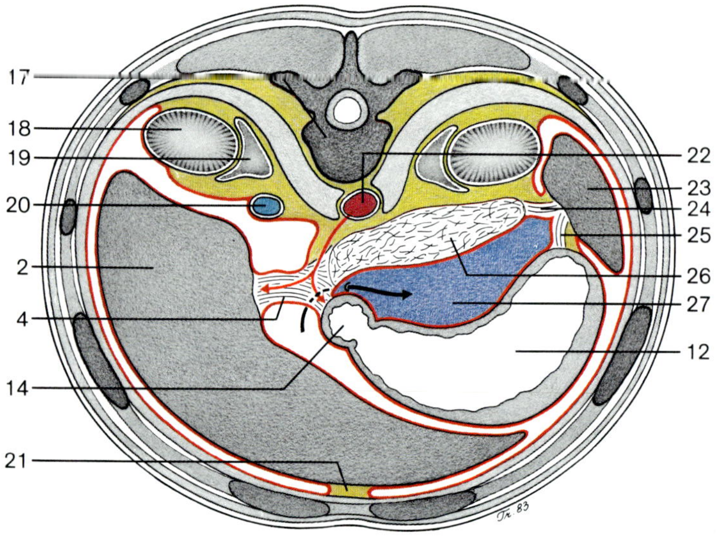

Horizontalschnitt durch die Bursa omentalis oberhalb des Foramen epiploicum (schwarzer Pfeil). Rote Pfeile = Gefäß-Nerven-Straße, ausgehend vom Truncus coeliacus zur Leber, zum Magen, Duodenum und Pancreas (Schemazeichnung) (Tr.).

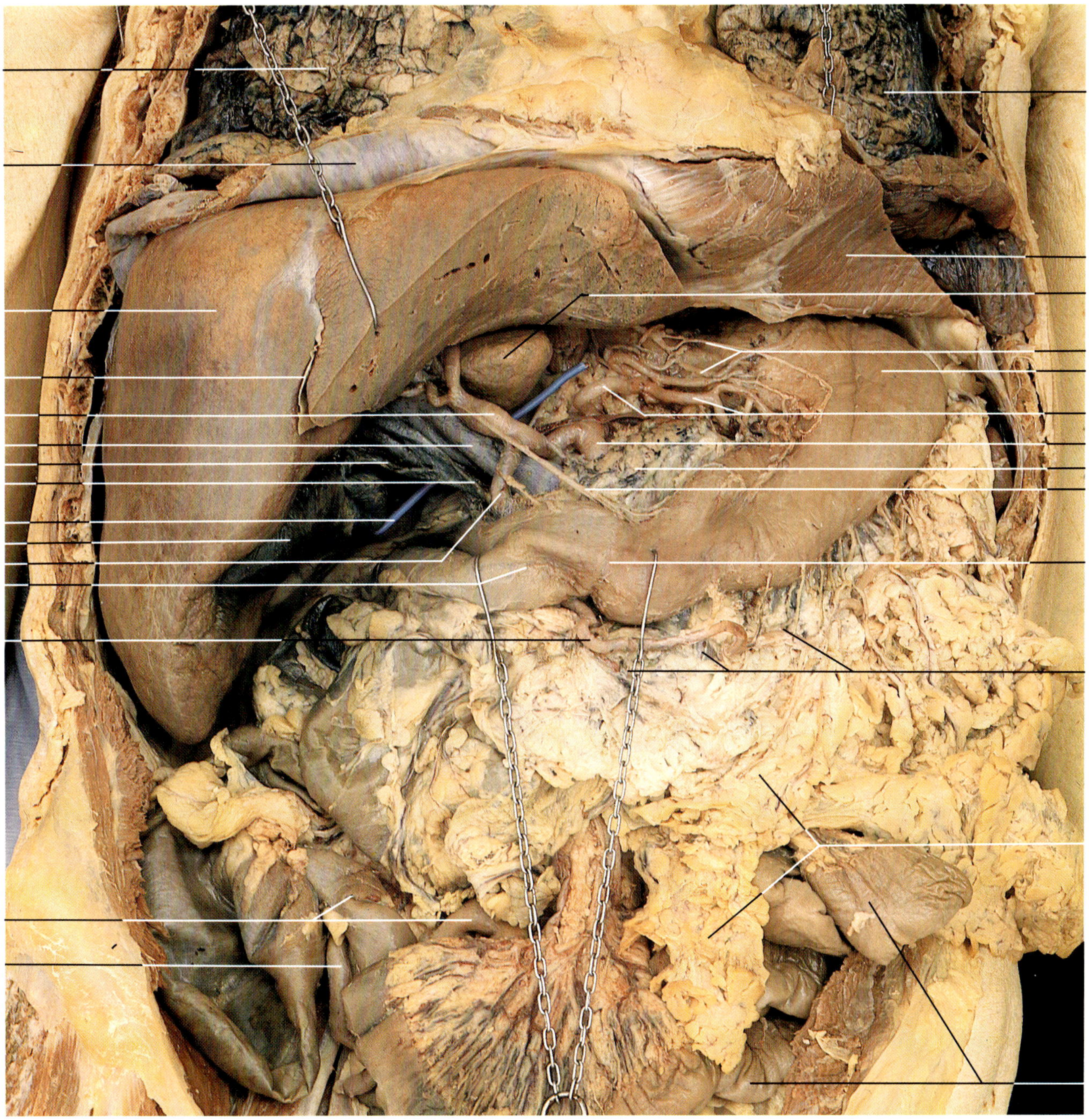

Bauchsitus IV. Oberbauchorgane, Bursa omentalis (Ventralansicht). Der linke Leberlappen wurde teilweise, das Omentum minus vollständig entfernt; Leber und Magen wurden auseinandergezogen, um die Hinterwand der Bursa omentalis und die Leitungsbahnen darzustellen.

1 Lunge
2 Diaphragma
3 Leber
4 Lig. falciforme hepatis
5 A. hepatica propria } im Lig. hepatoduodenale
6 V. portae } im Lig. hepatoduodenale
7 Ductus cysticus } im Lig. hepatoduodenale
8 Ductus choledochus } im Lig. hepatoduodenale
9 Sonde im For. epiploicum (Winslowi)
10 Gallenblase (Vesica fellea)
11 A. gastroduodenalis
12 Pars sup. duodeni
13 A. gastroepiploica dext.
14 Endabschnitt des Ileum
15 Caecum mit Appendix vermiformis
16 Lobus caudatus der Leber
17 Endäste des Truncus vagalis ant., Übergang in den Plexus gastricus
18 Magen (Fundus ventriculi)
19 A. gastrica sin.
20 Truncus coeliacus
21 Pancreas
22 A. gastrica dext.
23 Pylorus
24 Lig. gastrocolium
25 Omentum majus
26 Dünndarmschlingen

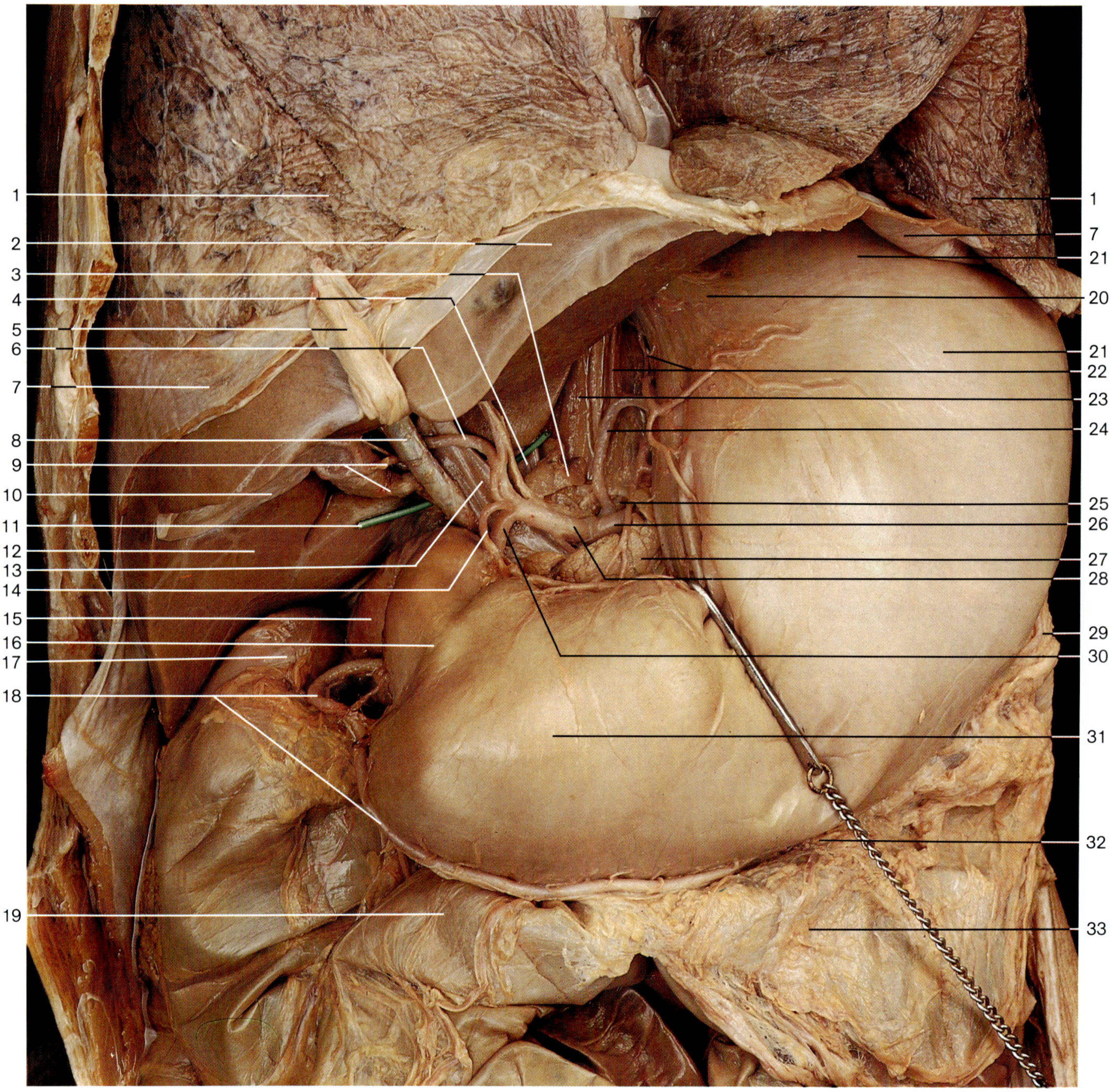

Bauchsitus V. Gefäßversorgung der Oberbauchorgane; Truncus coeliacus. Das Omentum minus wurde entfernt und der Magen nach links unten verlagert.

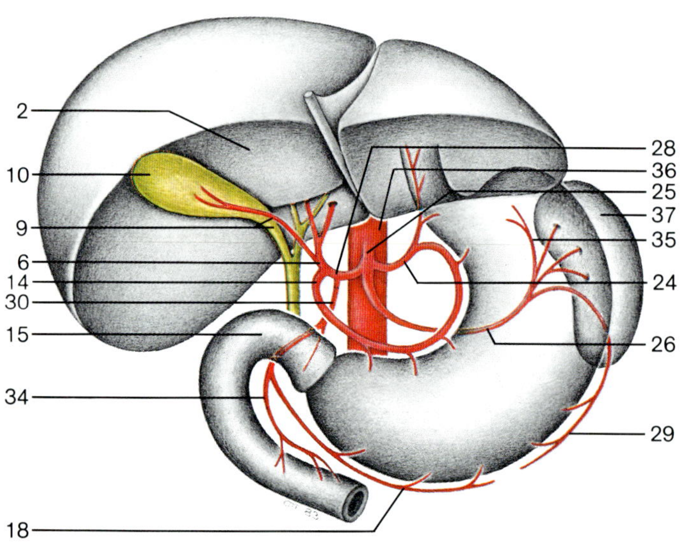

Astfolge des Truncus coeliacus
(Schemazeichnung) (O.).

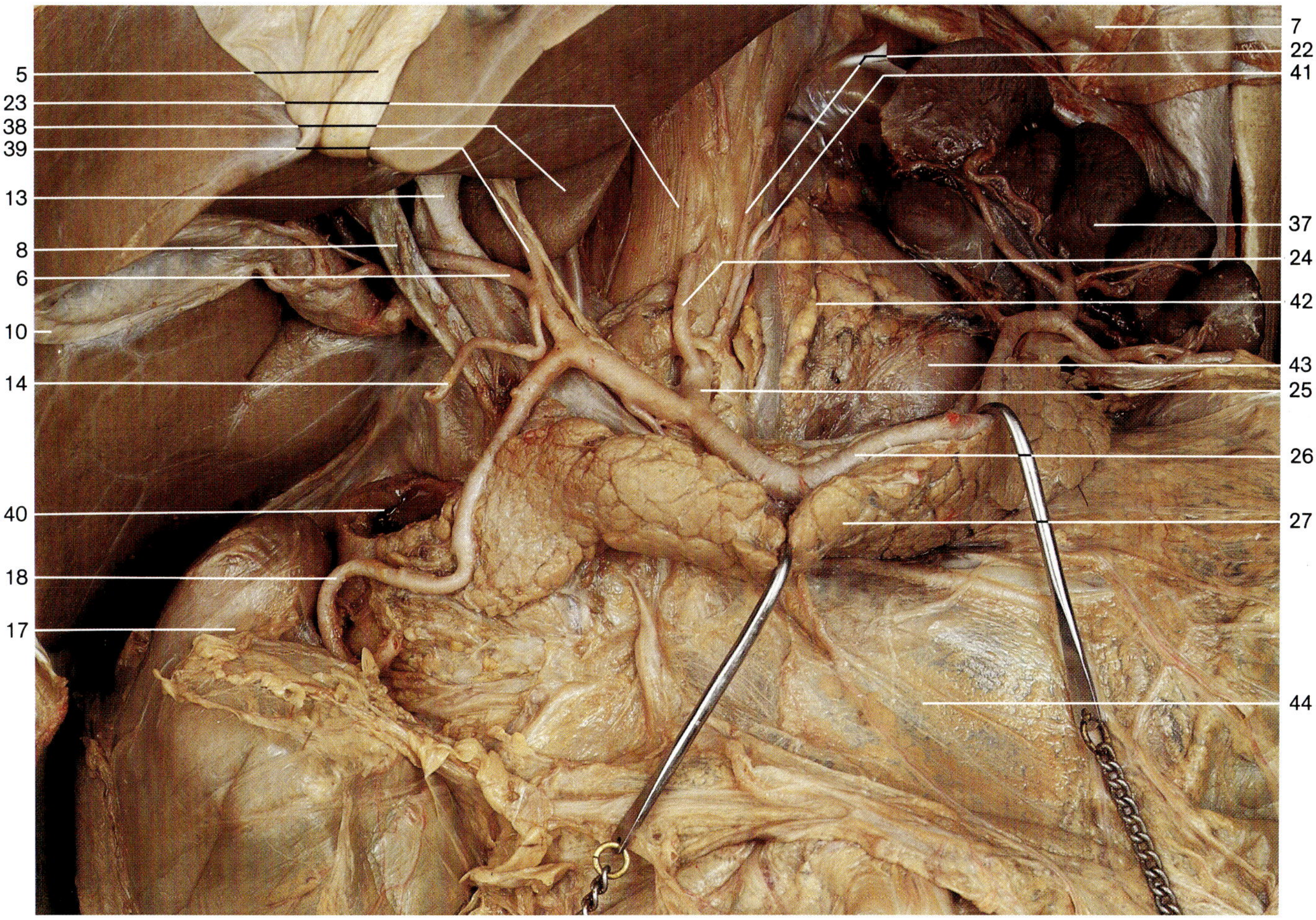

Bauchsitus VI. Äste des Truncus coeliacus in situ; Gefäßversorgung von Leber, Pankreas und Milz (Ventralansicht).
Der Magen sowie die Pars superior des Duodenums wurden entfernt. Man blickt auf die Hinterwand der Bursa omentalis.

1 Lungen
2 Leber (Facies diaphragmatica)
3 Lymphknoten
4 V. cava inf.
5 Lig. teres hepatis (hochgeklappt)
6 A. hepatica propria
7 Diaphragma
8 Ductus hepaticus communis (erweitert)
9 Ductus cysticus und A. cystica
10 Gallenblase (Vesica fellea)
11 Sonde im Foramen epiploicum (Winslowi)
12 Leber (Lobus dexter)
13 V. portae
14 A. gastrica dext.
15 Duodenum, pars superior
16 Pylorus
17 Flexura coli dext.
18 A. gastroepiploica dext.
19 Colon transversum
20 Pars abdominalis oesophagi,
Übergang in den Magen (Kardiaregion)
21 Fundus ventriculi
22 Rami oesophagei der A. gastrica sin.
23 Zwerchfell (Pars lumbalis diaphragmatis)
24 A. gastrica sin.
25 **Truncus coeliacus**
26 A. lienalis
27 Pancreas
28 A. hepatica comm.
29 A. gastroepiploica sin.
30 A. gastroduodenalis
31 Pars pylorica ventriculi
32 Curvatura major ventriculi
33 Lig. gastrocolicum
34 A. supraduodenalis
35 Aa. gastricae breves
36 Aorta
37 Milz
38 Lobus caudatus hepatis
39 A. hepatica propria, ramus sin.
40 Duodenum, pars descendens (durchtrennt)
41 A. phrenica inf. sin.
42 Gl. suprarenalis
43 Niere
44 Mesocolon transversum

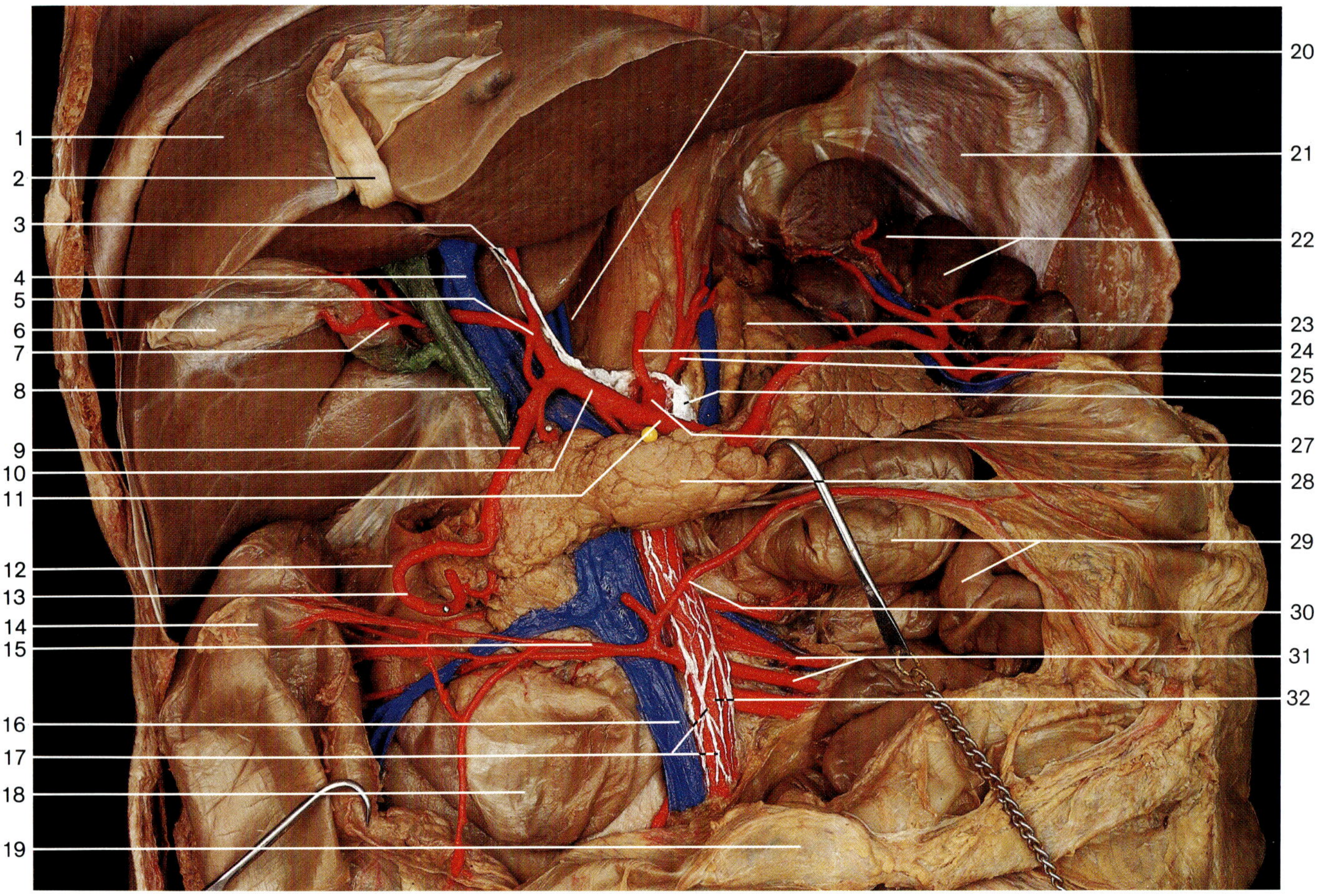

Gefäße und vegetatives Nervensystem im Bereich des Oberbauches (Ventralansicht). Der Magen wurde entfernt, das Mesocolon transversum größtenteils weggenommen und das Colon transversum nach unten gezogen. Leber und Pankreas wurden etwas luxiert. Grün = extrahepatische Gallenwege; rot = Arterien; blau = Venen; weiß = vegetative Nervengeflechte.

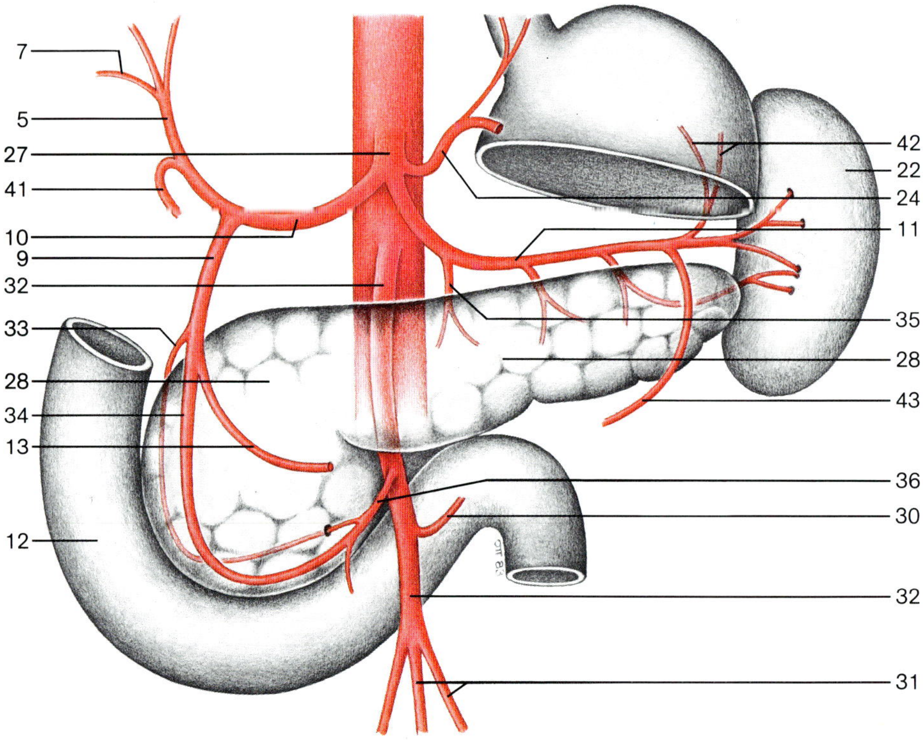

Gefäßversorgung der Oberbauchorgane. Astfolge des Truncus coeliacus und der A. mesenterica sup. (Schemazeichnung) (O.).

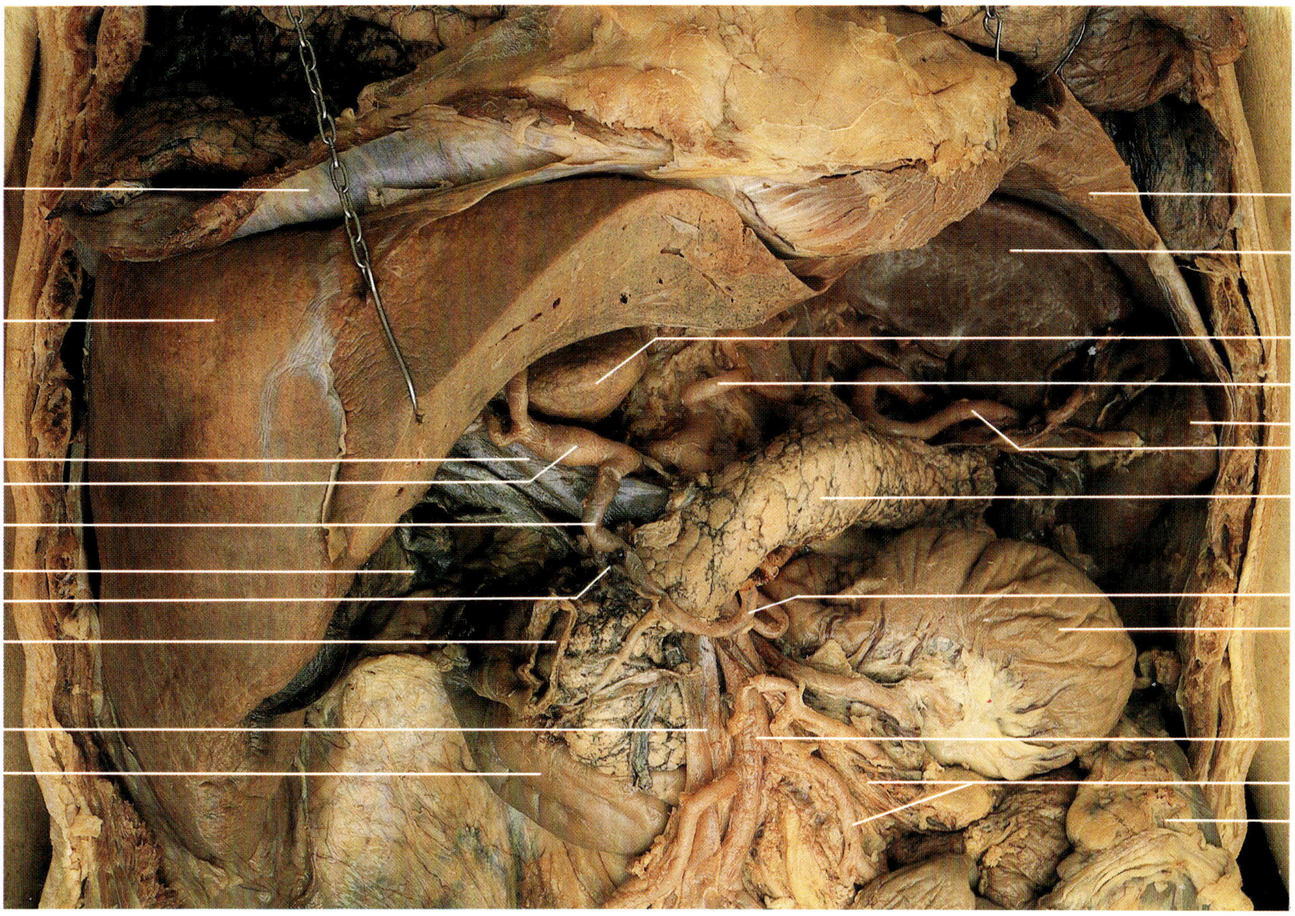

Bursa omentalis (Ventralansicht). Darstellung der Leitungsbahnen des Lig. hepatoduodenale sowie der Hinterwand der Bursa omentalis. Der linke Leberlappen wurde teilweise, der Magen ganz entfernt. An diesem Präparat fanden sich statt einer zwei Leberarterien (var.).

1 Leber
2 Lig. teres hepatis
3 Plexus hepaticus
4 V. portae
5 A. hepatica propria
6 Gallenblase
7 A. cystica
8 Ductus choledochus
9 A. gastroduodenalis
10 **A. hepatica comm.**
11 **A. lienalis**
12 Duodenum, pars descendens
13 A. gastroepiploica dext.
14 Flexura coli dext.
15 A. colica dext.
16 V. mesenterica sup.
17 **Plexus mesentericus sup.**
18 Duodenum (pars horizontalis)
19 Colon transversum
20 V. cava inf.
21 Diaphragma
22 Milz
23 Gl. suprarenalis sin.
24 A. gastrica sin.
25 A. phrenica inf. sin.
26 Ganglion coeliacum, Teil des Plexus solaris
27 **Truncus coeliacus**
28 Pancreas
29 Jejunum
30 A. colica media
31 Aa. jejunales
32 A. mesenterica sup.
33 A. retroduodenalis
34 A. supraduodenalis
35 A. pancreatica dors.
36 A. pancreaticoduodenalis inf.
37 Duodenum
38 Lobus caudatus hepatis
39 A. gastroepiploica dext.
40 Colon descendens
41 A. gastrica dext.
42 Aa. gastricae breves
43 A. gastroepiploica sin.

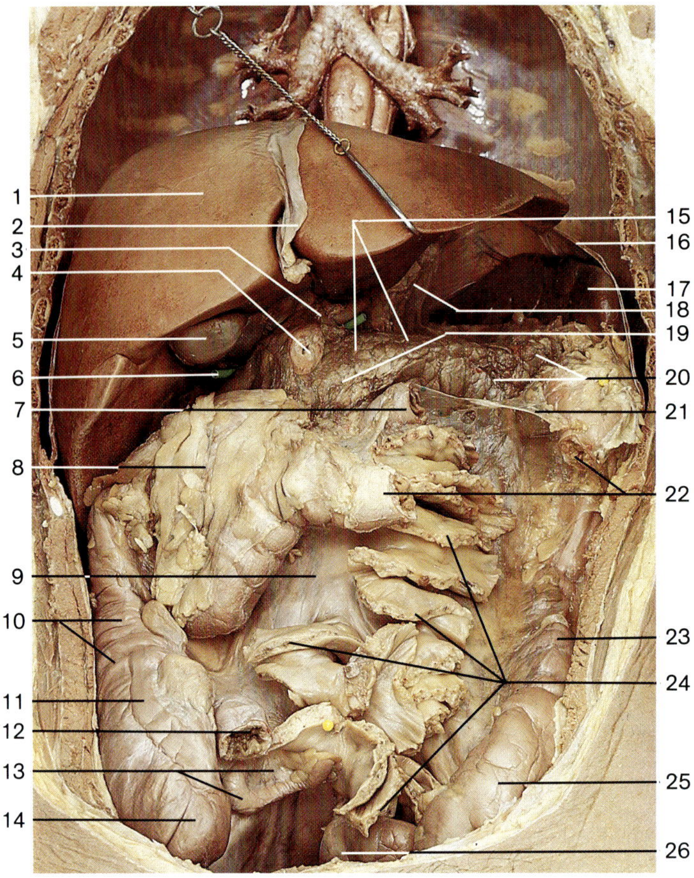

Bauchsitus. Magen, Jejunum, Ileum und ein Teil des Querkolons wurden entfernt. Die Leber wurde etwas nach oben verlagert.

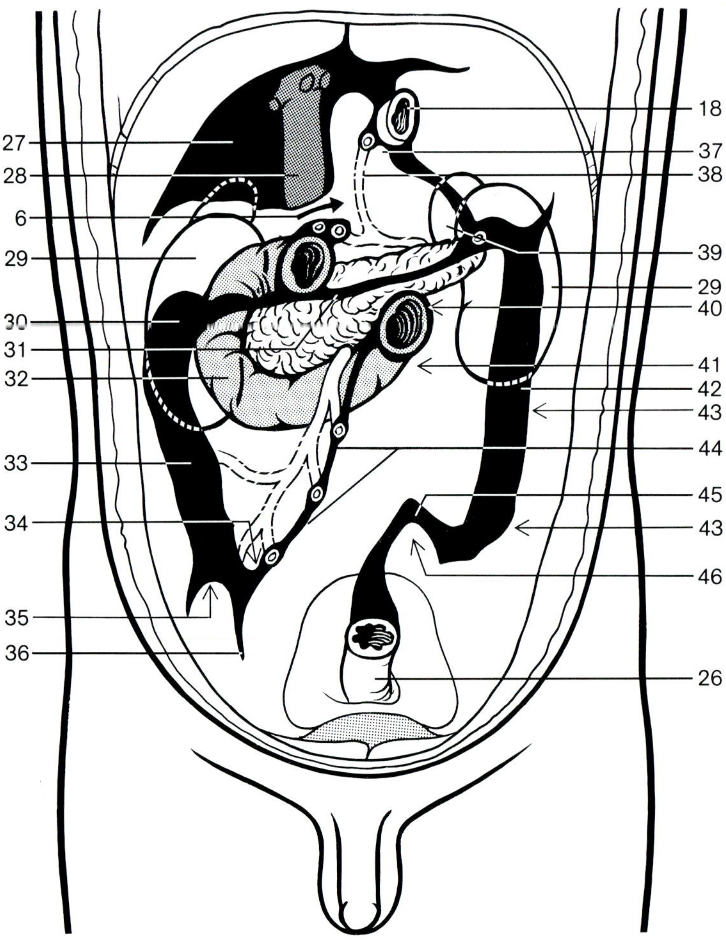

1 Leber (Hepar)
2 Lig. falciforme hepatis
3 Lig. hepatoduodenale
4 Pylorus (durchtrennt)
5 Gallenblase (Vesica fellea)
6 Sonde im Foramen epiploicum
7 Flexura duodenojejunalis (durchtrennt)
8 Omentum majus
9 Mesenterium
10 Colon ascendens
11 Taenia libera
12 Ileum (Endabschnitt)
13 Appendix vermiformis mit Mesoappendix
14 Caecum
15 Bursa omentalis
16 Diaphragma
17 Milz (Lien)
18 Cardia (durchtrennt)
19 Pankreaskopf (Caput pancreatis)
20 Corpus und Cauda pancreatis
21 Mesocolon transversum
22 Colon transversum (durchtrennt)
23 Colon descendens
24 Schnittränder des Mesenteriums
25 Colon sigmoideum
26 Rectum
27 Anlagerungsfläche der Leber (Area nuda)
28 V. cava inf.
29 Nieren
30 Anheftung der Flexura coli dext.
31 Radix mesocoli transversi
32 Pars descendens duodeni
33 Anlagerungsfläche des Colon ascendens
34 Recessus ileocaecalis
35 Recessus retrocaecalis
36 Radix mesoappendicis
37 Recessus superior } bursae omentalis
38 Isthmus } bursae omentalis
39 Recessus lienalis } bursae omentalis
40 Recessus duodenalis sup.
41 Recessus duodenalis inf.
42 Anlagerungsfläche des Colon descendens
43 Recessus paracolici
44 Radix mesenterii
45 Radix mesosigmoidei
46 Recessus intersigmoideus
47 Vv. hepaticae
48 Flexura duodenojejunalis
49 Anheftung der Flexura coli sin.

Peritoneumfreie Bezirke und Recessus an der dorsalen Bauchwand (Schemazeichnung), Pfeil = For. epiploicum.

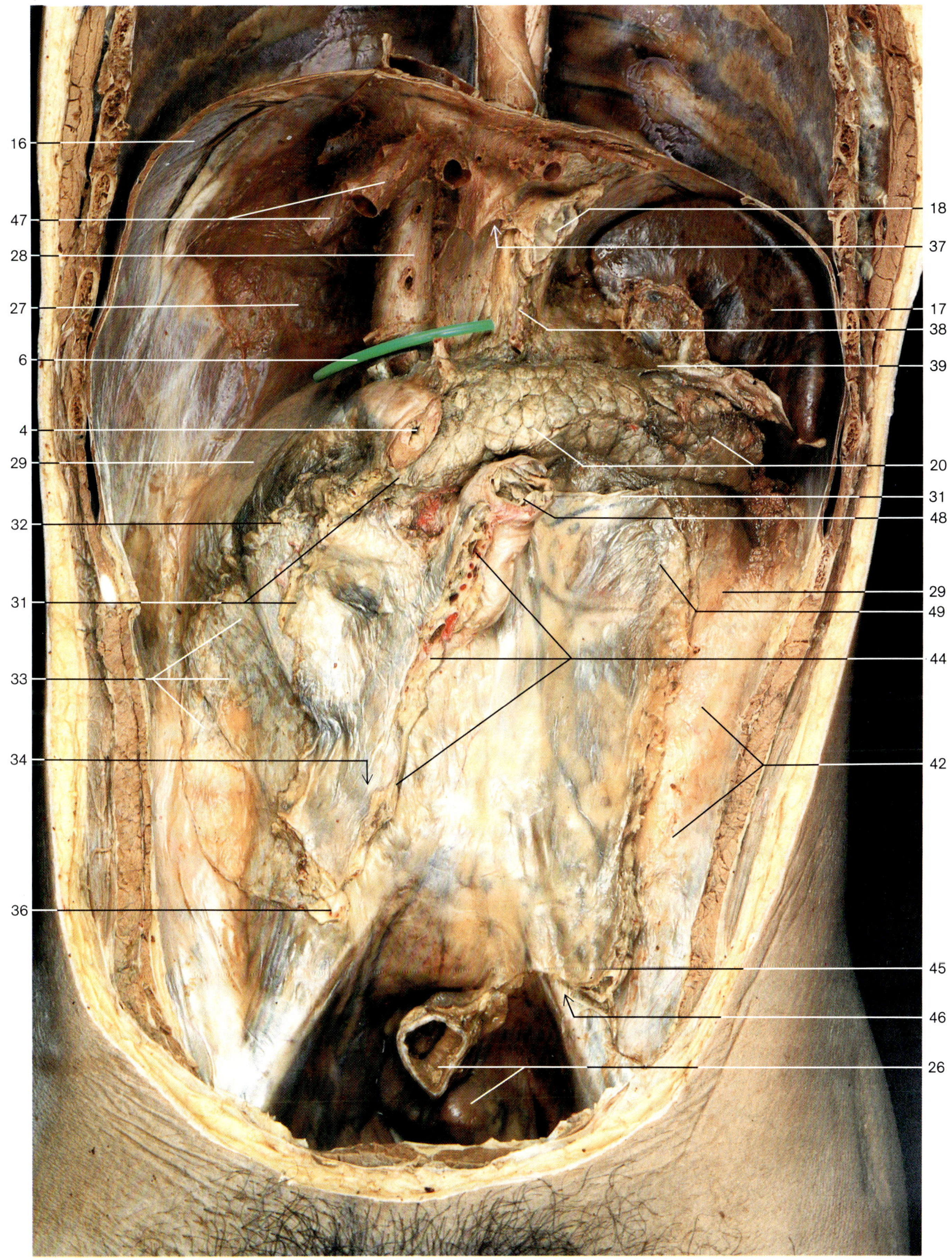

Dorsale Bauchwand, Lage der Radices und Recessus. Magen, Dünndarm (mit Ausnahme des Duodenums), Colon und Leber wurden entfernt. Man beachte die Lokalisation der Milz und die topographische Lage der Bursa omentalis.

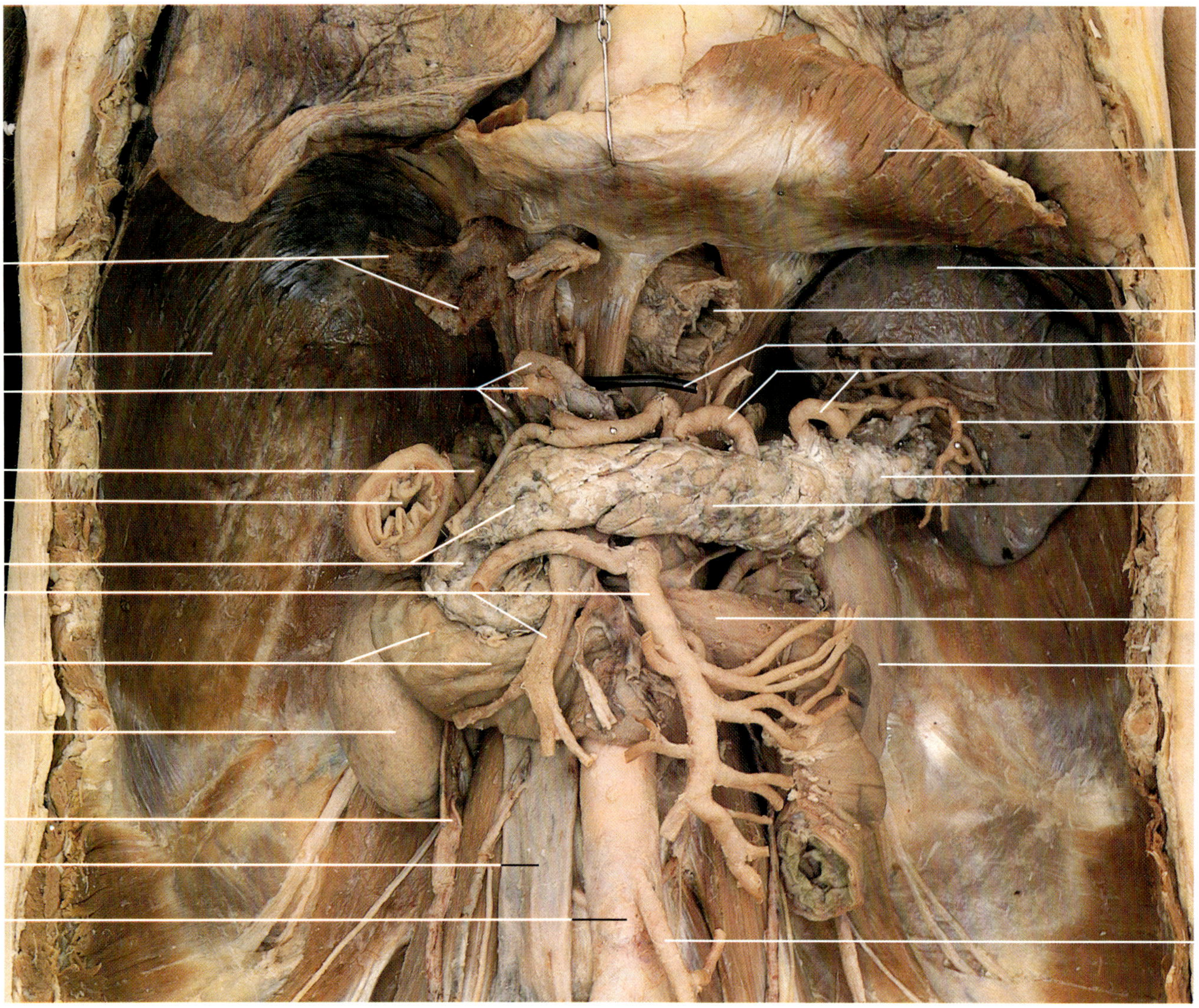

Retroperitoneale Organe des Oberbauches in situ (Ventralansicht). Peritoneum vollständig entfernt. Leber, Magen sowie Dünn- und Dickdarm bis auf das Duodenum wurden entfernt.

1 Vv. hepaticae
2 Diaphragma
3 Leitungsbahnen des Lig. hepatoduodenale (V. portae, A. hepatica propria und Ductus choledochus)
4 Gl. suprarenalis dext.
5 Pars sup. duodeni (durchtrennt)
6 Caput pancreatis
7 A. und V. mesenterica sup.
8 Pars descendens duodeni und Flexura duodeni inf.
9 Rechte Niere (Ren dext.)
10 Ureter dext.
11 V. cava inf.
12 Aorta abdominalis
13 Milz (Lien)
14 Oesophagus, pars abdominalis
15 Sonde im For. epiploicum
16 A. lienalis
17 Hilus der Milz
18 Cauda pancreatis
19 Corpus pancreatis
20 Flexura duodenojejunalis
21 Linke Niere (Ren sin.)
22 A. mesenterica inf.

Kapitel VIII

Urogenitalorgane
Situs retroperitonealis

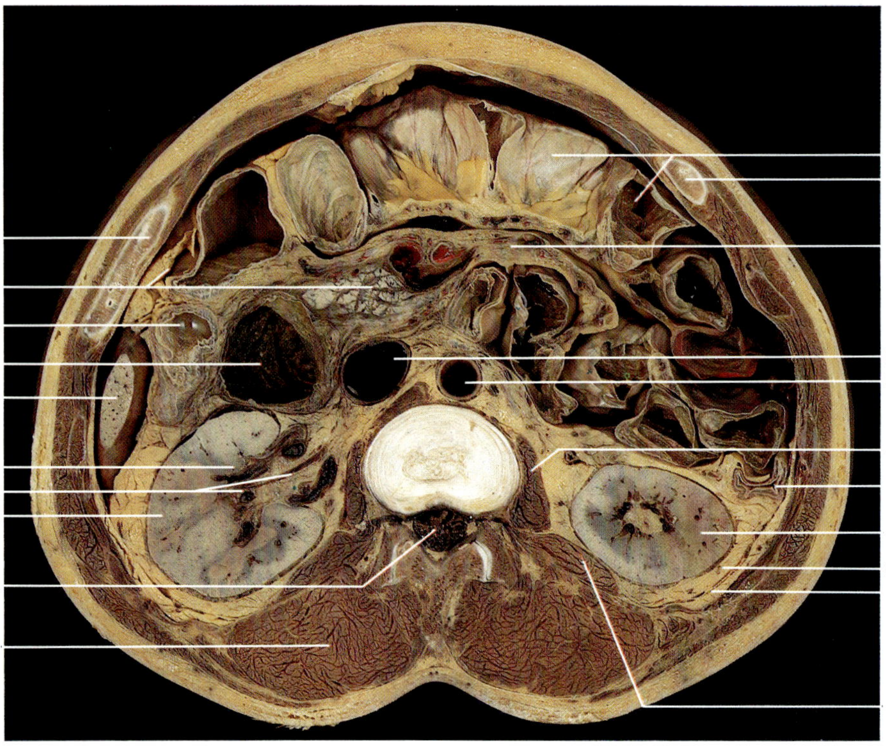

Horizontalschnitt durch den Oberbauch im Bereich des Nierenlagers. Querschnitt in Höhe der Zwischenwirbelscheibe zwischen 12. Brust- und 1. Lendenwirbel (Ansicht von unten).

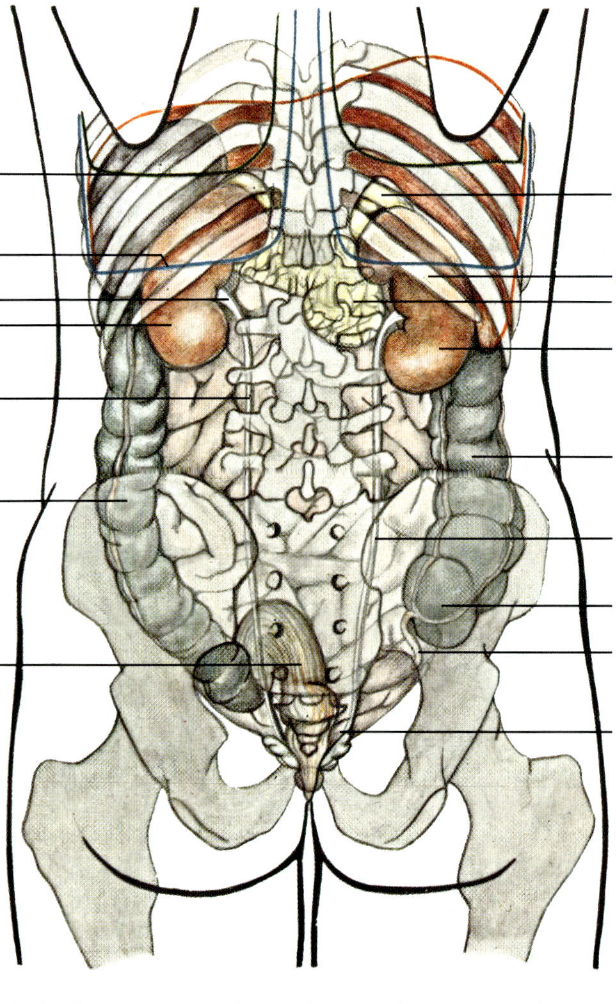

Lokalisation des uropoetischen Systems (Dorsalansicht).
Man beachte die Lagebeziehungen
der Nieren zu den Pleura- und Lungengrenzen.

1 Lungengrenze
2 Pleuragrenze
3 Pelvis renalis
4 Linke Niere (Ren sin.)
5 Ureter sin.
6 Colon descendens
7 Rectum
8 Rechte Nebenniere (Gl. suprarenalis dext.)
9 Zwölfte Rippe
10 Pancreas
11 Rechte Niere (Ren dext.)
12 Colon ascendens
13 Ureter dext.
14 Caecum
15 Appendix vermiformis
16 Vesica urinaria
17 Rippenknorpel
18 Colon ascendens (Anschnitt)
19 Duodenum (pars descendens)
20 Leber (Hepar)
21 Papilla renalis der rechten Niere
22 Nierenhilus und Ureter
23 Nierenrinde (Cortex renalis)
24 Cauda equina des Rückenmarks
25 Autochthone Rückenmuskulatur
26 Dünndarmschlingen (angeschnitten)
27 Radix mesenterii
28 V. cava inf.
29 Aorta abdominalis
30 M. psoas major
31 Colon descendens
32 Oberer Pol der linken Niere (Anschnitt)
33 Capsula adiposa
34 Fascia retrorenalis
35 M. quadratus lumborum

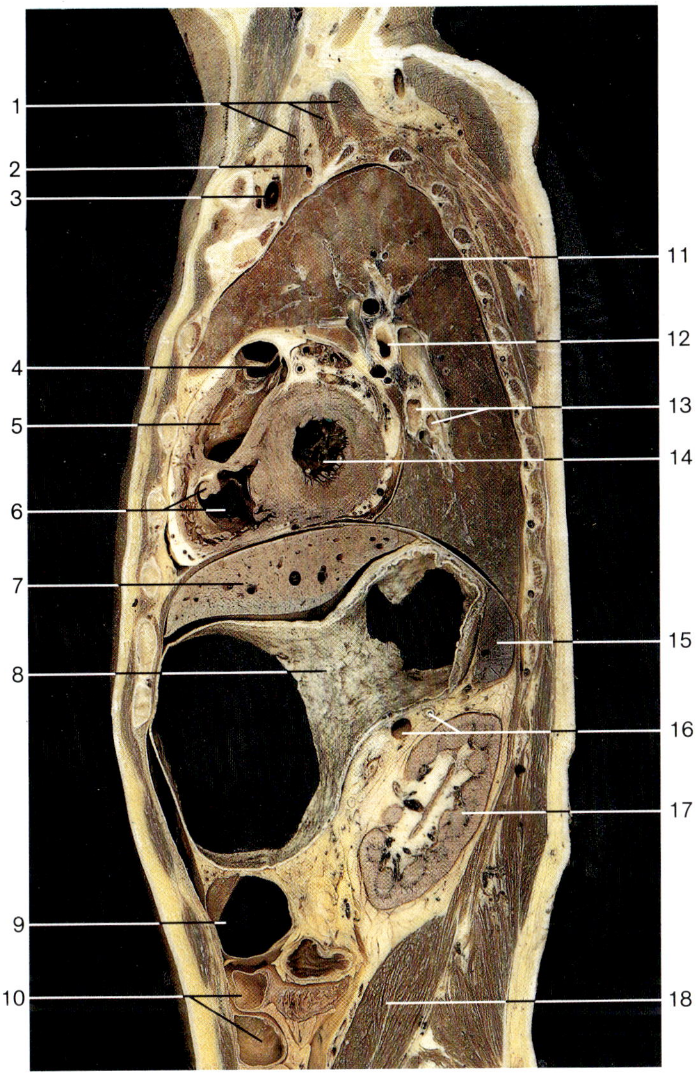

1 M. scalenus ant., med. und post.
2 A. subclavia sin.
3 V. subclavia sin.
4 Valva trunci pulmonalis
5 Truncus pulmonalis
6 Rechter Ventrikel (Ventriculus dext.)
7 Leber (Hepar)
8 Magen (Ventriculus)
9 Colon transversum
10 Dünndarmschlingen (Intestinum tenue)
11 Linke Lunge (Pulmo sin.)
12 Bronchus principalis sin.
13 Äste der V. pulmonalis
14 Linker Ventrikel (Ventriculus sin.)
15 Milz (Lien)
16 A. und V. lienalis
17 Linke Niere (Ren sin.)
18 M. psoas major sin.
19 Leber (Hepar)
20 Fascia praerenalis
21 Fascia retrorenalis
22 Rechte Niere (Ren dext.)
23 Duodenum
24 Capsula adiposa
25 Cavum abdominis
26 Caecum
27 Pancreas
28 Colon descendens und sigmoideum

Sagittalschnitt durch Brust- und Bauchhöhle in Höhe des linken Nierenlagers. Der Schnitt liegt 5,5 cm links von der Medianebene.

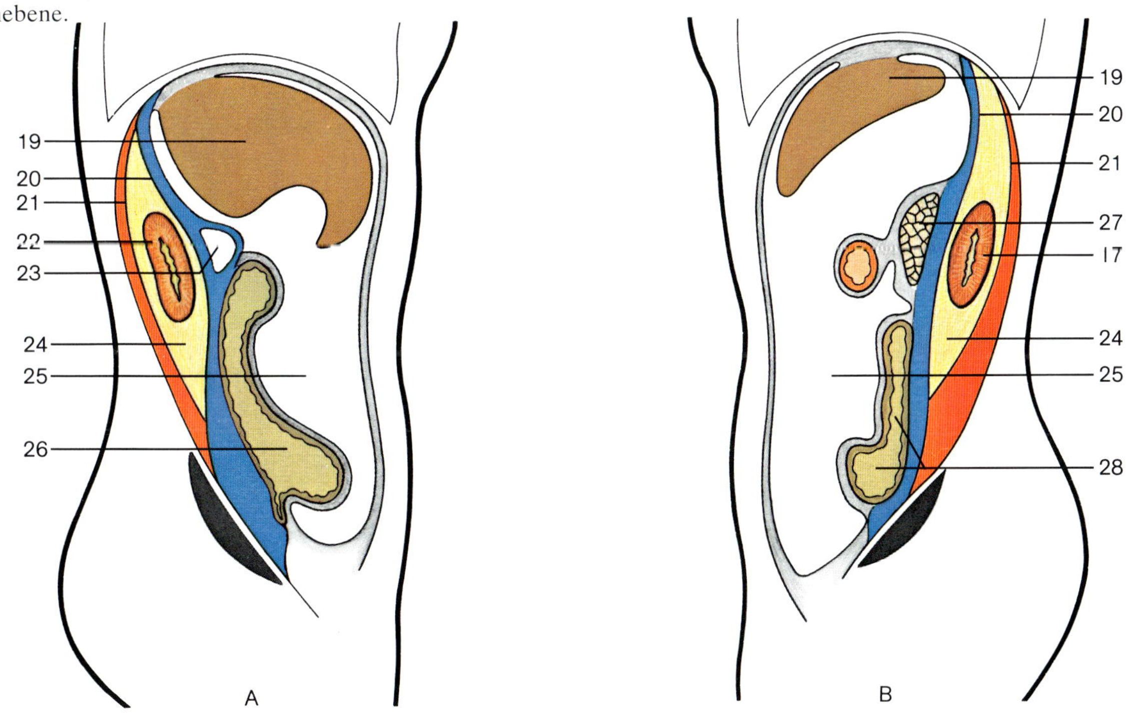

Gliederung des Retroperitonealraumes und Lage der Nieren (Schemazeichnung) (W.). Gelb = Capsula adiposa. A = Sagittalschnitt in Höhe des rechten Nierenlagers. B = Sagittalschnitt in Höhe des linken Nierenlagers.

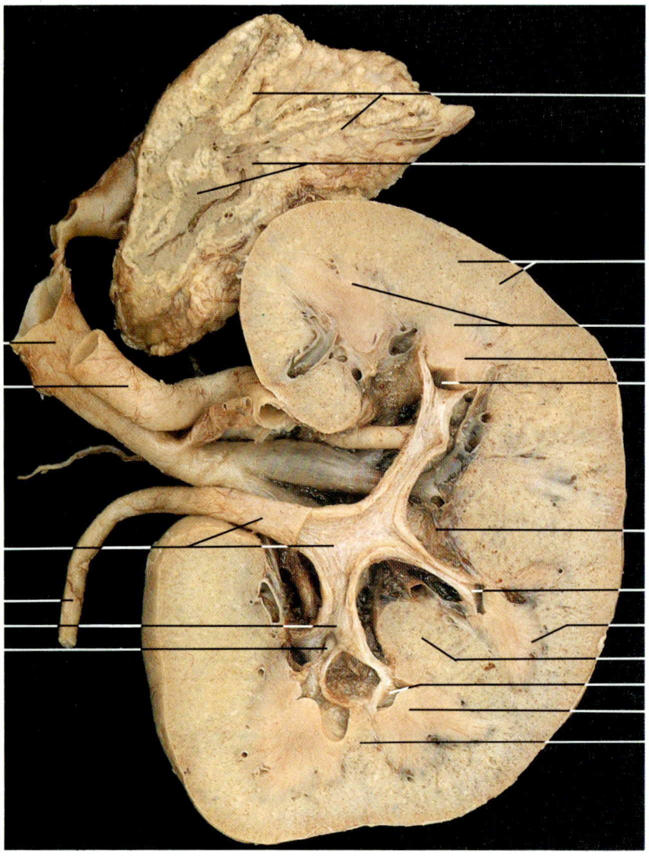

Längsschnitt durch die Niere mit Nebenniere (von dorsal). Nierenkelche und Nierenbecken wurden eröffnet, das Fettgewebe entfernt, um die Nierengefäße zu zeigen.

1 V. renalis
2 A. renalis
3 Pelvis renalis
4 Ureter, pars abdominalis
5 Calyx renalis major
6 Area cribrosa einer Papilla renalis (Aufsicht)
7 Nebennierenrinde
8 Nebennierenmark
9 Cortex renis
10 Medulla renis
11 Papillae renales (Schnittfläche)
12 Calyx renalis minor
13 Sinus renalis
14 Columnae renales
15 Capsula fibrosa
16 Elfte Rippe (Costa XI)
17 Linke Niere (Ren sin.)
18 Ureter, pars pelvina
19 Harnblase (Vesica urinaria)
20 Urethra masculina, pars spongiosa

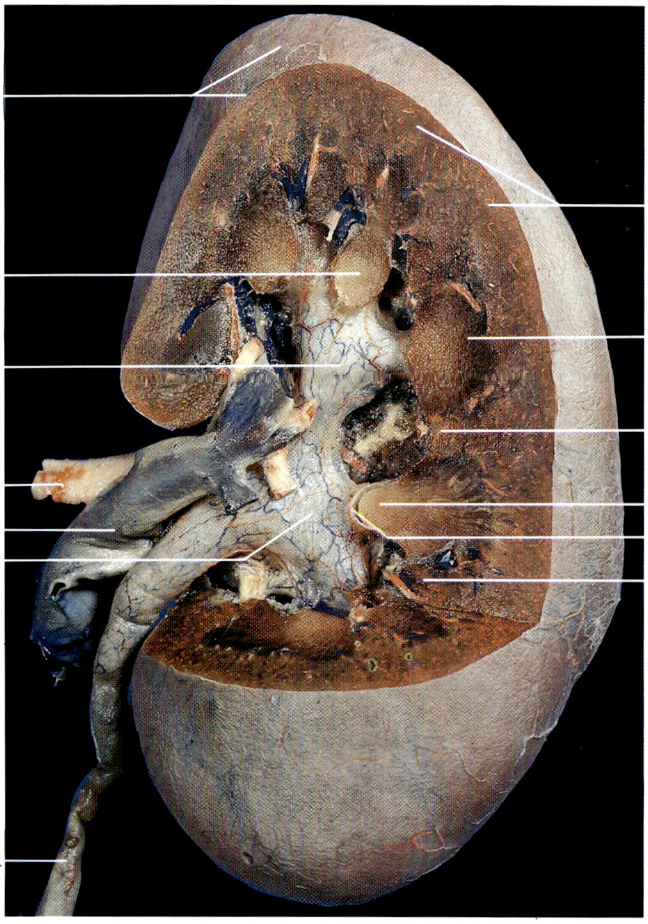

Rechte Niere, Injektionspräparat (von dorsal). Das Nierenparenchym wurde teilweise entfernt.

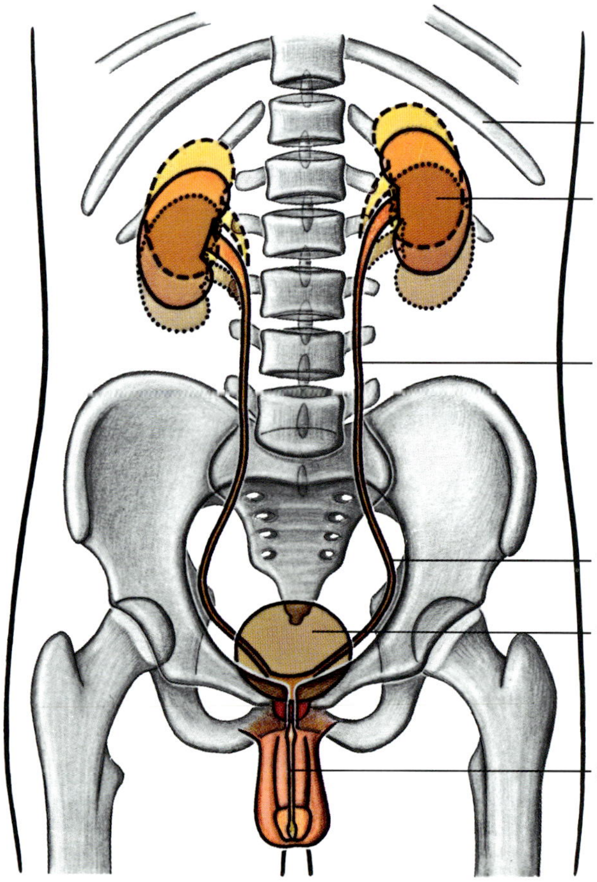

Lage der Nieren und ableitenden Harnwege beim Mann (Ventralansicht). Die Atemkursionen der Nieren sind durch punktierte Linien angedeutet (Schemazeichnung) (W.).

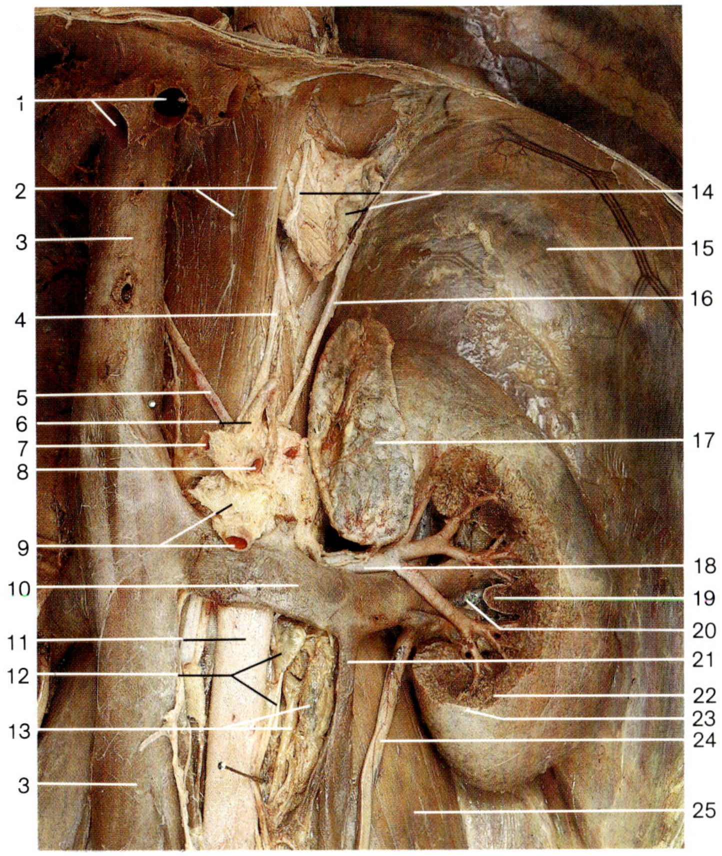

Linke Niere und Nebenniere in situ (von ventral). Ein Teil des Nierengewebes im Hilusbereich wurde entfernt, um die Nierengefäße zu zeigen.

1 Vv. hepaticae
2 Pars lumbalis diaphragmatis (Crus dextrum)
3 V. cava inf.
4 Truncus vagalis post.
5 A. Phrenica inf. dext.
6 A. gastrica sin.
7 A. hepatica comm.
8 A. lienalis
9 A. mesenterica sup. und Ganglion coeliacum
10 V. renalis sin.
11 Aorta abdominalis
12 Truncus sympathicus mit Ganglion
13 Lymphknoten und Lymphgefäß
14 Oesophagus (pars abdominalis) mit Truncus vagalis ant.
15 Diaphragma
16 A. phrenica inf. sin.
17 Gl. suprarenalis sin.
18 A. renalis sin. (R. ant.)
19 Papilla renalis
20 Pelvis renalis
21 V. testicularis sin.
22 Cortex renalis
23 Capsula fibrosa renis
24 Ureter
25 M. psoas major sin.
26 Calyx renalis major
27 Calices renales minores
28 Sammelröhrchen (Ductuli colligentes)

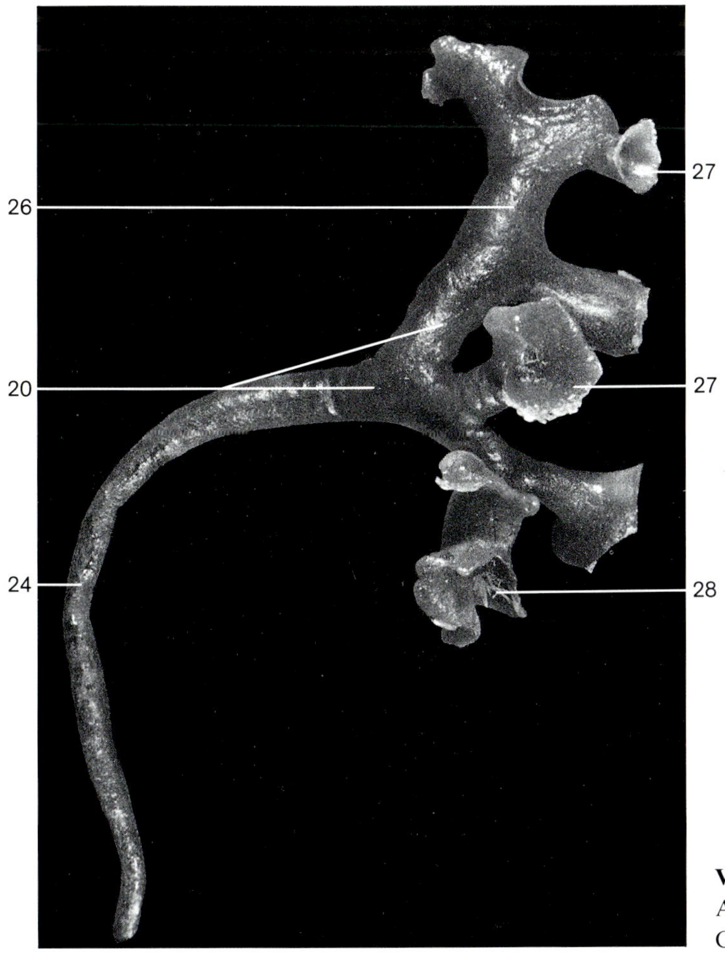

Ausgußpräparat von Nierenbecken und Ureter (linke Niere).

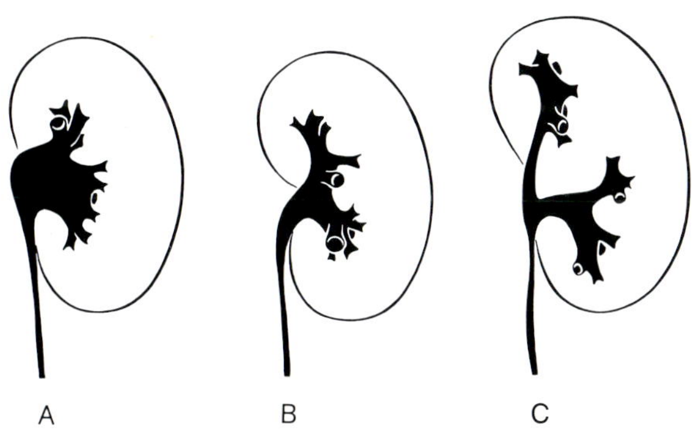

Verschiedene Typen des Nierenbeckens (Schemazeichnung). A = Ampullärer Typ des Nierenbeckens. B = Normalform. C = Dendritischer Typ (Trichterform oder lineares Becken).

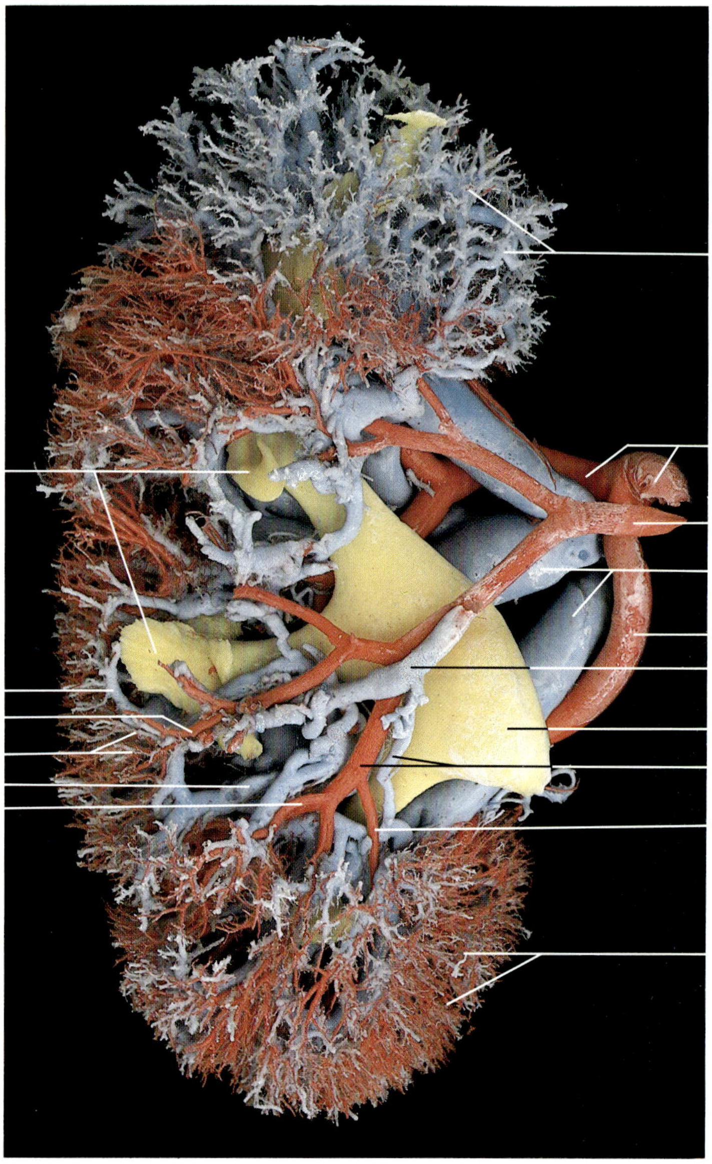

1 Calices renales minores
2 V. subcorticalis
3 A. subcorticalis (A. arcuata)
4 Aa. corticales radiatae
5 V. interlobularis
6 A. interlobularis
7 Venensystem der Nierenrinde
8 Rr. ant. der A. renalis
9 R. post. der A. renalis
10 Rr. ant. der V. renalis
11 R. post. der V. renalis
12 Pelvis renalis
13 A. und V. interlobares
14 Arterielles System der Nierenrinde
15 Vasa afferentia
16 Glomeruli
17 Vas efferens
18 Gefäßnetz der Nierenkapsel
19 Aa. und Vv. rectae medullares
20 Spiralarterien des Nierenbeckens

Korrosionspräparat der Niere (linke Niere, von dorsal).
Rot = Arterien; blau = Venen; gelb = Nierenbecken.

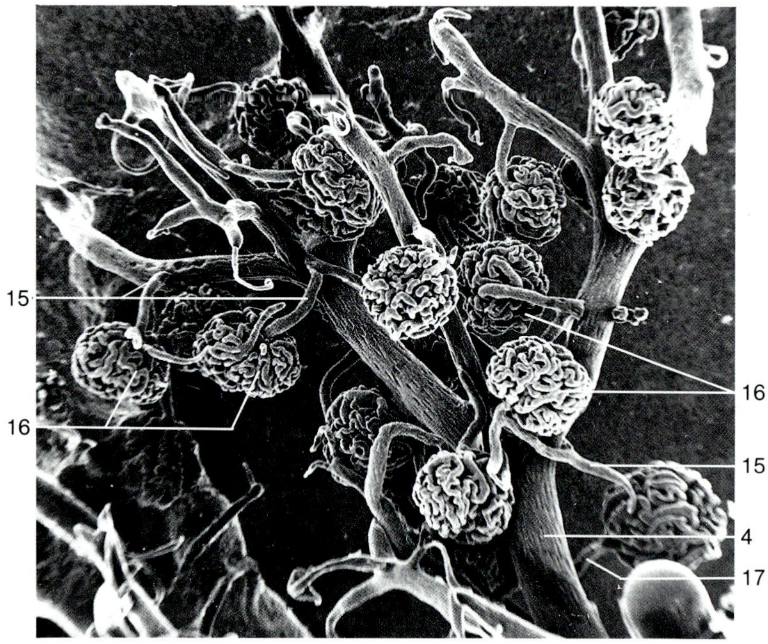

Rasterelektronenmikroskopische Aufnahme von den Glomeruli der Niere (210x).

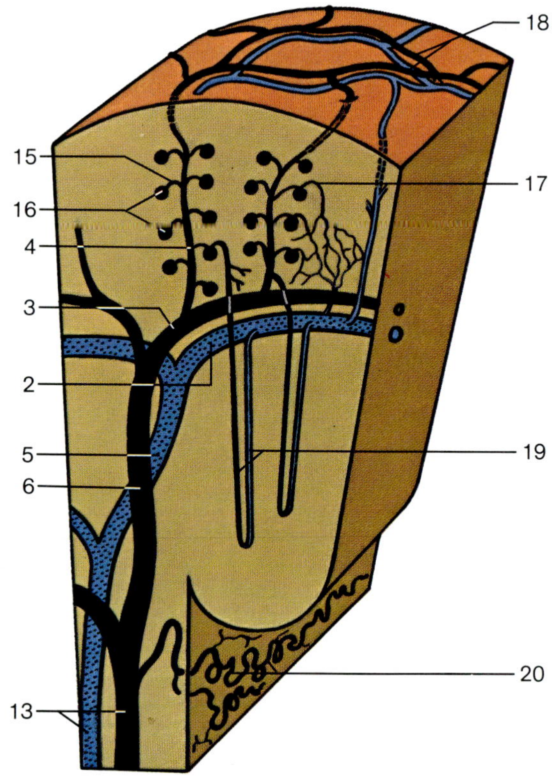

Architektur des Gefäßsystems der Niere (Schemazeichnung) (W.).

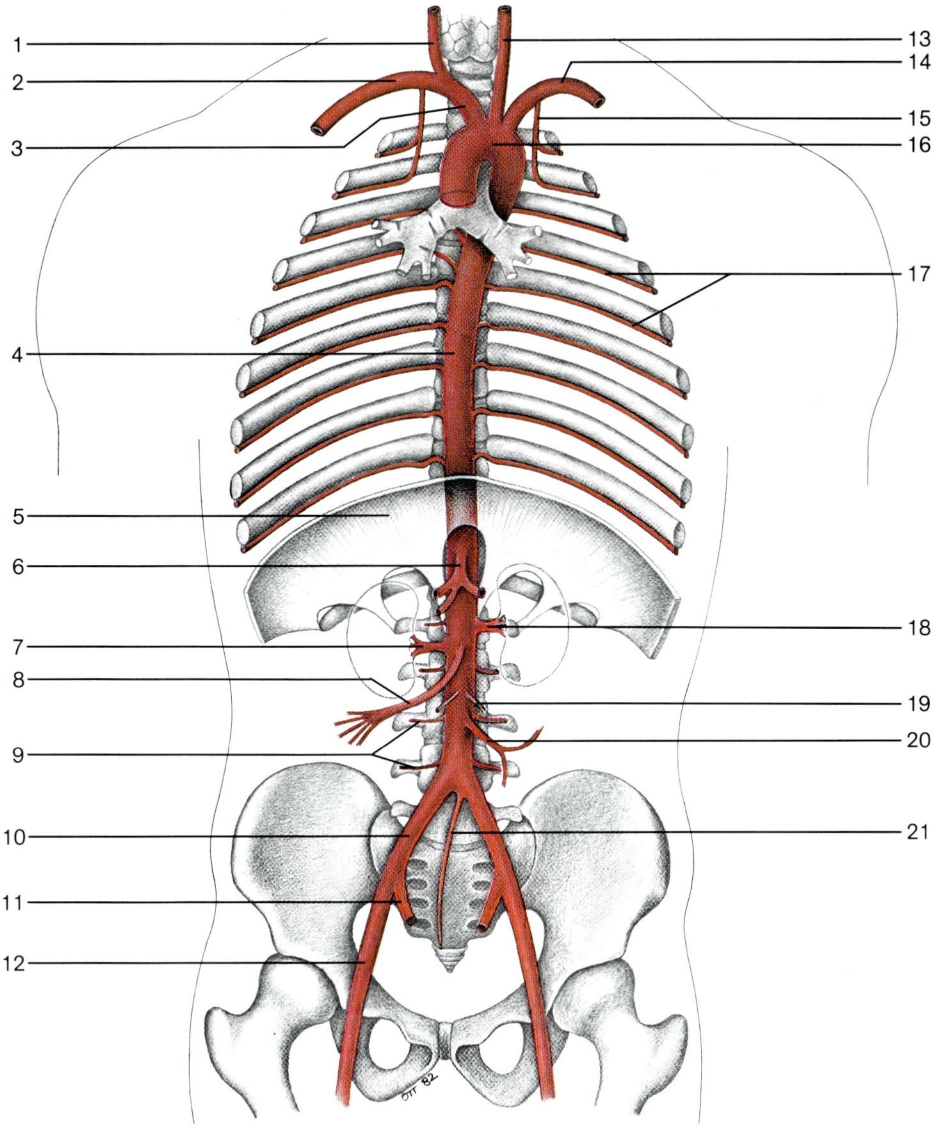

Hauptäste der Aorta (Schemazeichnung) (O.).

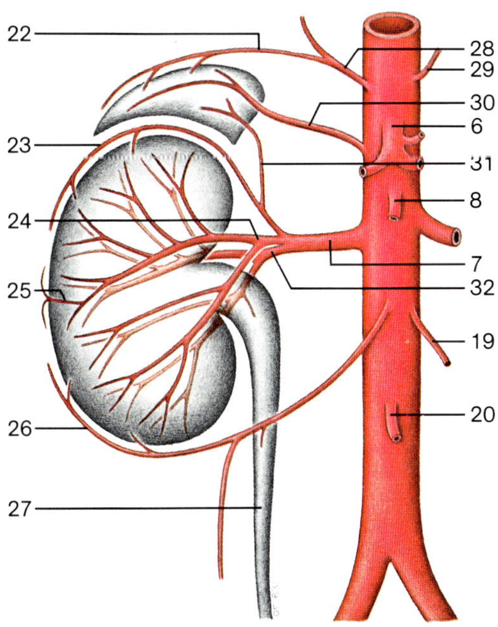

Arterien der Niere und Nebenniere (Schemazeichnung) (O.).

1 A. carotis comm. dext.
2 A. subclavia dext.
3 Truncus brachiocephalicus
4 Aorta thoracica
5 Diaphragma
6 Truncus coeliacus
7 A. renalis dext.
8 A. mesenterica sup.
9 Aa. lumbales
10 A. iliaca comm. dext.
11 A. iliaca int.
12 A. iliaca ext.
13 A. carotis comm. sin.
14 A. subclavia sin.
15 A. intercostalis suprema
16 Arcus aortae
17 Aa. intercostales
18 A. renalis sin.
19 A. testicularis (ovarica) sin.
20 A. mesenterica inf.
21 A. sacralis mediana
22 A. suprarenalis sup.
23 Obere Kapselarterie
24 R. ant. der A. renalis
25 A. perforans
26 Untere Kapselarterie
27 Ureter
28 A. phrenica inf. dext.
29 A. phrenica inf. sin.
30 A. suprarenalis media
31 A. suprarenalis inf.
32 R. post. der A. renalis

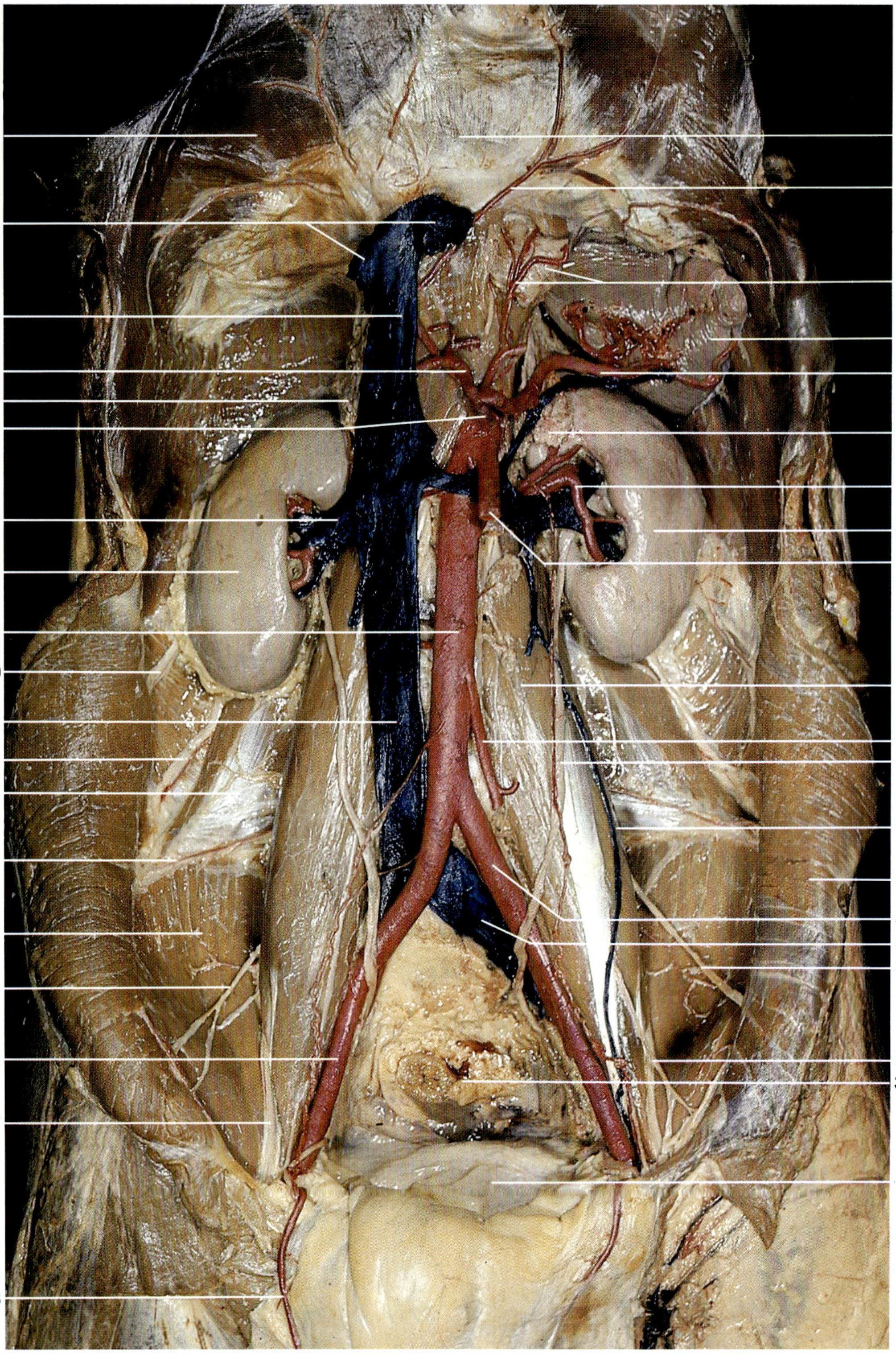

Retroperitonealraum; Nierenlager und retroperitoneale Leitungsbahnen (Ventralansicht). Das Peritoneum wurde vollständig entfernt. Rot = Arterien; blau = Venen.

1 Diaphragma
2 Vv. hepaticae
3 V. cava inf.
4 A. hepatica comm.
5 Gl. suprarenalis dext.
6 Truncus coeliacus
7 V. renalis dext.
8 Rechte Niere (Ren dext.)
9 Aorta abdominalis
10 N. subcostalis
11 N. iliohypogastricus
12 M. quadratus lumborum mit Faszie
13 Beckenkamm (Crista iliaca)
14 M. iliacus
15 N. cutaneus femoris lat. dext.
16 A. iliaca ext. dext.
17 N. femoralis dext.
18 A. epigastrica inf. dext.
19 Centrum tendineum diaphragmatis
20 A. phrenica inf.
21 Cardia und Rr. oesophagei
22 Milz (Lien)
23 A. lienalis
24 Gl. suprarenalis sin.

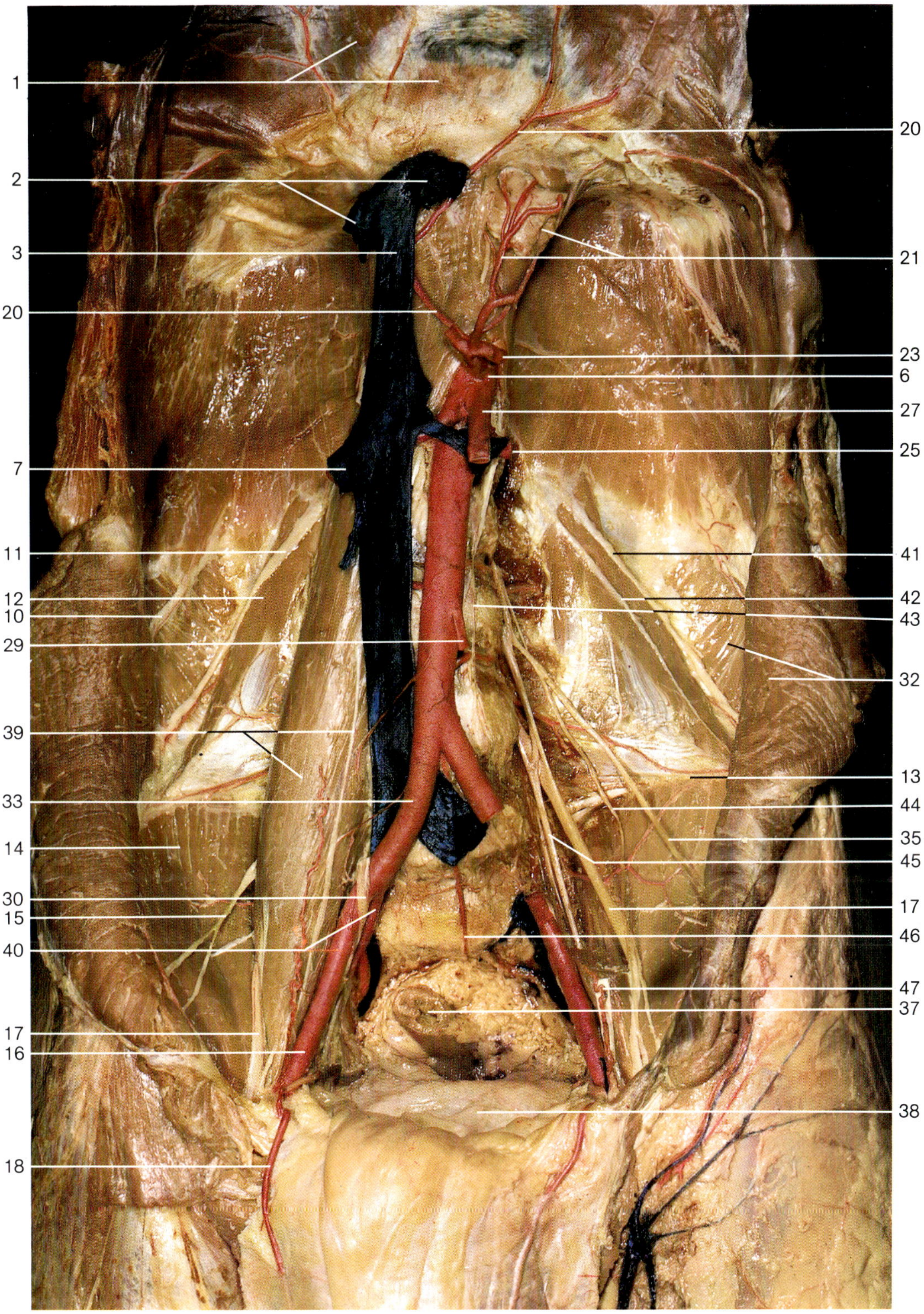

Leitungsbahnen des Retroperitonealraumes (Ventralansicht). Links wurde der M. psoas major entfernt, um den Plexus lumbalis darzustellen. Rot = Arterien; blau = Venen.

25 A. renalis sin.
26 Linke Niere (Ren sin.)
27 A. mesenterica sup.
28 M. psoas major sin.
29 A. mesenterica inf.
30 Ureter
31 V. testicularis sin.
32 M. transversus abdominis
33 A. iliaca comm.
34 V. iliaca comm. sin.
35 N. cutaneus femoris lat. sin.
36 N. genitofemoralis sin.
37 Rectum (durchtrennt)
38 Harnblase (Vesica urinaria)
39 N. genitofemoralis dext. und M. psoas major dext.
40 A. iliaca int. dext.
41 N. iliohypogastricus sin.
42 N. ilioinguinalis sin.
43 Truncus sympathicus
44 N. genitofemoralis sin.
45 N. obturatorius sin.
46 A. sacralis mediana
47 M. psoas major sin. (durchtrennt)

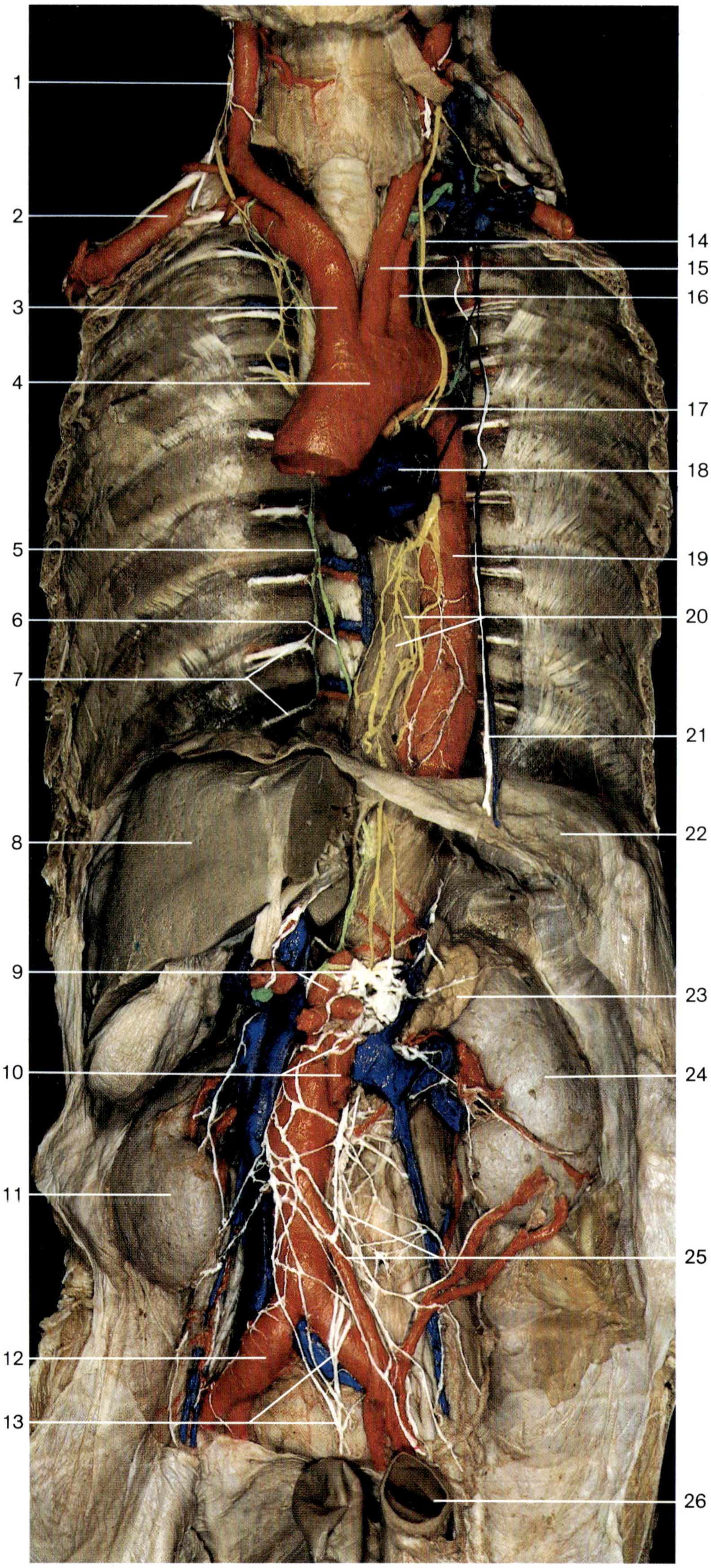

Retroperitonealraum und hinteres Mediastinum mit vegetativen Ganglien und Plexus (Ventralansicht). Rot = Arterien; blau = Venen; gelb = Parasympathikus; hellgrün = Truncus sympathicus und Nn. splanchnici; weiß = Spinalnerven und periphere, vegetative Plexus.

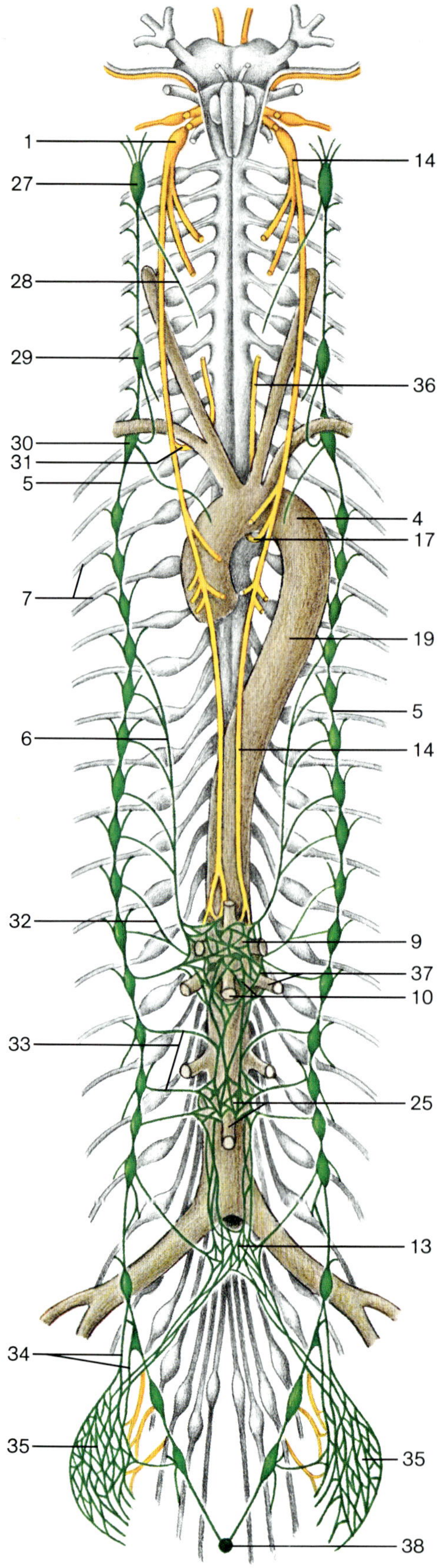

Aufbau des vegetativen Nervensystems (nach MATTUSCHKA) (Schemazeichnung) (O.). Gelb = Parasympathikus; grün = Sympathikus.

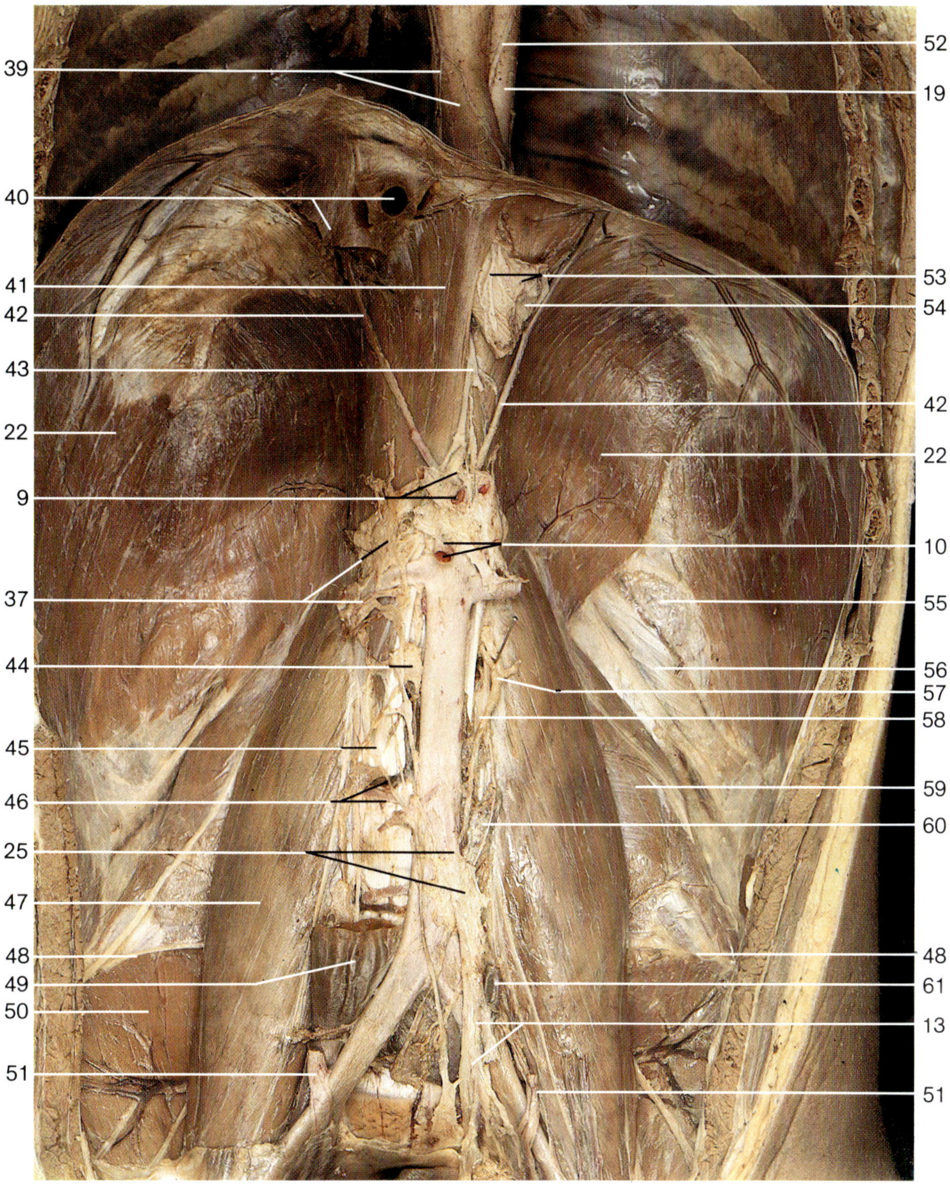

Retroperitonealraum mit vegetativem Nervenplexus (von ventral). Die Nieren und die untere Hohlvene wurden entfernt.

1 N. vagus dext.
2 A. subclavia dext.
3 Truncus brachiocephalicus
4 Arcus aortae
5 Truncus sympathicus
6 N. splanchnicus major
7 Nn. intercostales
8 Leber (Hepar)
9 Truncus coeliacus mit Ggl. coeliacum
10 A. mesenterica sup. und Ggl. mesentericum sup.
11 Rechte Niere (Ren dext.)
12 A. iliaca comm.
13 Plexus und Ggl. hypogastricum sup.
14 N. vagus sin.
15 A. carotis comm. sin.
16 A. subclavia sin.
17 N. laryngeus recurrens sin.
18 Truncus pulmonalis
19 Aorta thoracica
20 Oesophagus und Plexus oesophageus
21 N. phrenicus sin.
22 Diaphragma
23 Glandula suprarenalis sin.
24 Linke Niere (Ren sin.)
25 Ggl. mesentericum inf. und A. mesenterica inf.
26 Rectum (durchtrennt)
27 Ggl. cervicale sup. des Halsgrenzstrangs
28 R. cardicus sup. des Tr. sympathicus
29 Ggl. cervicale medium
30 Ggl. cervicale inf. des Halsgrenzstrangs
31 N. laryngeus recurrens dext.
32 N. splanchnicus minor
33 Nn. splanchnici lumbales
34 Nn. splanchnici sacrales
35 Ggl. hypogastricum inf.
36 N. laryngeus inf.
37 Ggl. aorticorenale und A. renalis
38 Ggl. impar
39 Oesophagus mit Ästen des N. vagus dext.
40 Vv. hepaticae
41 Crus dextrum des Zwerchfells
42 A. phrenica inf.
43 Übergang des Truncus vagalis post. in den Plexus solaris
44 Truncus lumbalis dext. (Lymphstrang)
45 Rechter Truncus sympathicus (lumbaler Abschnitt)
46 A. und V. lumbalis
47 M. psoas major
48 Beckenkamm (Crista iliaca)
49 V. cava inf.
50 M. iliacus dext.
51 Ureter (durchtrennt)
52 Teil des Plexus oesophageus (Ast des N. vagus sin.)
53 Übergang des Truncus vagalis ant. in den Plexus gastricus
54 Oesophagus, Übergang in die Cardia
55 Trig. lumbocostale (Bochdalek)
56 Lokalisation der 12. Rippe
57 Truncus lumbalis sin. (Lymphstrang)
58 Ganglion der pars lumbalis trunci sympathici
59 M. quadratus lumborum
60 Linker Truncus sympathicus (lumbaler Abschnitt)
61 Iliakale Lymphstränge

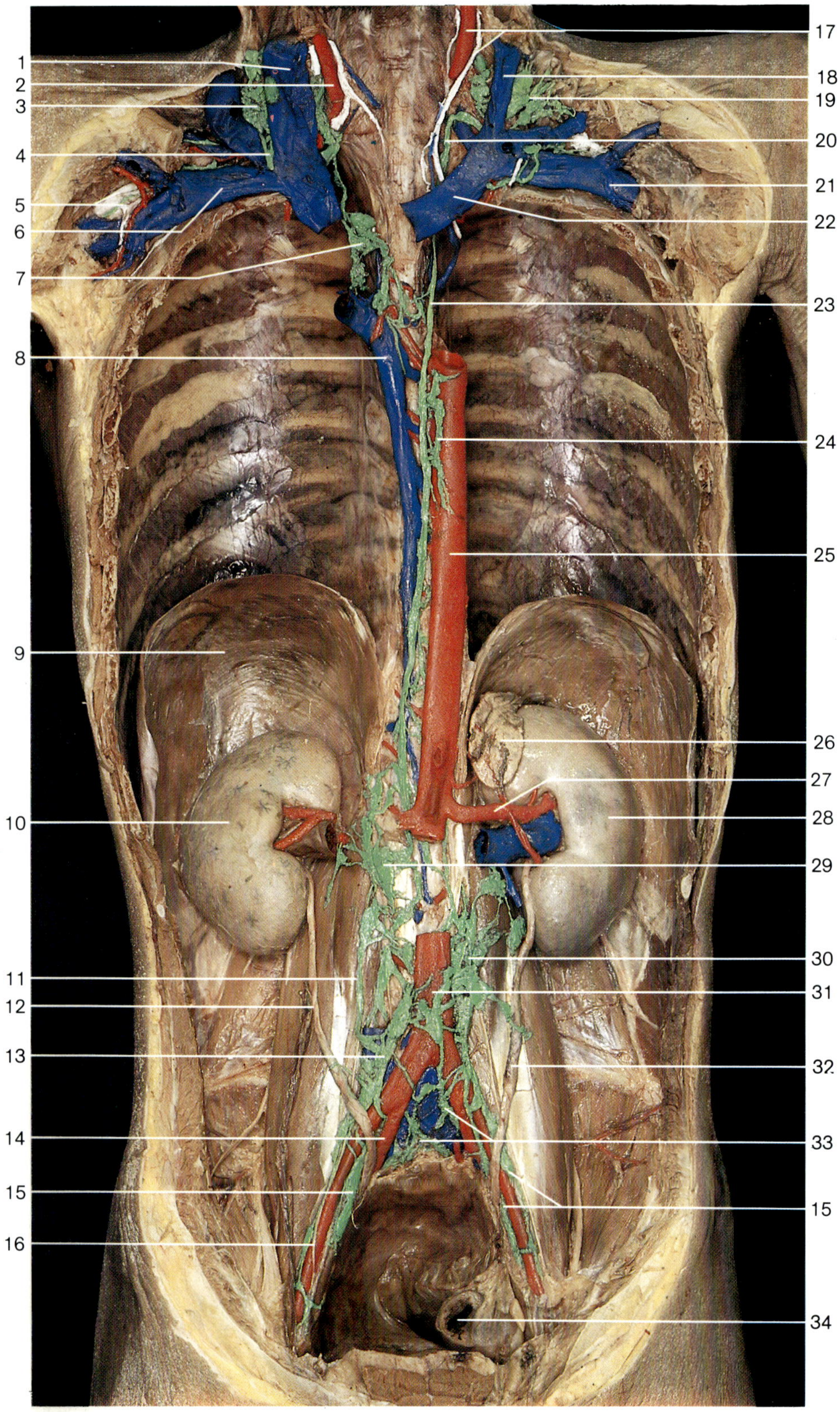

Retroperitonealer und extraperitonealer Raum mit Lymphgefäßen und Lymphknotengruppen (Ventralansicht). Blau = Venen; rot = Arterien; weiß = Nerven; grün = Lymphgefäße und Lymphknoten.

1 V. jugularis int.
2 A. carotis comm. dext.
3 Nodus lymphaticus juguloomohyoideus
4 Ductus lymphaticus dext.
5 Truncus subclavius (grün) und Plexus brachialis dext.
6 V. subclavia dext.
7 Truncus bronchomediastinalis
8 V. azygos
9 Diaphragma
10 Rechte Niere (Ren dext.)
11 Truncus lumbalis dext.
12 Ureter dext.
13 Nodi lymphatici iliaci communes
14 A. iliaca int. dext.
15 Nodi lymphatici iliaci ext.
16 A. iliaca ext. dext.
17 A. carotis comm. sin. und N. vagus sin.
18 V. jugularis int. sin.
19 Nodi lymphatici cervicales prof.
20 Ductus thoracicus (Übergang in den Angulus venosus sin.)
21 V. subclavia sin.
22 V. brachiocephalica sin.
23 Ductus thoracicus (im Brustbereich)
24 Nodi lymphatici mediastinales post.
25 Aorta thoracica
26 Gl. suprarenalis sin.
27 A. renalis sin.
28 Linke Niere (Ren sin.)
29 Cisterna chyli
30 Nodi lymphatici lumbales
31 Aorta abdominalis
32 Ureter sin.
33 Nodi lymphatici sacrales
34 Rectum (durchtrennt)

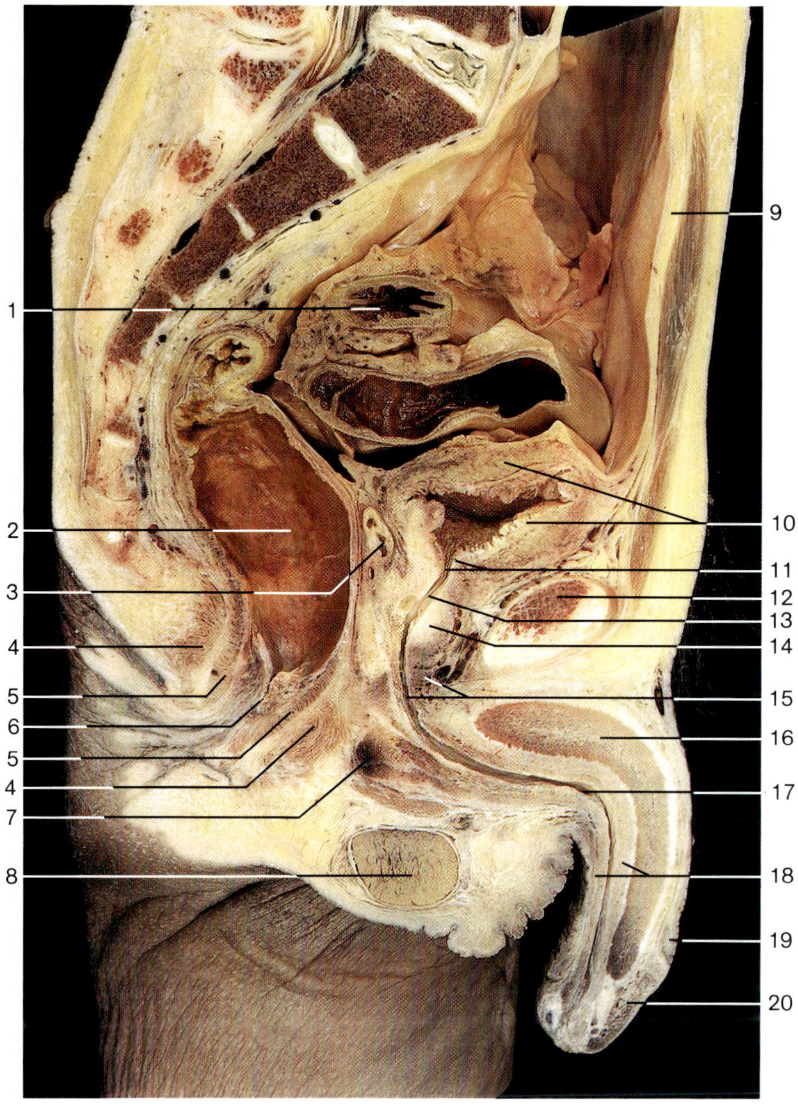

Sagittalschnitt durch das männliche Becken.

1 Colon sigmoideum
2 Ampulla recti
3 Ampulla ductus deferentis
4 M. sphincter ani ext.
5 M. sphincter ani int.
6 Canalis analis
7 Bulbus penis
8 Testis (Schnittfläche)
9 Lig. umbilicale medianum
10 Vesica urinaria
11 Sphincter int. vesicae und Ostium urethrae int.
12 Symphyse
13 Pars prostatica urethrae
14 Prostata
15 Pars membranacea urethrae und Sphincter ext. urethrae
16 Corpus cavernosum penis
17 Pars spongiosa urethrae
18 Corpus spongiosum penis
19 Praeputium penis
20 Glans penis
21 Niere (Ren)
22 Pelvis renalis
23 Ureter, pars abdominalis
24 Ureter, pars pelvina
25 Vesicula seminalis
26 Ductus ejaculatorius
27 Glandula bulbourethralis (Cowperi)
28 Ductus deferens
29 Nebenhoden (Epididymis)
30 Nabel (Umbilicus)
31 Trig. vesicae und Ostium ureteris
32 Fossa navicularis
33 Ostium urethrae ext.
34 Hoden (Testis)

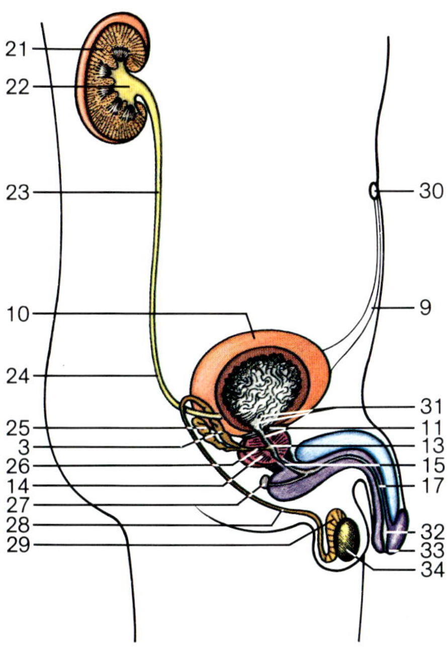

Übersicht über das Urogenitalsystem beim Mann (Schemazeichnung).

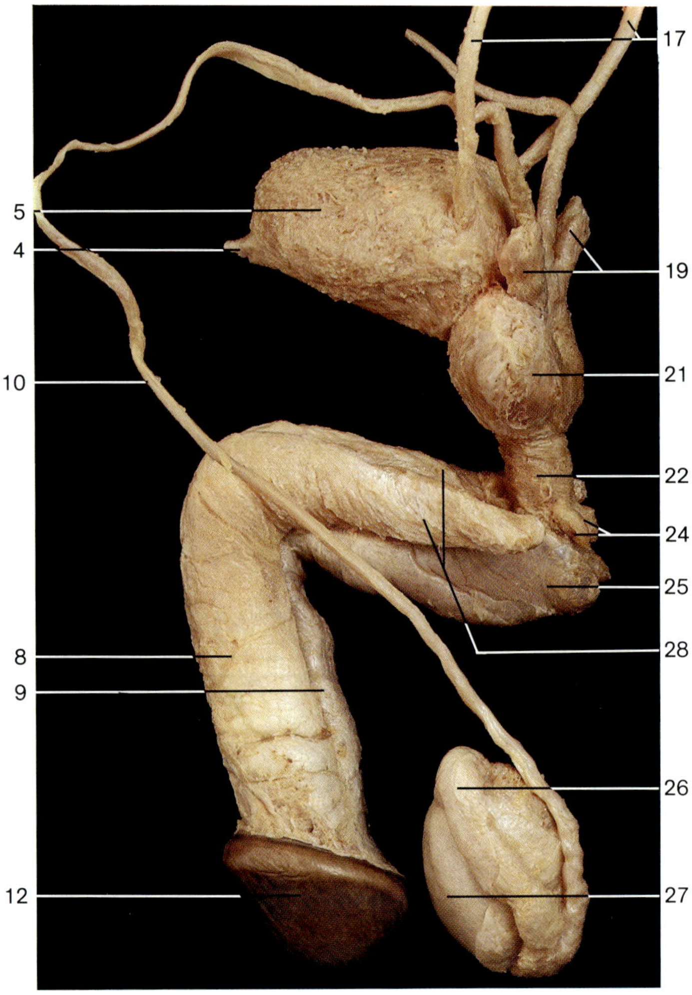

Männliche Genitalorgane, isoliert (von lateral). Harnblase kontrahiert.

1 Plica umbilicalis lat.
2 Plica umbilicalis med.
3 Anulus inguinalis prof. mit Ductus deferens
4 Apex vesicae
5 Harnblase (Vesica urinaria)
6 Symphysis pubica
7 Pars prostatica urethrae
8 Corpus cavernosum penis
9 Corpus spongiosum penis
10 Ductus deferens
11 Pars spongiosa urethrae
12 Glans penis
13 Promontorium
14 Colon sigmoideum
15 Peritoneum (Schnittrand)
16 Ampulla recti
17 Ureter
18 Excavatio rectovesicalis
19 Vesicula seminalis
20 Ductus ejaculatorius
21 Prostata
22 Pars membranacea urethrae
23 Anus mit M. sphincter ani ext.
24 Gl. bulbourethralis (Cowperi)
25 Bulbus penis
26 Nebenhoden (Epididymis)
27 Hoden (Testis)
28 Crura der beiden Corpora cavernosa penis

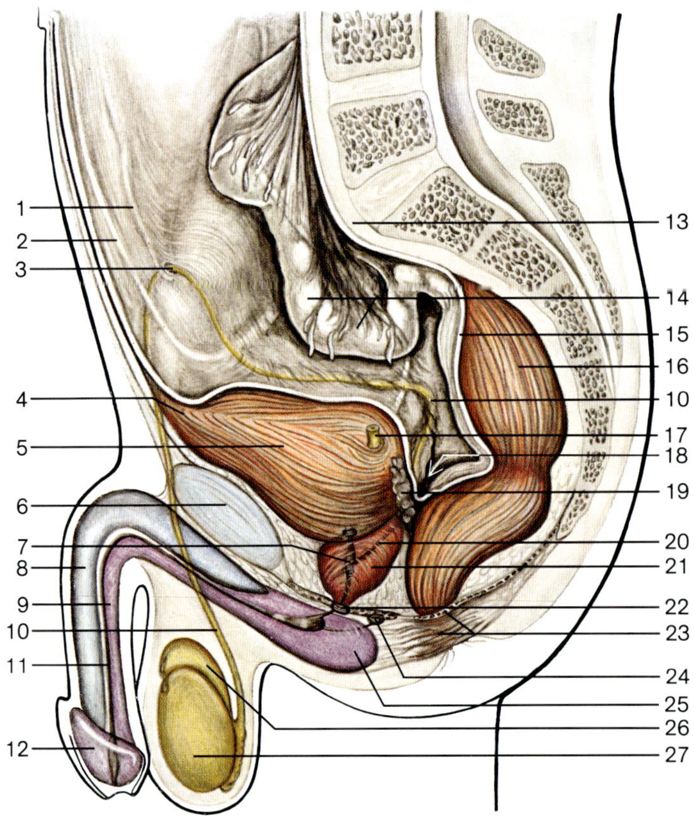

Übersicht über die Lage der männlichen Genitalorgane (halbschematische Zeichnung) (W.).

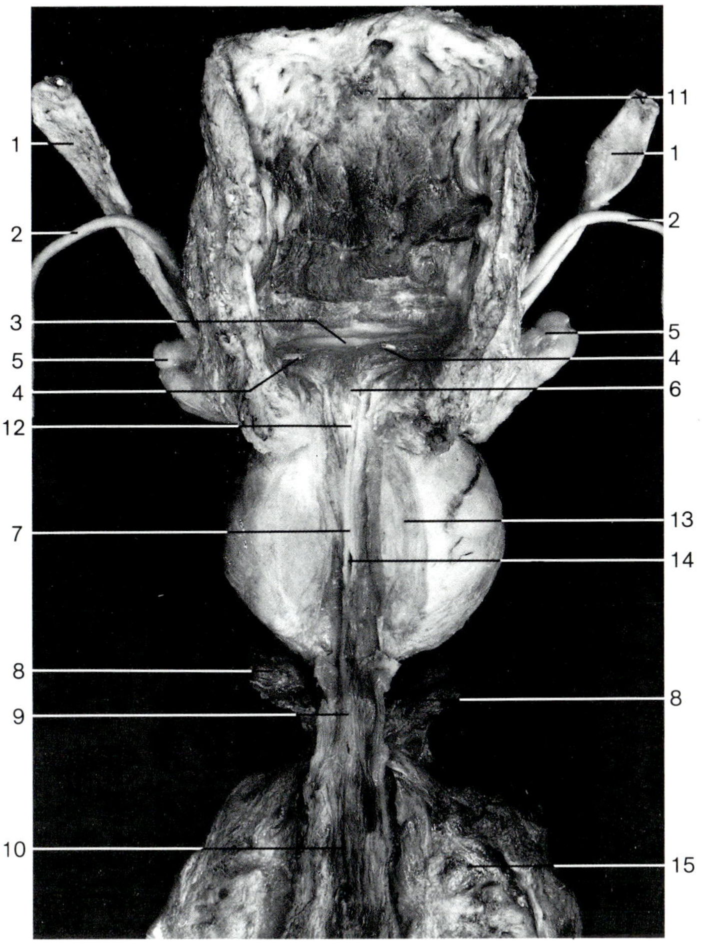

Harnblase und Urethra beim Mann (Ventralansicht). Harnblase, Prostata und Urethra wurden von ventral eröffnet. Die Prostata ist vergrößert.

1 Ureter
2 Ductus deferens
3 Plica interureterica
4 Ostium ureteris (Sonde)
5 Vesicula seminalis
6 Trigonum vesicae
7 Pars prostatica urethrae mit Colliculus seminalis
8 M. transversus perinei prof.
9 Pars diaphragmatica urethrae
10 Pars spongiosa urethrae
11 Harnblasenschleimhaut
12 Ostium urethrae int.
13 Prostata
14 Utriculus prostaticus
15 Corpus cavernosum penis
16 Mündung des Ductus ejaculatorius
17 M. sphincter urethrae
18 Plica umbilicalis med.
19 Plica umbilicalis lat.
20 Anulus inguinalis prof.
21 Bauchmuskulatur
22 Mesosigmoideum
23 M. psoas major
24 Plica umbilicalis mediana
25 Vesica urinaria
26 Excavatio rectovesicalis
27 Rectum
28 Lendenwirbelkörper
29 Cauda equina und Dura mater

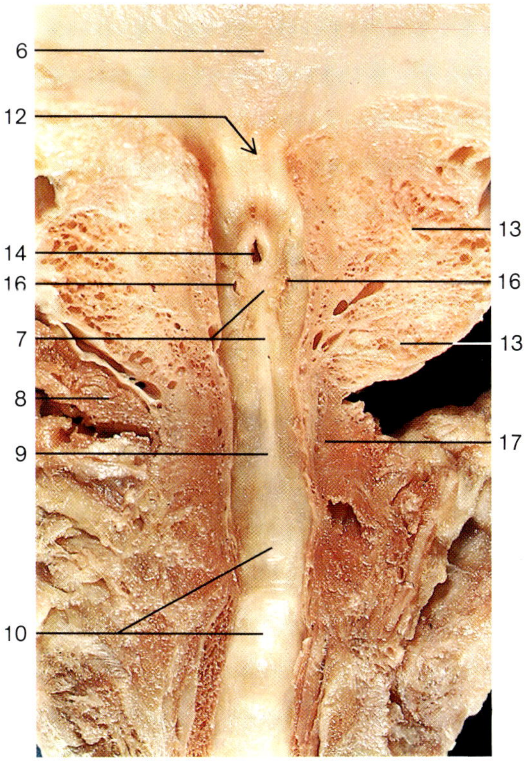

Männliche Urethra mit Prostata und Blasengrund, von ventral eröffnet. Utriculus prostaticus erweitert.

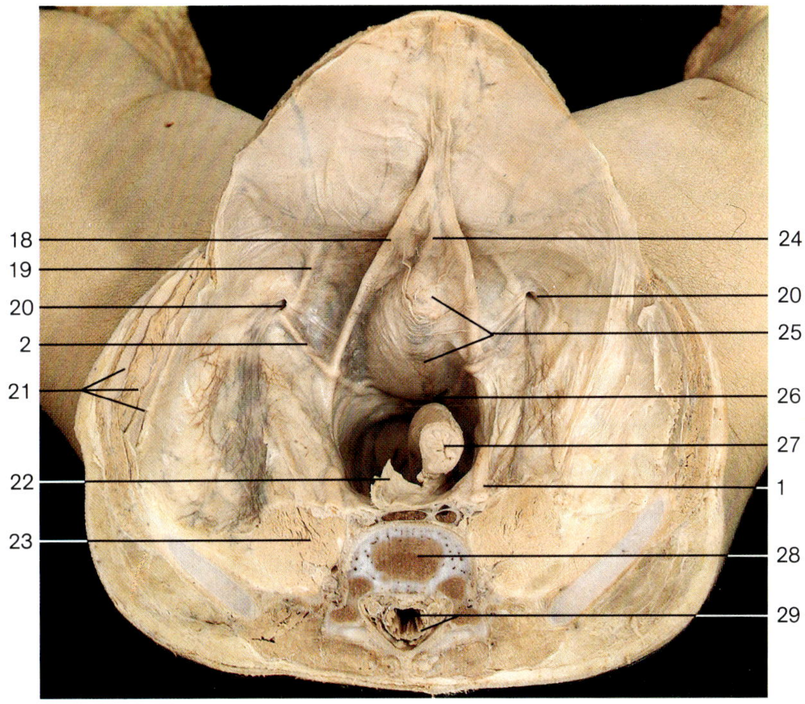

Harnblase eines Neugeborenen in situ. Man sieht von kranial auf die Beckenorgane (männliches Becken).

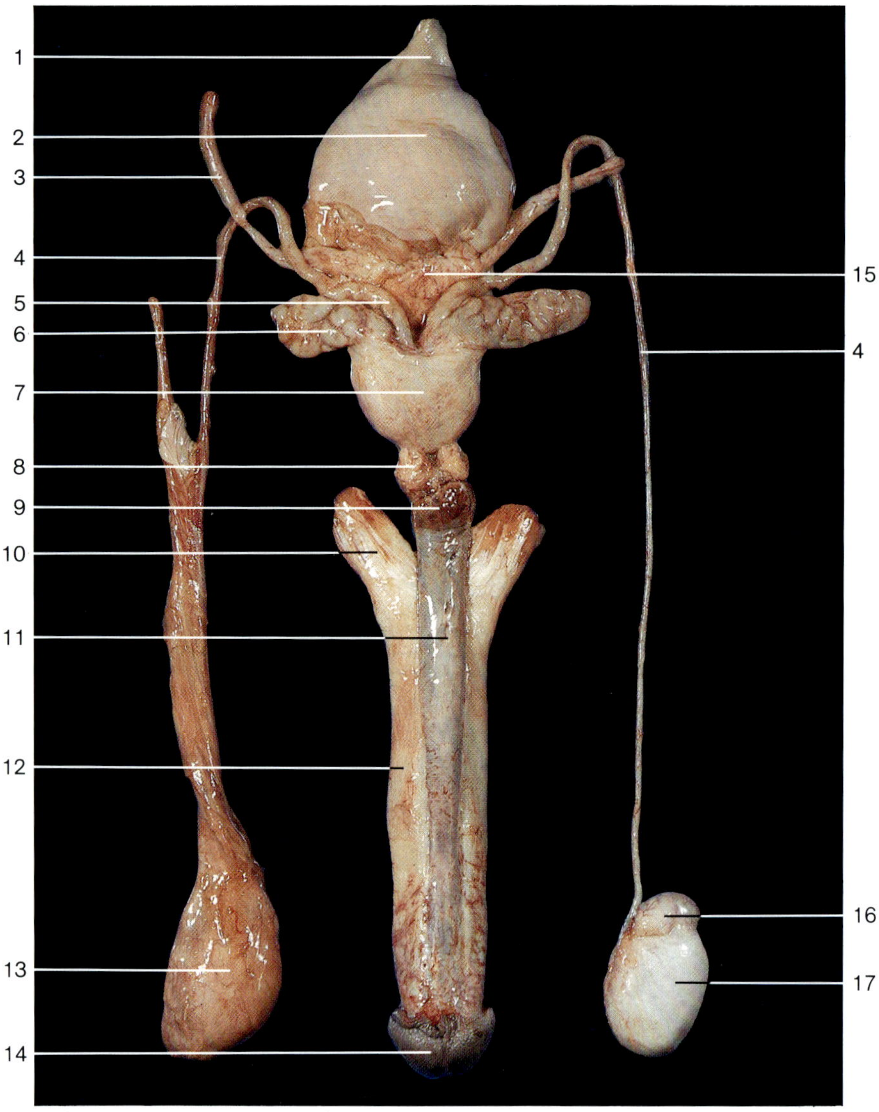

Männliche Genital- und Harnorgane, isoliert (von dorsal).

1 Apex vesicae mit Chorda urachi
2 Harnblase (Vesica urinaria)
3 Ureter
4 Ductus deferens
5 Ampulla ductus deferentis
6 Vesicula seminalis
7 Prostata
8 Gl. bulbourethralis (Cowperi)
9 Bulbus penis
10 Crus penis
11 Corpus spongiosum penis
12 Corpus cavernosum penis
13 Testis sin. und Epididymis mit Fascia spermatica interna und Tunica vaginalis
14 Glans penis
15 Blasenfundus
16 Caput epididymidis
17 Testis
18 Harnblasenschleimhaut
19 Trigonum vesicae
20 Ostium ureteris
21 Ostium urethrae internum
22 Colliculus seminalis
23 Prostata
24 Pars prostatica urethrae
25 Pars membranacea urethrae
26 Pars spongiosa urethrae
27 V. dorsalis penis superf.
28 V. dorsalis penis prof.
29 Aa. dorsales penis
30 Tunica albuginea der Corpora cavernosa penis
31 Septum penis
32 A. profunda penis
33 Tunica albuginea des Corpus spongiosum penis
34 Fascia penis prof.

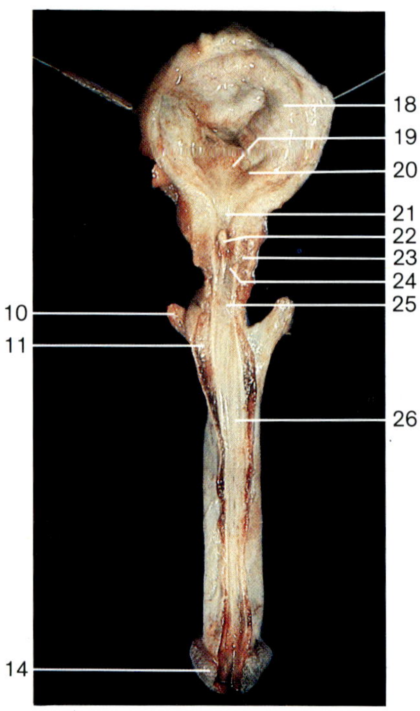

Harnblase, Urethra und Penis, median eröffnet (von ventral).

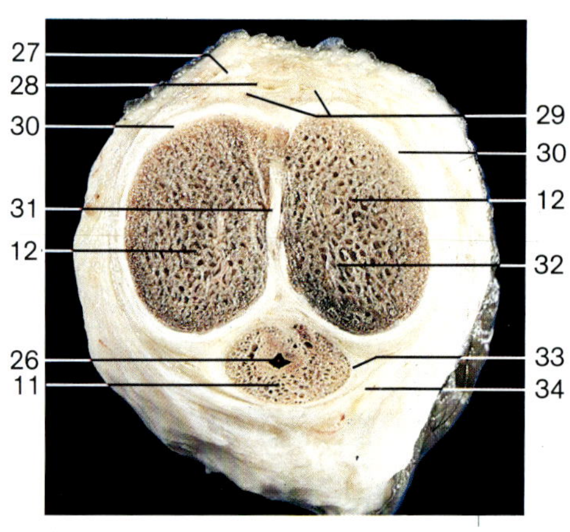

Querschnitt durch den Penis.

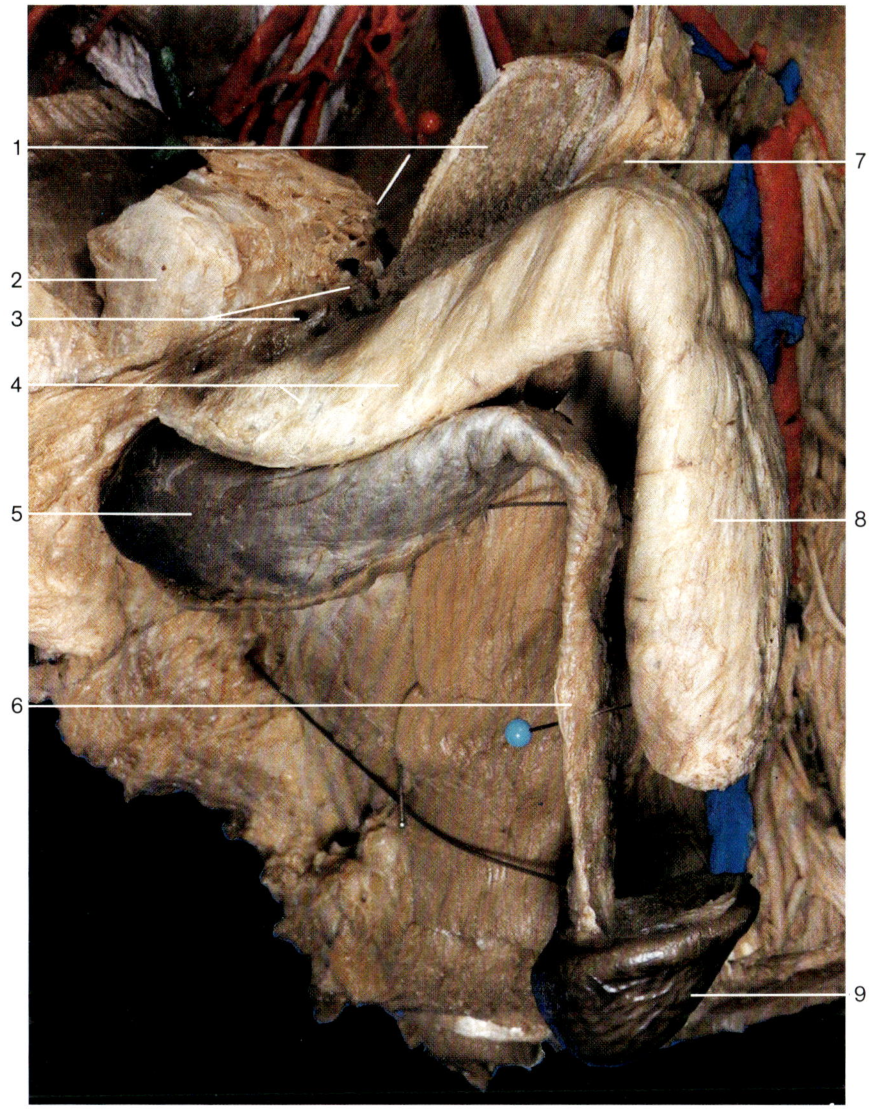

1 Os pubis (durchtrennt)
2 Prostata
3 Plexus venosus prostaticus
4 Crus penis
5 Bulbus penis
6 Corpus spongiosum penis
7 Lig. suspensorium penis
8 Corpus cavernosum penis
9 Glans penis
10 Gl. bulbourethralis (Cowperi)
11 Harnblase (Vesica urinaria)
12 Vesicula seminalis
13 Ampulla ductus deferentis
14 Ductus deferens
15 Pars membranacea urethrae
16 Ureter

Äußeres Genitale beim Mann (schräg von lateral). Das Corpus spongiosum penis mit der Glans penis wurde von den Corpora cavernosa penis gelöst. Die Symphyse wurde durchtrennt und die Harnblase entfernt.

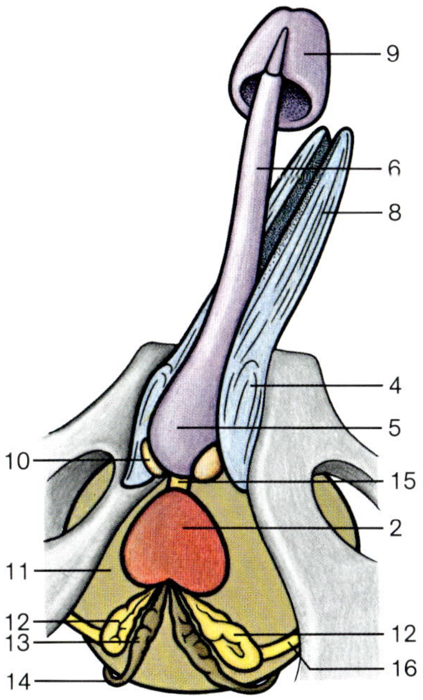

Gliederung des äußeren Genitales und der akzessorischen Geschlechtsdrüsen beim Mann (Schemazeichnung) (W.).

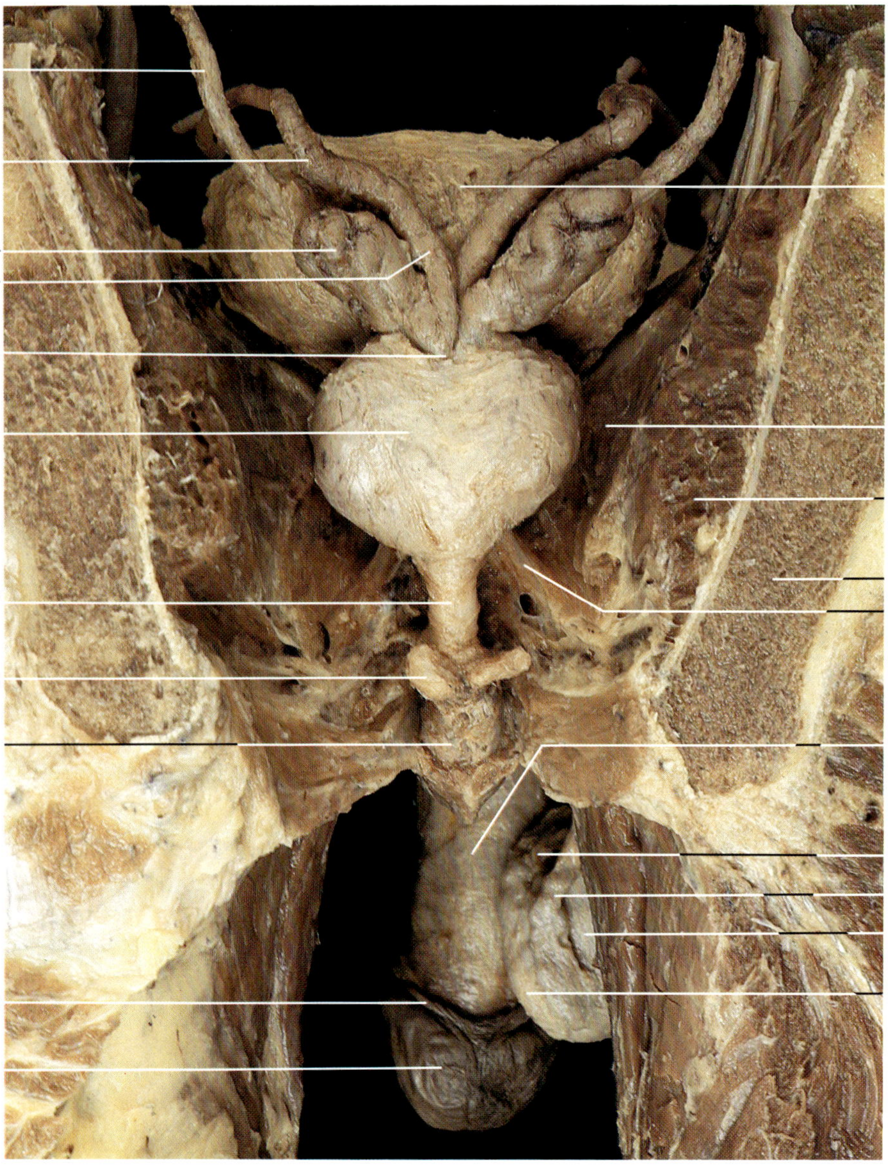

Akzessorische Geschlechtsdrüsen beim Mann (Prostata, Samenblasen) mit Beckenboden. Frontalschnitt durch das kleine Becken. Man sieht von dorsal auf Harnblase, Prostata und Samenblasen.

1 Ureter
2 Ductus deferens
3 Vesicula seminalis
4 Ampulla ductus deferentis
5 Ductus ejaculatorius
6 Prostata
7 Pars membranacea urethrae
8 Gl. bulbourethralis (Cowperi)
9 Bulbus penis
10 Corona glandis
11 Glans penis
12 Vesica urinaria
13 M. levator ani
14 M. obturatorius int.
15 Beckenknochen (Anschnitt)
16 Lig. puboprostaticum
17 Corpus penis
18 Caput epididymidis
19 Anfangsstück des Ductus deferens
20 Hoden (Testis)
21 Cauda epididymidis
22 Corpus cavernosum penis
23 Funiculus spermaticus
24 Adduktorenmuskulatur
25 Os pubis
26 Pars prostatica urethrae (Colliculus seminalis)
27 Rectum
28 N. ischiadicus
29 V. saphena magna
30 M. sartorius
31 A. und V. femoralis
32 M. rectus femoris
33 M. tensor fasciae latae
34 M. pectineus
35 M. iliopsoas
36 M. vastus lat.
37 M. obturatorius ext.
38 Trochanter major
39 Tuber ischiadicum
40 M. glutaeus maximus

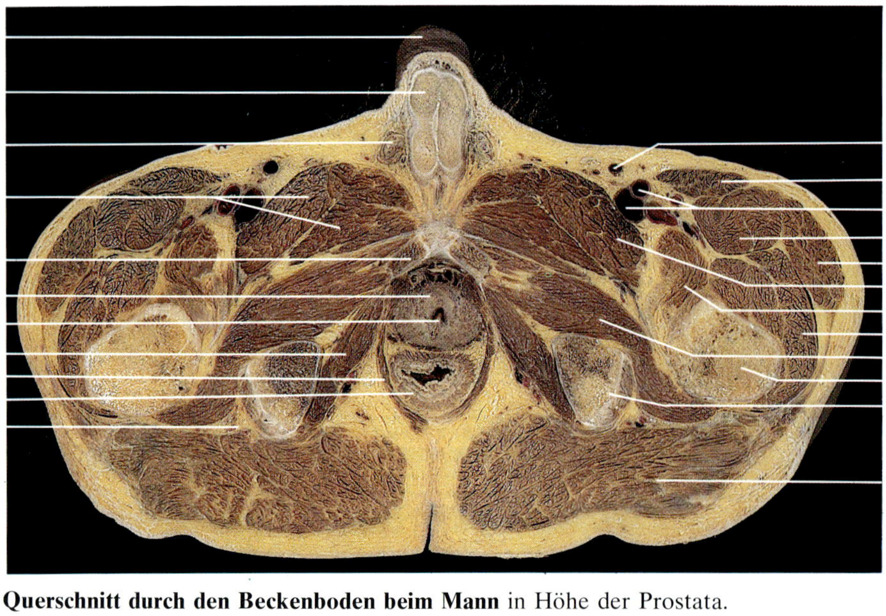

Querschnitt durch den Beckenboden beim Mann in Höhe der Prostata.

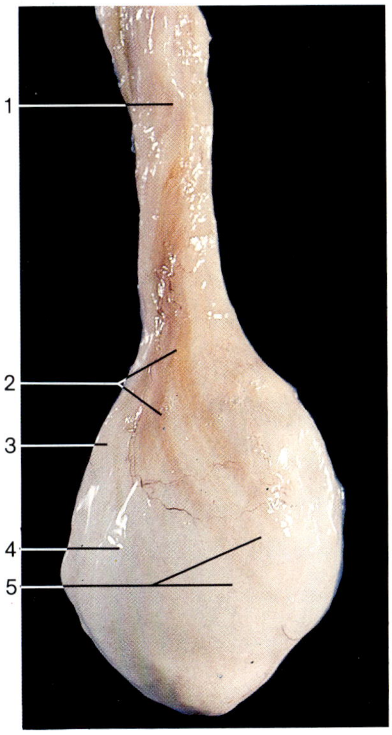

Hoden und Nebenhoden zusammen mit den Hodenhüllen (Seitenansicht).

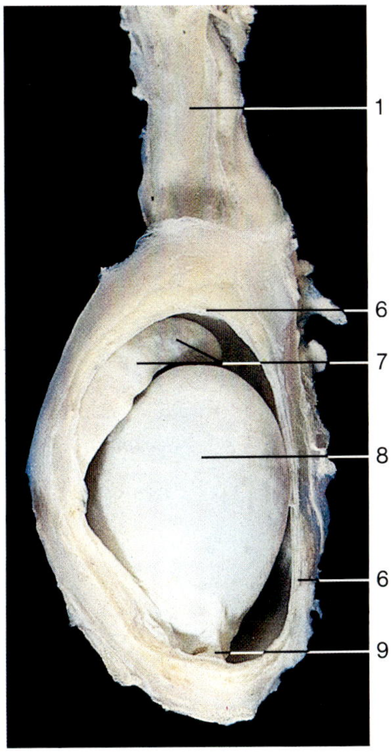

Hoden und Nebenhoden. Tunica vaginalis testis eröffnet (Seitenansicht).

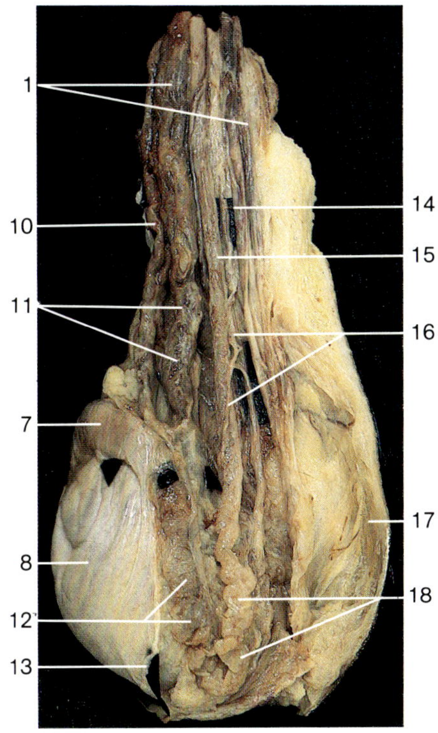

Hoden, Nebenhoden und Funiculus spermaticus (linke Seite, von dorsolateral eröffnet).

1 Funiculus spermaticus
2 M. cremaster
3 Lokalisation des Nebenhodens
4 Fascia spermatica int.
5 Lokalisation des Hodens
6 Schnittfläche der Fascia spermatica int. mit der angrenzenden Lamina parietalis der Tunica vaginalis testis
7 **Caput epididymidis**
8 Testis mit Lamina visceralis der Tunica vaginalis testis
9 Gubernaculum testis
10 A. testicularis
11 Plexus pampiniformis
12 Cauda epididymidis (aufgeknäuelter Ductus epididymidis)
13 Schnittrand der Tunica vaginalis testis
14 A. ductus deferentis
15 **Ductus deferens**
16 Plexus deferentialis
17 Skrotalhaut (verlagert)
18 Übergang des Ductus deferens in den Nebenhoden

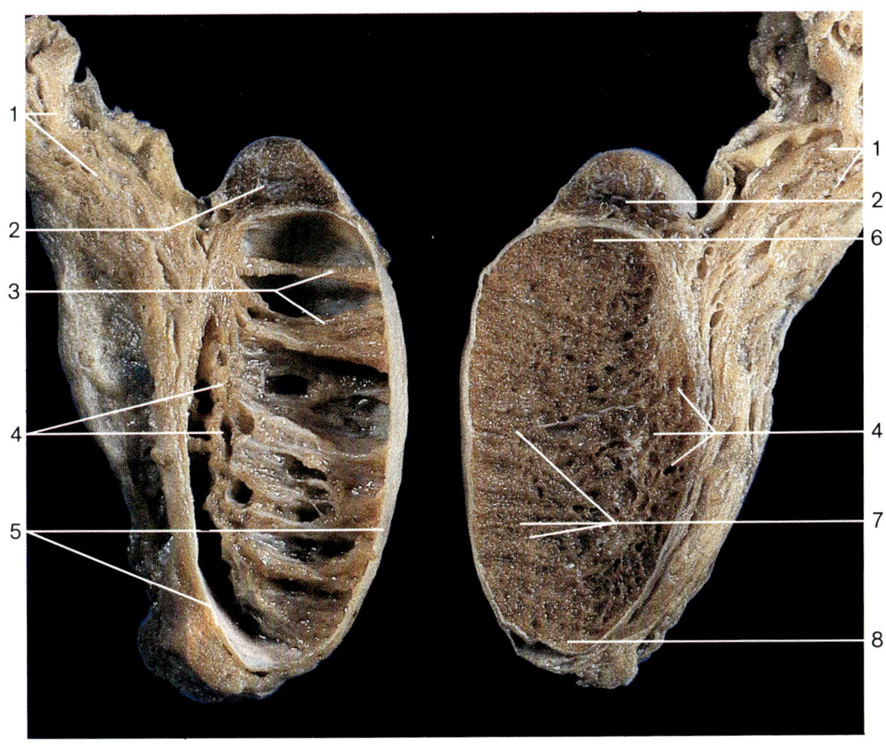

Längsschnitte durch Hoden und Nebenhoden. Links wurden die Tubuli seminiferi entfernt, um die Septula testis zu zeigen. Rechts ist das Parenchym noch erhalten.

1 Funiculus spermaticus (Schnittfläche)
2 Caput epididymidis (Schnittfläche)
3 Septula testis
4 Mediastinum testis
5 Hodenkapsel mit Tunica albuginea
6 Extremitas sup. testis
7 Hodenparenchym (Tubuli seminiferi contorti)
8 Extremitas inf. testis

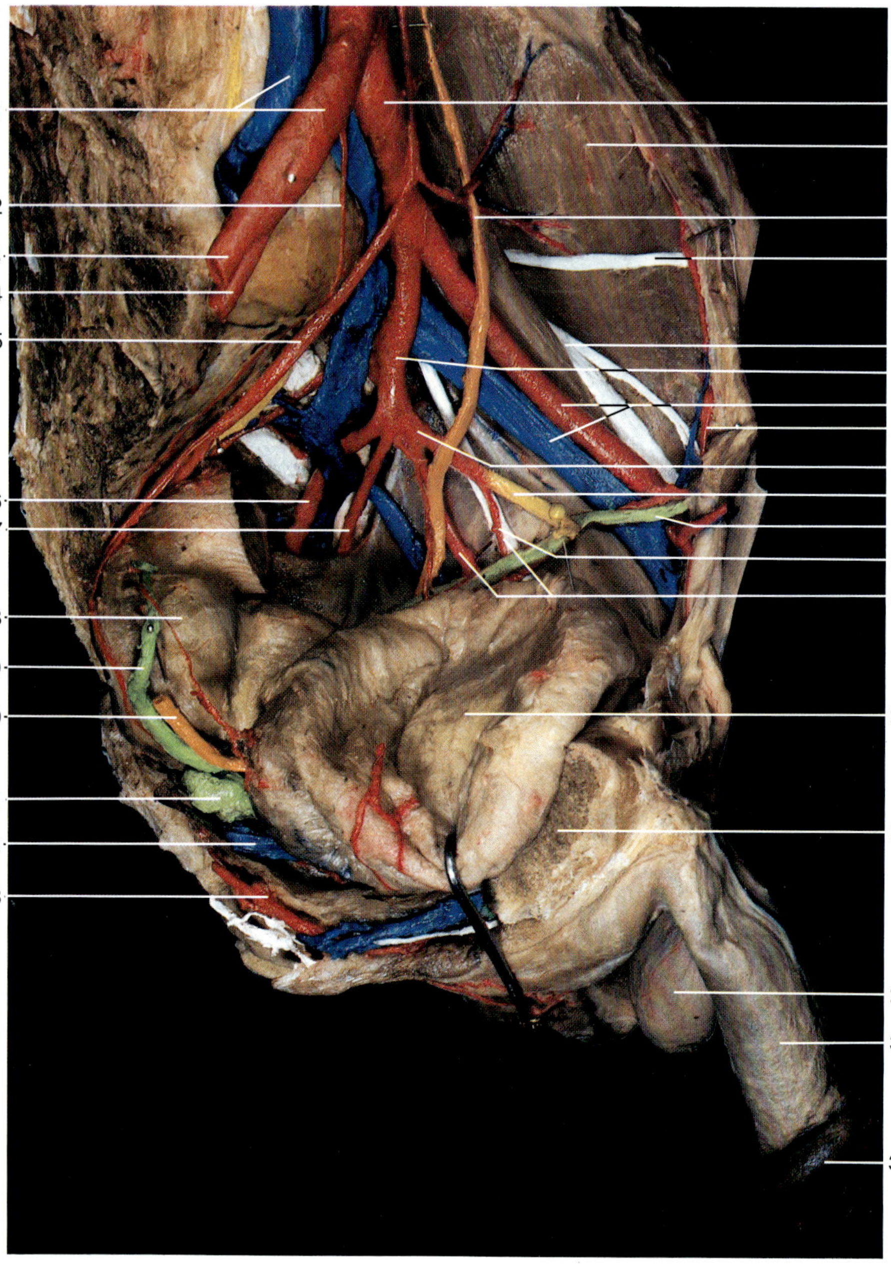

Männliches Becken mit Gefäßen und Nerven (linke Hälfte, von medial).
Die Harnblase wurde nach unten verlagert, um die Leitungsbahnen des kleinen Beckens zu zeigen.
Rot = Arterien; blau = Venen; orange = Ureter; grün = Ductus deferens; weiß = Nerven.

1 A. und V. iliaca communis
2 A. sacralis mediana
3 A. iliaca ext. dext. (durchtrennt)
4 A. iliaca int. dext. (durchtrennt)
5 A. rectalis sup.
6 A. glutaea inf.
7 A. pudenda int.
8 Rectum
9 Ductus deferens dext.
10 Ureter dext.
11 Vesicula seminalis
12 Plexus venosus vesicoprostaticus
13 M. levator ani (durchtrennt)
14 A. iliaca communis sin.
15 M. iliacus
16 Ureter sin.
17 N. cutaneus femoris lat.
18 N. femoralis
19 **A. iliaca int. sin.**
20 A. umbilicalis
21 A. und V. iliaca ext. sin.
22 A. und V. epigastrica inf.
23 Chorda a. umbilicalis sin.
24 Ductus deferens sin.
25 A. vesicalis sup. sin.
26 A. und V. obturatoria sin.
27 Harnblase (Vesica urinaria)
28 Os pubis (durchtrennt)
29 Linker Hoden (Testis sin.)
30 Penis
31 Glans penis

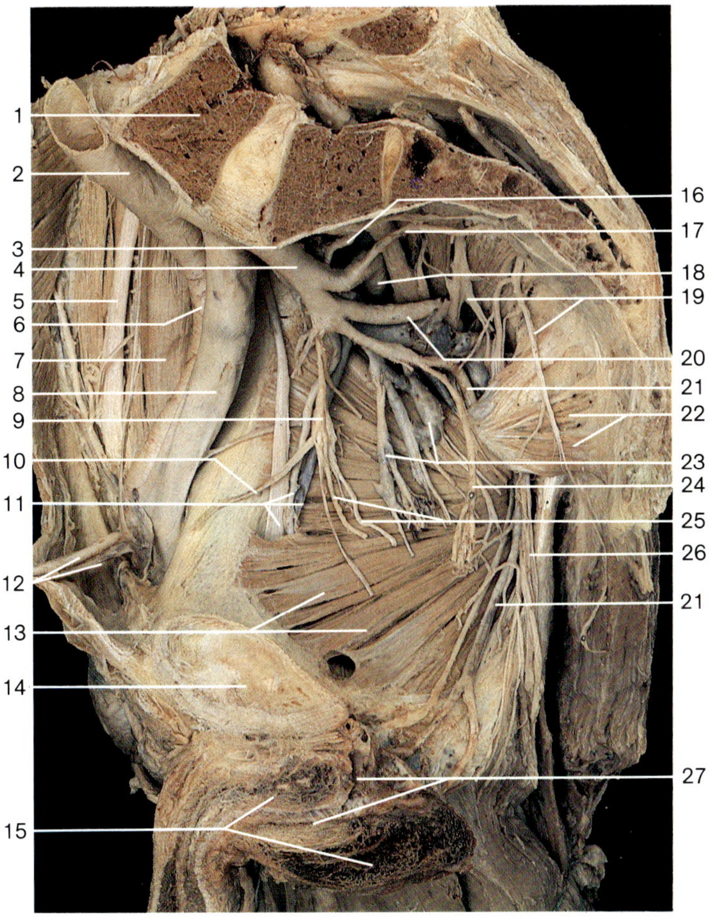

Gefäße des Beckenraumes beim Mann (Medianschnitt, rechte Seite, von medial). Die Eingeweide des kleinen Beckens (Harnblase, Prostata, Rectum usw.) wurden entfernt.

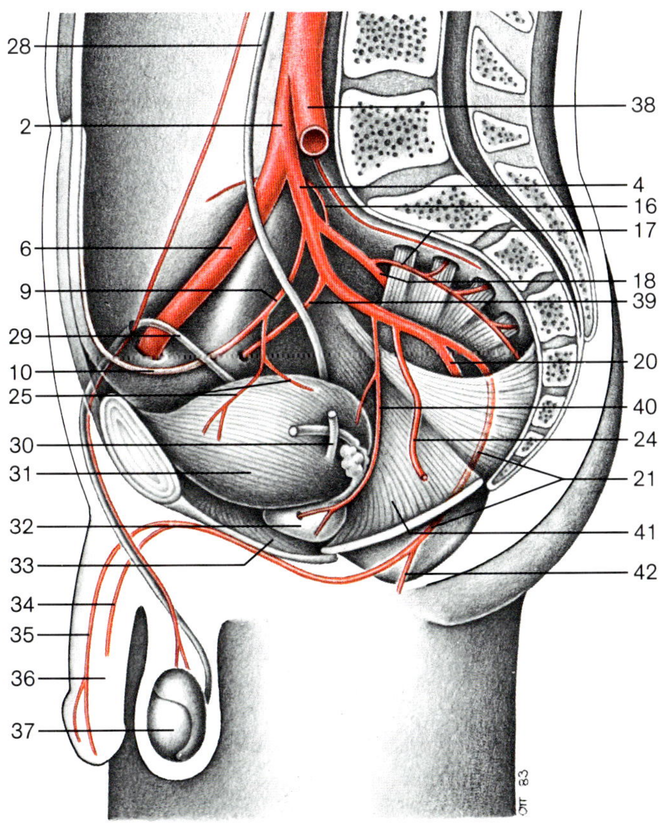

Astfolge der A. iliaca int. beim Mann (Schemazeichnung) (O.).

1 Fünfter Lendenwirbelkörper
2 A. iliaca comm. dext.
3 Promontorium
4 A. iliaca int. dext.
5 N. femoralis
6 A. iliaca ext. dext.
7 M. psoas major dext.
8 V. iliaca ext. dext.
9 A. umbilicalis
10 Chorda a. umbilicalis
11 A., V. und N. obturatorius
12 A. und V. epigastrica inf.
13 M. obturatorius int. dext.
14 Facies symphysialis
15 Schnittfläche der Peniswurzel
16 A. iliolumbalis
17 A. sacralis lat.
18 A. glutaea sup.
19 Plexus pudendalis und coccygeus
20 A. glutaea inf.
21 A. pudenda int.
22 M. coccygeus
23 Venöse Zuflüsse zur V. iliaca int. (V. rectalis med., V. vesicalis inf. etc.)
24 A. rectalis media
25 A. vesicalis sup. und A. ductus deferentis
26 N. pudendus
27 Urethra masculina, pars membranacea und pars spongiosa
28 Ureter dext.
29 Ductus deferens dext.
30 Ureter sin.
31 Harnblase (Vesica urinaria)
32 Prostata
33 Diaphragma urogenitale
34 A. penis prof.
35 A. dorsalis penis
36 Penis
37 Testis
38 A. iliaca comm. sin.
39 A. obturatoria
40 A. vesicalis inf.
41 M. levator ani
42 A. rectalis inf.

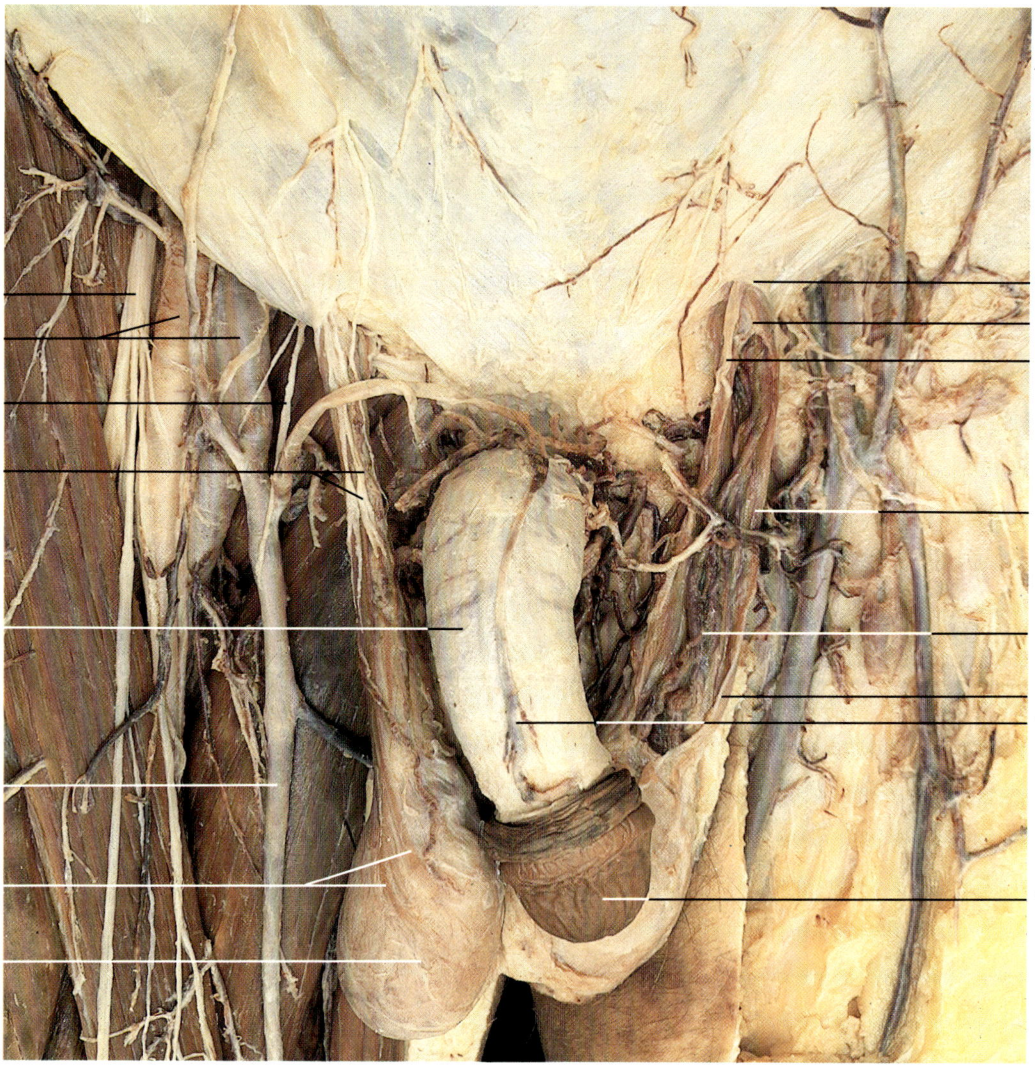

Äußeres Genitale beim Mann; Penis, Hoden und Samenstrang, oberflächliche Schichten (Ventralansicht).

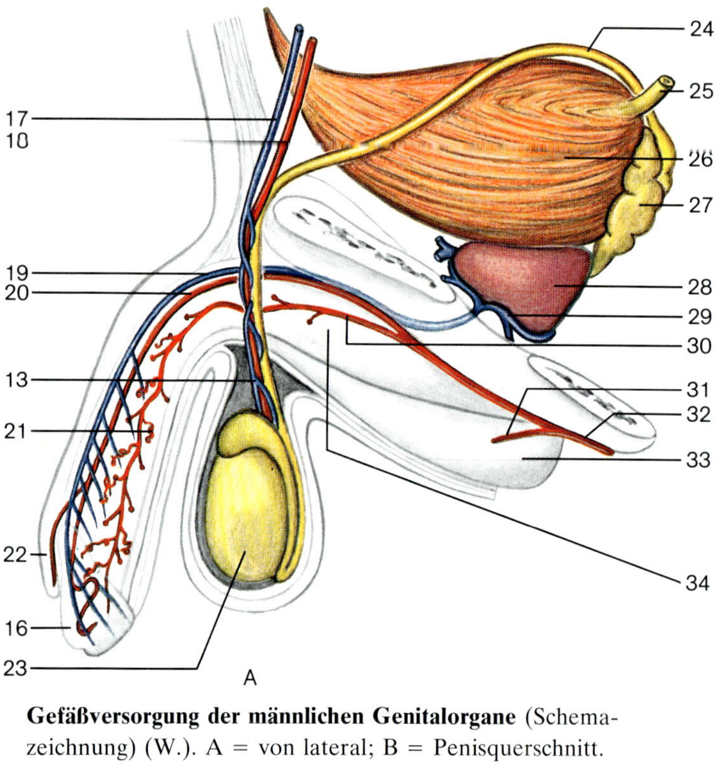

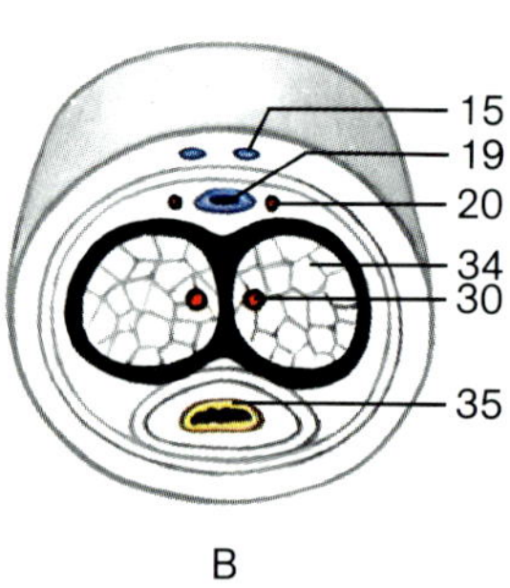

Gefäßversorgung der männlichen Genitalorgane (Schemazeichnung) (W.). A = von lateral; B = Penisquerschnitt.

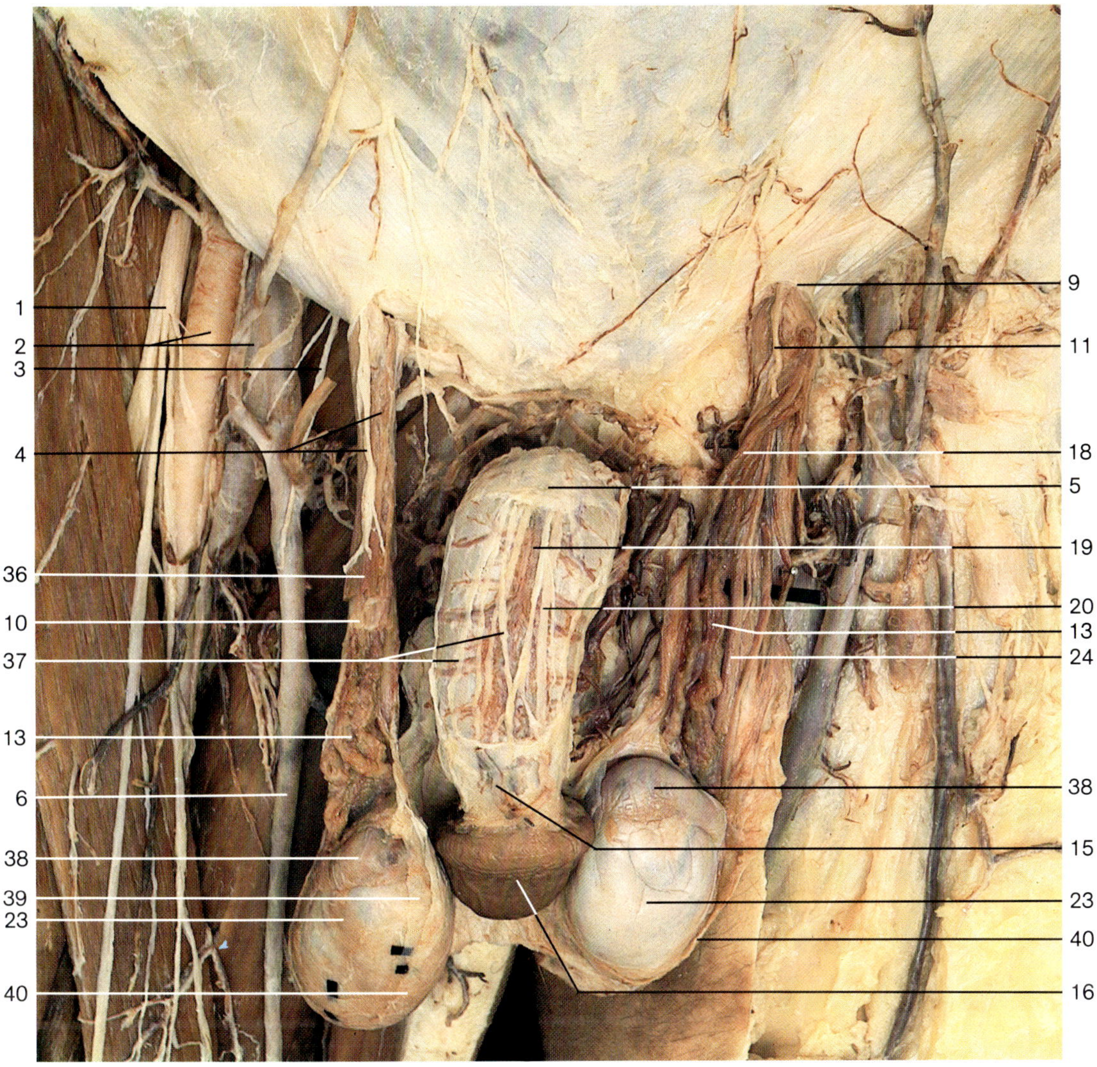

Äußeres Genitale beim Mann; Penis, Hoden und Samenstrang, tiefere Schichten (Ventralansicht). Links wurde der Samenstrang auseinandergespreizt. Die Fascia penis prof. wurde gefenstert, um die Nn. dorsales penis mit den Begleitgefäßen zu zeigen.

1 N. femoralis
2 A. und V. femoralis
3 R. femoralis n. genitofemoralis
4 Funiculus spermaticus mit R. genitalis n. genitofemoralis
5 Penis mit Fascia penis prof.
6 V. saphena magna
7 M. cremaster
8 Testis mit seinen Hüllen
9 Anulus inguinalis superf. sin.
10 Fascia spermatica int. (durchtrennt)
11 N. genitofemoralis
12 V. pudendalis ext.
13 Plexus pampiniformis
14 Fascia spermatica ext.
15 V. dorsalis penis superf.
16 Glans penis
17 V. testicularis
18 A. testicularis
19 V. dorsalis penis prof.
20 A. dorsalis penis
21 Aa. helicinae
22 Praeputium penis
23 Testis mit Tunica albuginea
24 Ductus deferens
25 Ureter
26 Vesica urinaria
27 Vesicula seminalis
28 Prostata
29 Plexus venosus vesicoprostaticus
30 A. profunda penis
31 A. bulbi penis
32 A. pudenda int.
33 Corpus spongiosum penis
34 Corpus cavernosum penis
35 Urethra
36 Fascia cremasterica (Cowperi) mit M. cremaster
37 N. dorsalis penis
38 Caput epididymidis
39 Tunica vaginalis testis, lamina visceralis (Epiorchium)
40 Tunica vaginalis testis, lamina parietalis (Periorchium)

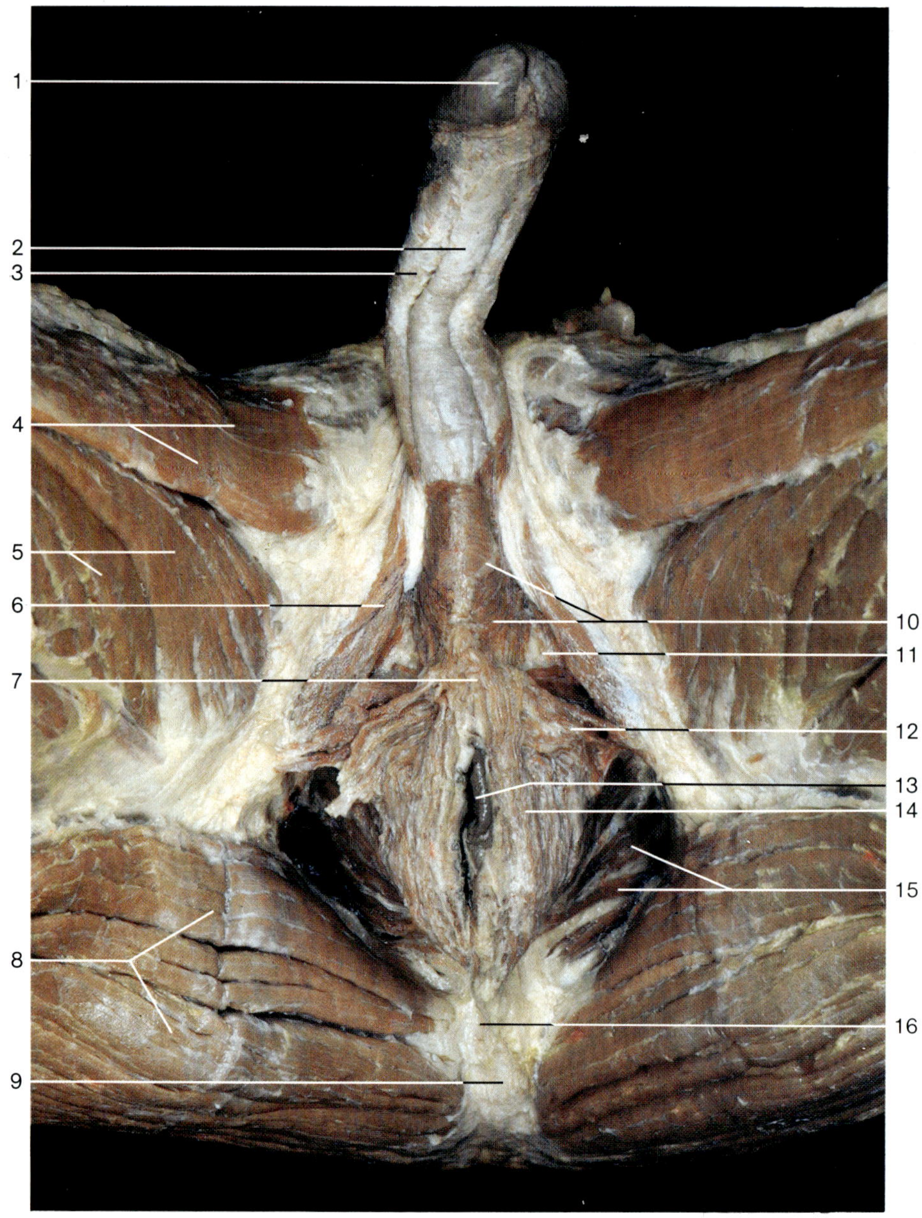

1 Glans penis
2 Corpus spongiosum penis
3 Corpus cavernosum penis
4 M. gracilis
5 Adduktorenmuskulatur
6 M. ischiocavernosus mit Crus penis
7 Perineum
8 M. glutaeus maximus
9 Os coccygis
10 M. bulbocavernosus
11 M. transversus perinei prof. mit Fascia diaphragmatis urogenitalis inf.
12 M. transversus perinei superf.
13 Anus
14 M. sphincter ani ext.
15 M. levator ani
16 Lig. anococcygeum
18 M. obturatorius int.
19 Urethra
20 M. transversus perinei prof.

Beckenbodenmuskulatur beim Mann (von unten).

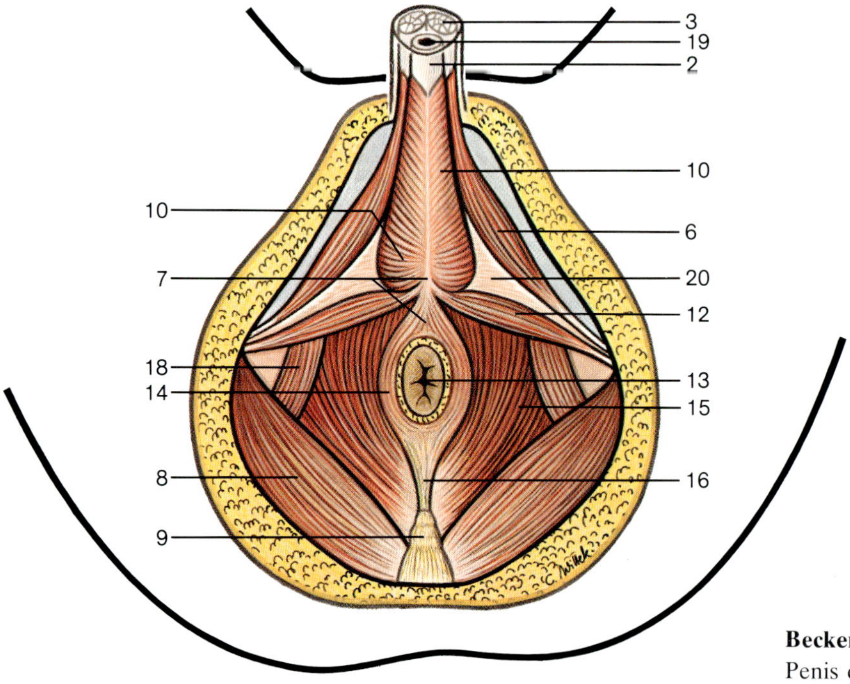

Beckenbodenmuskulatur beim Mann (von unten, Penis durchtrennt) (Schemazeichnung) (W.).

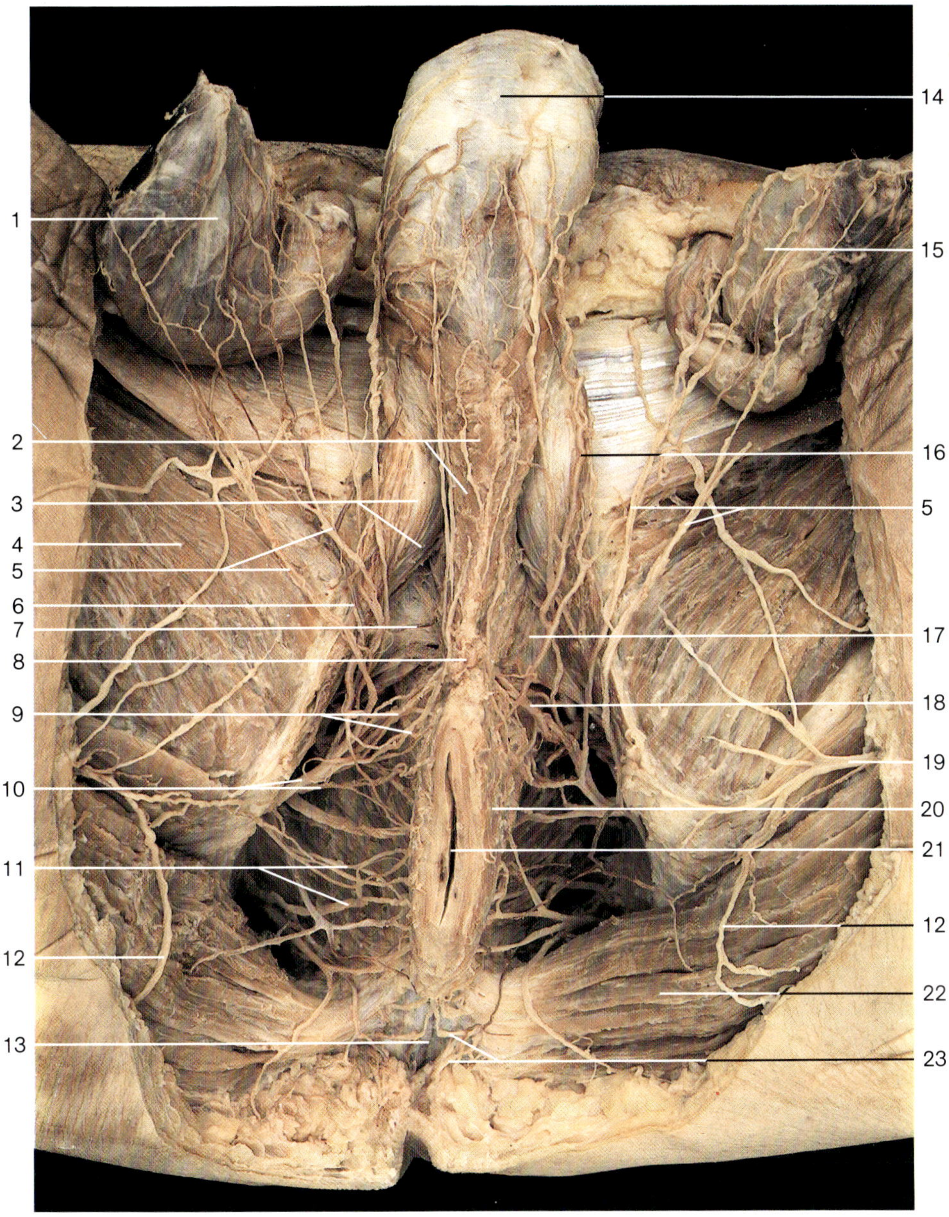

Beckenboden und äußeres Genitale beim Mann (von unten). Beide Hoden wurden nach lateral verlagert. Das Scrotum wurde entfernt.

1 Testis dext. (hochgehoben und seitwärts verlagert)
2 M. bulbocavernosus
3 M. ischiocavernosus
4 M. adductor magnus
5 Nn. scrotales post.
6 A. dorsalis penis dext.
7 A. bulbi penis dext.
8 Perineum
9 Rami perineales
10 N. pudendus und A. pudenda int.
11 Nn. und Aa. rectales inf.
12 N. clunium inf.
13 Os coccygis
14 Penis
15 Testis sin. (seitwärts verlagert)
16 A. dorsalis penis sin.
17 M. transversus perinei prof.
18 A. bulbi penis sin.
19 Ast des N. cutaneus femoris post.
20 M. sphincter ani ext.
21 Anus
22 M. glutaeus maximus
23 Nn. anococcygei
24 Lig. sacrotuberale (gefenstert)
25 N. perforans lig. sacrotuberalis
26 A. glutaea inf. und N. glutaeus inf.
27 N. ischiadicus
28 M. piriformis

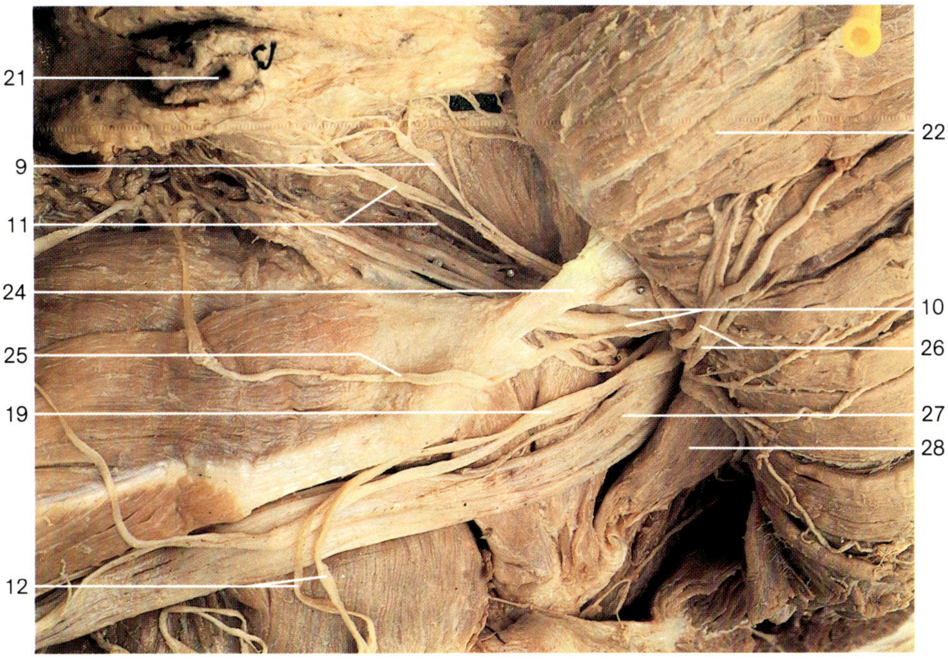

Beckenboden mit Regio glutaea (von lateral, rechte Seite). Der M. glutaeus maximus wurde durchtrennt und aufgeklappt. Das Lig. sacrotuberale wurde gefenstert, um die pudendalen Leitungsbahnen zu zeigen.

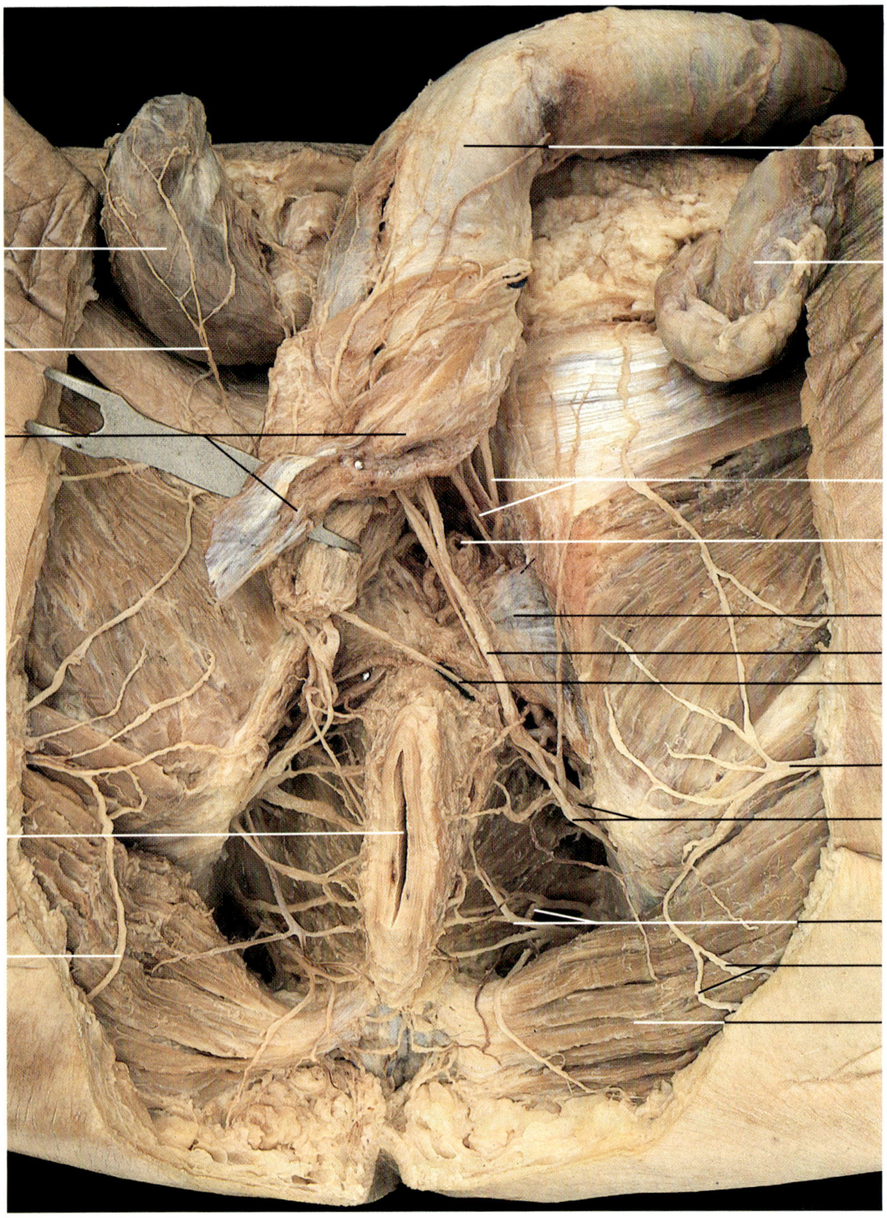

Beckenboden und äußeres Genitale beim Mann (von unten). Das linke Crus penis wurde vom Ramus pubis abgelöst und mit dem Bulbus penis zusammen nach lateral verlagert. Die Urethra wurde in Höhe des Diaphragma urogenitale durchtrennt.

1 Testis dext. (verlagert)
2 Nn. scrotales post.
3 Linkes Crus penis mit M. ischiocavernosus (seitwärts verlagert)
4 Anus
5 Nn. clunium inf.
6 Penis
7 Testis sin. (verlagert)
8 N. und A. dorsalis penis
9 Urethra
10 M. transversus perinei prof.
11 Nn. perineales des N. pudendus
12 A. bulbi penis
13 Ast des N. cutaneus femoris post.
14 A. pudenda int. und N. pudendus
15 Nn. und Aa. rectales inf.
16 M. glutaeus maximus

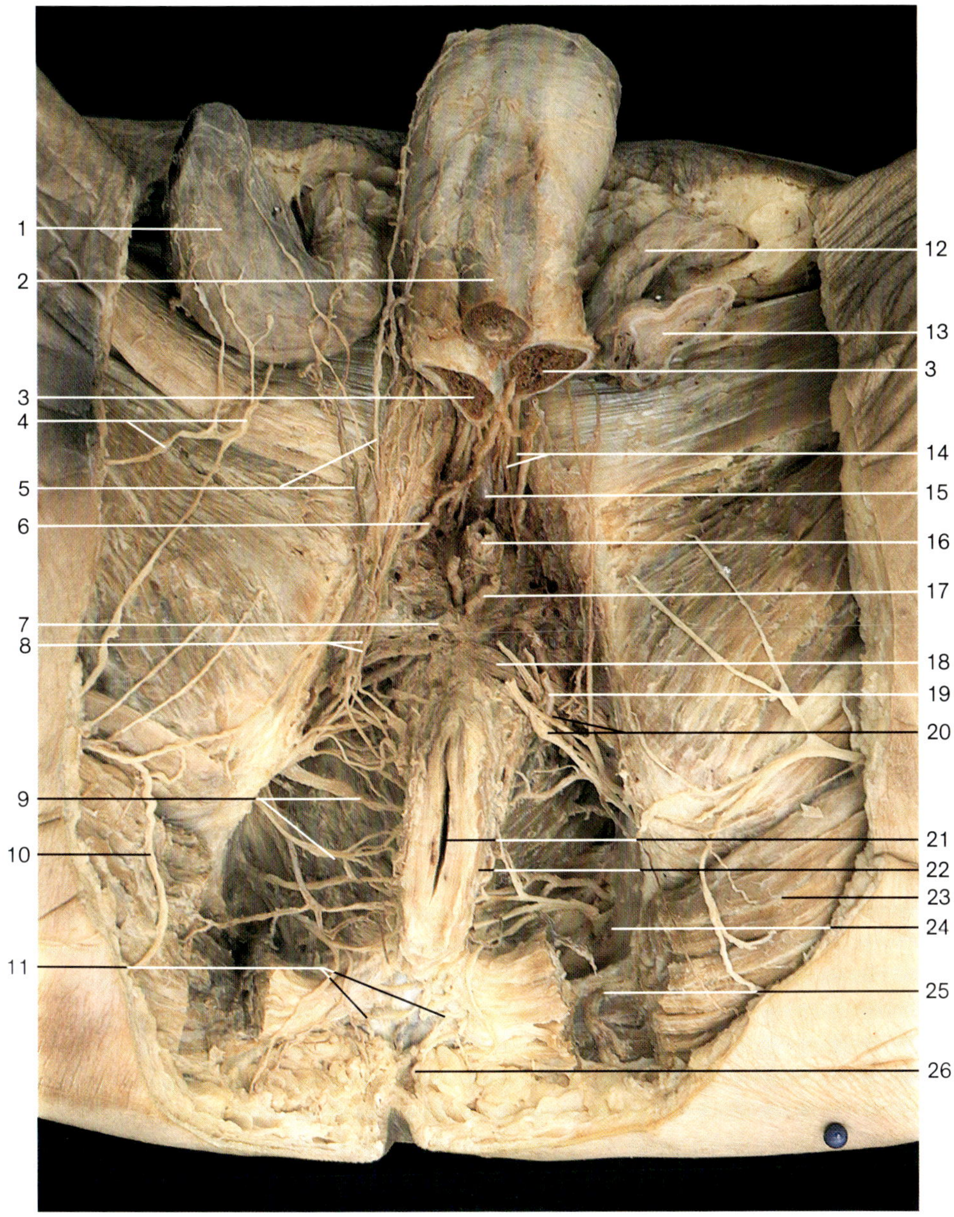

1 Testis dext. (verlagert)
2 Corpus spongiosum penis
3 Corpus cavernosum penis
4 R. perinealis des N. cutaneus femoris post.
5 Nn. und Aa. scrotales post.
6 A. penis profunda
7 M. transversus perinei prof.
8 Nn. perineales dext.
9 Nn. rectales inf.
10 N. clunium inf.
11 Nn. anococcygei
12 Funiculus spermaticus sin.
13 Testis sin. (durchschnitten)
14 N. und A. dorsalis penis
15 V. dorsalis penis prof.
16 Urethra (durchtrennt)
17 A. bulbi penis
18 M. transversus perinei superf.
19 A. bulbi penis sin. (durchtrennt)
20 N. perinealis des N. pudendus
21 Anus
22 M. sphincter ani ext.
23 M. glutaeus maximus
24 Fascia obturatoria mit Alcockschem Kanal für N. pudendus, A. und V. pudenda int.
25 Lig. sacrotuberale
26 Os coccygis
27 Diaphragma urogenitale (M. transversus perinei prof.)
28 Centrum tendineum perinei
29 M. levator ani
30 Lig. anococcygeum
31 M. obturator int.
32 A. dorsalis penis

Regio urogenitalis und analis beim Mann (von unten). Die Peniswurzel wurde entfernt und der linke Hoden durchschnitten. Darstellung des Diaphragma urogenitale.

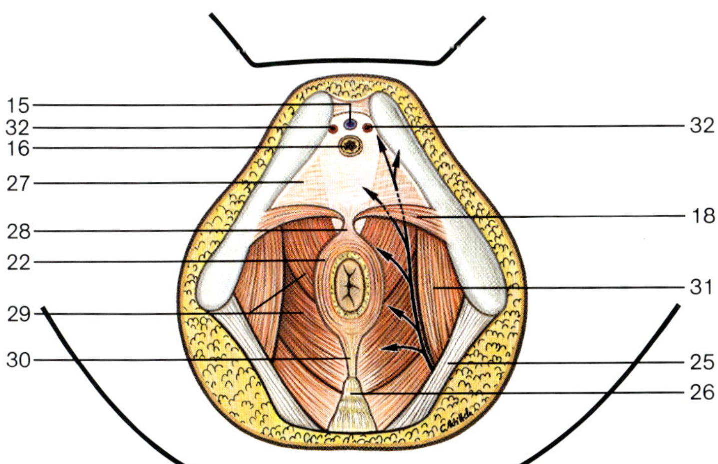

Diaphragma urogenitale und pelvis beim Mann (von unten) (Schemazeichnung) (W.). Penis entfernt. Die Pfeile deuten den Verlauf der Leitungsbahnen an.

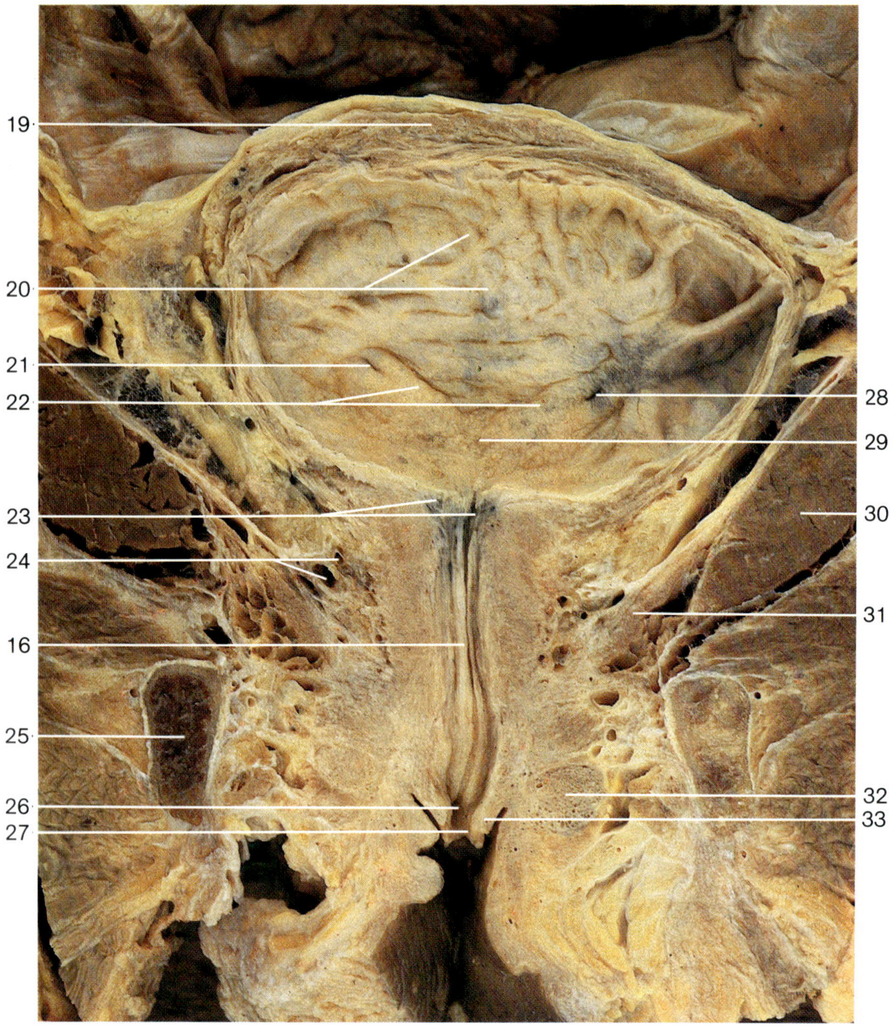

1 Niere
2 Ureter, pars abdominalis
3 Ureter, pars pelvina
4 Rectum, pars ampullaris
5 Rectum, Canalis analis
6 Centrum tendineum perinei
7 Nabel (Umbilicus)
8 Ampulla tubae
9 Tuba uterina
10 Ovarium
11 Fundus uteri
12 Portio vaginalis
13 Vagina
14 Harnblase (Vesica urinaria)
15 Symphysis pubica
16 Urethra feminina
17 Clitoris
18 M. transversus perinei prof.
19 Blasenwand (Schnittfläche, Tunica muscularis)
20 Blasenschleimhautfalten
21 Ostium ureteris dext.
22 Plica interureterica
23 Ostium urethrae internum
24 Plexus venosus (Schnittfläche)
25 Os pubis (Schnittfläche)
26 Ostium urethrae externum
27 Vestibulum vaginae
28 Ostium ureteris sin.
29 Trigonum vesicae
30 M. obturatorius int.
31 M. levator ani
32 Bulbus vestibuli
33 Labium minus pudendi sin.

Frontalschnitt durch die Harnblase und Urethra der Frau (Ventralansicht).

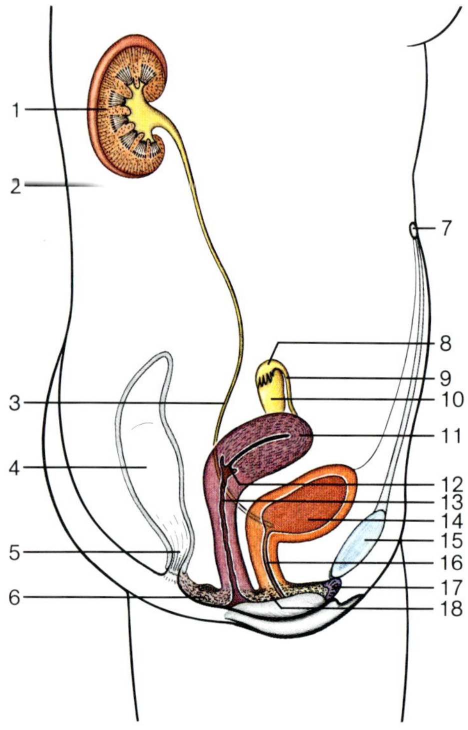

Übersicht über das weibliche Urogenitalsystem, dargestellt am Sagittalschnitt (Schemazeichnung) (W.).

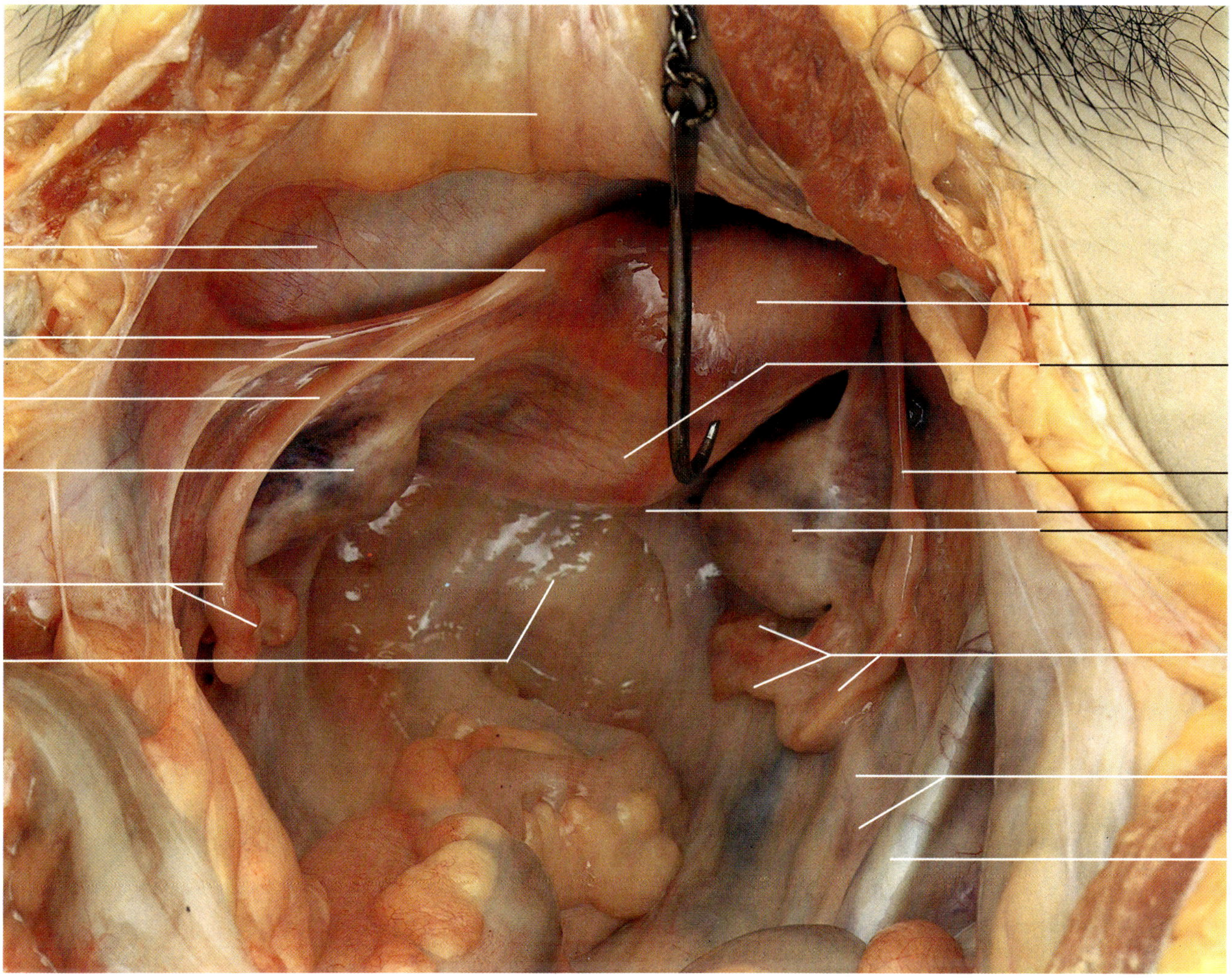

Innere Geschlechtsorgane der Frau; Einblick in das kleine Becken von kranial; der Uterus wurde etwas nach rechts verlagert.

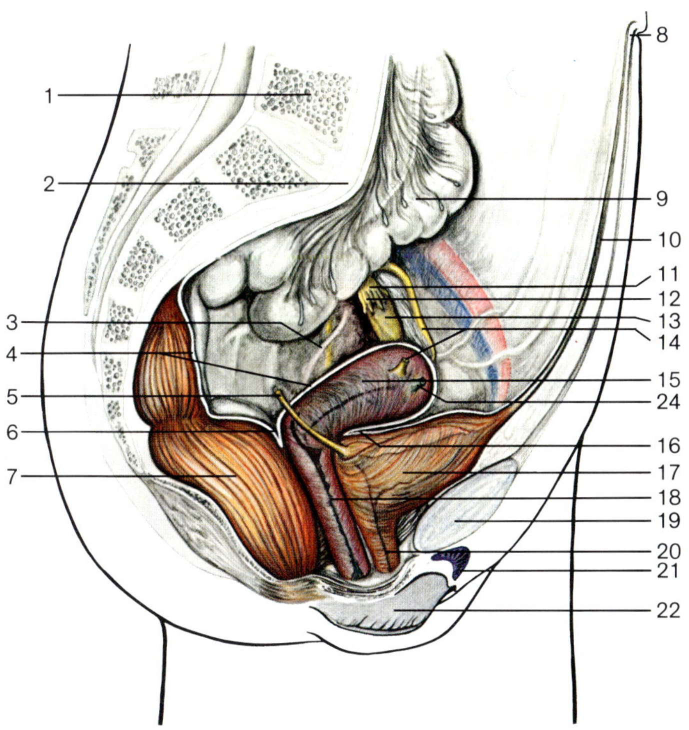

Übersicht über die Lage der inneren Geschlechtsorgane bei der Frau (von medial) (halbschematische Zeichnung) (W.).

1 Fünfter Lendenwirbelkörper
2 Promontorium
3 Ureter sin.
4 Peritoneum (Schnittrand)
5 Ureter dext. (durchtrennt)
6 Excavatio rectouterina
7 Rectum
8 Nabel (Umbilicus)
9 Colon sigmoideum
10 Plica umbilicalis mediana mit Chorda urachi
11 Ampulla tubae uterinae
12 Fimbriae tubae
13 Ovarium
14 Tuba uterina
15 Uterus
16 Excavatio rectouterina
17 Harnblase (Vesica urinaria)
18 Vagina
19 Symphysis pubica
20 Urethra feminina
21 Clitoris
22 Labium minus pudendi
23 Tubenwinkel am Fundus uteri
24 Lig. teres uteri
25 Lig. ovarium proprium
26 Lig. suspensorium ovarii
27 A. iliaca communis dext. (vom Peritoneum bedeckt)

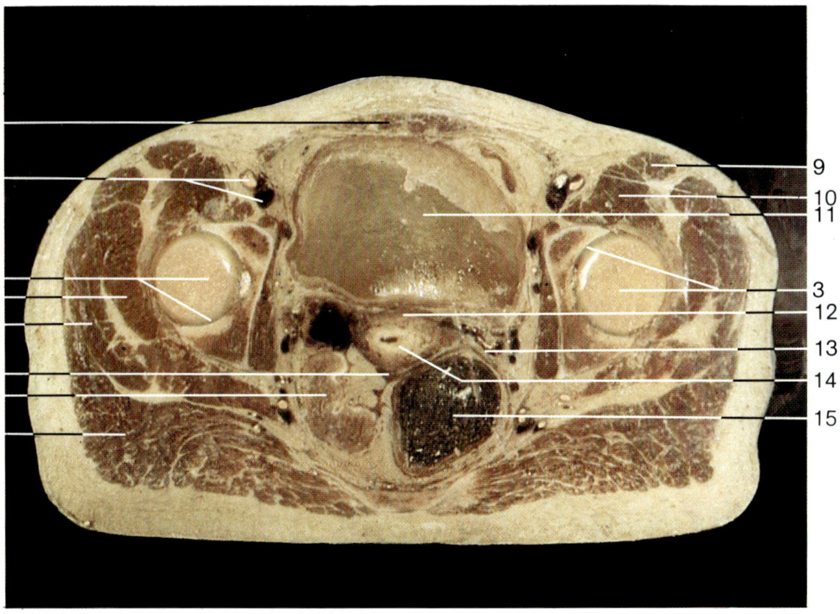

Horizontalschnitt durch das weibliche Becken (Virgo, Ansicht von oben).

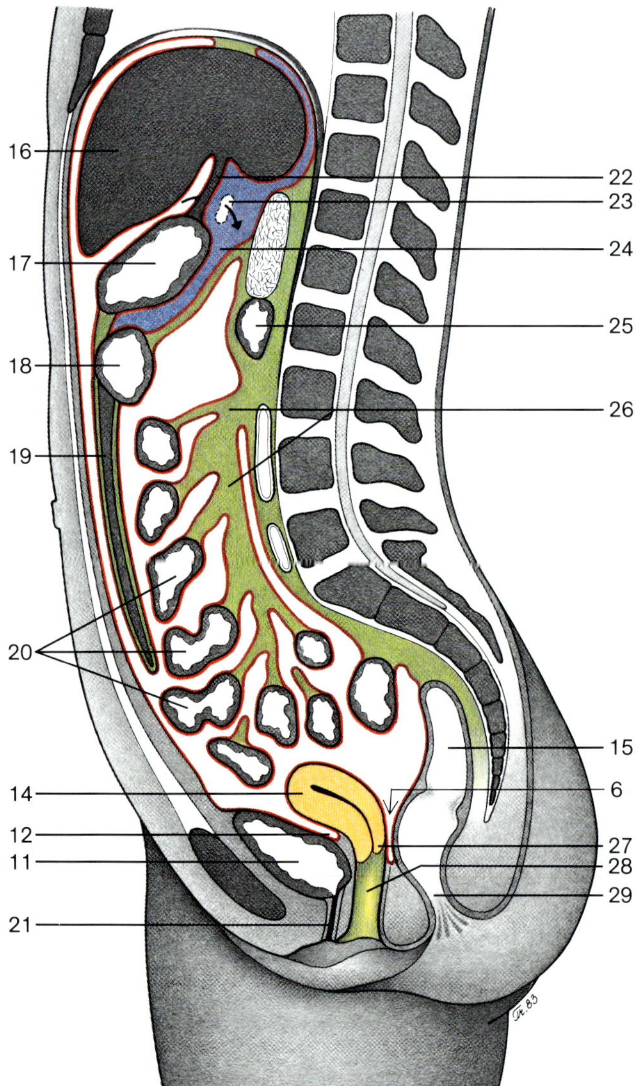

Sagittalschnitt durch den weiblichen Rumpf. Lageverhältnisse der Bauch- und Beckenorgane mit Peritoneum (rot) (Schemazeichnung) (Tr.). Blau = Bursa omentalis.

1 M. rectus abdominis
2 A. und V. femoralis
3 Caput femoris mit Hüftgelenk
4 M. glutaeus minimus
5 M. glutaeus medius
6 **Excavatio rectouterina**
7 Colon sigmoideum
8 M. glutaeus maximus
9 M. sartorius
10 M. iliopsoas
11 Harnblase (Vesica urinaria)
12 **Excavatio vesicouterina**
13 Lig. latum uteri
14 Uterus
15 Rectum
16 Leber (Hepar)
17 Magen (Ventriculus)
18 Colon transversum
19 Omentum majus
20 Dünndarmschlingen
21 Weibliche Harnröhre (Urethra feminina)
22 Omentum minus
23 Foramen epiploicum (Winslow) (Pfeil)
24 Bursa omentalis
25 Duodenum
26 Mesenterium
27 Portio vaginalis cervicis
28 Vagina
29 Canalis analis

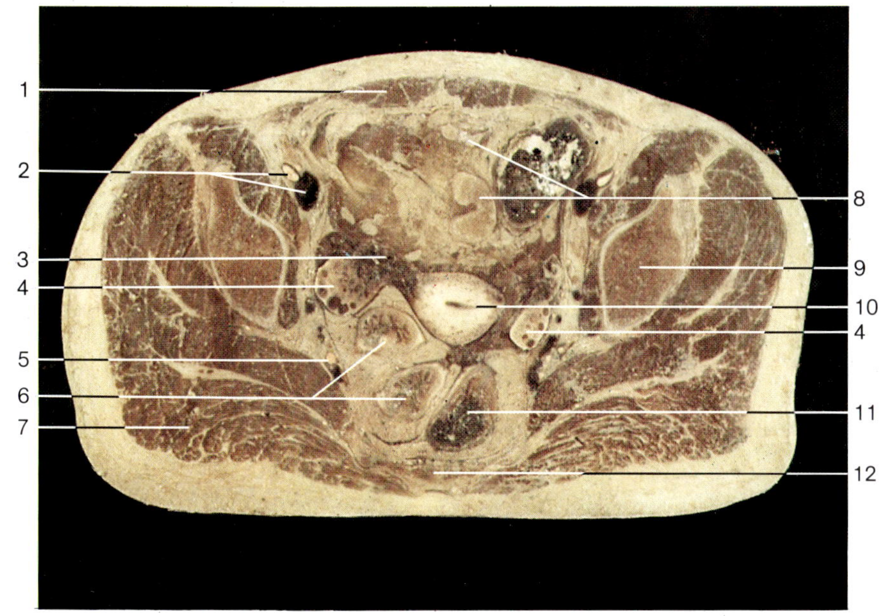

Horizontalschnitt durch das weibliche Becken. Schnitt in Höhe der Ovarien (Ansicht von oben).

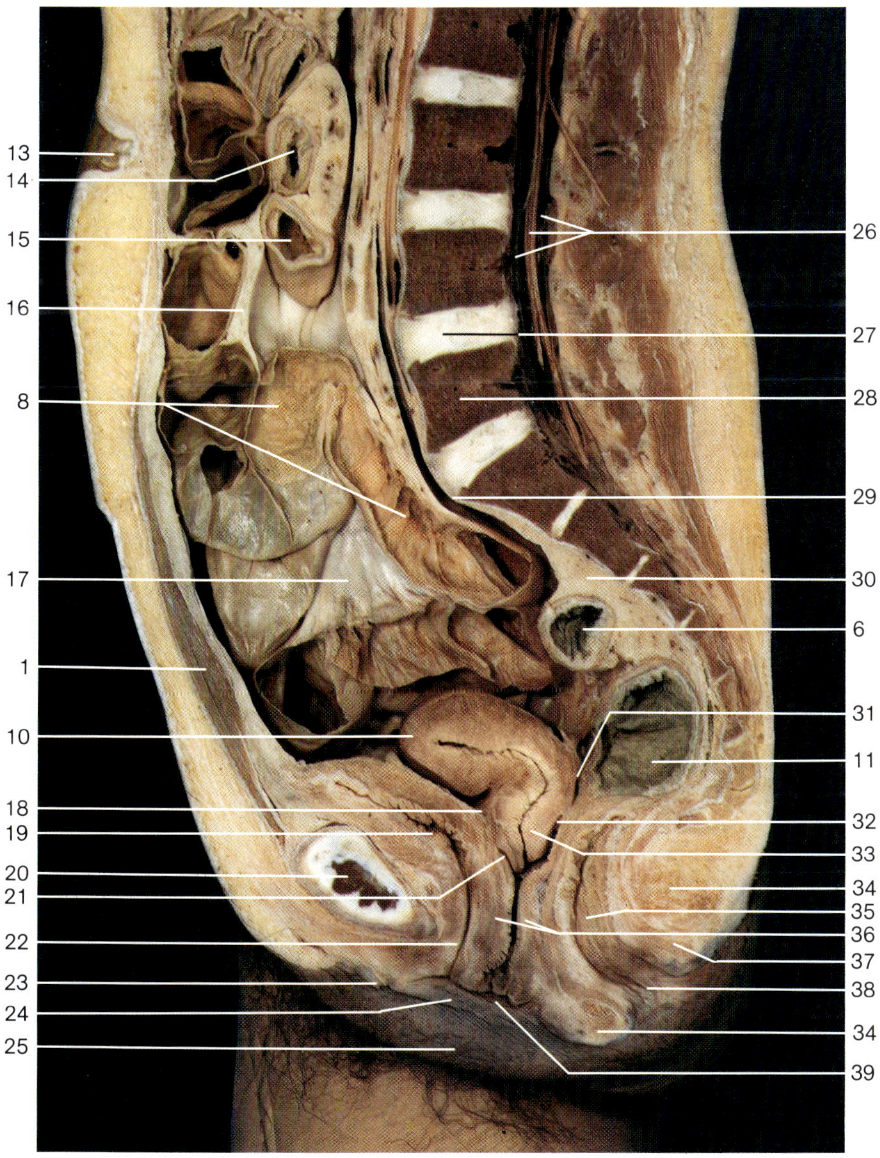

Medianschnitt durch die untere Körperhälfte der Frau. Die Harnblase ist leer und der Uterus befindet sich in normaler Lage.

1 M. rectus abdominis
2 A. und V. iliaca ext.
3 Lig. latum uteri
4 **Ovarium** (mit Follikeln)
5 N. ischiadicus
6 Colon sigmoideum
7 M. glutaeus maximus
8 Dünndarmschlingen
9 Beckenknochen (Anschnitt)
10 **Uterus**
11 Rectum
12 Os sacrum (Anschnitt)
13 Nabel (Umbilicus)
14 Duodenum
15 Pars ascendens duodeni
16 Radix mesenterii
17 Mesenterium
18 Excavatio vesicouterina
19 Harnblase (Vesica urinaria)
20 Facies symphysialis
21 Fornix ant. vaginae
22 Urethra feminina
23 Clitoris
24 Labium minus pudendi
25 Labium majus pudendi
26 Canalis vertebralis mit Cauda equina
27 Discus intervertebralis (Lendenwirbelsäule)
28 Fünfter Lendenwirbelkörper
29 Promontorium
30 Mesocolon sigmoideum
31 Excavatio rectouterina
32 Fornix post. vaginae
33 Portio vaginalis cervicis
34 M. sphincter ani ext.
35 Canalis analis
36 Vagina
37 M. sphincter ani int.
38 Anus
39 Hymen

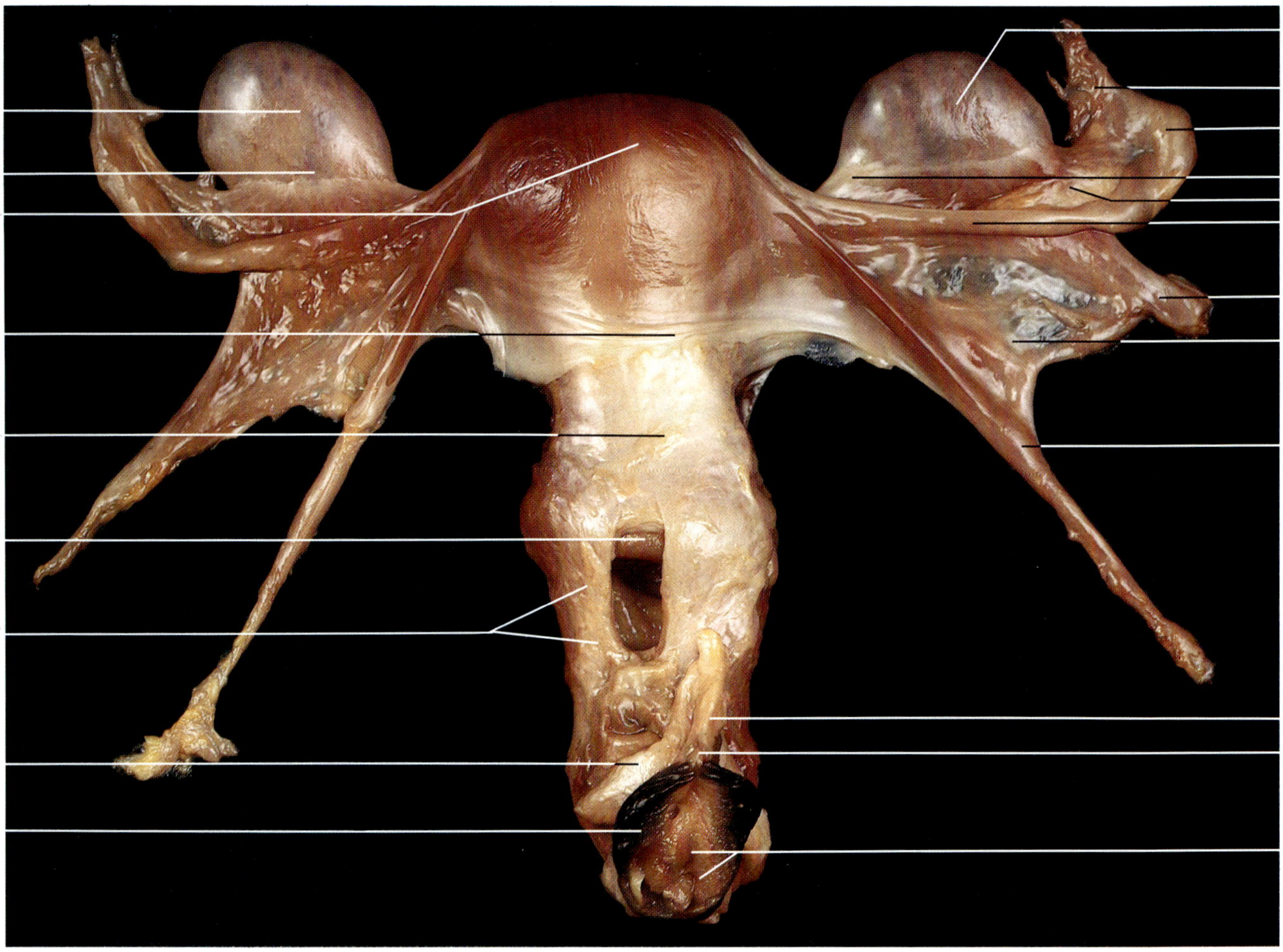

Weibliche Geschlechtsorgane, isoliert (von ventral). Die Vorderwand der Vagina wurde gefenstert, um die Portio vaginalis zu zeigen.

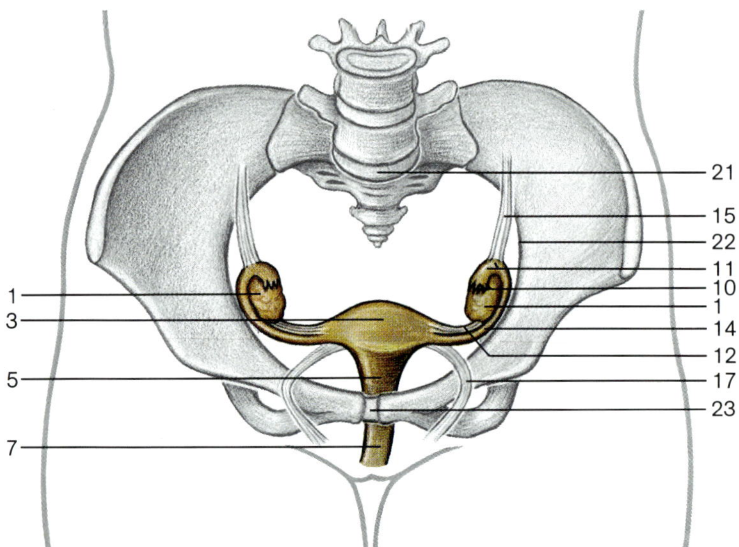

Lage der inneren Geschlechtsorgane bei der Frau (Schemazeichnung) (W.).

1 Ovarium
2 Mesovarium
3 Fundus uteri
4 Umschlagfalte des Peritoneums (Excavatio vesicouterina)
5 Cervix uteri, portio supravaginalis
6 Portio vaginalis
7 Vagina
8 Crus clitoridis
9 Labium minus pudendi
10 Fimbriae tubae
11 Ampulla tubae uterinae
12 Lig. ovarii proprium
13 Mesosalpinx
14 Isthmus tubae uterinae
15 Lig. suspensorium ovarii (nach kaudal verlagert)
16 Lig. latum uteri
17 Lig. teres uteri
18 Corpus cavernosum clitoridis
19 Glans clitoridis
20 Ostium vaginae und Hymen
21 Promontorium
22 Linea terminalis (Beckeneingangsebene)
23 Symphysis pubica

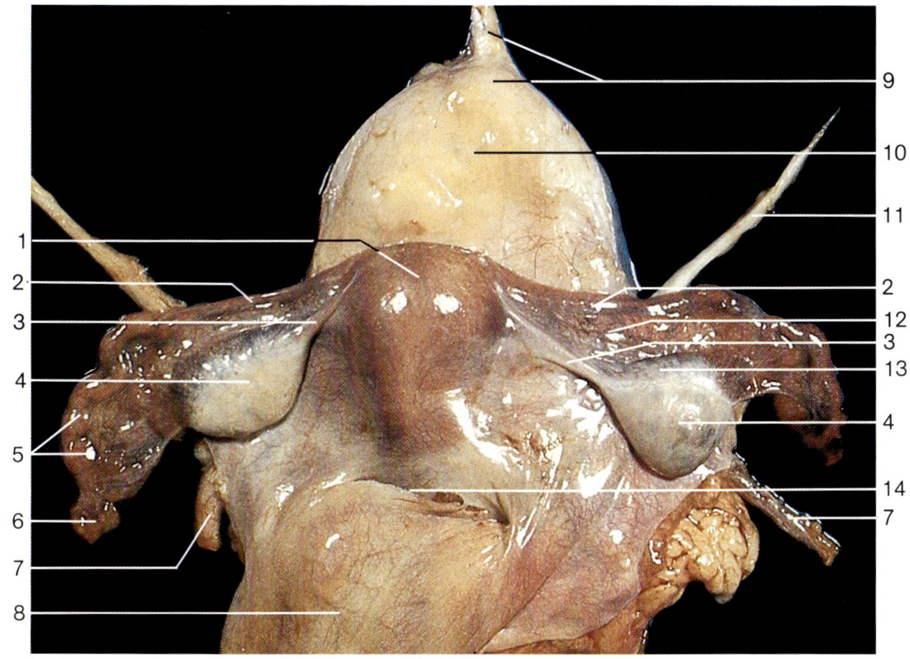

Beckenorgane der Frau, isoliert (von hinten-oben).

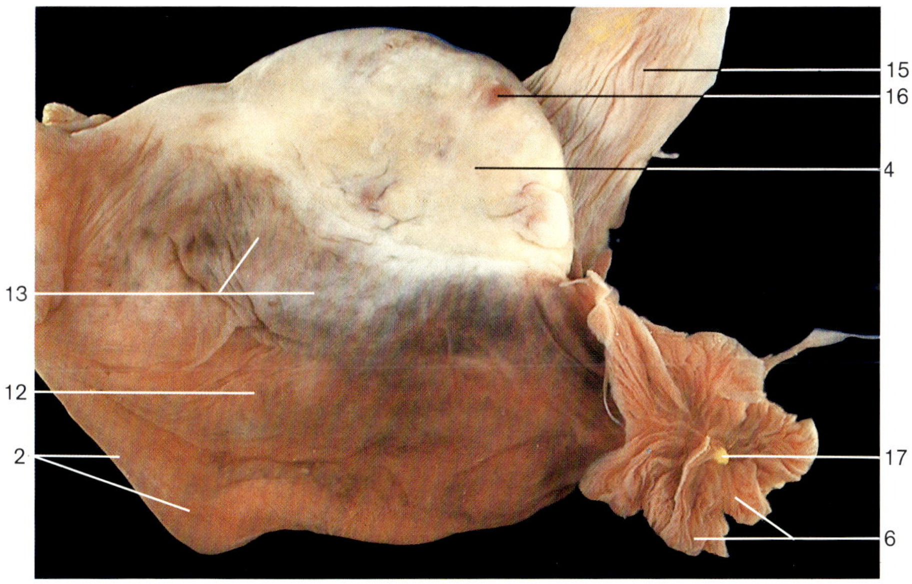

Ovarium und Tuba uterina, isoliert, rechte Seite (von hinten-oben). Die Fimbrien wurden entfaltet, um das Ostium abdominale tubae zu zeigen.

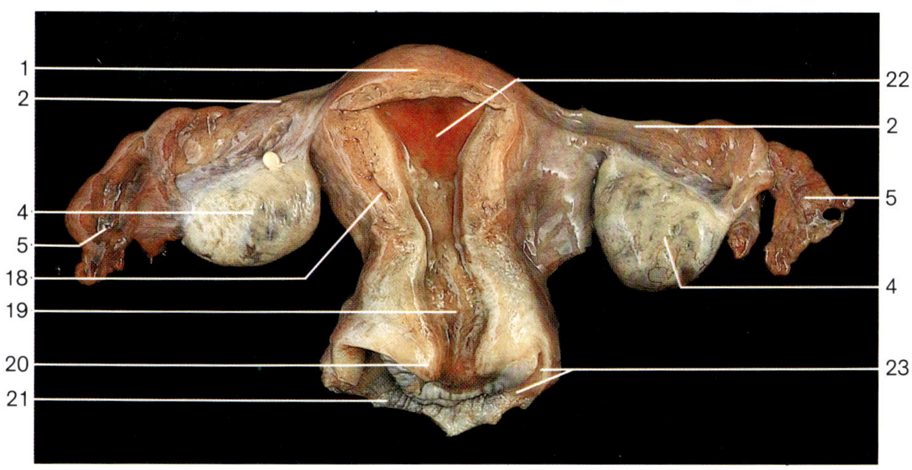

Uterus und Adnexe (von dorsal). Die Hinterwand des Uterus wurde gefenstert.

1 Fundus uteri
2 Isthmus tubae uterinae
3 Lig. ovarii proprium
4 Ovarium
5 Ampulla tubae uterinae
6 Fimbriae tubae uterinae
7 Ureter
8 Rectum
9 Apex vesicae mit Lig. umbilicale medianum
10 Vesica urinaria
11 Lig. teres uteri
12 Mesosalpinx
13 Mesovarium
14 Excavatio rectouterina
15 Lig. suspensorium ovarii
16 Stigma einer abgelaufenen Ovulation
17 Ostium abdominale tubae uterinae
18 Corpus uteri
19 Cervix uteri
20 Portio vaginalis cervicis
21 Vagina
22 Uterusschleimhaut (Blutung)
23 Fornix ant. vaginae

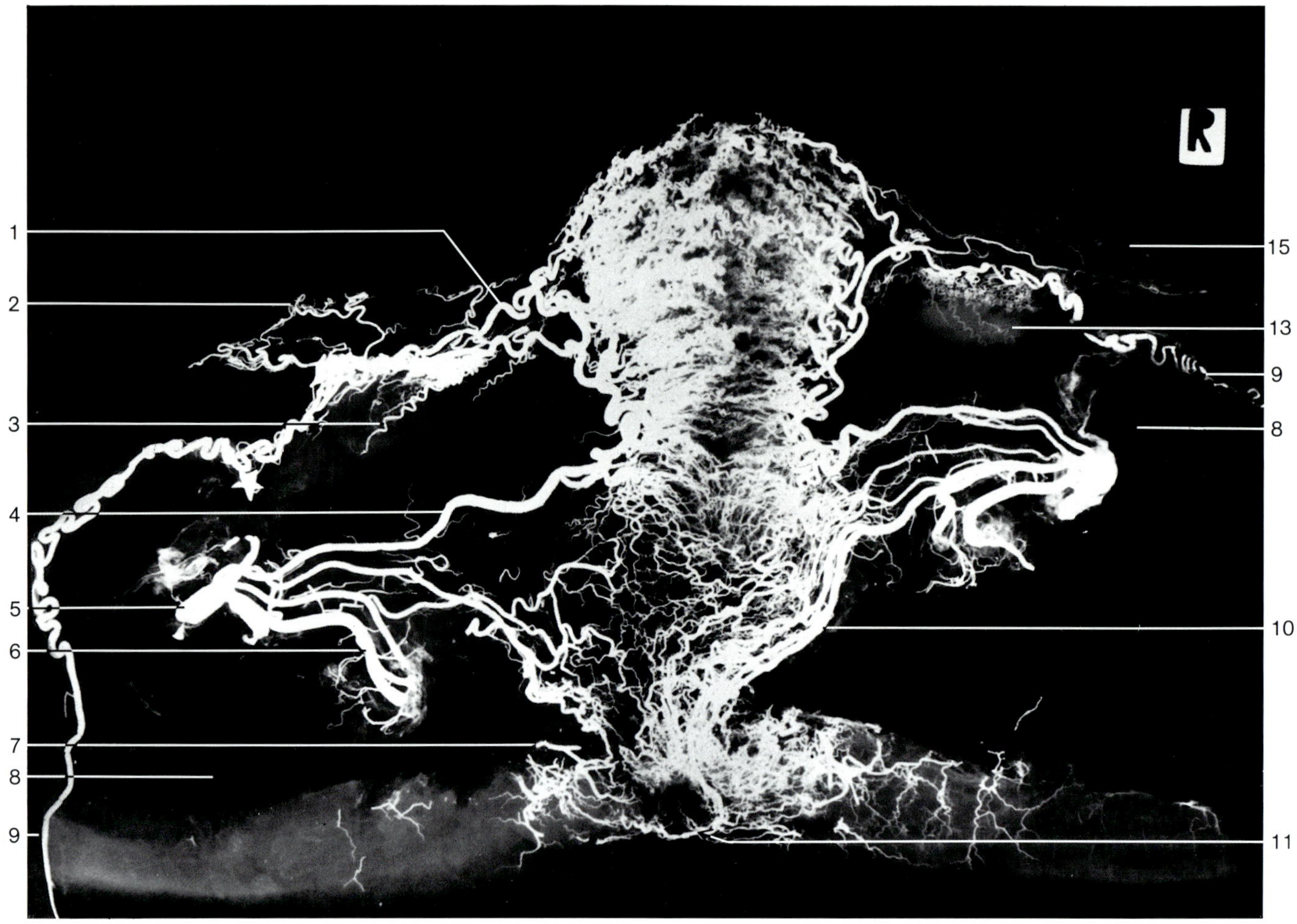

Arteriogramm von den Arterien des weiblichen Genitaltrakts (von ventral). Man beachte die gewundenen Arterien bei Ovar und Uterus (Aa. helicinae).

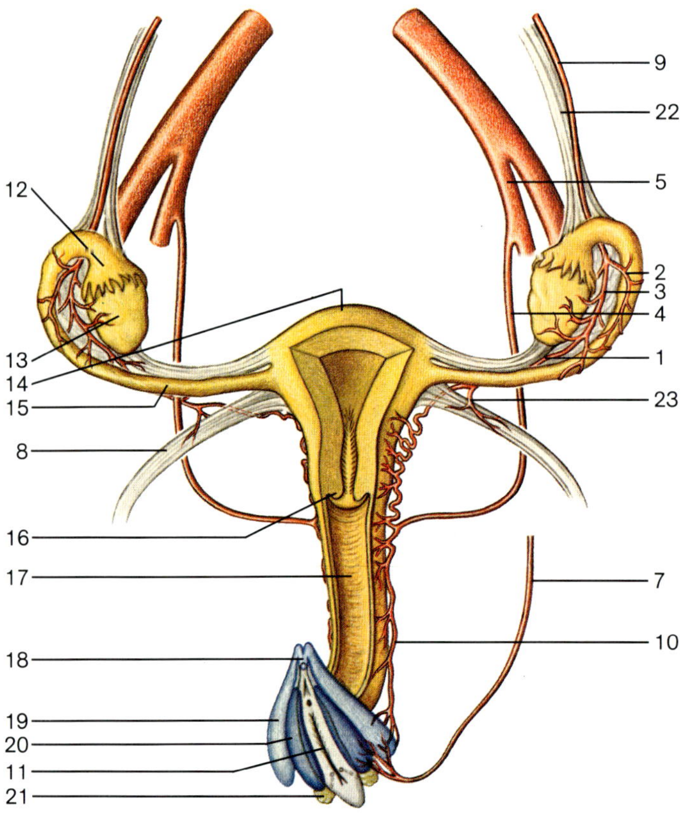

Gefäßversorgung der weiblichen Geschlechtsorgane (von ventral) (Schemazeichnung) (W.).

1 R. ovaricus der A. uterina (Ovarialarkade)
2 R. tubarius der A. ovarica
3 R. ovaricus der A. ovarica
4 **A. uterina**
5 A. iliaca int.
6 A. glutaea inf.
7 **A. pudenda int.**
8 Lig. teres uteri
9 **A. ovarica**
10 A. vaginalis
11 Ostium vaginae
12 Ampulla tubae uterinae
13 Ovarium
14 Fundus uteri
15 Isthmus tubae uterinae
16 Portio vaginalis
17 Vagina
18 Clitoris
19 Corpus cavernosum clitoridis
20 Bulbus vestibuli
21 Gl. vestibularis major
22 Lig. suspensorium ovarii
23 A. ligamenti teretis uteri

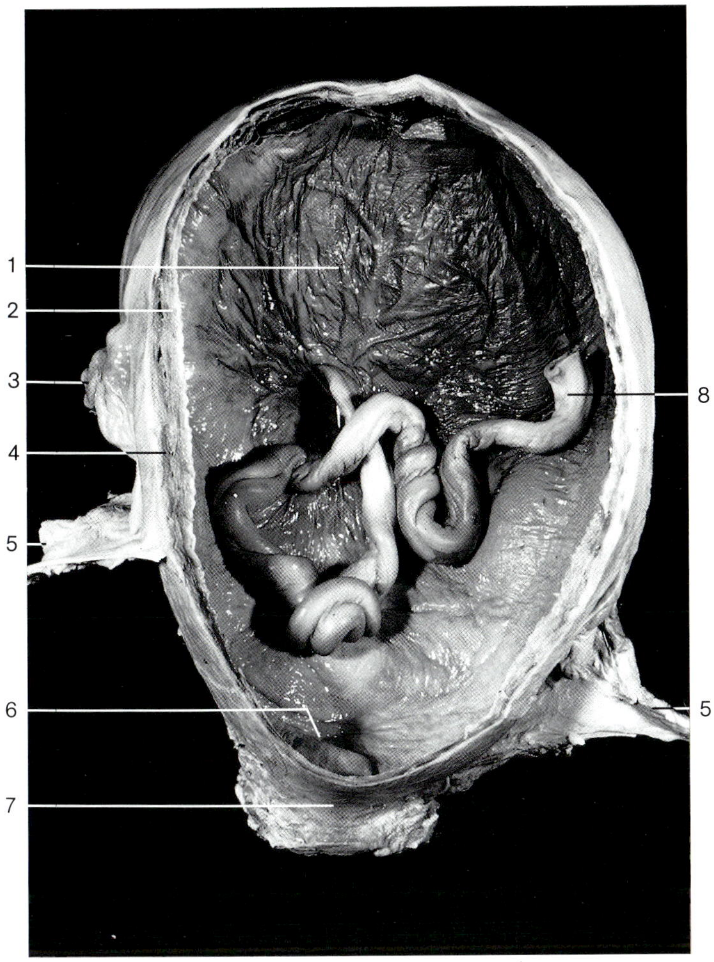

Gravider Uterus mit Placenta (von ventral). Die Vorderwand des Uterus wurde entfernt, um die Placenta zu zeigen.

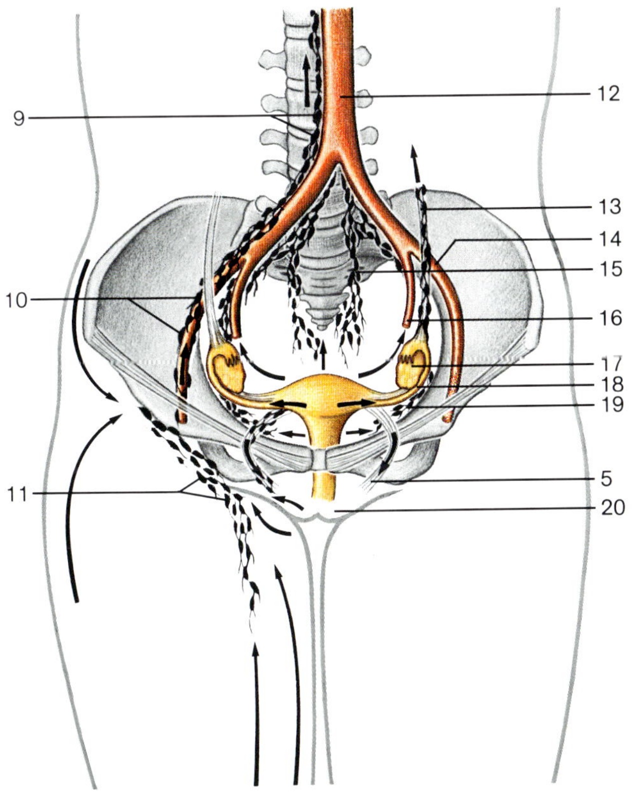

Lymphabflüsse aus Uterus und Adnexe (Schemazeichnung) (W.). Rot = Arterien; schwarz = Lymphknoten und Lymphgefäße. Die Pfeile deuten die Richtung der Lymphabflußwege an.

1 Placenta
2 Eihäute (Amnion und Chorion)
3 Adnexe
4 Uteruswand (Myometrium)
5 Lig. teres uteri
6 Innerer Muttermund
7 Cervix uteri
8 Nabelstrang (Funiculus umbilicalis)
9 Nodi lymphatici paraaortales und lumbales
10 Nodi lymphatici iliaci ext.
11 Nodi lymphatici inguinales
12 Aorta abdominalis
13 Lig. suspensorium ovarii
14 A. iliaca ext.
15 Nodi lymphatici sacrales
16 A. iliaca int.
17 Ovarium
18 Tuba uterina
19 Nodi lymphatici iliaci int.
20 Äußeres Genitale

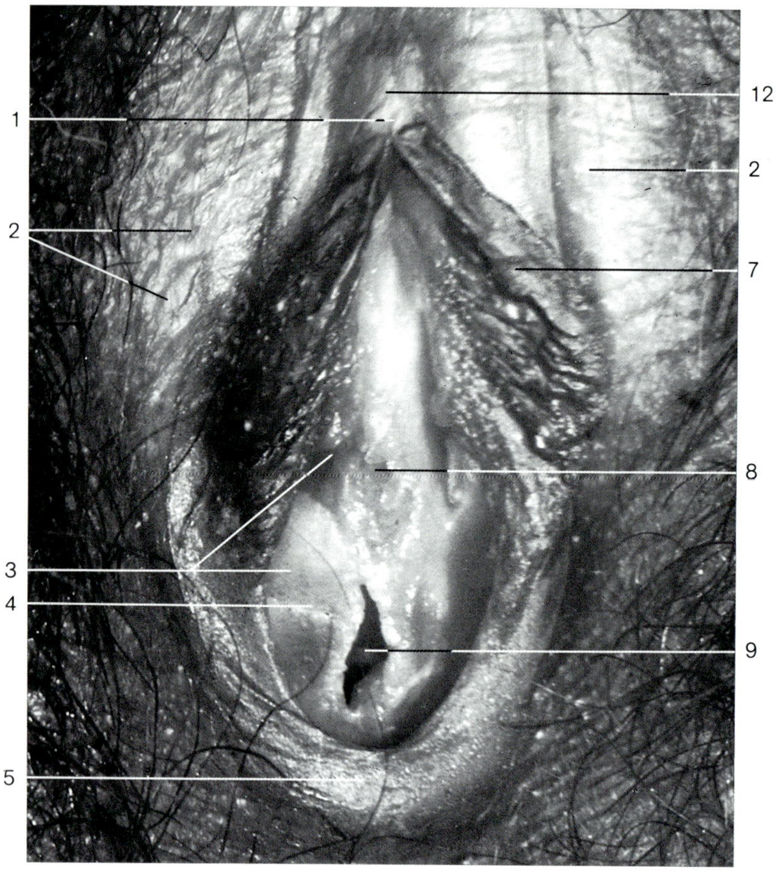

Äußeres Genitale der Frau in situ (Virgo, Ventralansicht). Die Labia minora wurden gespreizt; das Hymen ist noch erhalten.

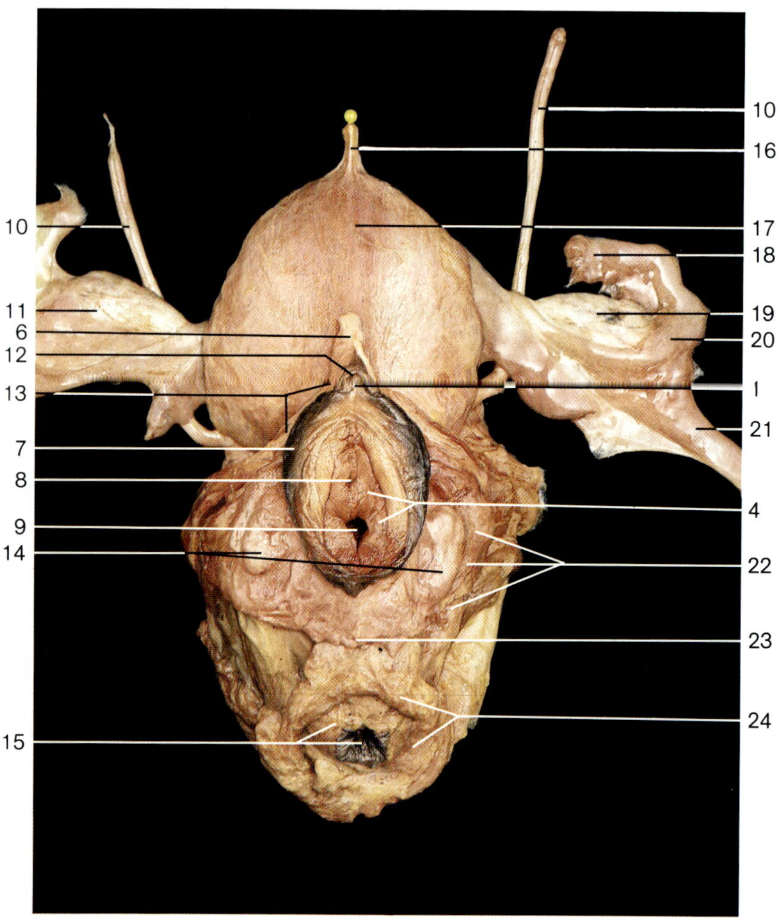

Äußeres Genitale und innere Geschlechtsorgane der Frau (Virgo, Organpaket, von vorne gesehen).

1 Glans clitoridis
2 Labia majora pudendi
3 Vestibulum vaginae
4 Hymen
5 Commissura labiorum post.
6 Corpus clitoridis
7 Labium minus pudendi
8 Ostium urethrae ext.
9 Ostium vaginae
10 Ureter
11 Adnexe
12 Praeputium clitoridis
13 Corpus cavernosum clitoridis (crus clitoridis)
14 Gl. vestibularis major (Bartholini)
15 Anus und M. sphincter ani int.
16 Chorda urachi
17 Vesica urinaria
18 Ampulla tubae uterinae
19 Ovarium
20 Tuba uterina (Isthmus)
21 Lig. suspensorium ovarii (kaudalwärts verlagert)
22 M. bulbocavernosus und Bulbus vestibuli
23 Bindegewebskörper des Perineum
24 M. sphincter ani ext.

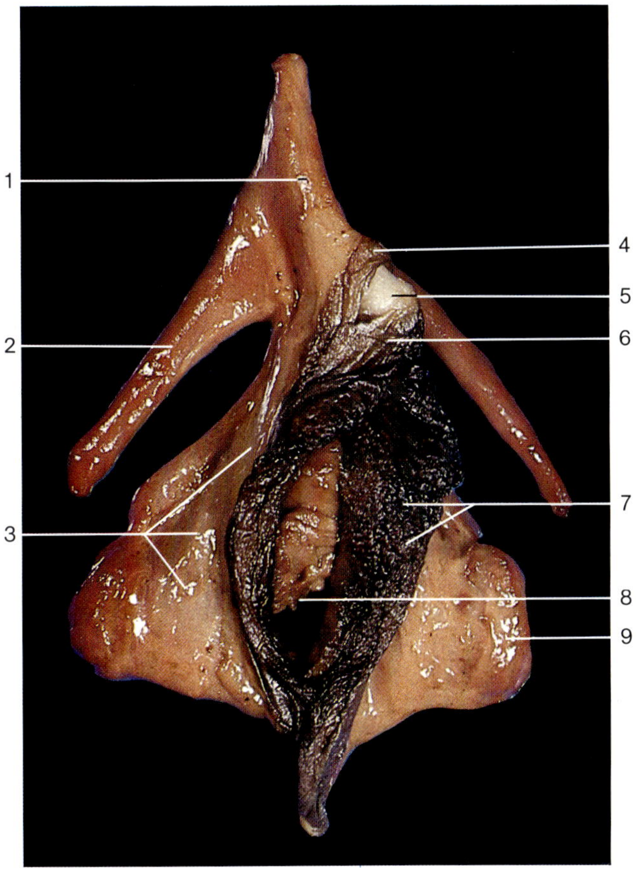

Schwellkörper im Bereich des äußeren Genitales der Frau, isoliert (von vorne).

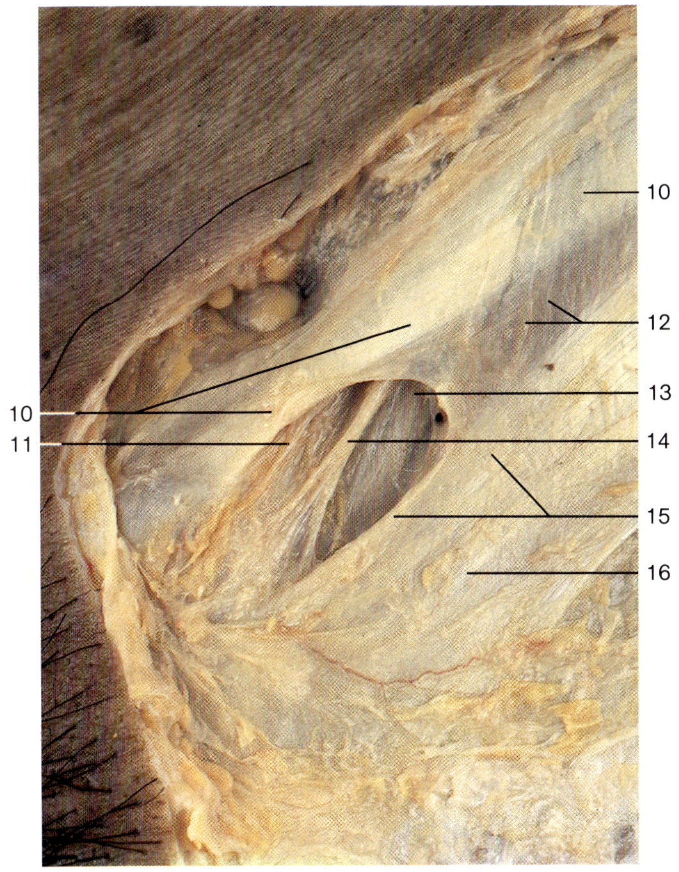

Canalis inguinalis und Lig. teres uteri in situ (linke Seite, von ventral gesehen).

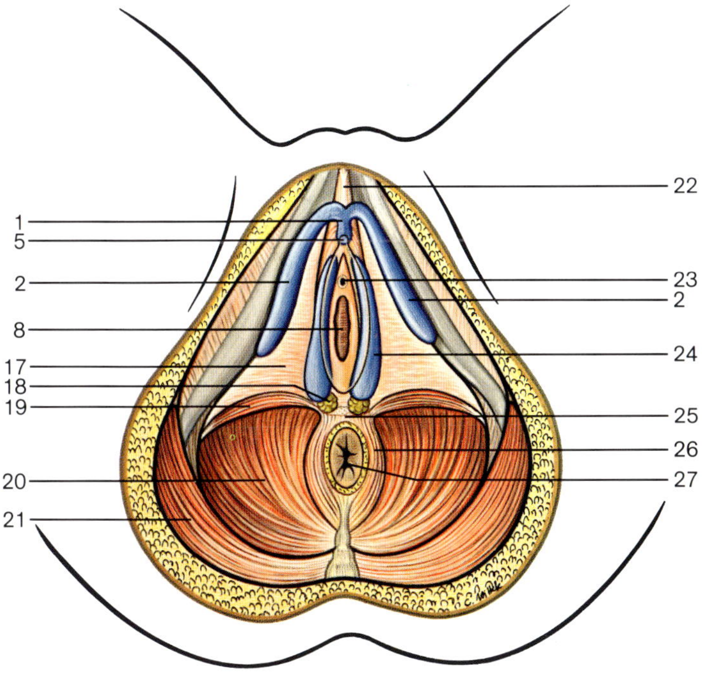

Beckenboden und Schwellkörper im Bereich des äußeren Genitales der Frau (von vorne und unten gesehen) (Schemazeichnung) (W.).

1 Corpus clitoridis } Corpus cavernosum clitoridis
2 Crus clitoridis }
3 Bulbus vestibuli mit M. bulbocavernosus
4 Praeputium clitoridis
5 Glans clitoridis
6 Frenulum clitoridis
7 Labium minus pudendi
8 Ostium vaginae
9 Gl. vestibularis major
10 Crus mediale
11 N. ilioinguinalis
12 Fibrae intercrurales
13 Anulus inguinalis superf.
14 Lig. teres uteri
15 Crus lat.
16 Lig. inguinale
17 M. transversus perinei prof. mit Faszie
18 Gl. vestibularis major (Bartholini)
19 M. transversus perinei superf.
20 M. levator ani
21 M. glutaeus maximus
22 Lig. suspensorium clitoridis
23 Ostium urethrae ext.
24 Bulbus vestibuli
25 Centrum tendineum perinei
26 M. sphincter ani ext.
27 Anus

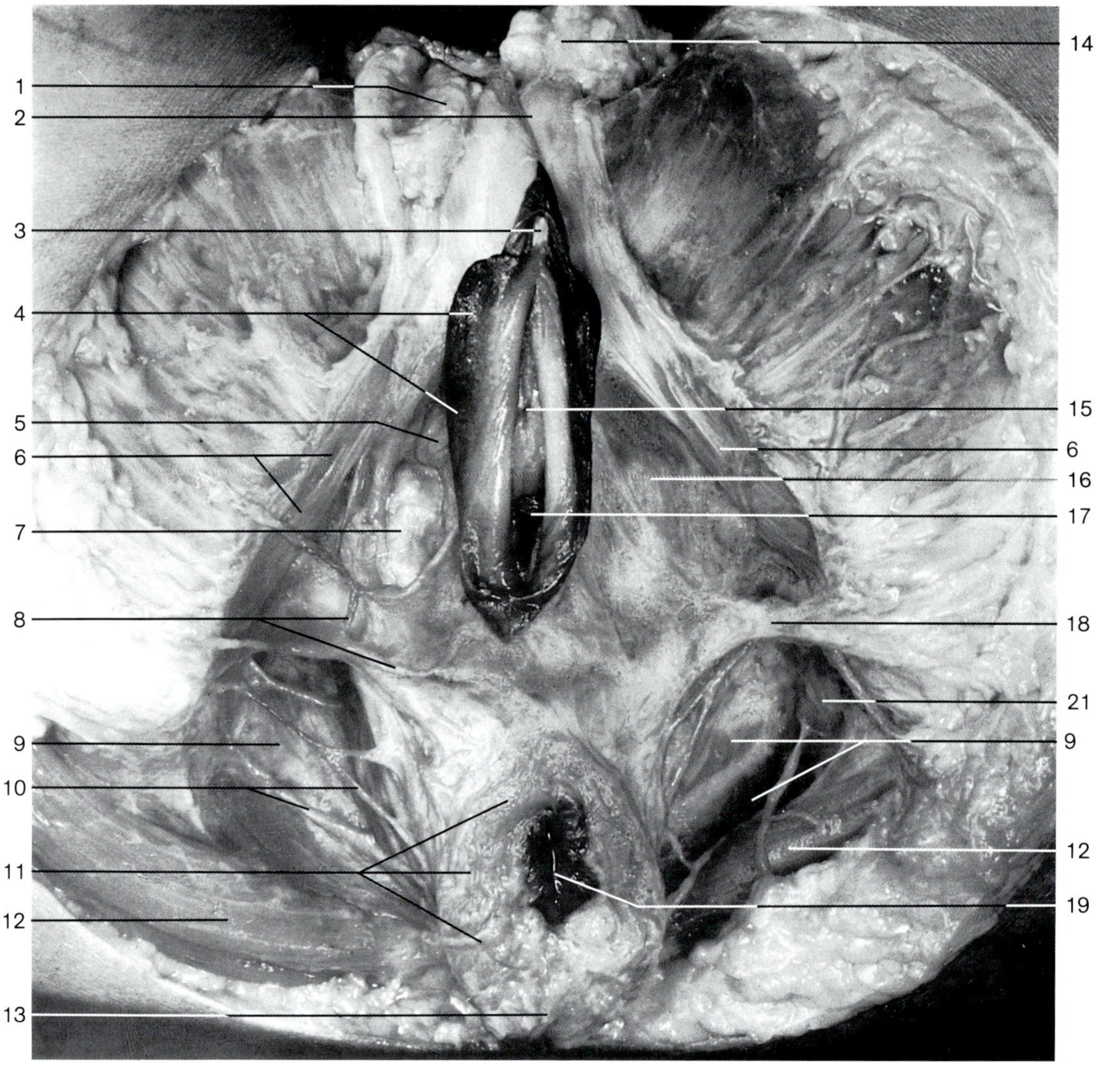

Weibliches äußeres Genitale und Diaphragma urogenitale, oberflächliche Schicht (von unten).

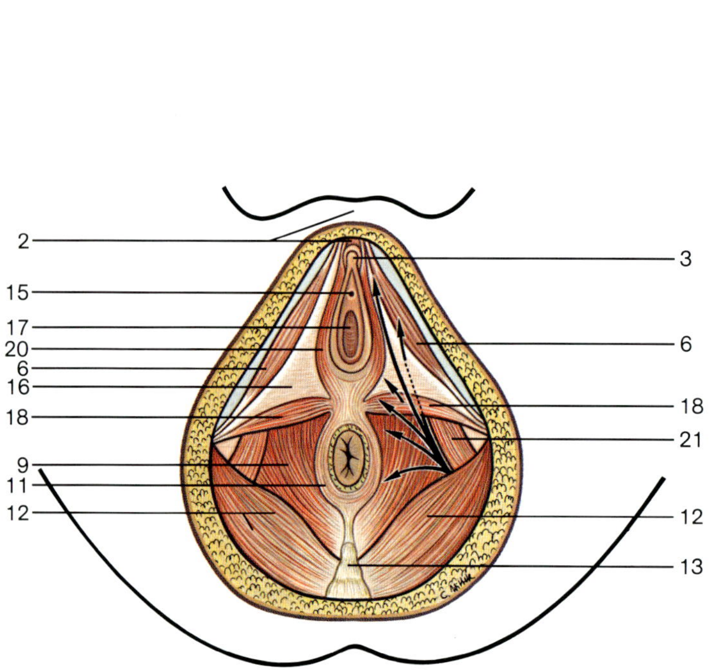

Muskeln des Diaphragma pelvis und urogenitale (Schemazeichnung) (W.).

1 Fettgewebe in der Umgebung des Lig. teres uteri
2 Lokalisation der Symphysis pubica
3 Clitoris
4 Labium minus pudendi
5 Bulbus vestibuli
6 M. ischiocavernosus
7 Glandula vestibularis major (Bartholini)
8 Rr. perineales des N. pudendus
9 M. levator ani
10 Nn. rectales inf.
11 M. sphincter ani ext.
12 M. glutaeus maximus
13 Os coccygis
14 Fettgewebe des Mons pubis
15 Ostium ext. urethrae
16 M. transversus perinei prof. mit Fascia diaphragmatis urogenitalis inf.
17 Ostium vaginae
18 M. transversus perinei superf.
19 Anus
20 M. bulbocavernosus
21 M. obturatorius int.

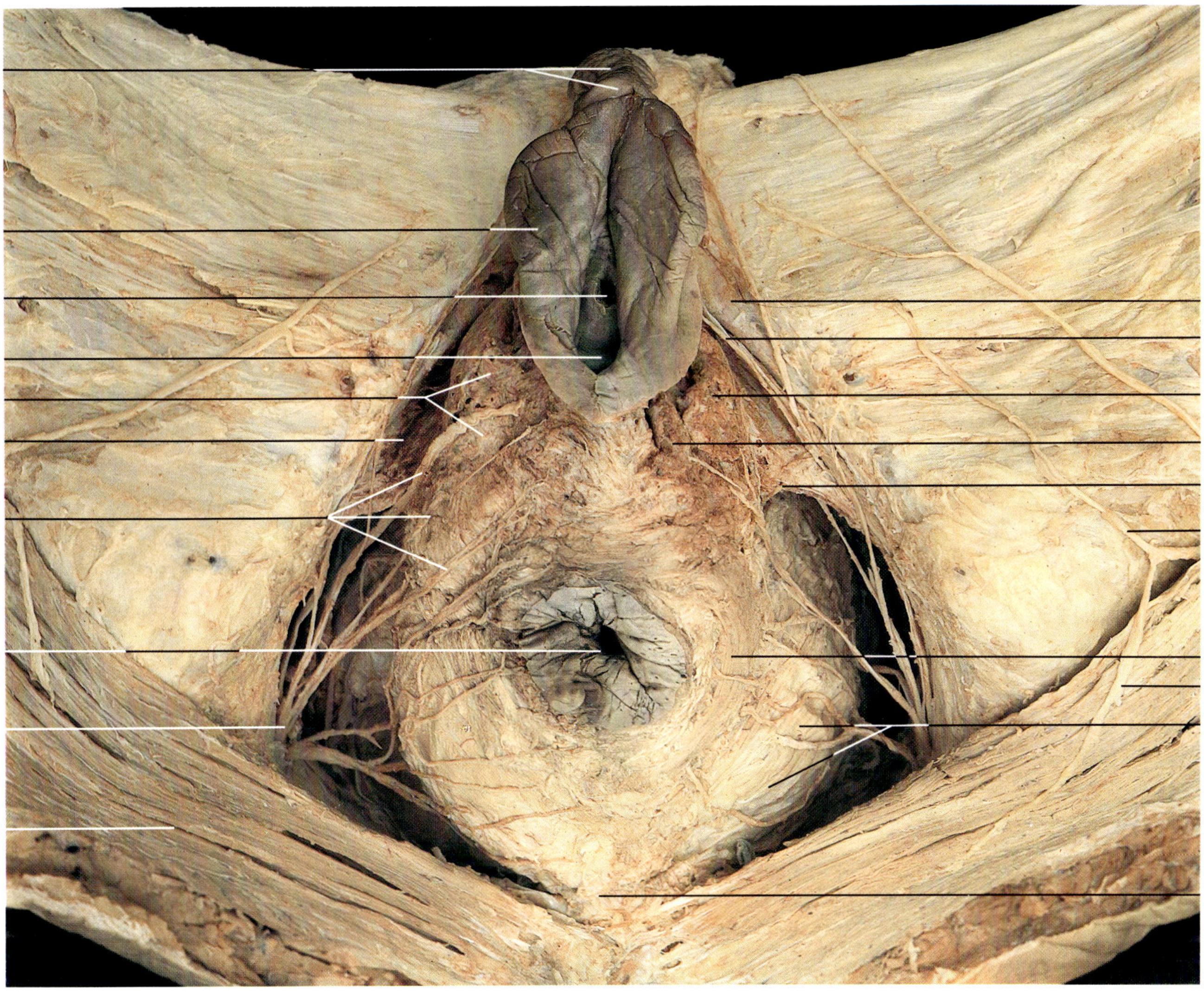

Diaphragma urogenitale und äußere Genitalorgane bei der Frau, oberflächliche Schicht (von unten).

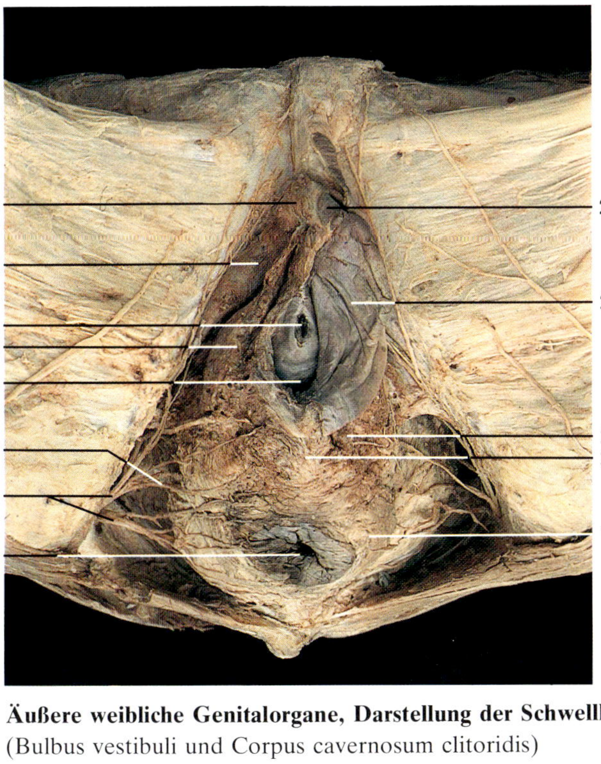

Äußere weibliche Genitalorgane, Darstellung der Schwellkörper (Bulbus vestibuli und Corpus cavernosum clitoridis) (von unten). Das rechte Labium minus wurde entfernt.

1 Clitoris mit Praeputium clitoridis
2 Labium minus pudendi
3 Ostium urethrae ext.
4 Ostium vaginae
5 Bulbus vestibuli
6 Diaphragma urogenitale (M. transversus perinei prof.)
7 Nn. perineales des N. pudendus
8 Anus
9 N. pudendus, A. und V. pudenda int.
10 M. glutaeus maximus
11 Crus clitoridis mit M. ischiocavernosus
12 N. und A. dorsalis clitoridis, Nn. labiales post.
13 Gl. vestibularis major (Bartholini)
14 M. transversus perinei superf.
15 R. perinealis des N. cutaneus femoris post.
16 M. sphincter ani ext.
17 N. clunium inf.
18 M. levator ani
19 Lig. anococcygeum
20 Corpus clitoridis
21 Crus clitoridis
22 Glans clitoridis
23 Centrum tendineum perinei
24 M. bulbocavernosus

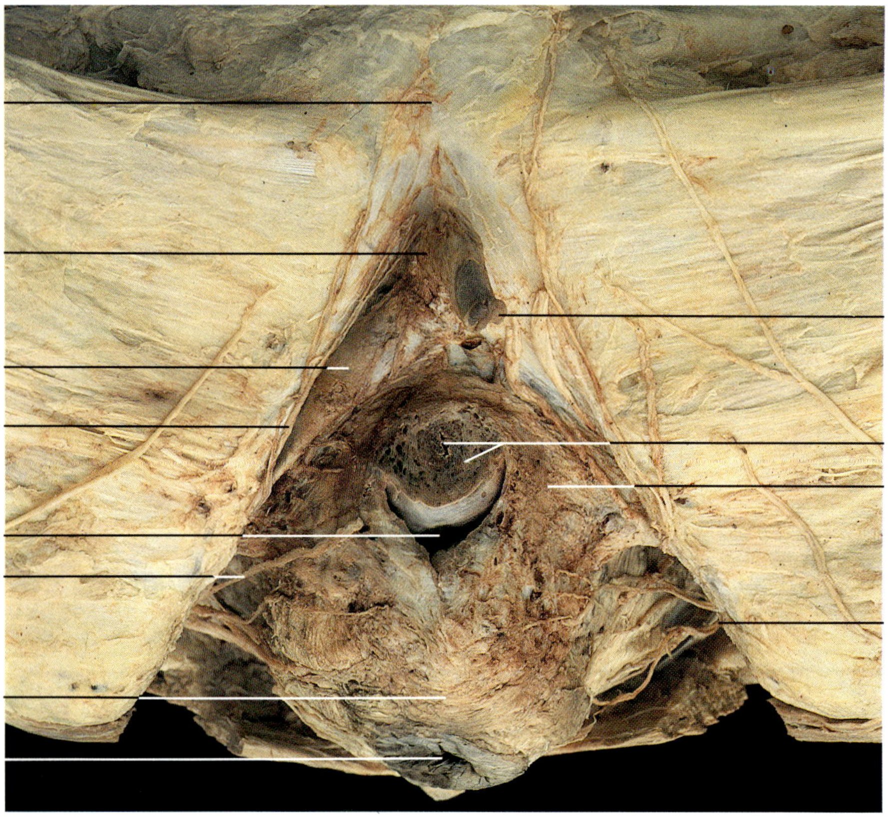

Diaphragma urogenitale und Diaphragma pelvis bei der Frau (von unten). Die Labia minora und der linke Schenkel des Klitorisschwellkörpers wurden entfernt.

1 Lokalisation der Symphysis pubica
2 Corpus clitoridis
3 Crus clitoridis dext.
4 Ostium vaginae
5 Nn. perineales des N. pudendus
6 Centrum tendineum perinei
7 Anus
8 Glans clitoridis
9 Urethra femina mit umgebendem Harnröhrenschwellkörper
10 M. transversus perinei prof.
11 N. pudendus und A. pudenda int.
12 V. dorsalis clitoridis superf. dext.
13 Nn. labiales post.
14 M. glutaeus maximus
15 Lig. anococcygeum
16 V. dorsalis clitoridis prof.
17 N. und A. dorsalis clitoridis
18 M. transversus perinei superf.
19 Nn. perineales und Nn. rectales inf. n. pudendi
20 N. clunium inf.
21 Lig. sacrotuberale
22 Os coccygis

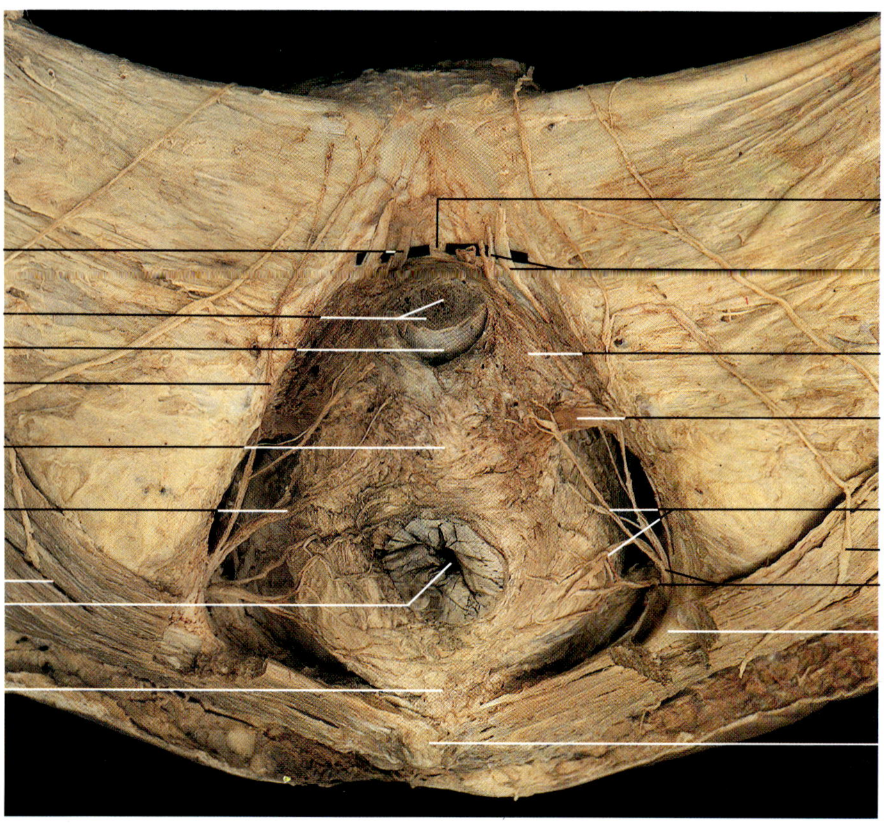

Diaphragma urogenitale bei der Frau (von unten). Die Labia minora, Clitoris und der Bulbus vestibuli wurden entfernt.

Kapitel IX

Untere Extremität

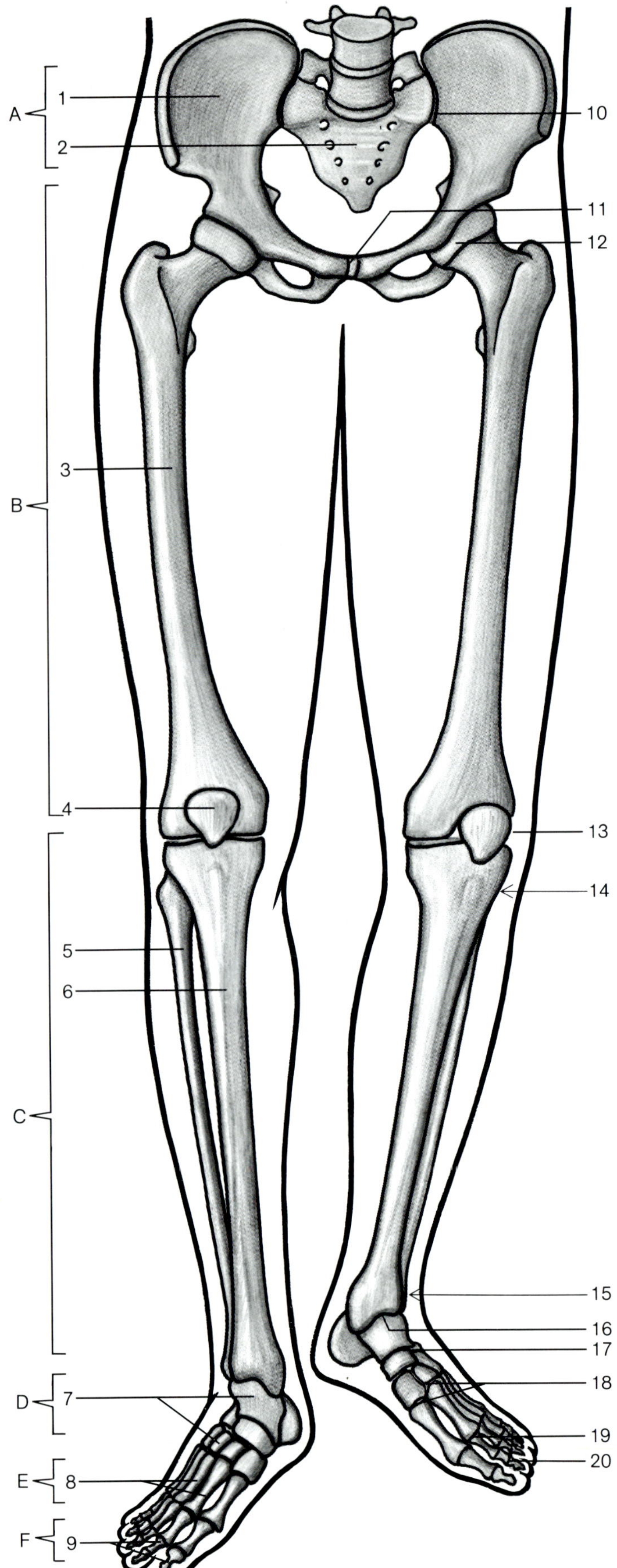

A Beckengürtel (Cingulum membri sup.)
B Oberschenkel
C Unterschenkel (Crus)
D Fußwurzel (Tarsus)
E Mittelfuß (Metatarsus)
F Zehen (Phalanges)

1 Os coxae
2 Os sacrum
3 Femur
4 Patella
5 Fibula
6 Tibia
7 Ossa tarsi
8 Ossa metatarsalia
9 Phalanges
10 Articulatio sacroiliaca
11 Symphysis pubica
12 Articulatio coxae
13 Articulatio genus
14 Articulatio tibiofibularis
15 Syndesmosis tibiofibularis
16 Articulatio talocruralis
17 Articulatio talocalcaneonavicularis
18 Articulationes tarsometatarseae
19 Articulationes metatarsophalangeae
20 Articulationes interphalangeae pedis

Übersicht über Aufbau und Gliederung der unteren Extremität (Schemazeichnung) (W.). Das rechte Bein ist als Standbein, das linke als Spielbein dargestellt.

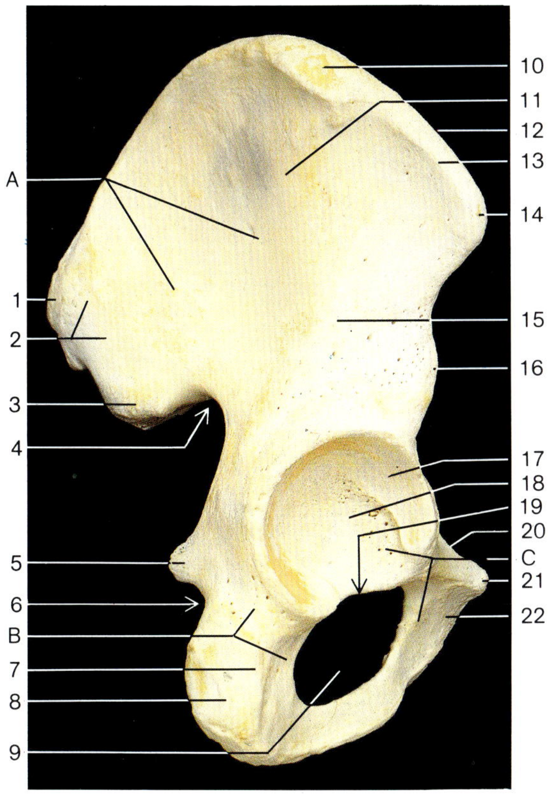

Rechtes Os coxae (von lateral).

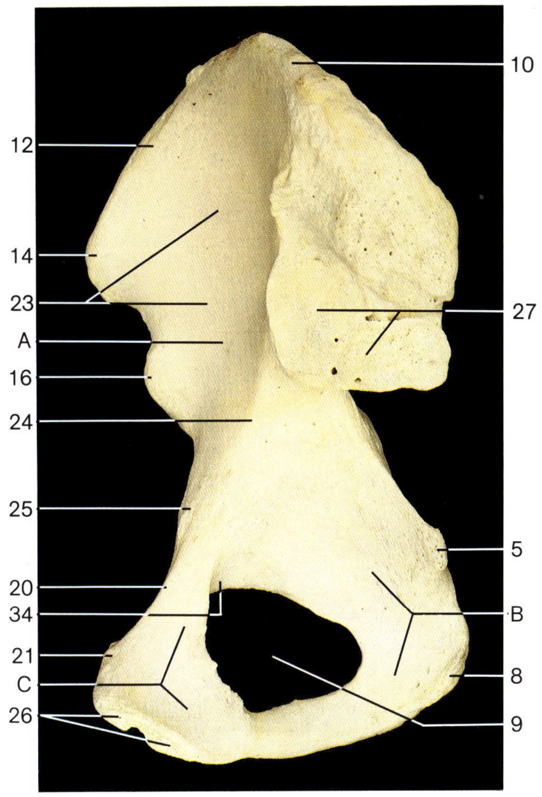

Rechtes Os coxae (von medial).

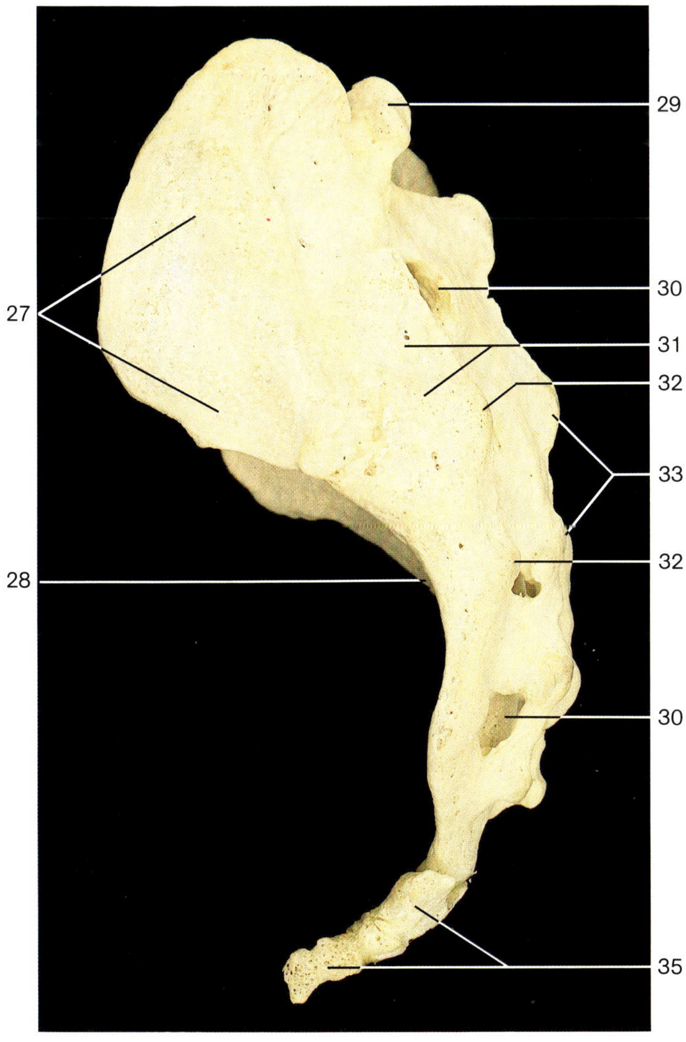

Os sacrum und Os coccygis (von lateral).

A Os ilium
B Os ischii
C Os pubis

1 Spina iliaca post. sup.
2 Linea glutaea post.
3 Spina iliaca post. inf.
4 Incisura ischiadica major
5 Spina ischiadica
6 Incisura ischiadica minor
7 Corpus ossis ischii
8 Tuber ischiadicum
9 Foramen obturatum
10 Crista iliaca
11 Linea glutaea ant.
12 Labium int. cristae iliacae
13 Labium ext. cristae iliacae
14 Spina iliaca ant. sup.
15 Linea glutaea inf.
16 Spina iliaca ant. inf.
17 Acetabulum (Facies lunata)
18 Fossa acetabuli
19 Incisura acetabuli
20 Pecten ossis pubis
21 Tuberculum pubicum
22 Corpus ossis pubis
23 Fossa iliaca
24 Linea arcuata
25 Eminentia iliopubica
26 Facies symphysialis
27 Facies auricularis
28 Facies pelvina
29 Processus articularis sup.
30 Foramina sacralia dorsalia
31 Tuberositas sacralis
32 Crista sacralis lat.
33 Crista sacralis mediana
34 Sulcus obturatorius
35 Os coccygis

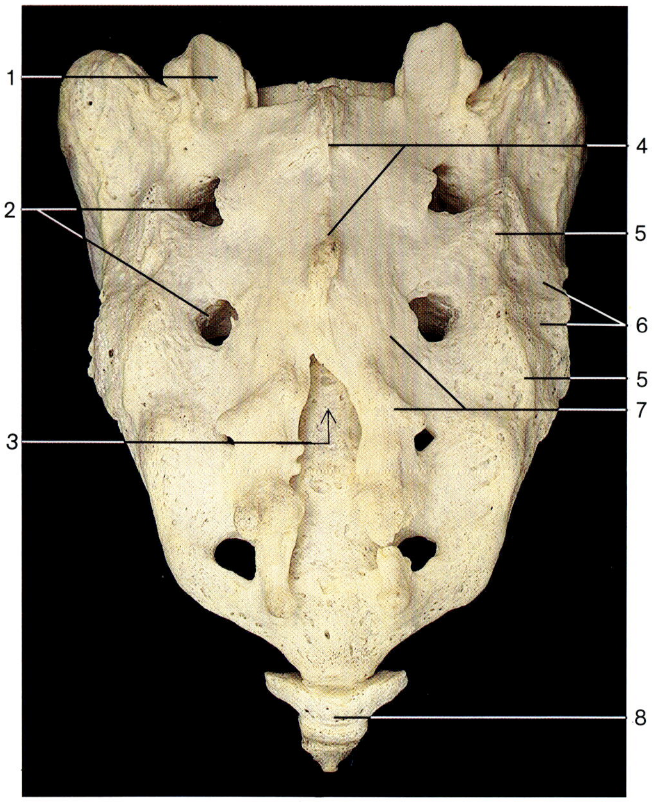

Os sacrum (von dorsal).

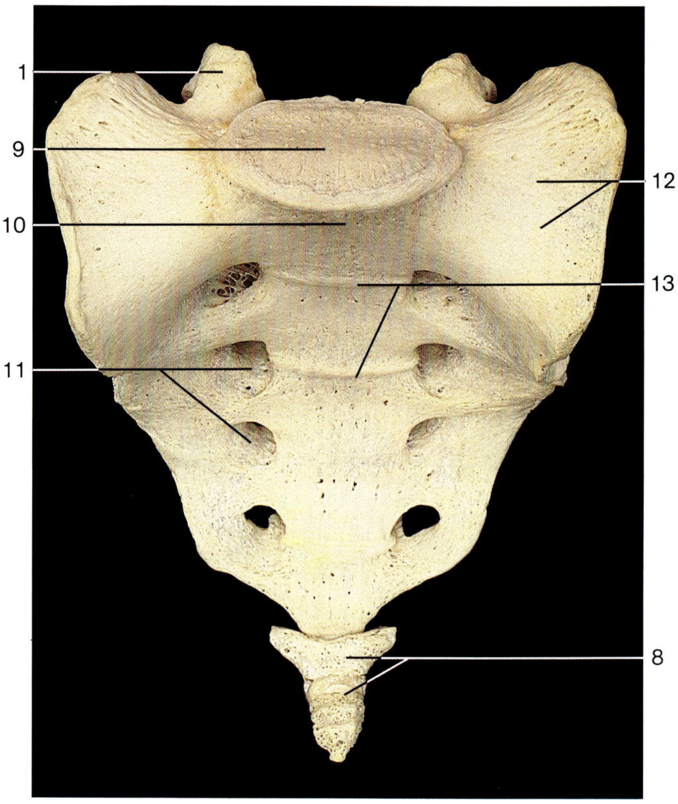

Os sacrum (von ventral).

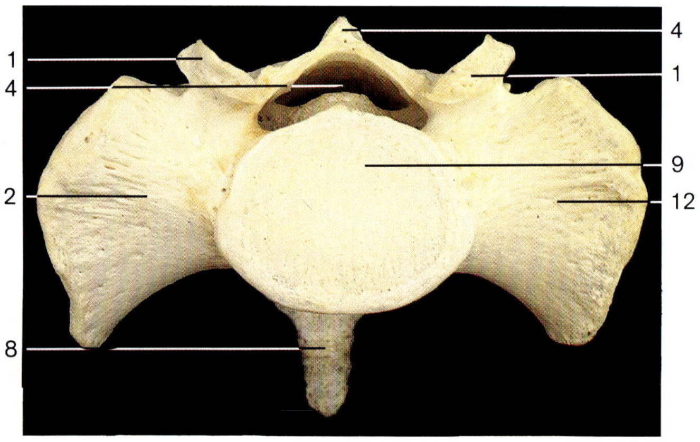

Os sacrum (von oben).

1 Processus articularis sup.
2 Foramina sacralia dorsalia
3 Hiatus sacralis
4 Crista sacralis media
5 Crista sacralis lat.
6 Tuberositas sacralis
7 Crista sacralis intermedia
8 Os coccygis
9 Basis ossis sacri
10 Promontorium
11 Foramina sacralia pelvina
12 Pars lat. ossis sacri
13 Lineae transversae
14 Canalis sacralis
15 Linea terminalis
16 Conjugata vera
17 Conjugata diagonalis
18 Diameter transversa
19 Diameter obliqua
20 Apertura pelvis inf.

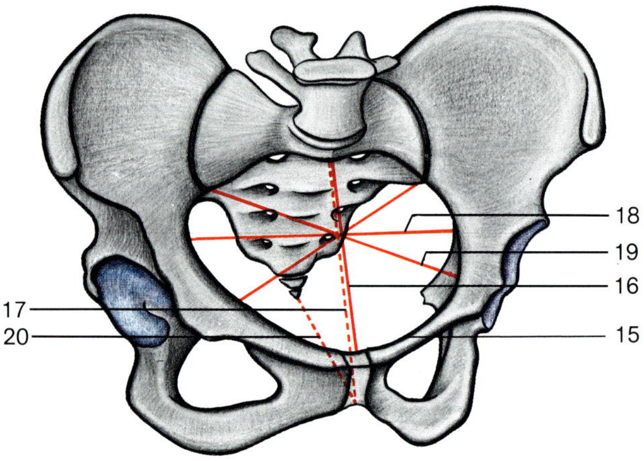

Beckenmaße (Schemazeichnung) (W.).

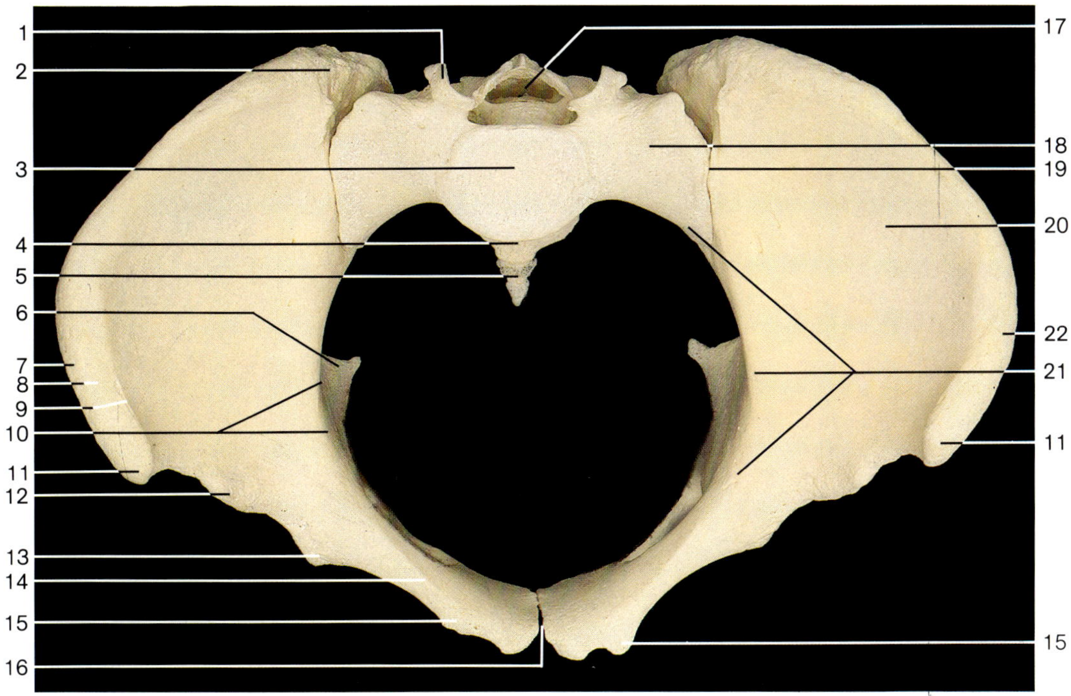

Weibliches Becken (von oben). Man beachte Lage und Form des Kreuzbeins, die Formung der Beckeneingangsebene und die unterschiedliche Gestalt der Beckenschaufeln bei beiden Geschlechtern.

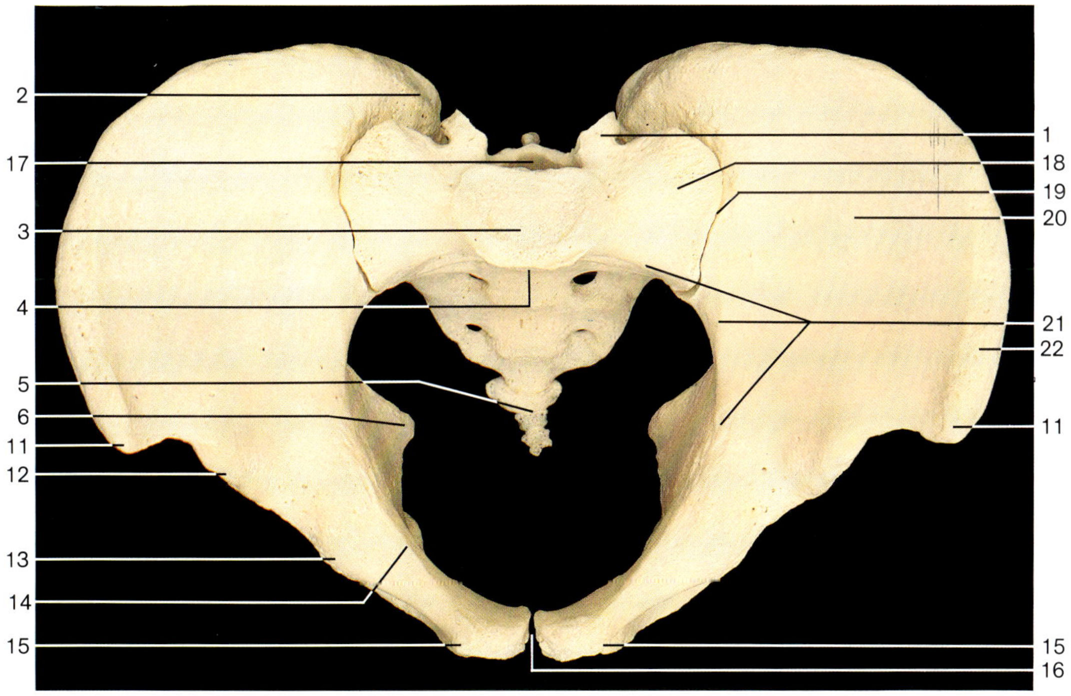

Männliches Becken (von oben). Im Vergleich zum weiblichen Becken (oben) weist die Beckeneingangsebene eine mehr kartenherzförmige Gestalt auf.

1 Processus articularis sup.
2 Spina iliaca post. sup.
3 Basis ossis sacri
4 Promontorium
5 Os coccygis
6 Spina ischiadica
7 Labium externum } cristae iliacae
8 Linea intermedia } cristae iliacae
9 Labium internum } cristae iliacae
10 Linea arcuata
11 Spina iliaca ant. sup.
12 Spina iliaca ant. inf.
13 Eminentia iliopubica
14 Pecten ossis pubis
15 Tuberculum pubicum
16 Symphysis pubica
17 Canalis sacralis
18 Os sacrum, pars lateralis
19 Lokalisation der Articulatio sacroiliaca
20 Fossa iliaca
21 Linea terminalis
22 Crista iliaca

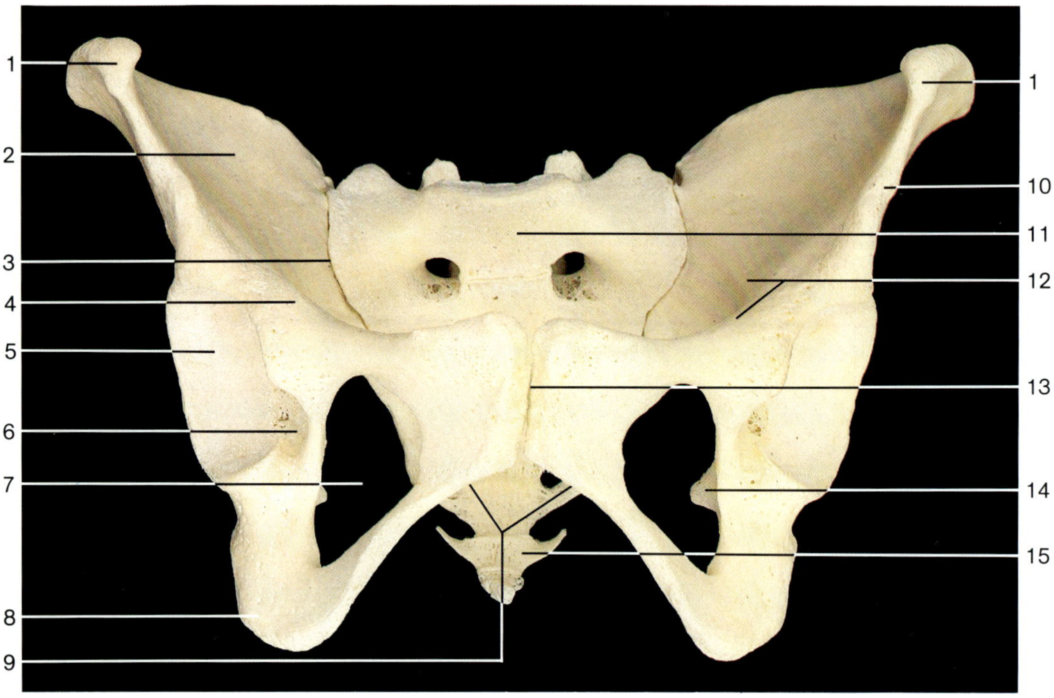

Weibliches Becken (von ventral). Man beachte die bei beiden Geschlechtern unterschiedliche Form des Beckens, insbesondere die Stellung der Beckenschaufeln und die Gestalt des Kreuzbeins. Der Arcus pubis ist bei der Frau deutlich größer und das Foramen obturatum hat eine mehr dreiseitige Gestalt.

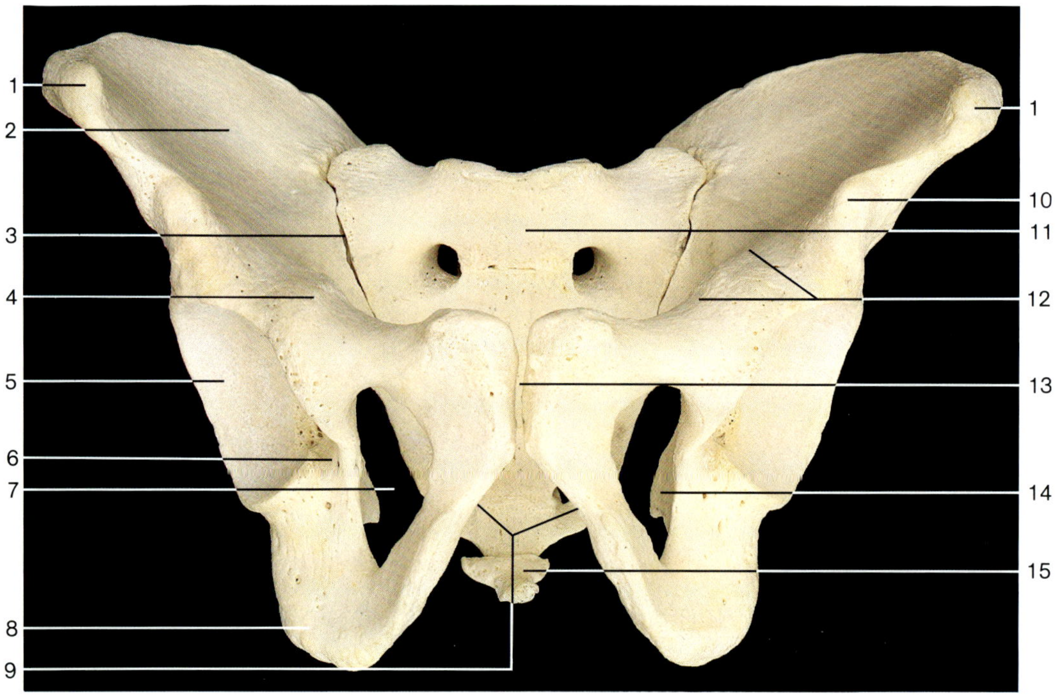

Männliches Becken (von ventral). Vgl. weibliches Becken (oben).

1 Spina iliaca ant. sup.
2 Fossa iliaca
3 Lokalisation der Articulatio sacroiliaca
4 Eminentia iliopubica
5 Acetabulum (Facies lunata)
6 Incisura acetabuli
7 Foramen obturatum
8 Tuber ischiadicum
9 Arcus bzw. Angulus pubis
10 Spina iliaca ant. inf.
11 Os sacrum
12 Linea terminalis (Höhe der Beckeneingangsebene)
13 Symphysis pubica
14 Spina ischiadica
15 Os coccygis

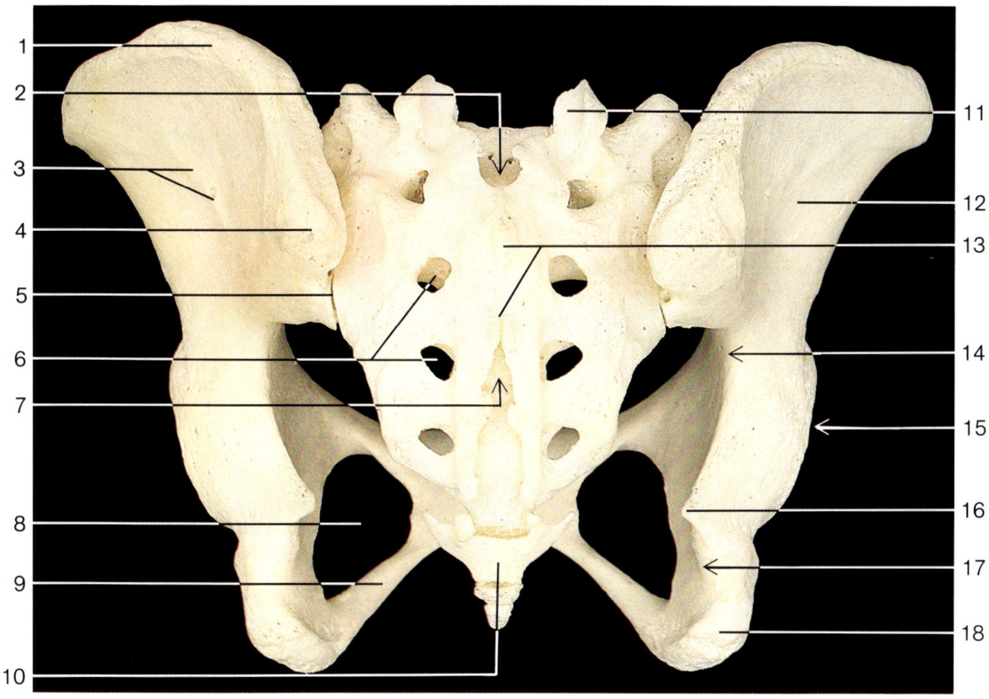

Weibliches Becken (von dorsal). Man beachte besonders die Unterschiede in der Gestaltung des Beckenausgangs, des Kreuzbeins, der Incisurae ischiadicae und des Arcus pubis zwischen dem männlichen und weiblichen Becken.

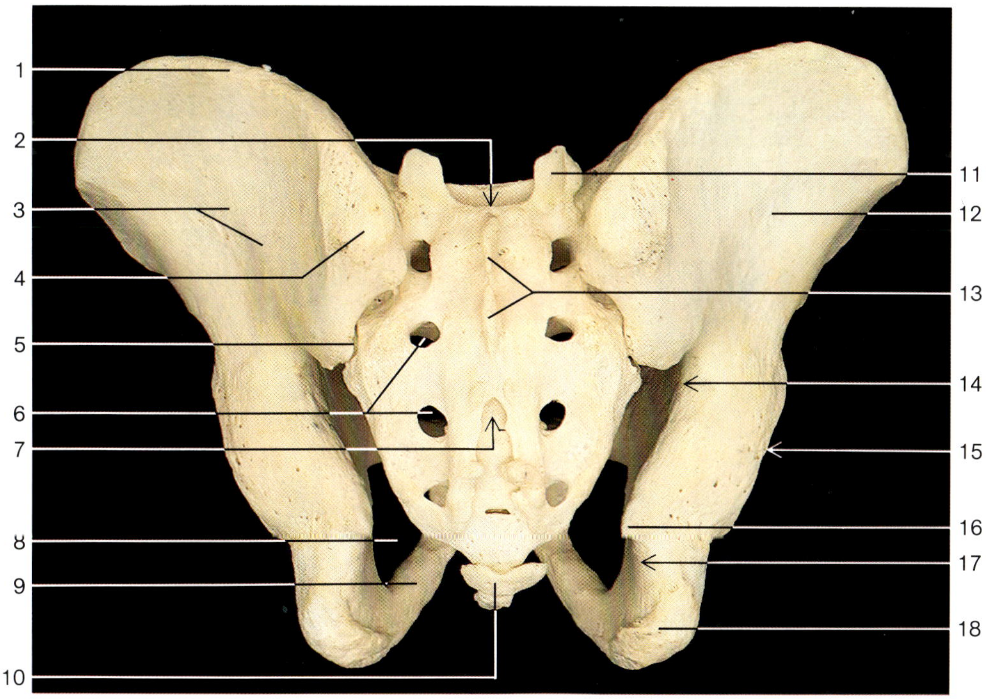

Männliches Becken (von dorsal). Vgl. weibliches Becken (oben).

1 Crista iliaca
2 Canalis sacralis
3 Linea glutaea post.
4 Spina iliaca post. sup.
5 Lokalisation der Articulatio sacroiliaca
6 Foramina sacralia dorsalia
7 Hiatus sacralis
8 Foramen obturatum
9 Ramus ossis ischii
10 Os coccygis
11 Processus articularis sup.
12 Facies glutaea ossis ilii
13 Crista sacralis mediana
14 Incisura ischiadica major
15 Lokalisation des Acetabulum
16 Spina ischiadica
17 Incisura ischiadica minor
18 Tuber ischiadicum

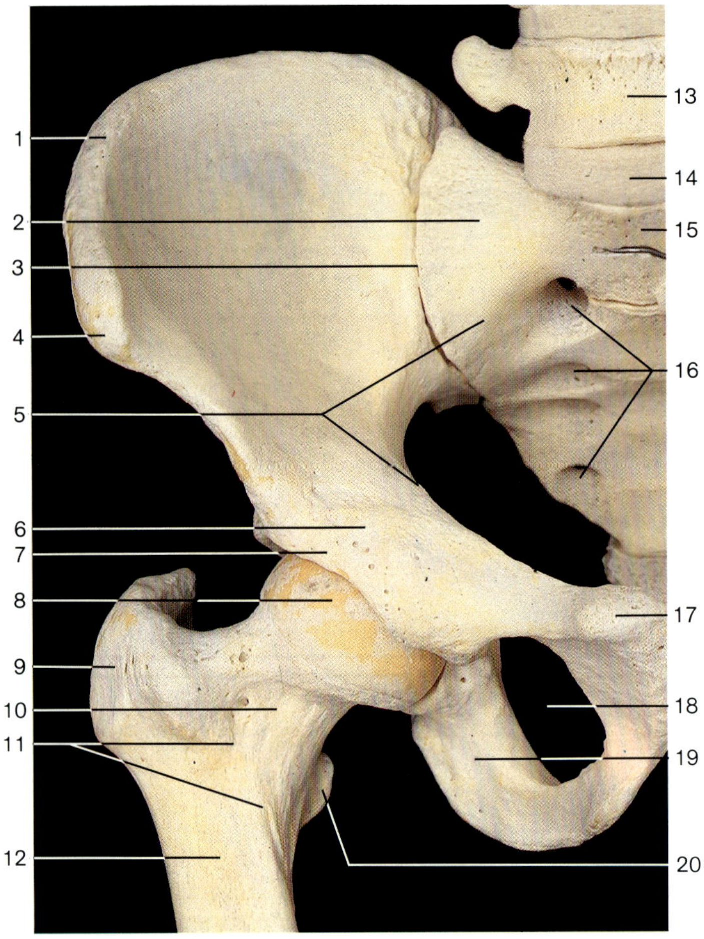

Gelenkkörper des rechten Hüftgelenkes (von ventral).

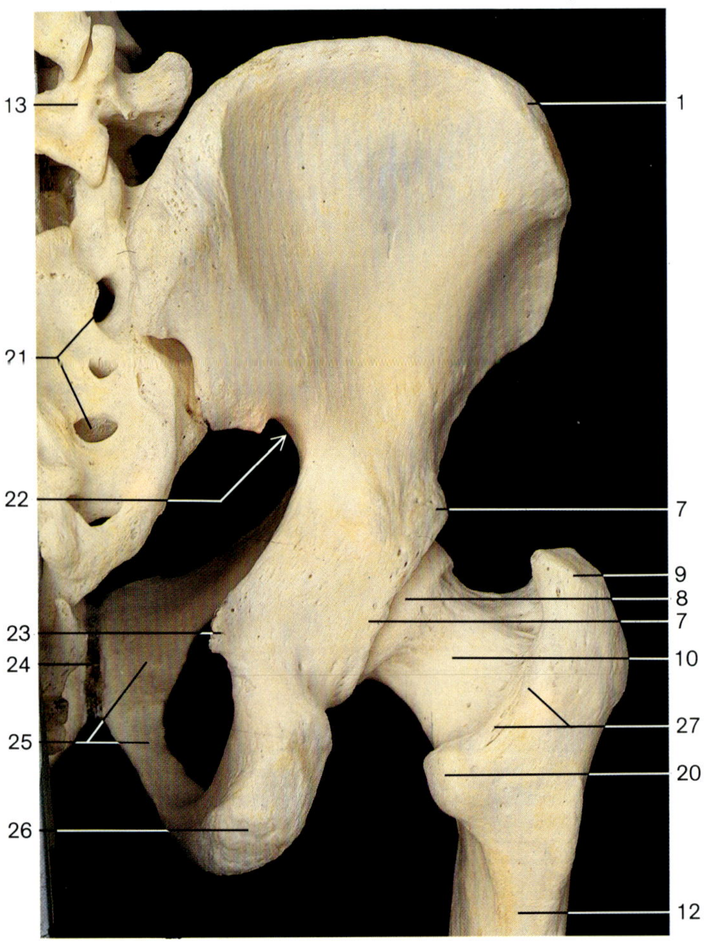

Gelenkkörper des rechten Hüftgelenkes (von dorsal).

1 Crista iliaca
2 Os sacrum, pars lateralis
3 Lokalisation der **Articulatio sacroiliaca**
4 Spina iliaca ant. sup.
5 Linea terminalis
6 Eminentia iliopubica
7 Rand des Acetabulum
8 Caput femoris, Lage der **Articulatio coxae**
9 Trochanter major
10 Collum femoris
11 Linea intertrochanterica
12 Femurschaft
13 Fünfter Lendenwirbel
14 Bandscheibe zwischen 5. Lendenwirbel und Kreuzbein (Imitation)
15 Promontorium
16 Foramina sacralia pelvina
17 Tuberculum pubicum
18 Foramen obturatum
19 Ramus ossis ischii
20 Trochanter minor
21 Foramina sacralia dorsalia
22 Incisura ischiadica major
23 Spina ischiadica
24 Symphysis pubica
25 Os pubis
26 Tuber ischiadicum
27 Crista intertrochanterica

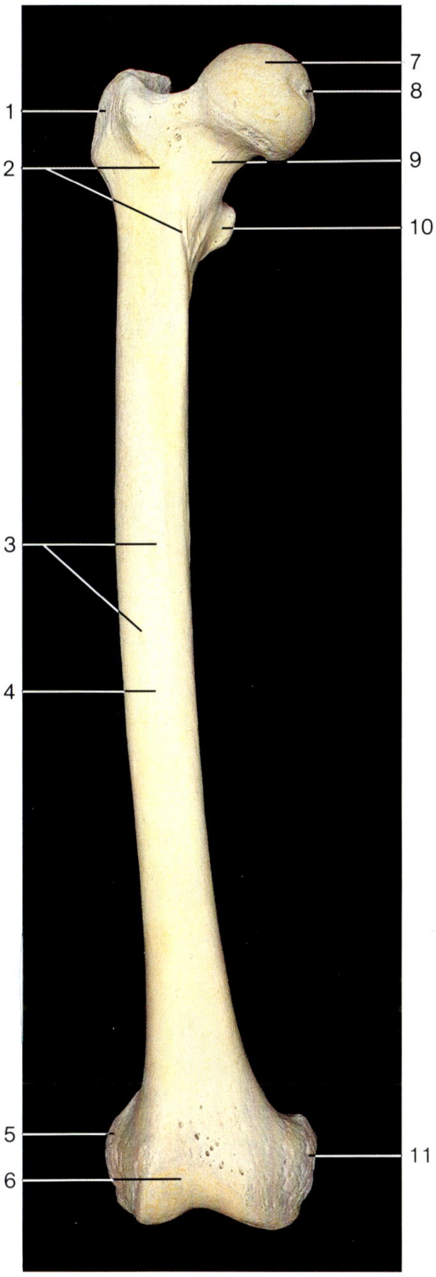

Rechtes Femur (von ventral).

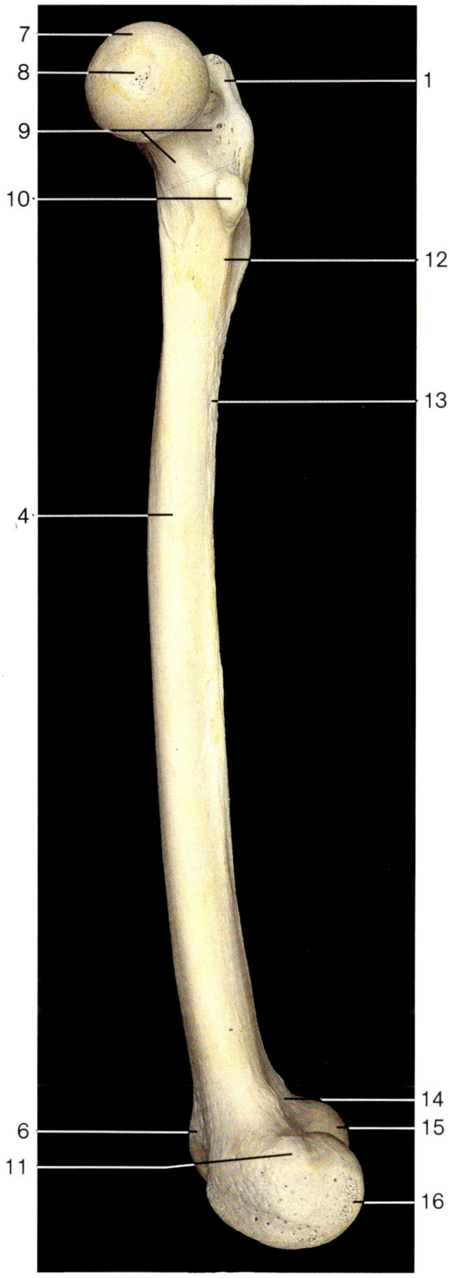

Rechtes Femur (von medial).

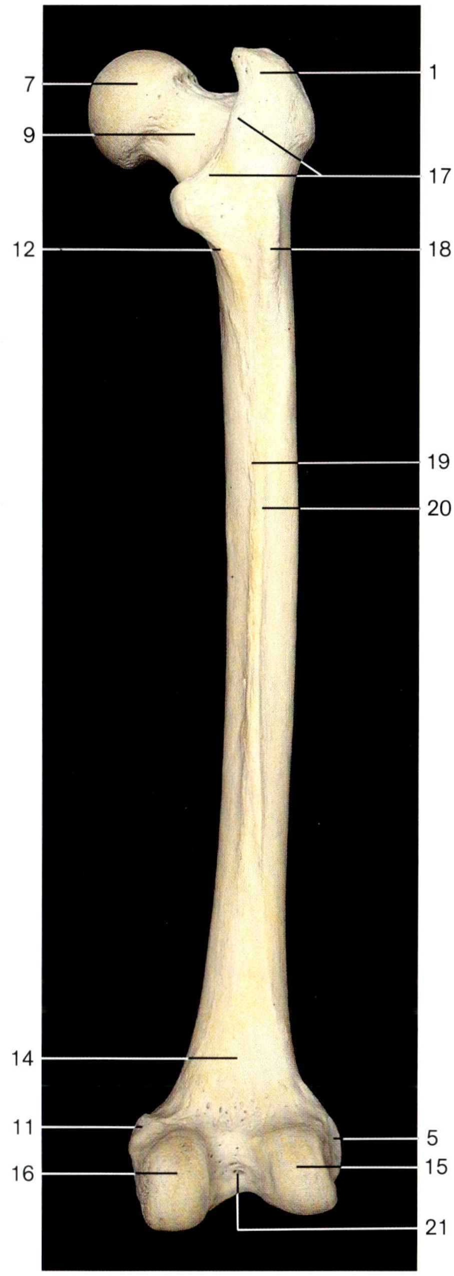

Rechtes Femur (von dorsal).

1 Trochanter major
2 Linea intertrochanterica
3 Foramina nutricia
4 Corpus femoris (Diaphyse)
5 Epicondylus lat.
6 Facies patellaris
7 Caput femoris
8 Fovea capitis femoris
9 Collum femoris
10 Trochanter minor
11 Epicondylus med.
12 Linea pectinea
13 Linea aspera
14 Facies poplitea
15 Condylus lat.
16 Condylus med.
17 Crista intertrochanterica
18 Trochanter tertius
19 Labium med. } der Linea aspera
20 Labium lat. } der Linea aspera
21 Fossa intercondylaris

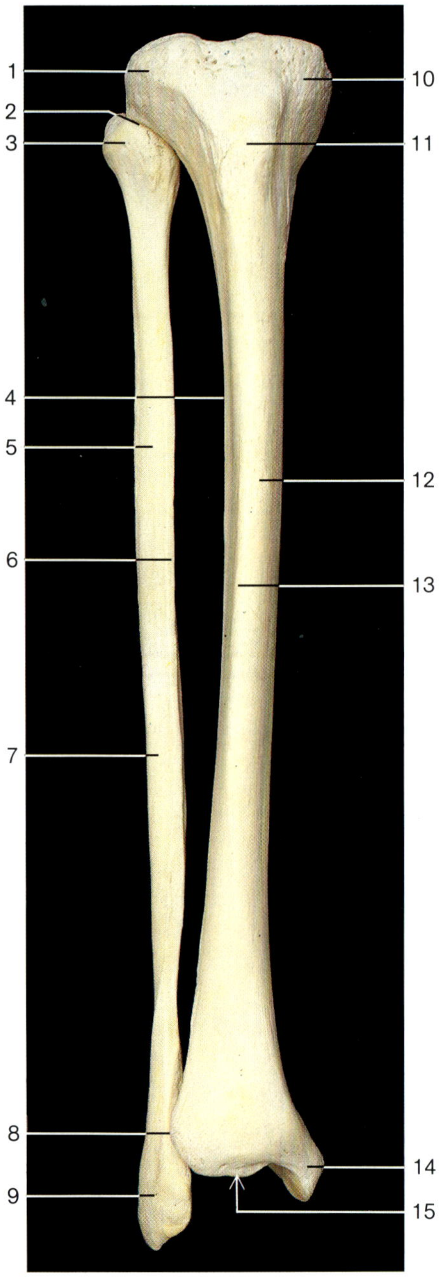

Unterschenkelknochen, rechte Seite, Tibia und Fibula (von ventral).

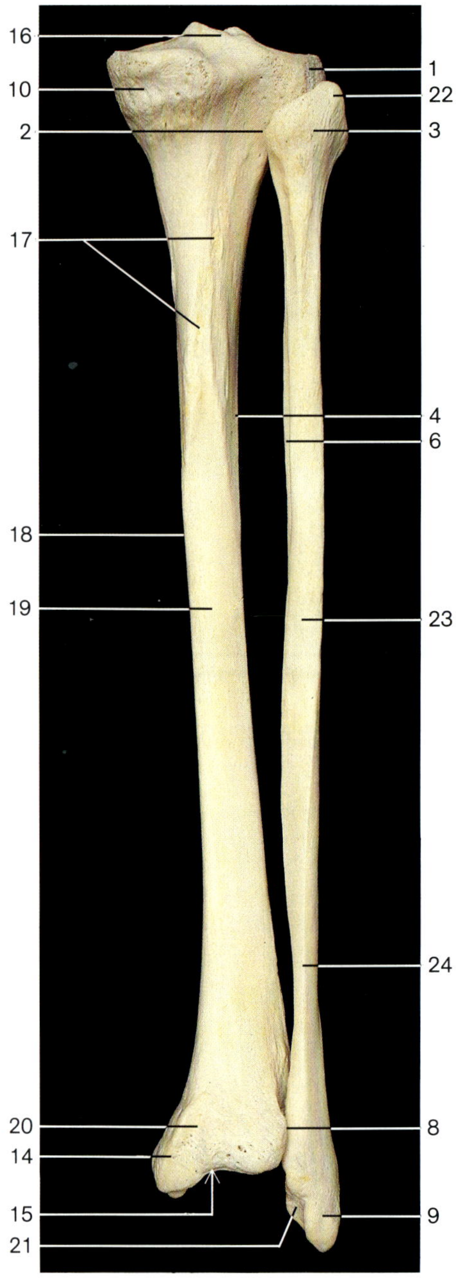

Unterschenkelknochen, rechte Seite, Tibia und Fibula (von dorsal).

1 Condylus lat. tibiae
2 Lokalisation der Articulatio tibiofibularis
3 Caput fibulae
4 Margo interosseus tibiae
5 Corpus fibulae (Diaphyse)
6 Margo interosseus fibulae
7 Facies lat. fibulae
8 Lokalisation der Syndesmosis tibiofibularis
9 Malleolus lat. fibulae
10 Condylus med. tibiae
11 Tuberositas tibiae
12 Corpus tibiae (Diaphyse)
13 Margo ant. tibiae
14 Malleolus med. tibiae
15 Facies articularis inf. tibiae
16 Eminentia intercondylaris
17 Linea m. solei
18 Margo med. tibiae
19 Facies post. tibiae
20 Sulcus malleolaris tibiae
21 Facies articularis malleoli
22 Apex capitis fibulae
23 Facies post. fibulae
24 Margo post. fibulae
25 Tuberculum intercondylare med.
26 Area intercondylaris post.
27 Area intercondylaris ant.
28 Tuberculum intercondylare lat.

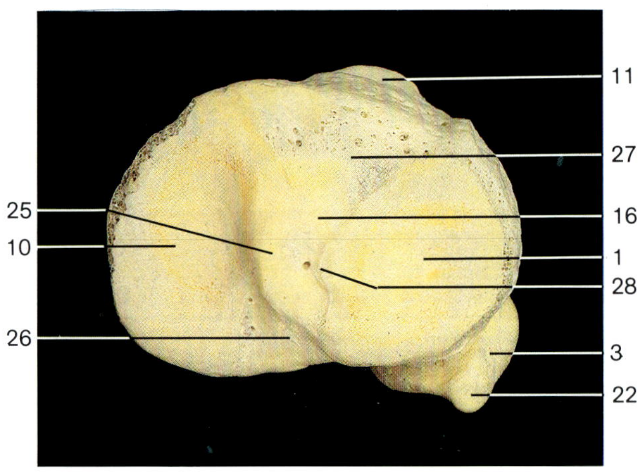

Rechter Tibiakopf (von kranial, die Vorderfläche der Tibia zeigt nach oben). Die Gelenkflächen des Condylus med. und lat. bilden zusammen die Facies articularis sup.

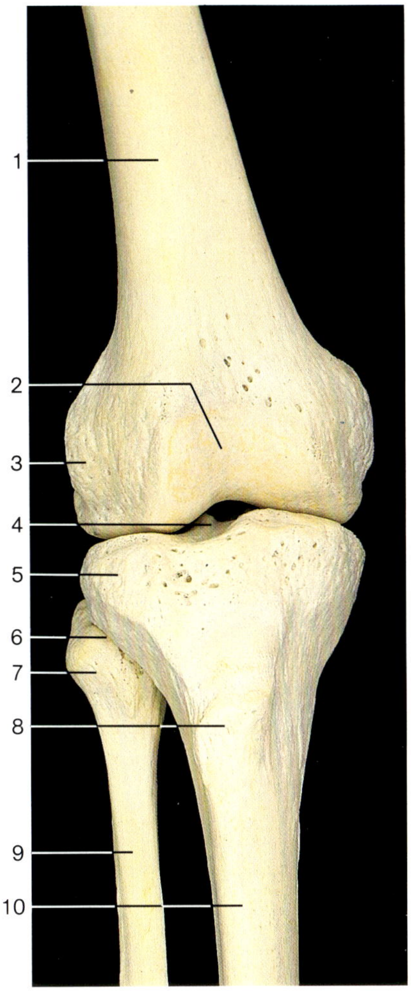

Gelenkkörper des rechten Kniegelenkes (von ventral).

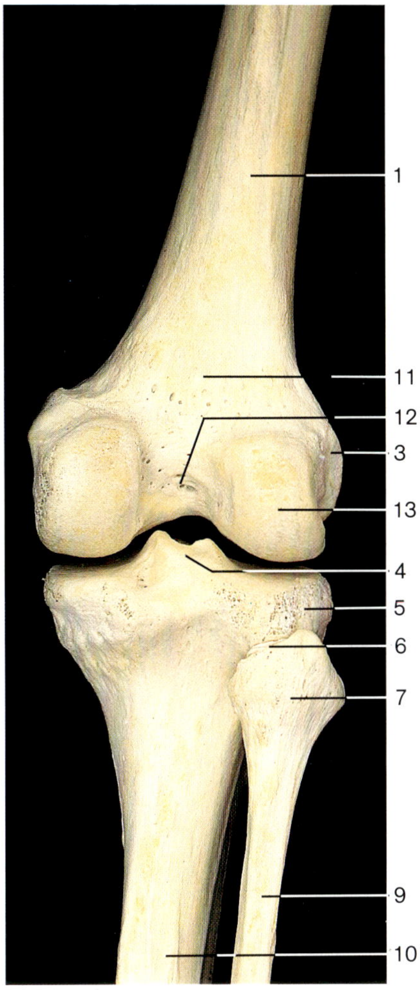

Gelenkkörper des rechten Kniegelenkes (von dorsal).

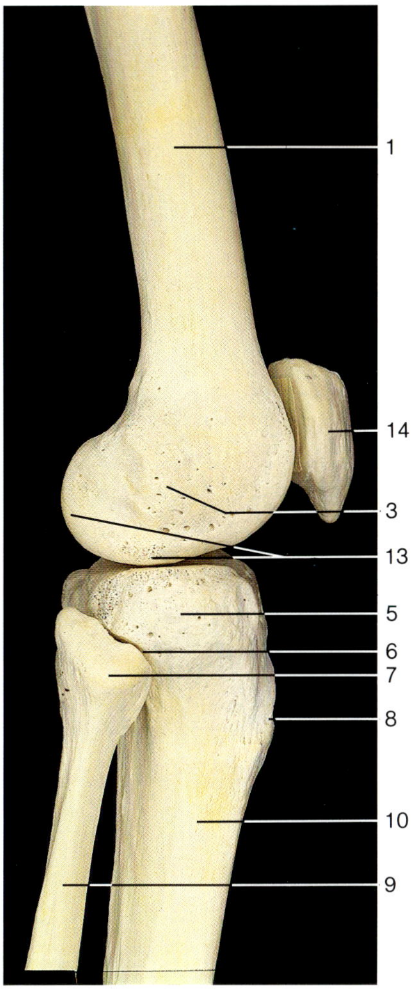

Gelenkkörper des rechten Kniegelenkes (von lateral).

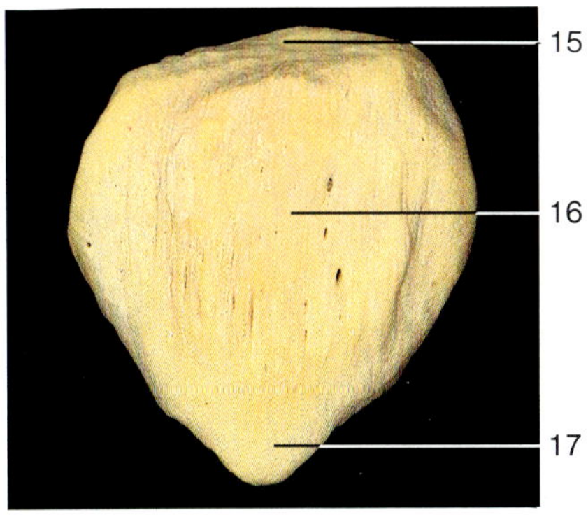

Patella (von vorne).

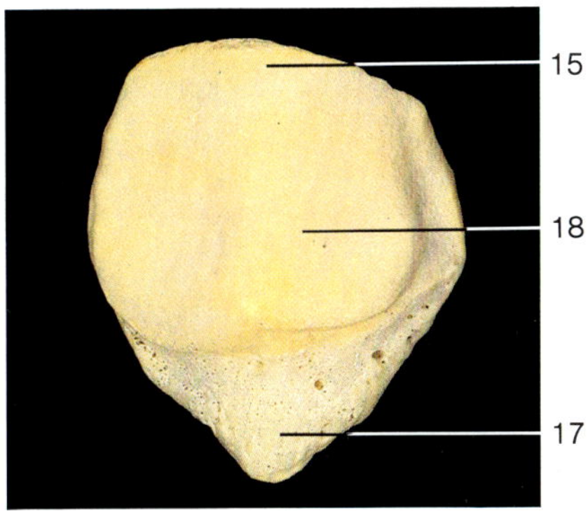

Patella (von hinten).

1 **Femur** (Corpus femoris)
2 Facies patellaris
3 Epicondylus lat. femoris
4 Eminentia intercondylaris
5 Condylus lat. tibiae
6 Lokalisation der Articulatio tibiofibularis
7 Caput fibulae
8 Tuberositas tibiae
9 **Fibula**
10 **Tibia** (Corpus tibiae)
11 Facies poplitea
12 Fossa intercondylaris
13 Condylus lat. femoris
14 **Patella**
15 Basis patellae
16 Facies ant. patellae
17 Apex patellae
18 Facies articularis patellae

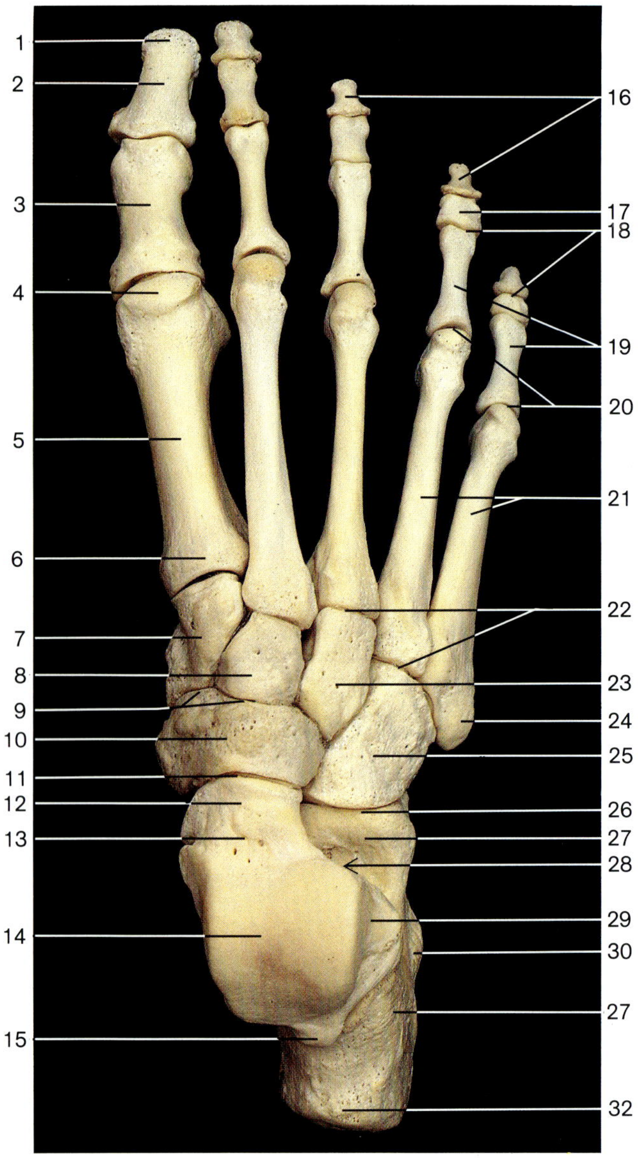

Fußskelett (rechter Fuß, von dorsal).

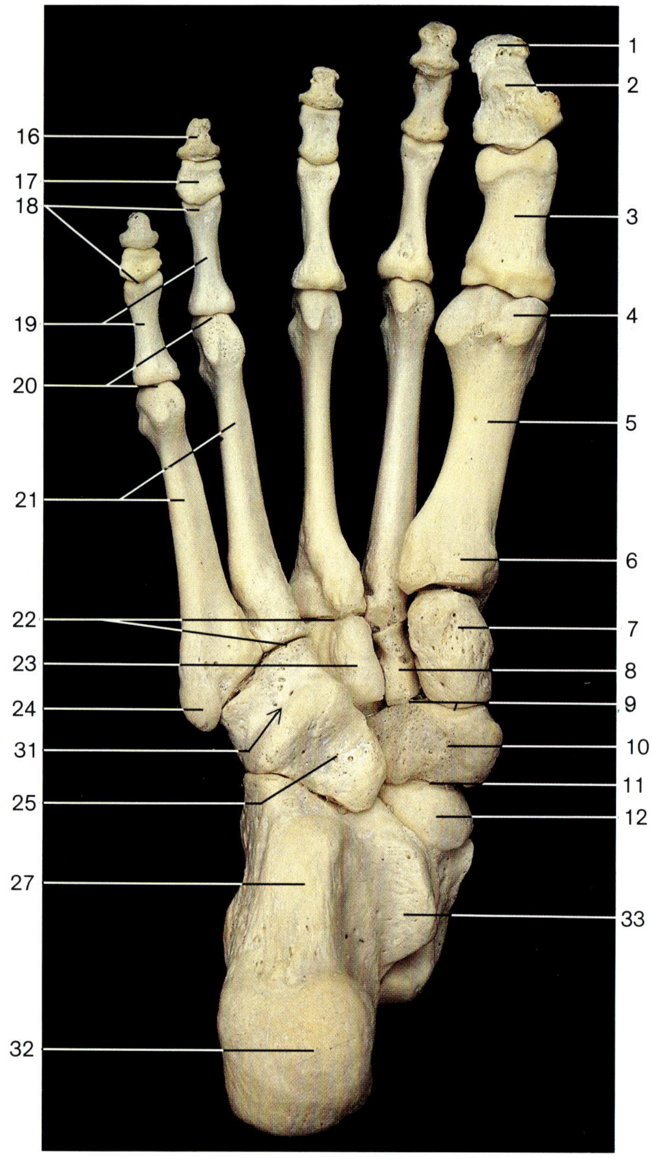

Fußskelett (rechter Fuß, von plantar).

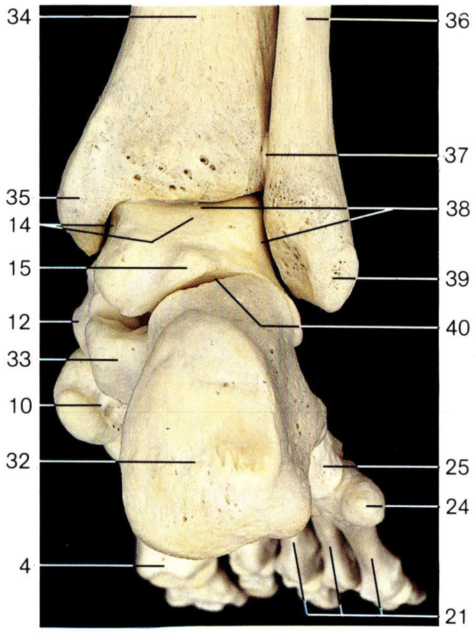

Knochen von Unterschenkel und Fuß (rechte Seite, von dorsal).

1 Tuberositas phalangis distalis hallucis
2 Phalanx distalis hallucis
3 Phalanx proximalis hallucis
4 Caput ossis metatarsalis I
5 Os metatarsale I
6 Basis ossis metatarsalis I
7 Os cuneiforme mediale
8 Os cuneiforme intermedium
9 Lage der **Articulatio cuneonavicularis**
10 Os naviculare

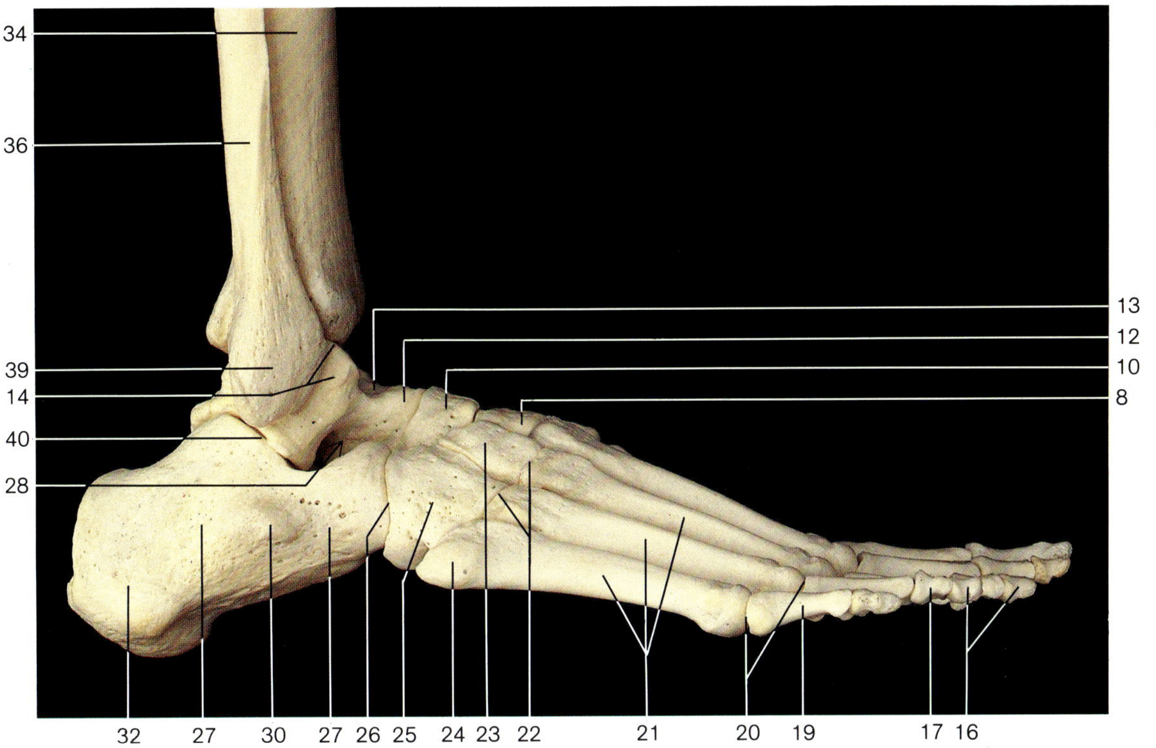

Knochen von Unterschenkel und Fuß (rechte Seite, von lateral).

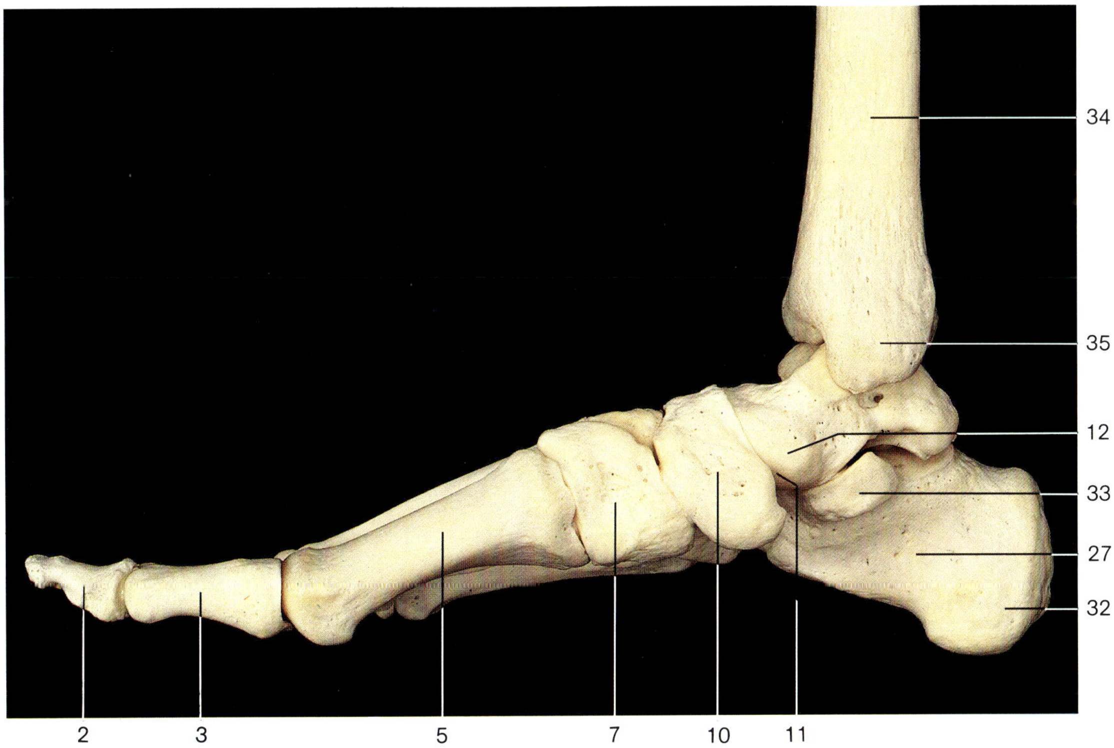

Knochen von Unterschenkel und Fuß (rechte Seite, von medial).

11 Lage der **Articulatio talocalcaneonavicularis** (Teil des unteren Sprunggelenkes)
12 Caput tali
13 Collum tali
14 Trochlea und Facies malleolaris med. tali
15 Tuberculum post. tali
16 Phalanges distales
17 Phalanx media
18 Lage der **Articulationes interphalangeae**
19 Phalanges proximales
20 Lage der **Articulationes metatarsophalangeae**
21 Ossa metatarsalia
22 Lage der **Articulationes tarsometatarseae**
23 Os cuneiforme lat.
24 Tuberositas ossis metatarsalis V
25 Os cuboideum
26 Lage der **Articulatio calcaneocuboidea**
27 Calcaneus
28 Sinus tarsi
29 Facies malleolaris lat. tali
30 Trochlea peronaealis
31 Sulcus tendinis m. peronaei longi
32 Tuber calcanei
33 Sustentaculum tali des Calcaneus
34 Tibia
35 Malleolus med.
36 Fibula
37 Syndesmosis tibiofibularis
38 Lage der **Articulatio talocruralis**
39 Malleolus lat.
40 Lage der **Articulatio subtalaris**

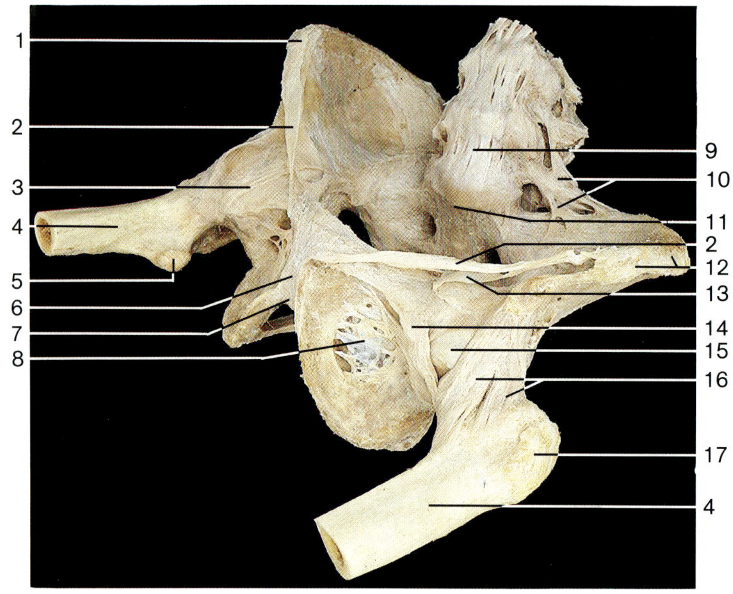

Bandapparat des Beckens und Hüftgelenkes (von links-vorne).

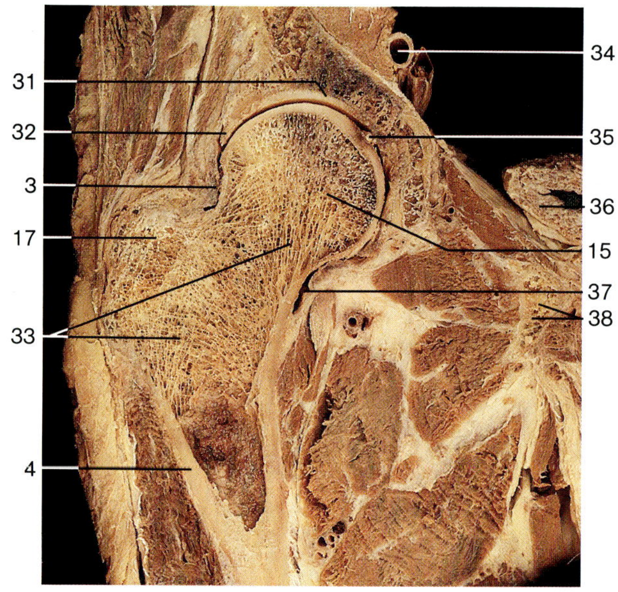

Frontalschnitt durch das rechte Hüftgelenk (von vorne).

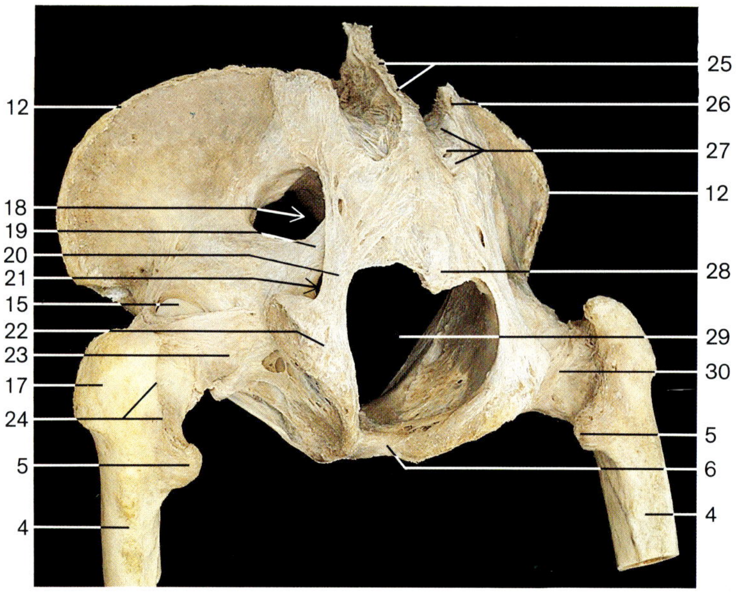

Bandapparat des Beckens und Hüftgelenkes (von links-hinten).

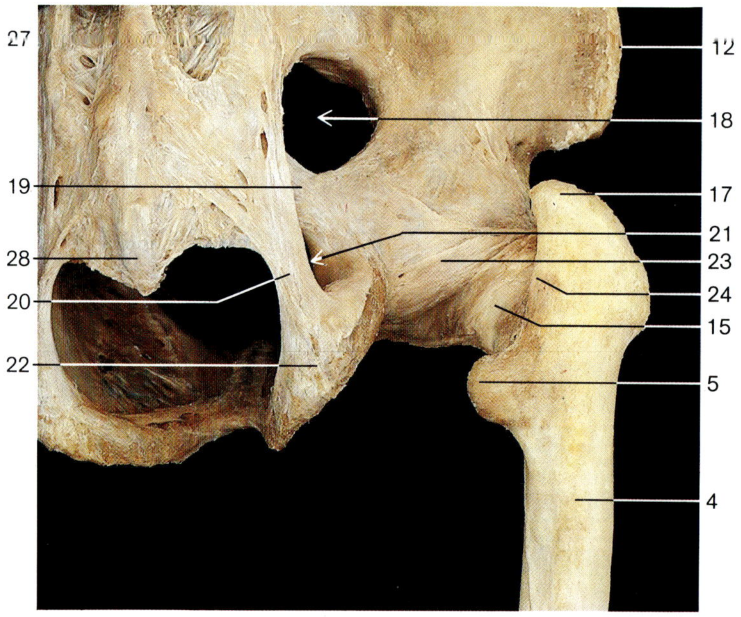

Bandapparat des Hüftgelenkes (von dorsal).

1 Spina iliaca ant. sup.
2 Lig. inguinale
3 Capsula articularis des Hüftgelenkes
4 Femur
5 Trochanter minor
6 Symphysis pubica
7 Lig. arcuatum pubis
8 Membrana obturatoria
9 Fünfter Lendenwirbel mit Lig. longitudinale ant.
10 Lig. iliolumbale
11 Promontorium
12 Crista iliaca
13 Arcus iliopectineus
14 Lig. pubofemorale
15 Caput femoris
16 Lig. iliofemorale
17 Trochanter major
18 Foramen ischiadicum majus
19 Lig. sacrospinale
20 Lig. sacrotuberale
21 Foramen ischiadicum minus
22 Tuber ischiadicum
23 Lig. ischiofemorale
24 Crista intertrochanterica
25 Dornfortsätze der Lendenwirbelsäule mit Lig. supraspinale
26 Spina iliaca post. sup.
27 Ligg. sacroiliaca dorsalia
28 Os coccygis mit Lig. sacrococcygeum dorsale superf.
29 Apertura inf. pelvis (Beckenausgangsebene)
30 Zona orbicularis
31 Acetabulum (Anschnitt)
32 Labrum acetabulare
33 Spongiosa-Architektur des Oberschenkelhalses
34 A. iliaca ext.
35 Lig. capitis femoris
36 Harnblase (Anschnitt)
37 Cavum articulare
38 Os pubis (Anschnitt)

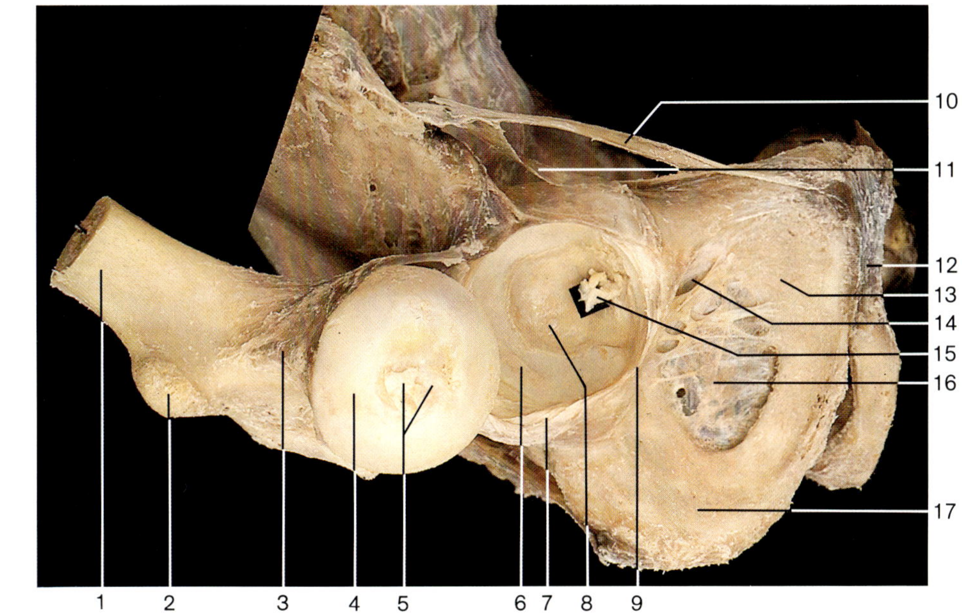

Rechtes Hüftgelenk (eröffnet, Ansicht von lateral-vorne). Lig. capitis femoris durchtrennt. Femurkopf nach hinten-oben aus dem Acetabulum luxiert.

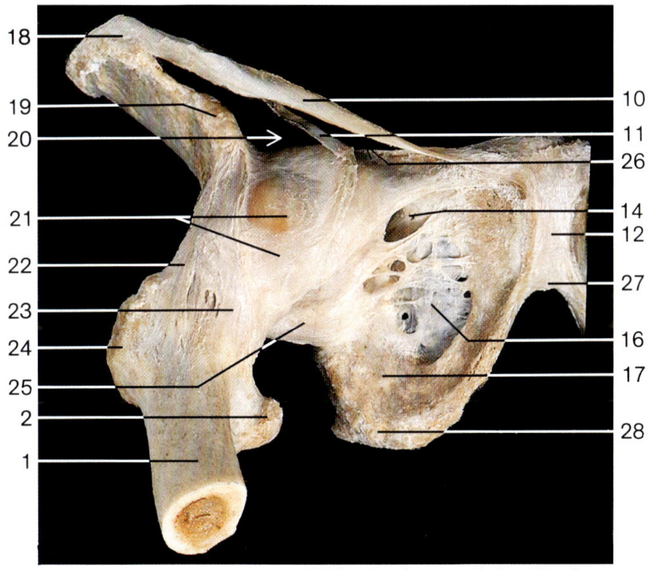

Bandapparat des rechten Hüftgelenkes und des Beckens (schräg von vorne und unten).

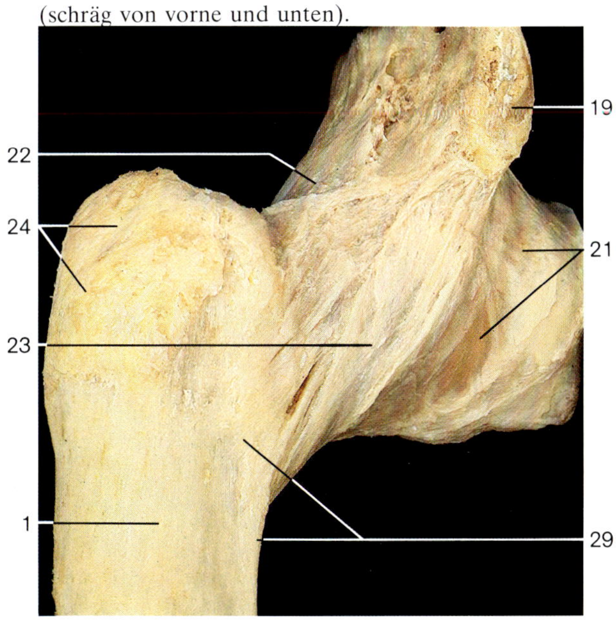

Bandapparat des Hüftgelenkes (von lateral-vorne).

1 Femur
2 Trochanter minor
3 Collum femoris
4 Caput femoris
5 Fovea capitis mit Rest des Lig. capitis femoris
6 Facies lunata } Acetabulum
7 Labrum acetabulare } Acetabulum
8 Fossa acetabuli } Acetabulum
9 Lig. transversum acetabuli } Acetabulum
10 Lig. inguinale
11 Arcus iliopectineus
12 Symphysis pubica
13 Os pubis
14 Canalis obturatorius
15 Lig. capitis femoris
16 Membrana obturatoria
17 Os ischii
18 Spina iliaca ant. sup.
19 Spina iliaca ant. inf.
20 **Lacuna musculorum**
21 Rinne für M. iliopsoas (darunter Caput femoris)
22 Lig. iliofemorale (horizontaler Zug)
23 Lig. iliofemorale (vertikaler Zug)
24 Trochanter major
25 Lig. ischiofemorale
26 **Lacuna vasorum**
27 Lig. arcuatum pubis
28 Tuber ischiadicum
29 Linea intertrochanterica

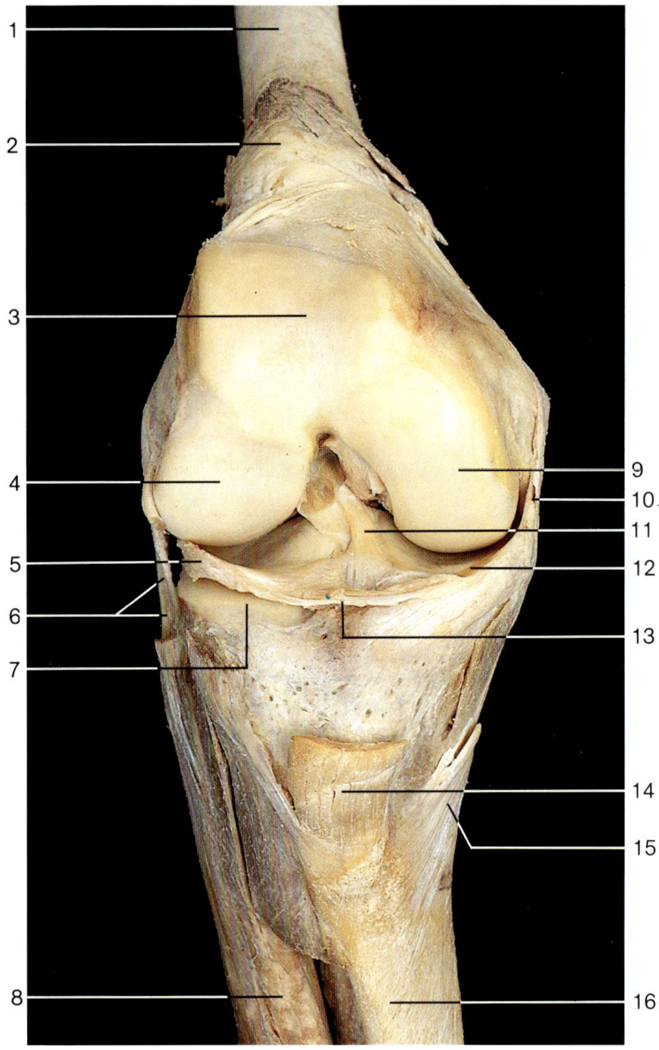

Rechtes Kniegelenk mit Bändern (von vorne); Gelenkkapsel und Patella wurden entfernt. Das Kniegelenk ist leicht gebeugt.

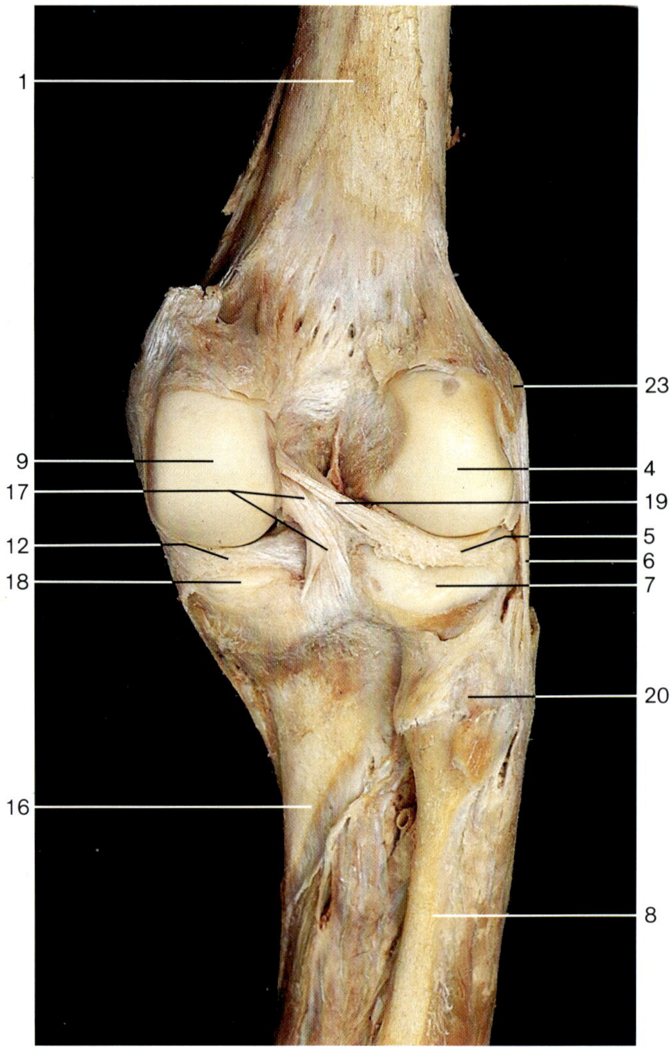

Bandapparat des rechten Kniegelenkes; Streckstellung (von dorsal). Die Gelenkkapsel wurde entfernt.

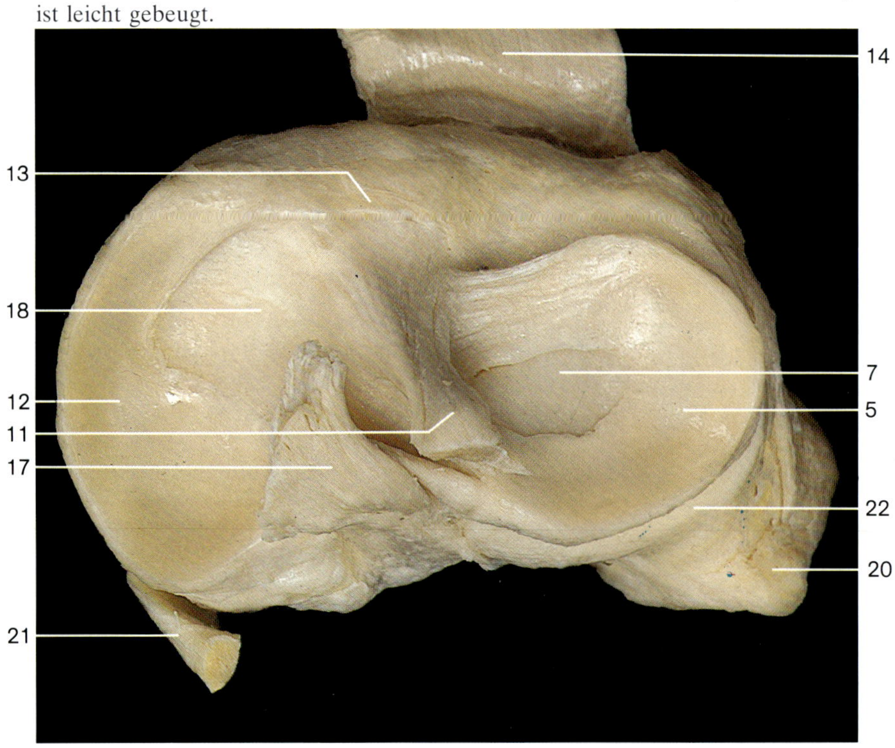

Obere Gelenkfläche der rechten Tibia mit Menisci und Kreuzbändern. Die Vorderfläche der Tibia zeigt zum oberen Bildrand.

1 Femur
2 Capsula articularis genus (Bursa suprapatellaris)
3 Facies patellaris
4 Condylus lat. femoris
5 **Meniscus lat.**
6 Lig. collaterale fibulare
7 Condylus lat. tibiae (Facies articularis sup.)
8 Fibula
9 Condylus med. femoris
10 Lig. collaterale tibiale
11 **Lig. cruciatum ant.**
12 **Meniscus med.**
13 Lig. transversum genus
14 Lig. patellae
15 Pes anserinus
16 Tibia
17 **Lig. cruciatum post.**
18 Condylus med. tibiae (Facies articularis sup.)
19 Lig. meniscofemorale post.
20 Caput fibulae
21 Sehne des M. semimembranosus
22 Hinterer Ansatz der Kniegelenkkapsel
23 Epicondylus lat. femoris

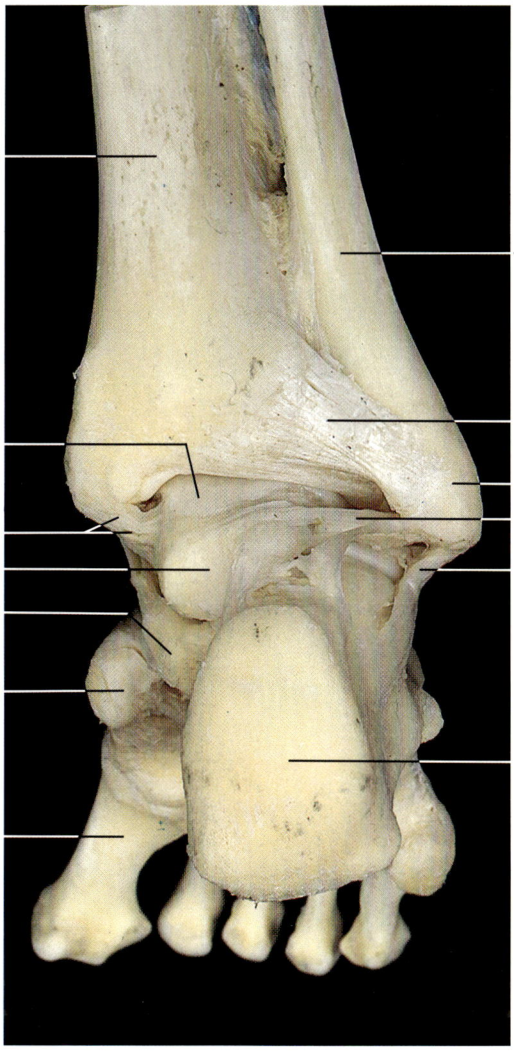

Bänder des oberen Sprunggelenkes (rechte Seite, von dorsal).

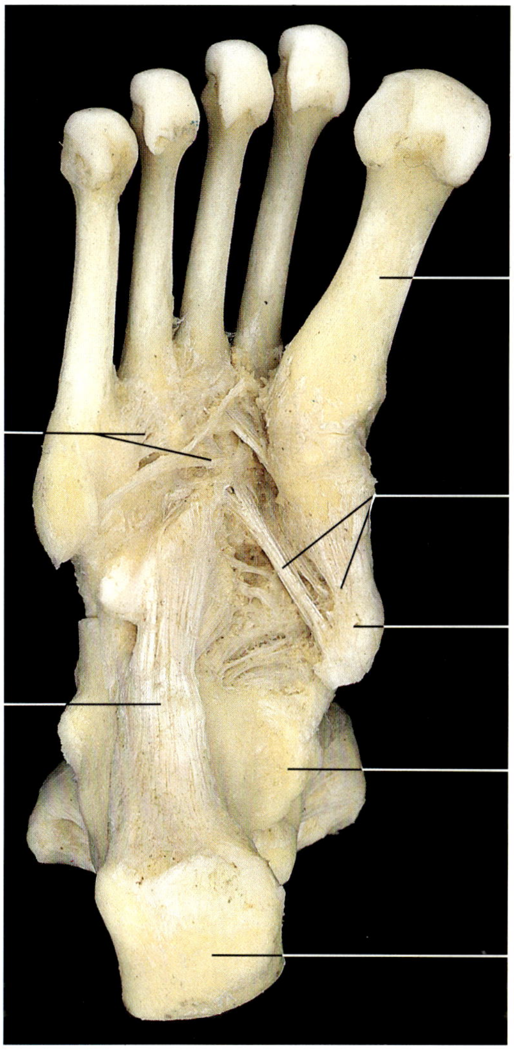

Tiefe Bänder der Fußsohle (rechter Fuß, von plantar). Die Zehen wurden entfernt.

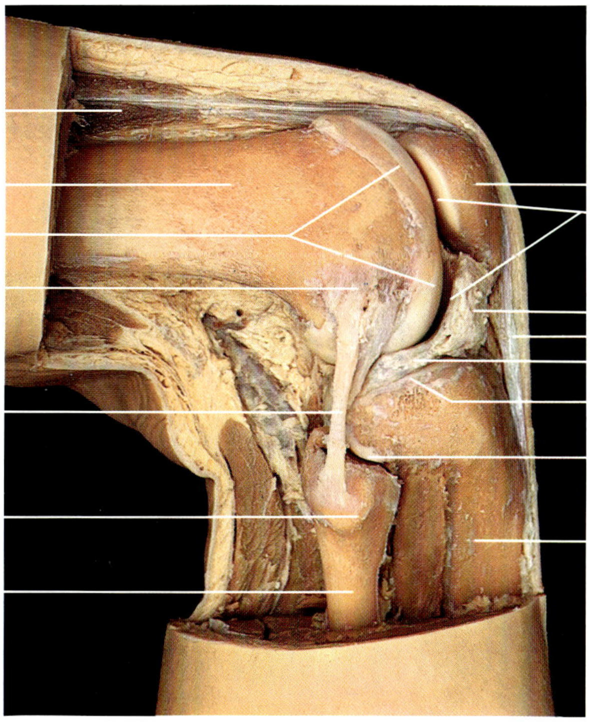

Rechtes Kniegelenk (Beugestellung) und **Articulatio tibiofibularis** (von lateral). Die Gelenkkapseln wurden entfernt.

1 M. quadriceps femoris
2 Femur
3 Facies patellaris
4 Epicondylus lat. femoris
5 Lig. collaterale fibulare
6 Caput fibulae
7 Fibula
8 Patella
9 Gelenkspalt der **Articulatio genus**
10 Corpus adiposum infrapatellare
11 Lig. patellae
12 Meniscus lat.
13 Condylus lat. tibiae (Facies articularis sup.)
14 **Articulatio tibiofibularis**
15 Tibia
16 Trochlea tali
17 **Lig. mediale** (deltoideum), pars tibiotalaris post.
18 Talus
19 Sustentaculum tali
20 Os naviculare
21 Os metatarsale I
22 Lig. tibiofibulare post.
23 Malleolus lat.
24 Lig. talofibulare post.
25 Lig. calcaneofibulare
26 Tuber calcanei
27 Ligg. tarsometatarsea plantaria
28 **Lig. plantare longum**
29 Ligg. cuneonavicularia plantaria

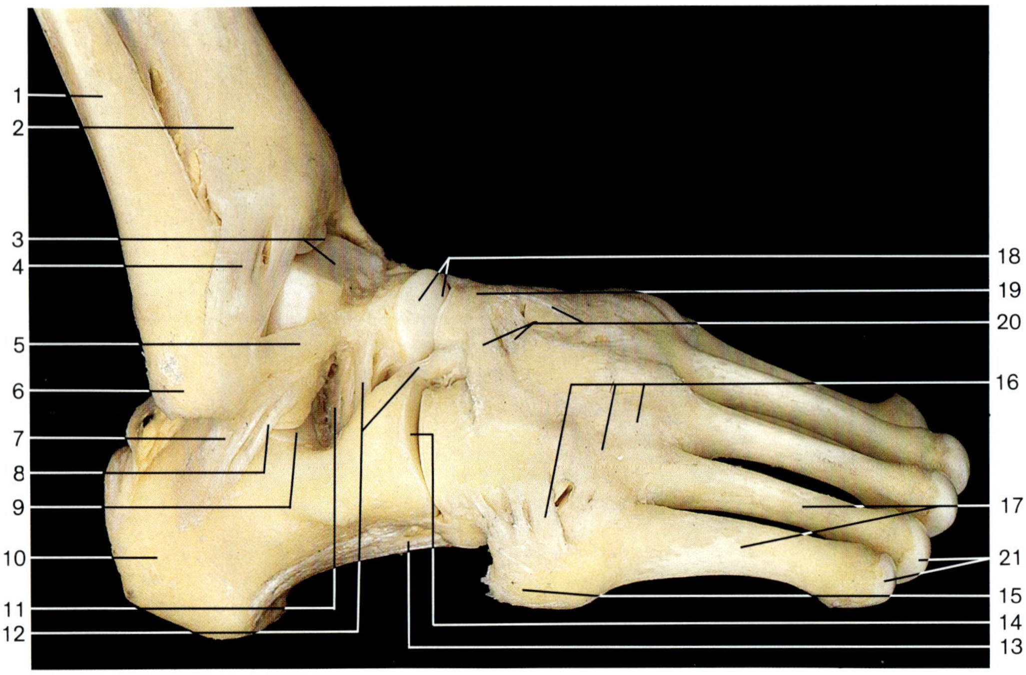

Bandapparat des rechten Fußes (von lateral).

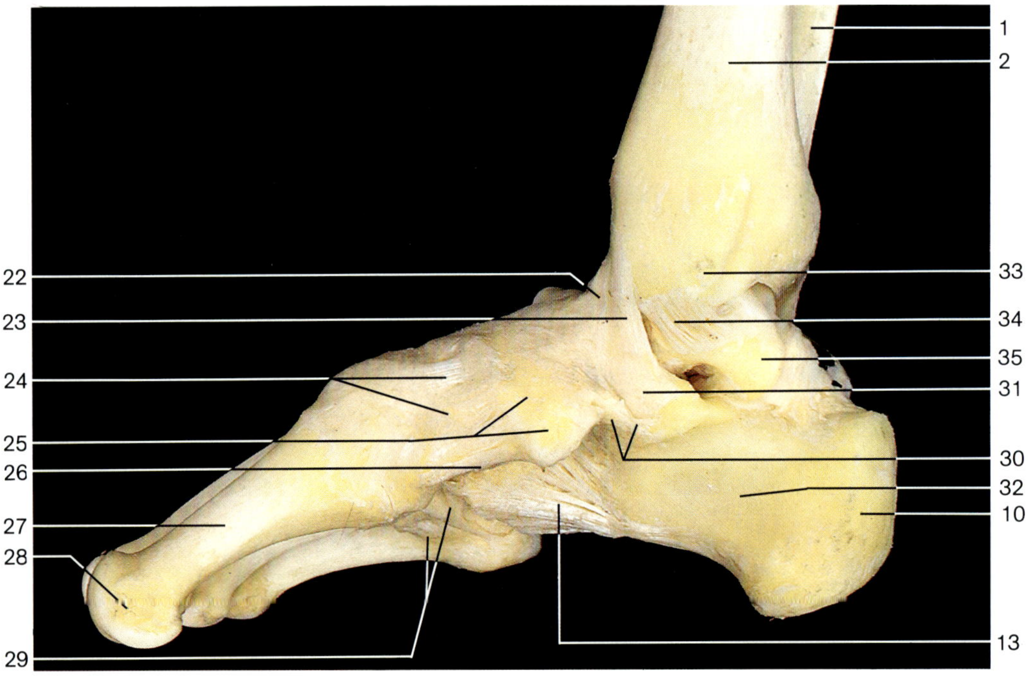

Bandapparat des rechten Fußes (von medial).

1 Fibula
2 Tibia
3 Trochlea tali, **Articulatio talocruralis**
4 Lig. tibiofibulare ant.
5 Lig. talofibulare ant.
6 Malleolus lat.
7 Lig. calcaneofibulare
8 Lig. talocalcaneum lat.
9 **Articulatio subtalaris**
10 Tuber calcanei
11 Lig. talocalcaneum interosseum
12 Lig. bifurcatum
13 **Lig. plantare longum**
14 **Articulatio calcaneocuboidea**
15 Tuberositas ossis metatarsalis V
16 Ligg. tarsometatarsea dorsalia
17 Ossa metatarsalia
18 Caput tali, **Articulatio talocalcaneonavicularis**
19 Os naviculare
20 Ligg. cuneonavicularia dorsalia
21 Capita ossium metatarsalia
22 **Lig. mediale** (deltoideum), pars tibionavicularis
23 **Lig. mediale** (deltoideum), pars tibiocalcanea
24 Ligg. cuneonavicularia dorsalia
25 Os naviculare
26 Lig. cuneonaviculare plantare
27 Os metatarsale I
28 Caput ossis metatarsalis I
29 Ligg. tarsometatarsalia plantaria
30 **Lig. calcaneonaviculare plantare** (Pfannenband)
31 Sustentaculum tali
32 Calcaneus
33 Malleolus med.
34 **Lig. mediale** (deltoideum), pars tibiotalaris post.
35 Talus

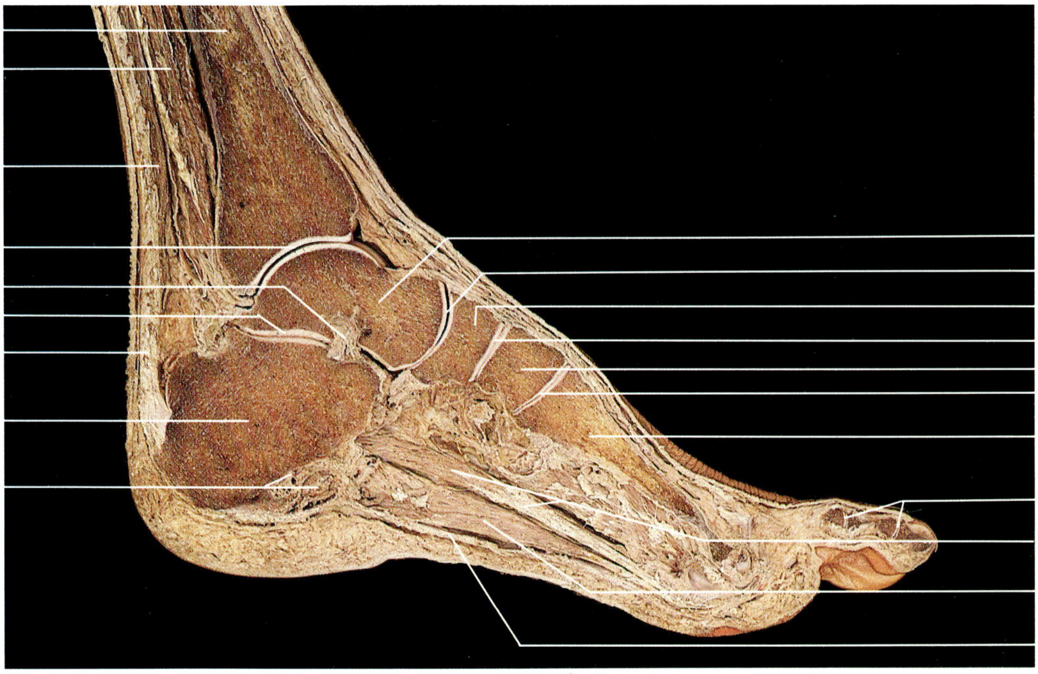

Längsschnitt durch den Fuß in Höhe des zweiten Zehenstrahles.

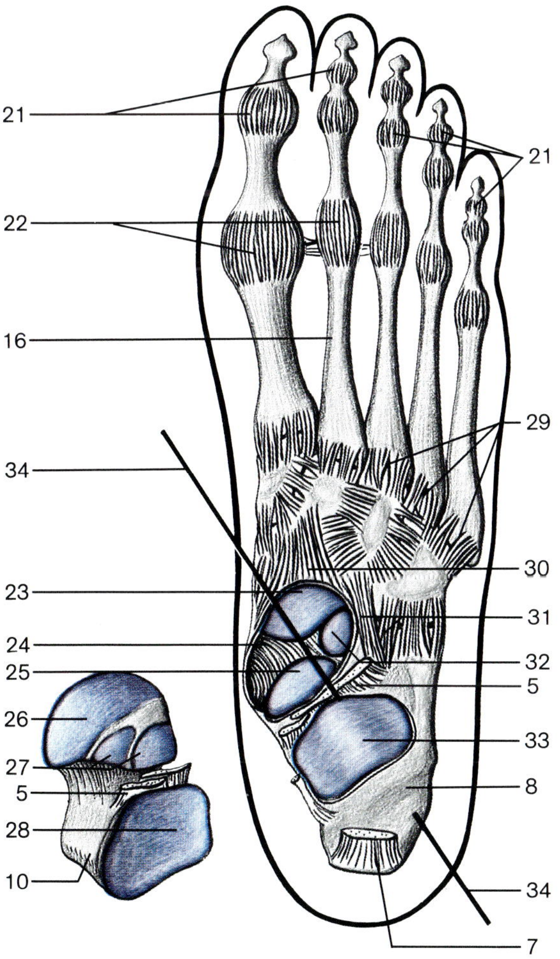

Bandapparat des rechten Fußes. Aufsicht auf das untere Sprunggelenk, dessen schräge Achse dargestellt ist. Der Talus wurde seitlich so herausgeklappt, daß die miteinander artikulierenden Gelenkflächen erkennbar geworden sind (Schemazeichnung) (W.).

1 Tibia
2 Tiefe Unterschenkelflexoren
3 Oberflächliche Unterschenkelflexoren
4 **Articulatio talocruralis**
5 Lig. talocalcaneum interosseum
6 **Articulatio subtalaris**
7 Tendo calcaneus (Achillessehne)
8 Calcaneus
9 Gefäß-Nerven-Bündel des Fußes
10 Talus
11 **Articulatio talocalcaneonavicularis**
12 Os naviculare
13 **Articulatio cuneonavicularis**
14 Os cuneiforme intermedium
15 **Articulatio tarsometatarsea**
16 Os metatarsale II
17 **Articulationes interphalangeae pedis**
18 M. quadratus plantae mit Beugersehnen
19 M. flexor digitorum brevis
20 Aponeurosis plantaris
21 Gelenkkapseln der Zehengelenke
22 Gelenkkapseln der Metatarsophalangealgelenke
23 Facies articularis ossis navicularis
24 Lig. calcaneonaviculare plantare
25 Facies articularis talaris media des Calcaneus
26 Facies articularis navicularis }
27 Facies articularis calcanea ant. et media } des Talus
28 Facies articularis calcanea post. }
29 Ligg. tarsometatarsalia dors.
30 Lig. talonaviculare
31 Lig. bifurcatum
32 Facies articularis talaris ant. }
33 Facies articularis talaris post. } des Calcaneus
34 Pro- bzw. Supinations-Achse des Fußes

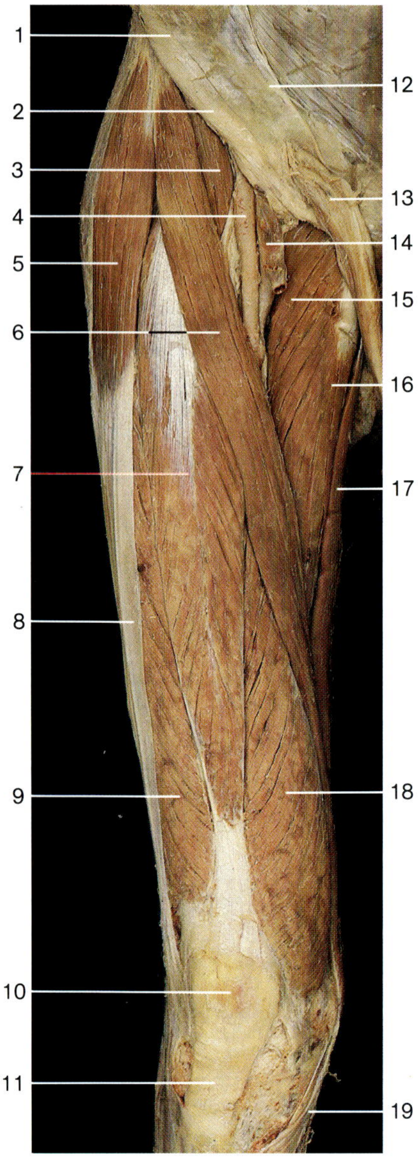

Oberschenkelmuskulatur I (rechtes Bein, Ventralansicht).

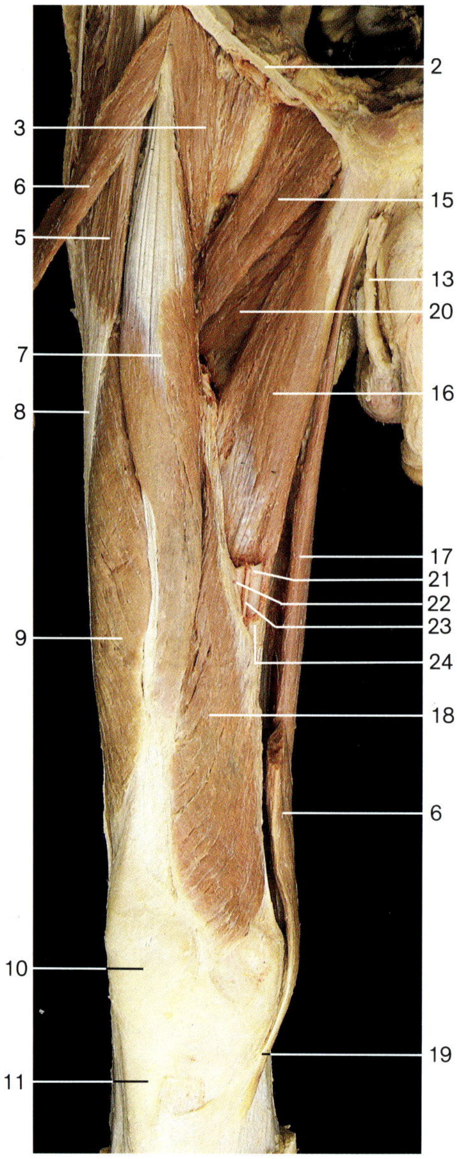

Oberschenkelmuskulatur II. M. quadriceps femoris und oberflächliche Schicht der Adduktoren (rechtes Bein, Ventralansicht). Der M. sartorius wurde durchtrennt.

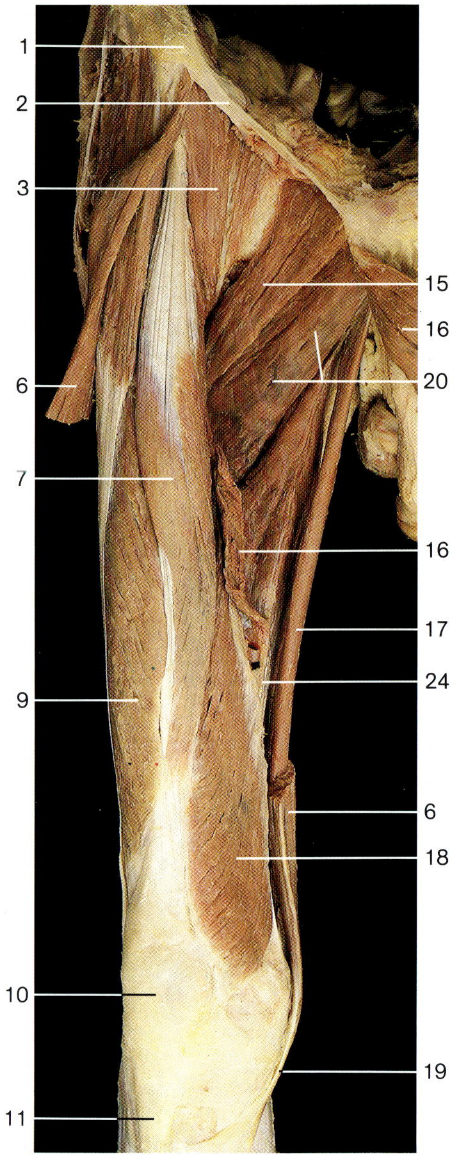

Oberschenkelmuskulatur III. M. quadriceps femoris und mittlere Schicht der Adduktoren (rechte Seite, von ventral). Zusätzlich zum M. sartorius wurde auch der M. adductor longus durchtrennt.

1 Spina iliaca ant. sup.
2 Lig. inguinale
3 M. iliopsoas
4 A. femoralis
5 M. tensor fasciae latae
6 M. sartorius
7 M. rectus femoris
8 Tractus iliotibialis
9 M. vastus lat.
10 Patella
11 Lig. patellae
12 Aponeurosis m. obliqui abdominis ext.
13 Funiculus spermaticus
14 V. femoralis
15 **M. pectineus**
16 **M. adductor longus**
17 M. gracilis
18 M. vastus med.
19 Pes anserinus
20 **M. adductor brevis**
21 A. femoralis } vor Eintritt
22 V. femoralis } in den
23 N. saphenus } Adduktorenkanal
24 Lamina vastoadductoria

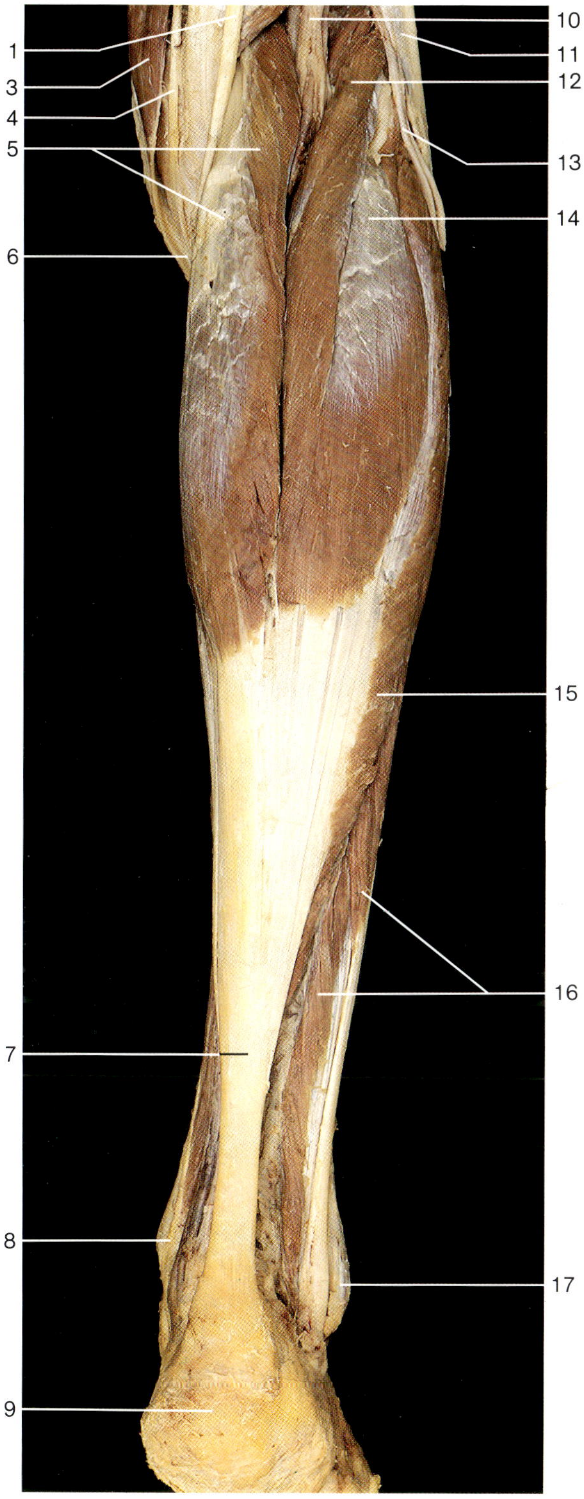

Unterschenkelflexoren (rechtes Bein, von dorsal).

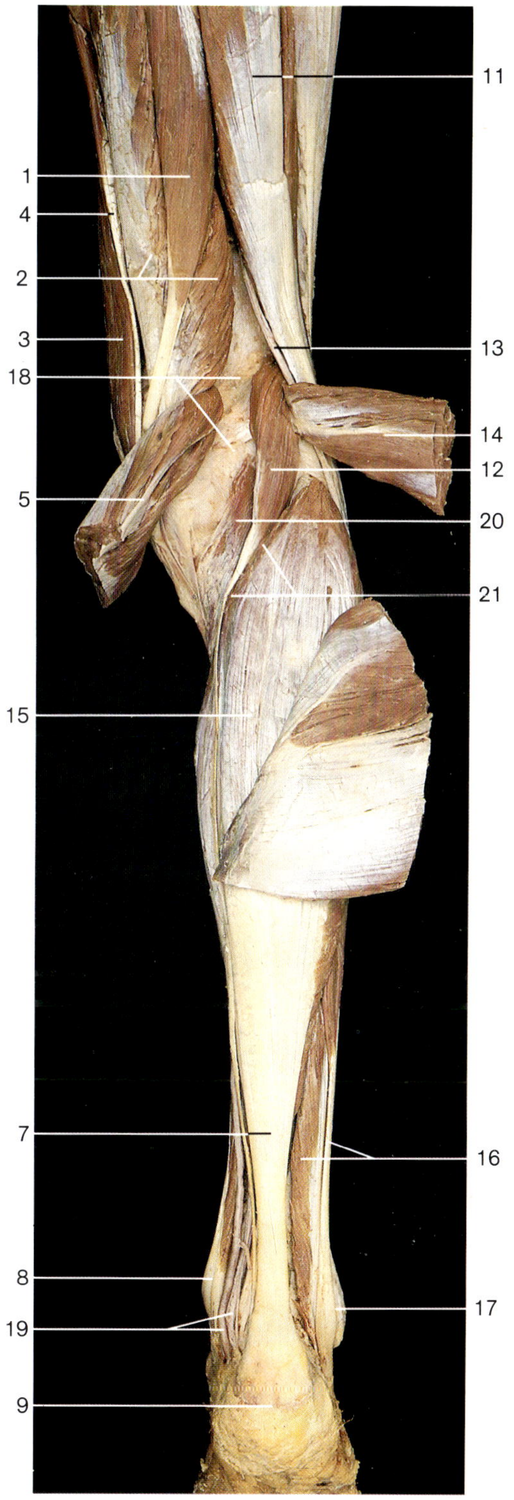

Unterschenkelflexoren (rechtes Bein, von dorsal). Beide Gastrocnemiusköpfe wurden durchtrennt und zur Seite geklappt.

1 M. semitendinosus
2 M. seminmembranosus
3 M. sartorius
4 Sehne des M. gracilis
5 **Caput med. m. gastrocnemii**
6 Pes anserinus
7 Tendo m. tricipitis surae (Achillessehne)
8 Malleolus med.
9 Tuber calcanei
10 N. tibialis
11 M. biceps femoris
12 M. plantaris
13 N. peronaeus communis
14 **Caput lat. m. gastrocnemii**
15 **M. soleus**
16 M. peronaeus longus und brevis
17 Malleolus lat.
18 Fossa poplitea
19 N. tibialis und A. tibialis post.
20 M. popliteus
21 Arcus tendineus m. solei

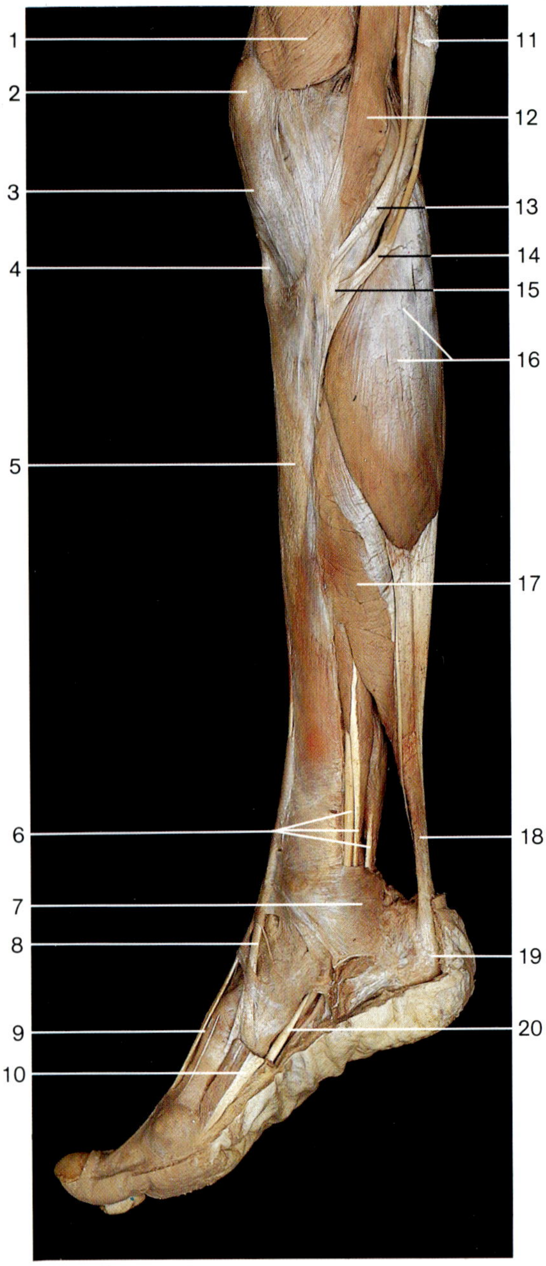

Muskulatur von Unterschenkel und Fuß (rechte Seite, von medial)

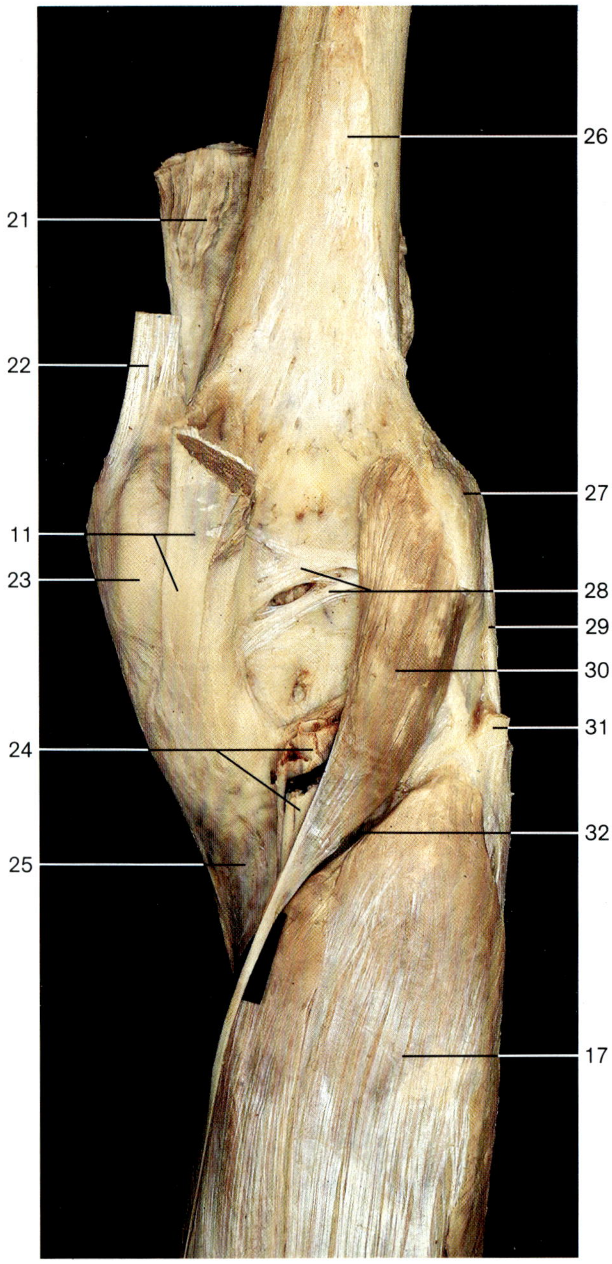

Knieregion mit M. plantaris und M. soleus (rechte Seite, von dorsal). Man beachte die fächerartige Ausstrahlung der Sehne des M. semimembranosus (sog. Pes anserinus minor).

1 M. vastus med.
2 Patella
3 Lig. patellae
4 Tuberositas tibiae
5 Tibia
6 Sehnen der tiefen Flexoren (von vorne nach hinten: 1. M. tibialis post., 2. M. flexor digitorum longus, 3. M. flexor hallucis longus)
7 Retinaculum mm. flexorum
8 Sehne des M. tibialis ant.
9 Sehne des M. extensor hallucis longus
10 M. abductor hallucis
11 Sehne des M. semimembranosus
12 M. sartorius
13 Sehne des M. gracilis
14 Sehne des M. semitendinosus
15 Pes anserinus
16 **M. gastrocnemius,** caput med.
17 **M. soleus**
18 Achillessehne (Tendo m. tricipitis surae)
19 Calcaneus
20 Sehne des M. flexor hallucis longus
21 M. quadriceps femoris (durchtrennt)
22 Sehne des M. sartorius (durchtrennt)
23 Condylus med. femoris
24 Gefäß- Nerven-Strang des Unterschenkels (A. und V. poplitea, N. tibialis)
25 Tibia
26 Femur
27 Epicondylus lat. femoris
28 Lig. popliteum obliquum
29 Lig. collaterale lat.
30 **M. plantaris**
31 Sehne des M. biceps femoris (durchtrennt)
32 Arcus tendineus m. solei

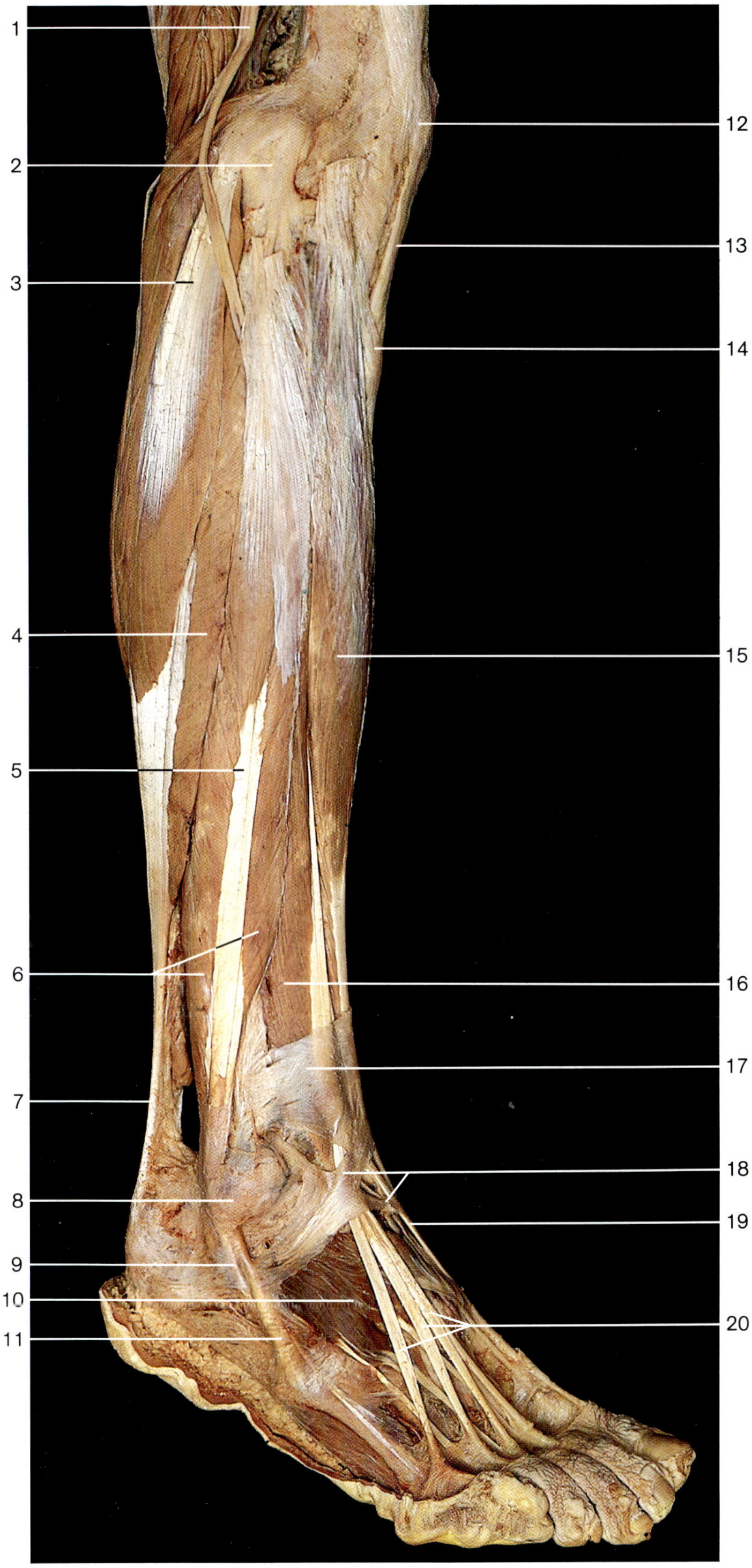

Muskulatur von Unterschenkel und Fuß (rechtes Bein, von lateral).

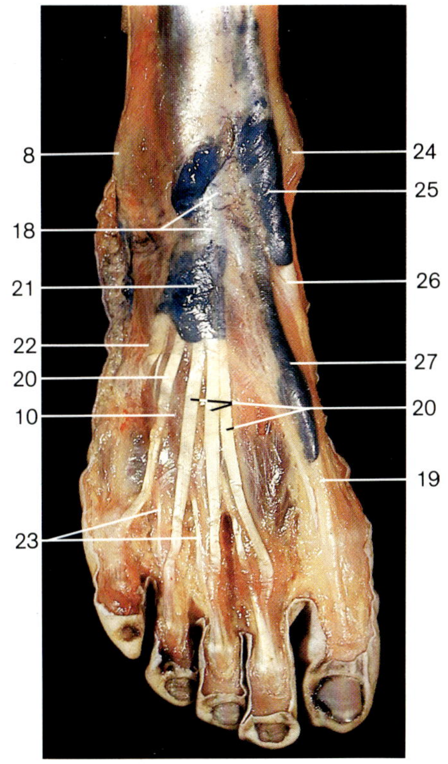

Dorsalseite des rechten Fußes; Darstellung der Sehnenscheiden nach Injektion einer blauen Farblösung (von dorsal).

1 N. peronaeus communis
2 Caput fibulae
3 Caput lat. m. gastrocnemii
4 M. soleus
5 M. peronaeus longus
6 M. peronaeus brevis
7 Achillessehne (Tendo m. tricipitis surae)
8 Malleolus lat.
9 Sehne des M. peronaeus longus
10 M. extensor digitorum brevis
11 Sehne des M. peronaeus brevis
12 Patella
13 Lig. patellae
14 Tuberositas tibiae
15 M. tibialis ant.
16 M. extensor digitorum longus
17 Retinaculum mm. extensorum sup.
18 Retinaculum mm. extensorum inf.
19 Sehne des M. extensor hallucis longus
20 Sehnen des M. extensor digitorum longus
21 Vagina synovialis communis m. extensoris digitorum longi
22 Sehne des M. extensor digitorum longus zum lateralen Fußrand (sog. M. peronaeus tertius)
23 Sehnen des M. extensor digitorum brevis
24 Malleolus med.
25 Vagina synovialis tendinis m. tibialis ant.
26 Sehne des M. tibialis ant.
27 Vagina synovialis tendinis m. extensoris hallucis longi

Tiefe Unterschenkelflexoren

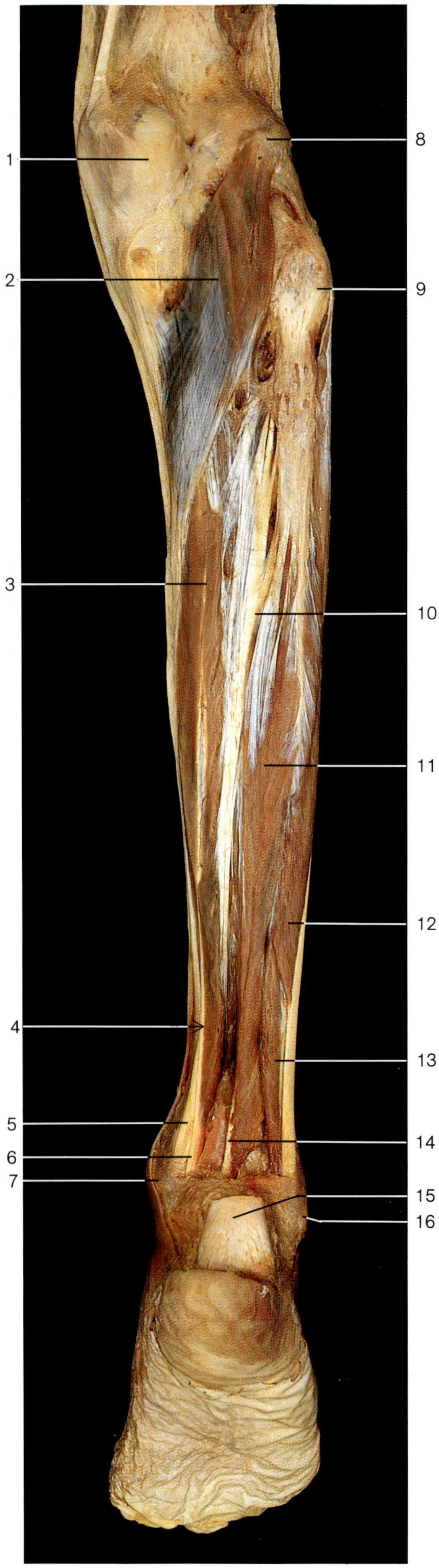

Tiefe Flexoren des Unterschenkels (rechtes Bein, von dorsal).

1 Condylus med. femoris
2 M. popliteus
3 M. flexor digitorum longus
4 Chiasma crurale
5 Sehne des M. tibialis post.
6 Sehne des M. flexor digitorum longus
7 Malleolus med.
8 Condylus lat. femoris
9 Caput fibulae
10 M. tibialis post.
11 M. flexor hallucis longus
12 M. peronaeus longus
13 M. peronaeus brevis
14 Sehne des M. flexor hallucis longus
15 Achillessehne (Tendo m. tricipitis surae) (durchtrennt)
16 Malleolus lat.

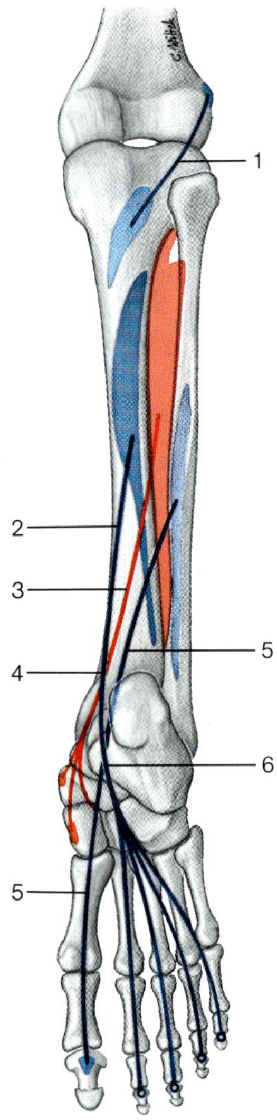

Verlauf der tiefen Unterschenkelflexoren (Schemazeichnung) (W.).

1 = M. popliteus (blau); 2 = M. flexor digitorum longus (blau);
3 = M. tibialis post. (rot); 4 = Chiasma crurale;
5 = M. flexor hallucis longus (blau); 6 = Chiasma plantare.

1 Condylus med. femoris
2 Tibia
3 M. flexor digitorum longus
4 Chiasma crurale
5 Sehne des M. tibialis post.
6 M. abductor hallucis
7 Sehne des M. flexor hallucis longus
8 Condylus lat. femoris
9 Caput fibulae
10 M. tibialis post.
11 Sehne des M. flexor digitorum longus
12 Retinaculum mm. flexorum
13 Achillessehne (Tendo m. tricipitis surae)
14 Tuber calcanei
15 Chiasma plantare
16 M. quadratus plantae (M. flexor accessorius)
17 Sehnenfächer des M. flexor digitorum longus
18 Sehne des M. tibialis ant.
19 Ansatzfeld des M. tibialis post.
20 Mm. lumbricales
21 M. flexor hallucis longus

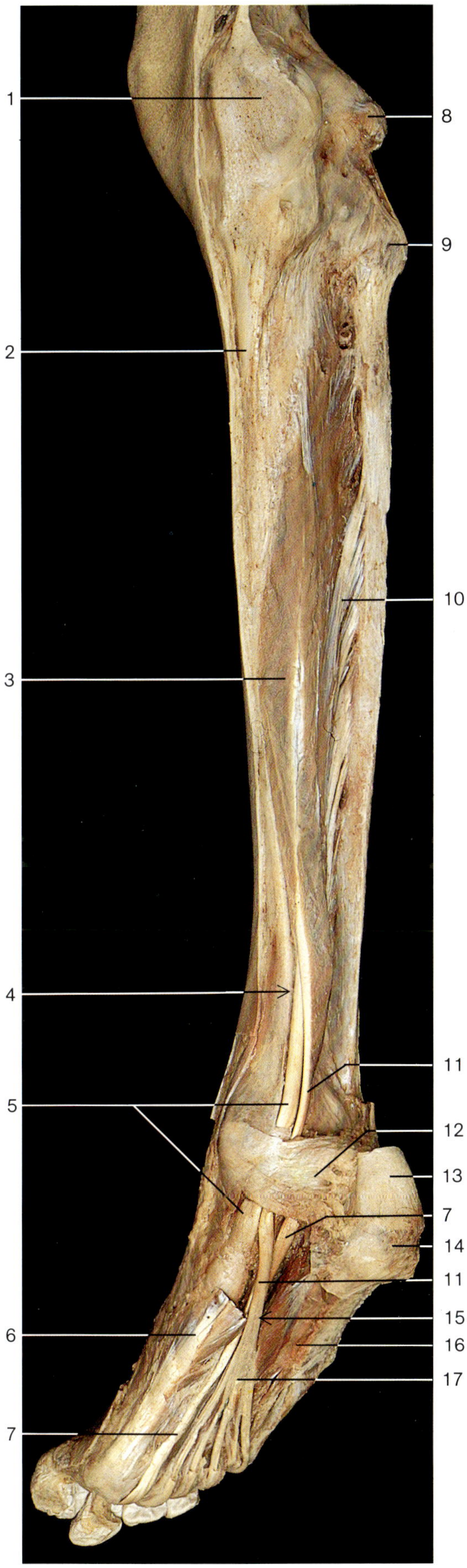

Tiefe Unterschenkelflexoren mit Fuß (rechtes Bein, schräg von medial hinten). M. flexor digitorum brevis und M. flexor hallucis longus wurden entfernt.

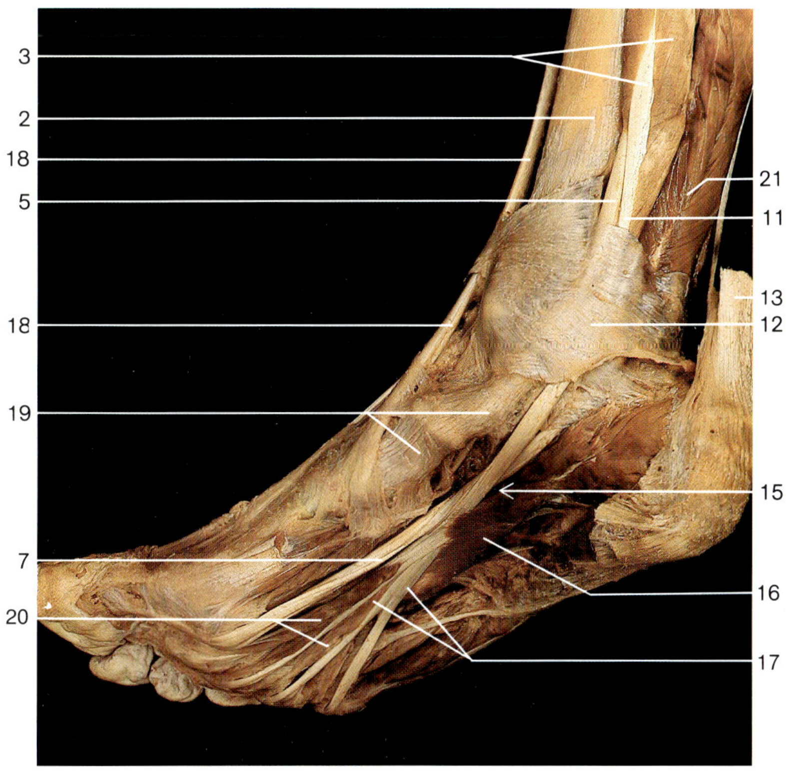

Fußsohle mit Flexorensehnen und Chiasma plantare (rechter Fuß, schräg von medial-unten). Der M. flexor digitorum brevis wurde entfernt.

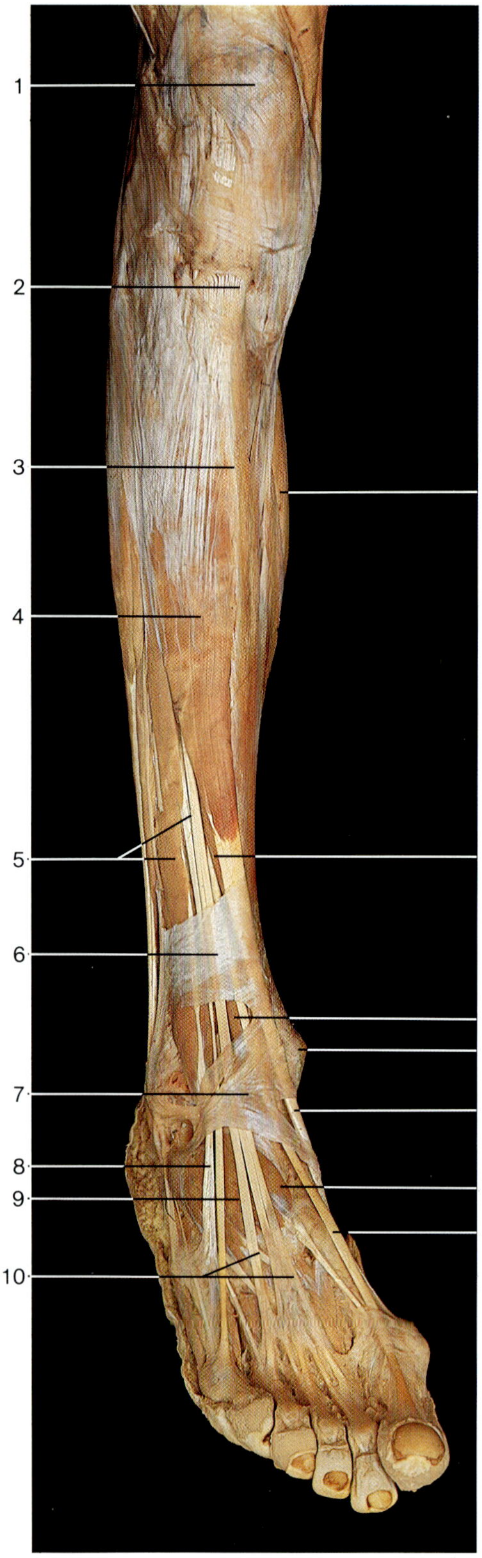

Extensoren von Unterschenkel und Fuß (rechtes Bein, schräg von lateral-vorne).

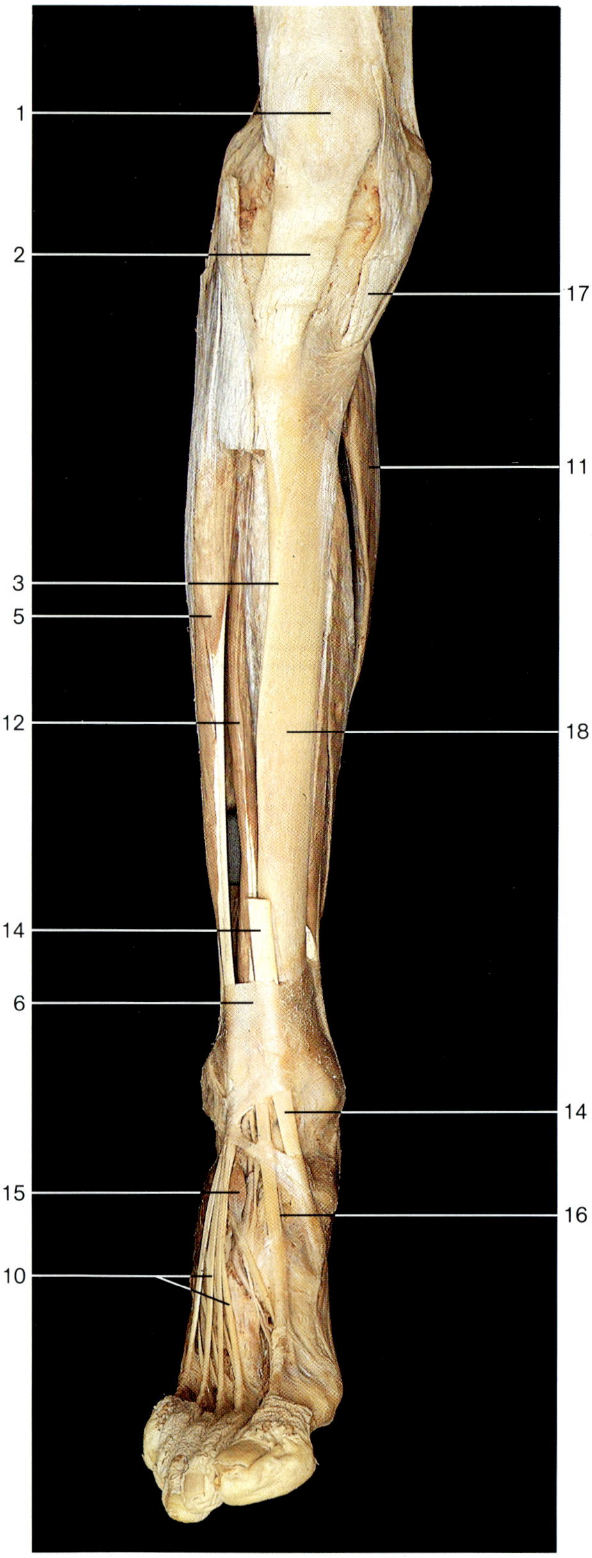

Extensoren von Unterschenkel und Fuß (rechtes Bein, von vorne). Der M. tibialis ant. wurde weitgehend entfernt.

1 Patella
2 Lig. patellae
3 Margo ant. tibiae
4 M. tibialis ant.
5 M. extensor digitorum longus
6 Retinaculum mm. extensorum sup.
7 Retinaculum mm. extensorum inf.
8 Sehne des M. peronaeus tertius
9 M. extensor digitorum brevis
10 Sehnenfächer des M. extensor digitorum longus
11 M. soleus
12 M. extensor hallucis longus
13 Malleolus med.
14 Sehne des M. tibialis ant.
15 M. extensor hallucis brevis
16 Sehne des M. extensor hallucis longus
17 Pes anserinus
18 Tibia

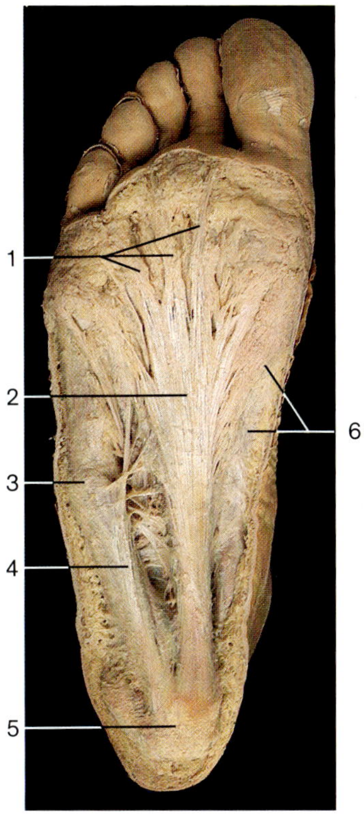

Planta pedis, Darstellung der Plantaraponeurose (von unten).

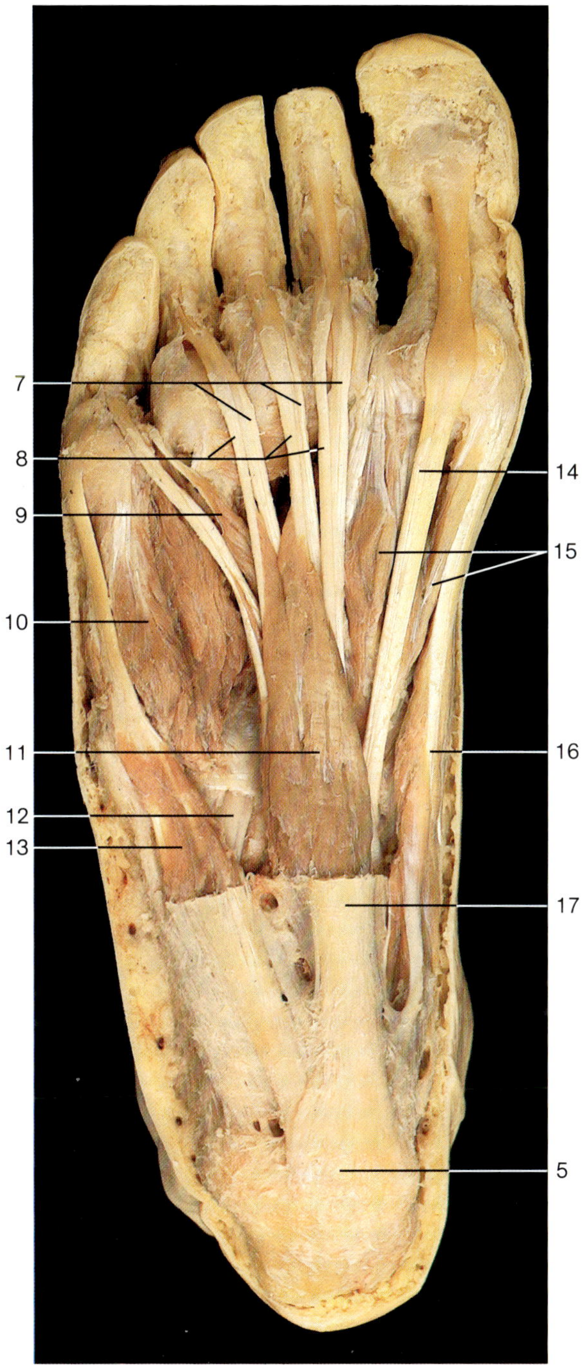

Planta pedis, oberflächliche Schicht der Muskulatur (von unten). Die Plantaraponeurose und die Muskelfaszien wurden entfernt.

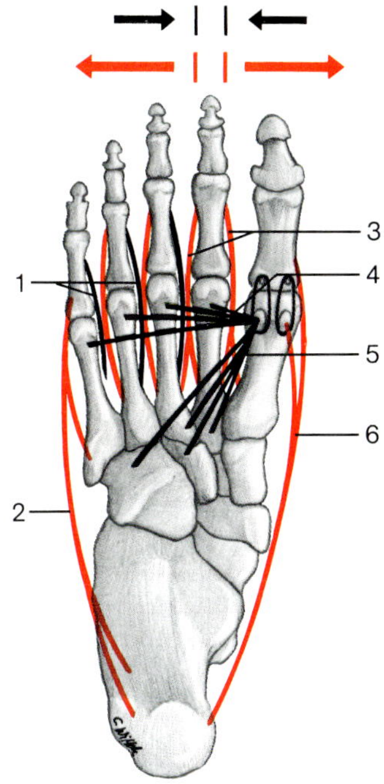

Verlauf der Ab- und Adduktoren des Fußes (Schemazeichnung) (W.).

Schwarze Pfeile = Adduktion
Rote Pfeile = Abduktion

1 Mm. interossei plantares (schwarz)
2 M. abductor digiti minimi (rot)
3 Mm. interossei dors. (rot)
4 M. adductor hallucis, caput transversum (schwarz)
5 M. adductor hallucis, caput obliquum (schwarz)
6 M. abductor hallucis (rot)

1 Fasciculi longitudinales der Plantaraponeurose
2 Aponeurosis plantaris
3 Lokalisation der Tuberositas ossis metatarsalis V
4 Faszienloge für die Kleinzehenmuskulatur
5 Tuber calcanei
6 Faszienloge für die Großzehenmuskulatur
7 Sehnen des M. flexor digitorum longus
8 Sehnen des M. flexor digitorum brevis
9 M. lumbricalis
10 M. flexor digiti minimi brevis
11 M. flexor digitorum brevis
12 Sehne des M. peronaeus longus
13 M. abductor digiti minimi
14 Sehne des M. flexor hallucis longus
15 M. flexor hallucis brevis
16 M. abductor hallucis
17 Rest der Plantaraponeurose

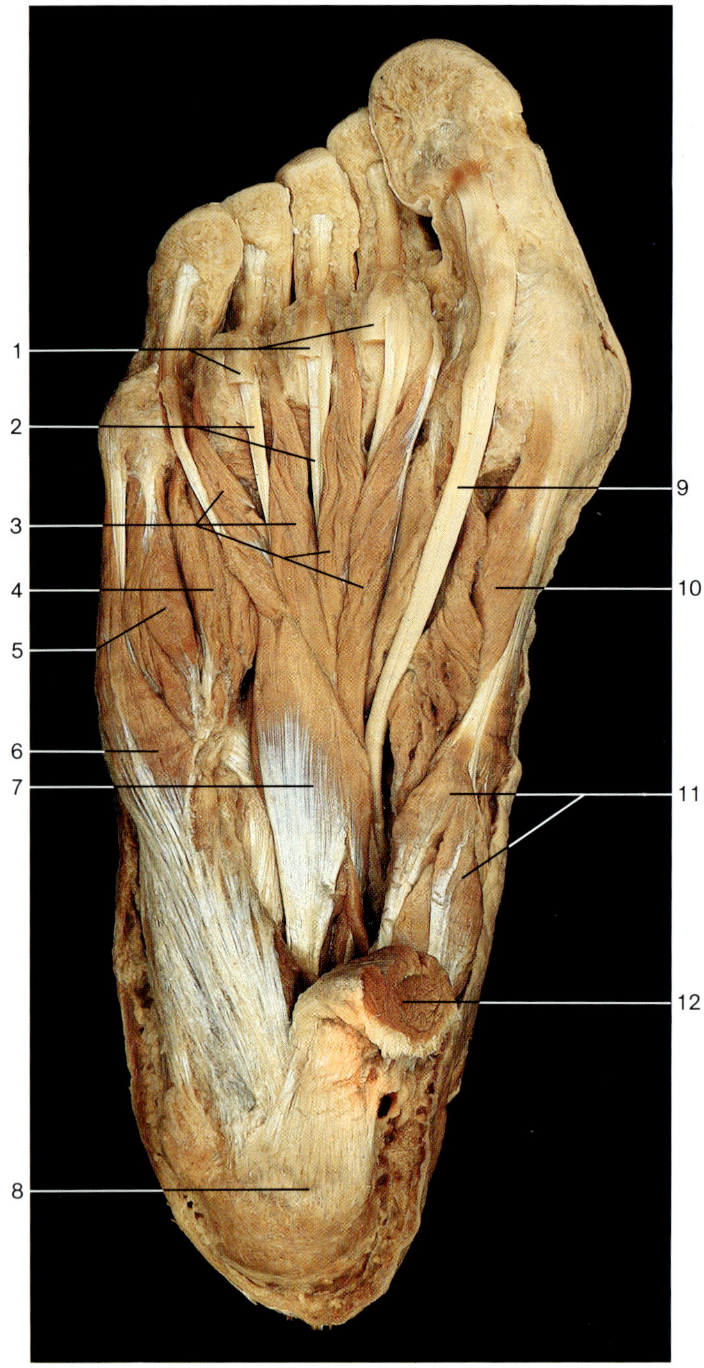

Muskulatur der Fußsohle, mittlere Schicht (von unten). Der M. flexor digitorum brevis wurde durchtrennt.

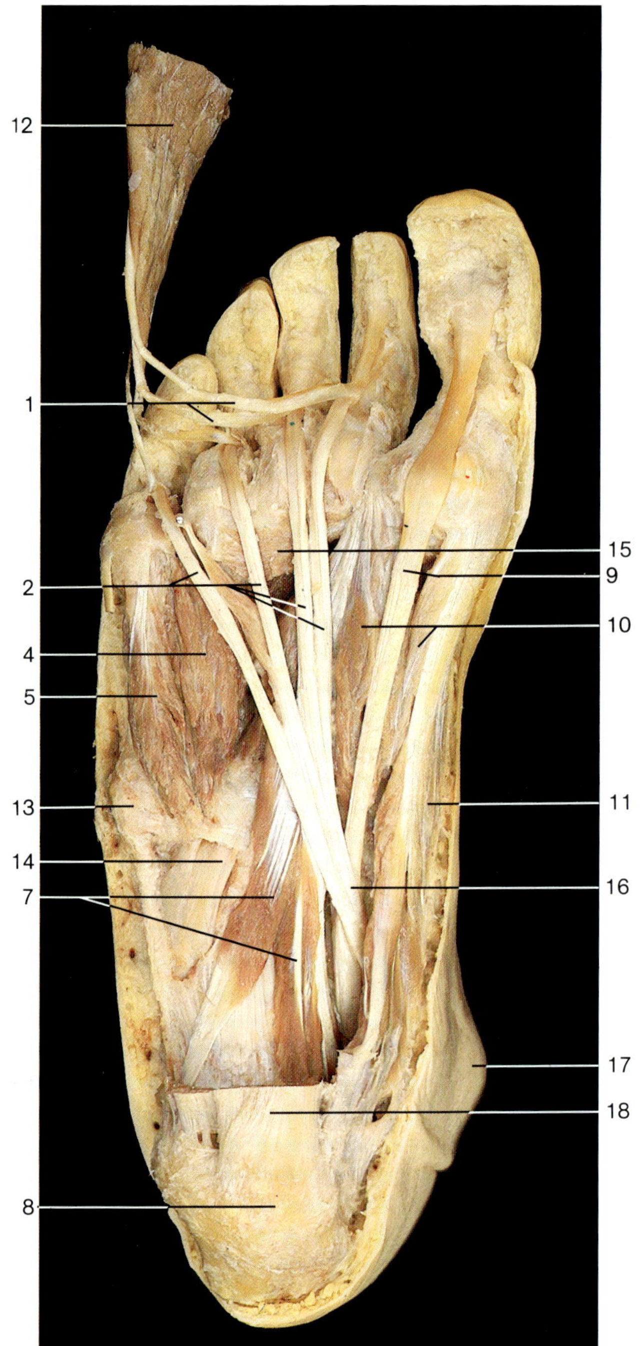

Muskulatur der Fußsohle, mittlere Schicht (von unten). Darstellung des Sehnenfächers der Zehenbeuger und des Chiasma plantare. Der M. flexor digitorum brevis wurde durchtrennt und nach oben geklappt.

1 Sehnen des M. flexor digitorum brevis
2 Sehnen des M. flexor digitorum longus
3 Mm. lumbricales
4 Mm. interossei
5 M. flexor digiti minimi brevis
6 M. abductor digiti minimi
7 M. quadratus plantae (M. flexor accessorius)
8 Tuber calcanei
9 Sehne des M. flexor hallucis longus
10 M. flexor hallucis brevis
11 M. abductor hallucis
12 M. flexor digitorum brevis (durchtrennt)
13 Tuberositas ossis metatarsalis V
14 Sehne des M. peronaeus longus
15 M. adductor hallucis, caput transversum
16 Chiasma plantare
17 Malleolus med.
18 Rest der Aponeurosis plantaris

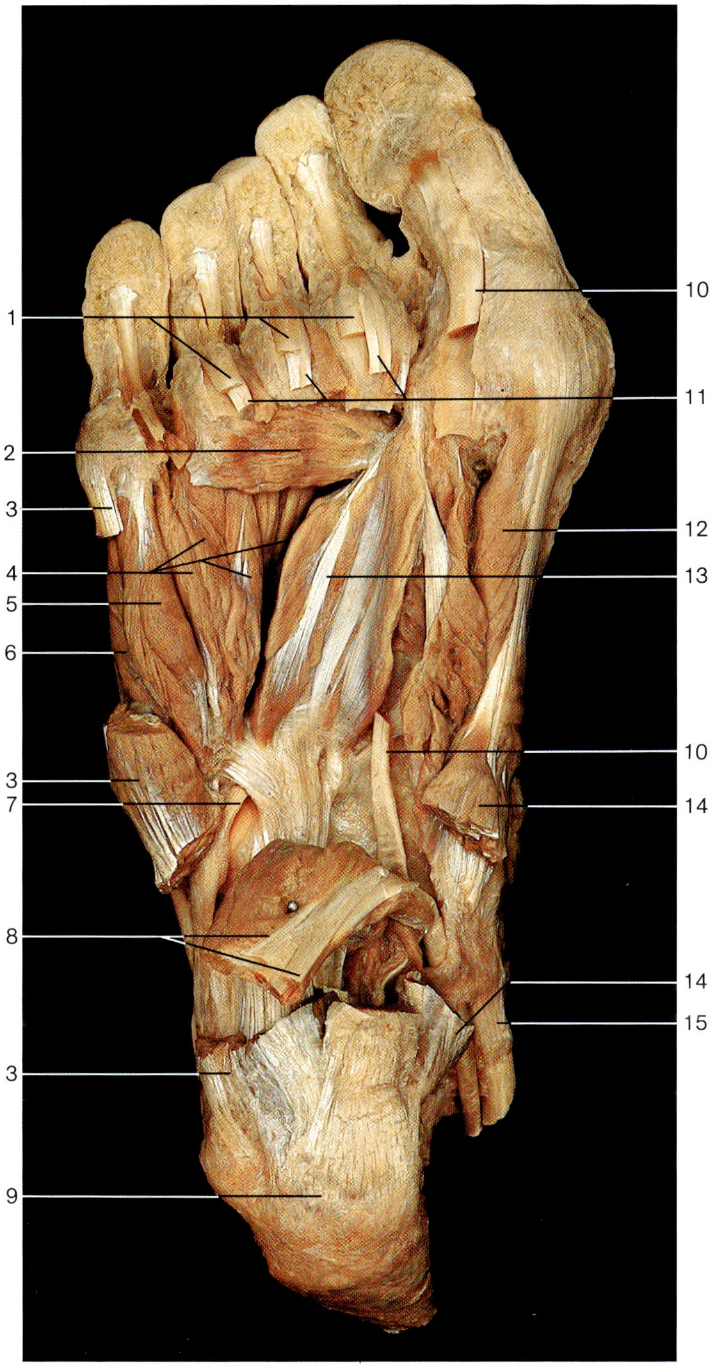

Muskulatur der Fußsohle, tiefe Schicht (von unten). Der M. flexor digitorum brevis wurde entfernt, der M. quadratus plantae sowie die Abduktoren des Kleinzehen- und Großzehenballens wurden durchtrennt.

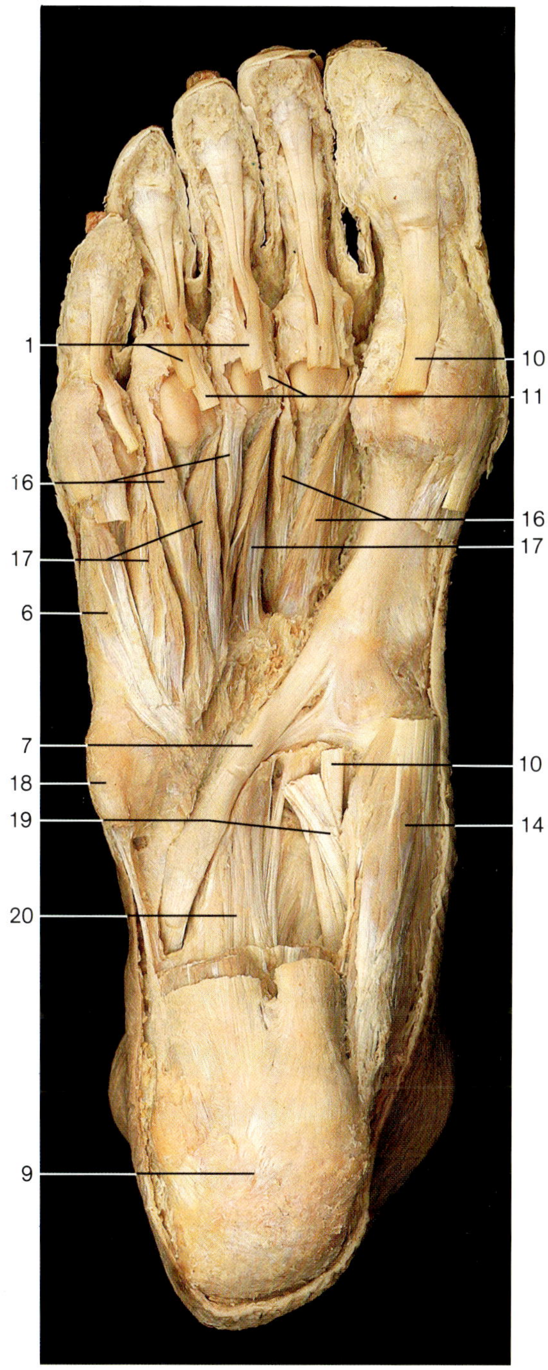

Muskulatur der Fußsohle, tiefste Schicht (von unten). Darstellung der Mm. interossei und des osteofibrösen Kanals der Fußsohle.

1 Sehnen des M. flexor digitorum brevis
2 M. adductor hallucis, caput transversum
3 M. abductor digiti minimi (durchtrennt)
4 Mm. interossei
5 M. flexor digiti minimi brevis
6 M. opponens digiti minimi
7 Sehne des M. peronaeus longus
8 M. quadratus plantae (durchtrennt) mit Sehne des M. flexor digitorum longus
9 Tuber calcanei
10 Sehne des M. flexor hallucis longus (durchtrennt)
11 Sehnen des M. flexor digitorum longus
12 M. flexor hallucis brevis
13 M. adductor hallucis, caput obliquum
14 M. abductor hallucis (durchtrennt)
15 Sehne des M. tibialis post.
16 Mm. interossei dorsales
17 Mm. interossei plantares
18 Tuberositas ossis metatarsalis V
19 Chiasma plantare
20 Lig. plantare longum

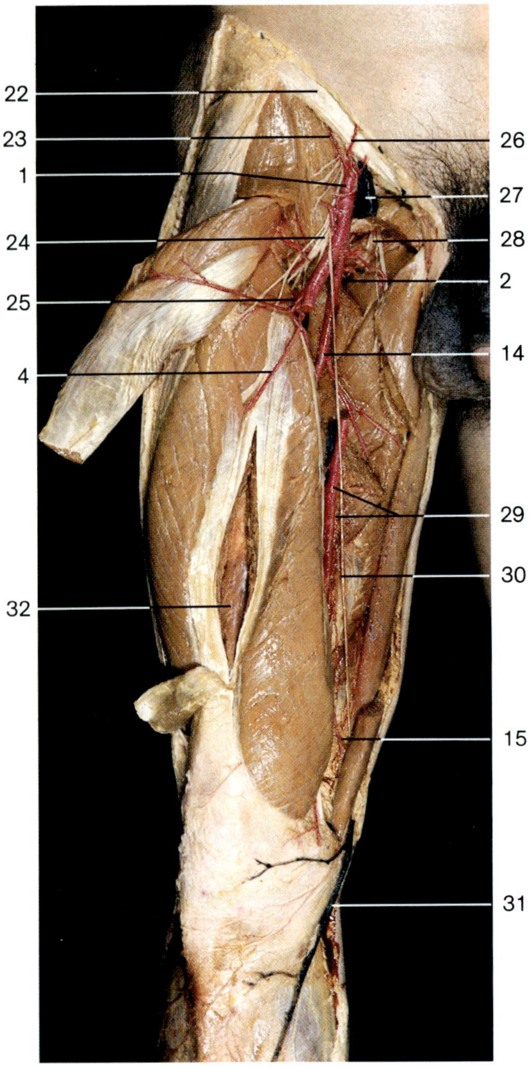

Hauptarterien des Oberschenkels (rechtes Bein, von ventral).
Rot = Arterien; blau = Venen.

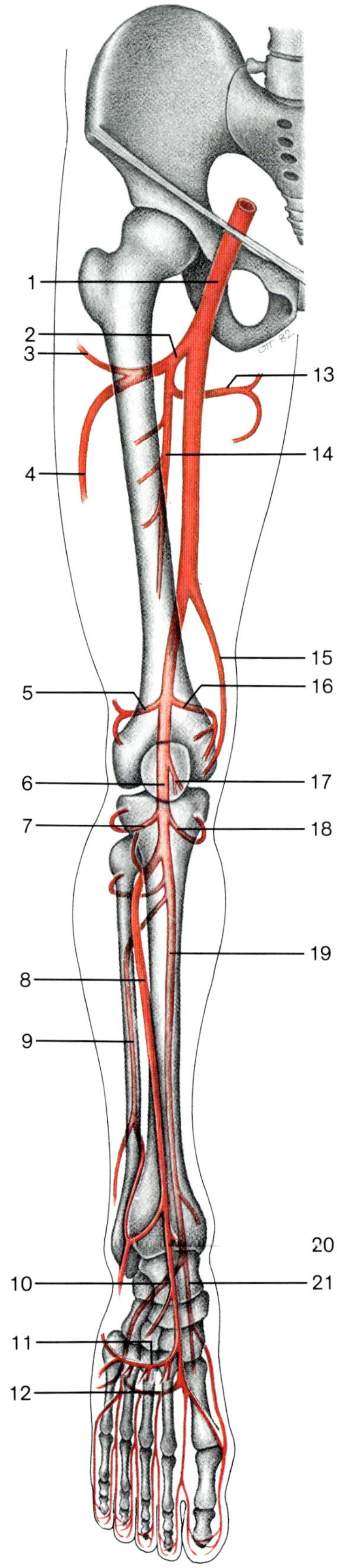

Hauptarterien des Beines (von ventral) (Schemazeichnung) (O.).

1 **A. femoralis**
2 **A. profunda femoris**
3 R. ascendens a. circumflexae femoris lat.
4 R. descendens a. circumflexae femoris lat.
5 A. genus sup. lat.
6 A. poplitea
7 A. genus inf. lat.
8 **A. tibialis ant.**
9 A. peronaea
10 A. plantaris lat.
11 A. arcuata mit Aa. metatarseae dors.
12 **Arcus plantaris** mit Aa. metatarseae plantares
13 A. circumflexa femoris med.
14 A. profunda femoris mit Aa. perforantes
15 A. genus descendens
16 A. genus sup. med.
17 A. genus media
18 A. genus inf. med.
19 **A. tibialis post.**
20 A. dorsalis pedis
21 A. plantaris med.
22 Lig. inguinale
23 A. circumflexa ilium superf.
24 N. femoralis
25 A. circumflexa femoris lat.
26 A. epigastrica superf.
27 V. femoralis
28 N. obturatorius
29 A. und V. femoralis
30 N. saphenus
31 V. saphena magna
32 M. articularis genus

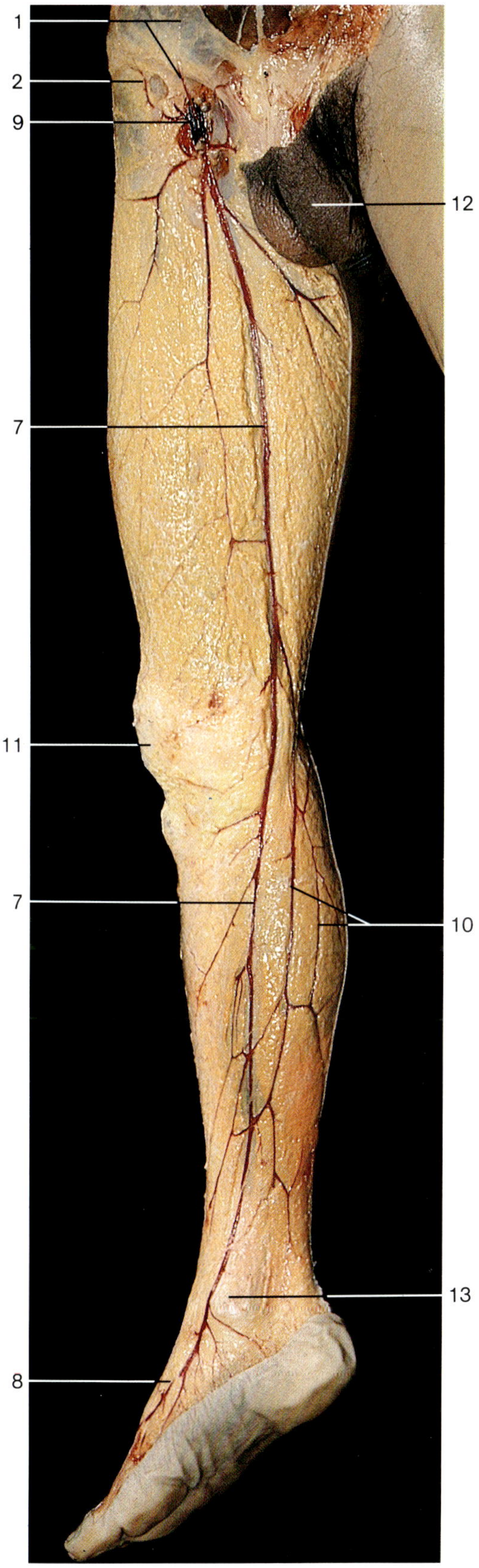

Hautvenen des rechten Beines (schräg von medial hinten). Die Venen wurden mit roter Farblösung injiziert.

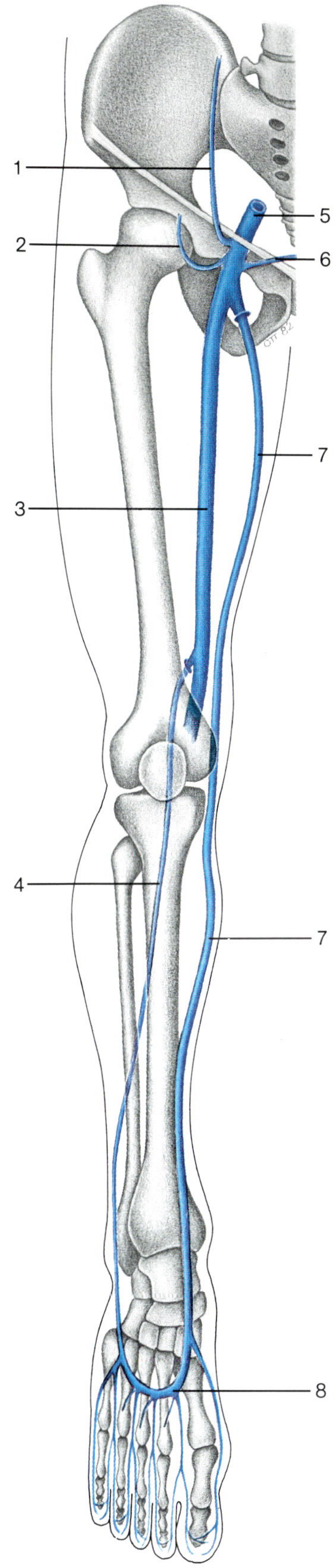

Venenstämme des rechten Beines (von ventral) (Schemazeichnung) (O.).

1 V. epigastrica superf.
2 V. circumflexa ilium superf.
3 V. femoralis
4 V. saphena parva
5 V. iliaca ext.
6 V. pudenda ext.
7 V. saphena magna
8 Arcus venosus dorsalis pedis
9 Hiatus saphenus mit V. femoralis
10 Anastomosen der V. saphena magna mit der V. saphena parva
11 Patella
12 Penis
13 Malleolus med.

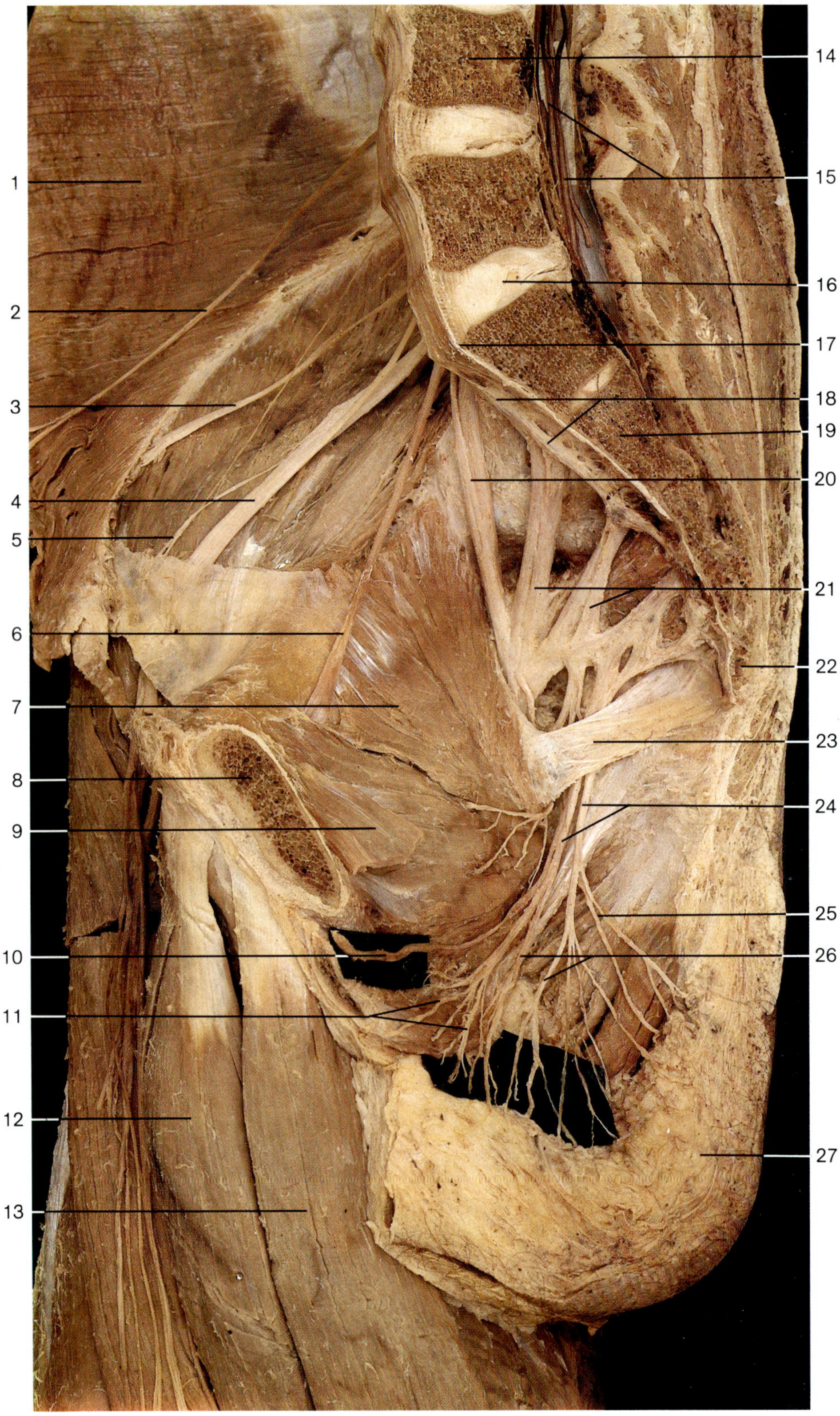

1 M. transversus abdominis
2 N. iliohypogastricus
3 N. ilioinguinalis
4 **N. femoralis**
5 N. cutaneus femoris lat.
6 N. obturatorius
7 M. obturatorius int.
8 Os pubis (Schnittfläche)
9 M. levator ani (Rest)
10 N. dorsalis penis
11 Nn. scrotales post. n. pudendi
12 M. adductor longus
13 M. gracilis
14 Vierter Lendenwirbelkörper
15 Cauda equina
16 Discus intervertebralis
17 Promontorium
18 Truncus sympathicus
19 Os sacrum
20 **Truncus lumbosacralis**
21 **Plexus sacralis**
22 Os coccygis
23 Lig. sacrospinale
24 **N. pudendus**
25 Nn. rectales inf.
26 Nn. perineales n. pudendi
27 Haut der Gesäßregion

Plexus lumbosacralis in situ, rechtes Bein und rechte Beckenhälfte (von medial). Peritoneum, Beckeneingeweide und M. levator ani (bis auf einen kleinen Rest) wurden entfernt.

1 N. subcostalis
2 N. iliohypogastricus
3 N. ilioinguinalis
4 N. cutaneus femoris lat.
5 N. genitofemoralis
6 N. pudendus
7 **N. femoralis**
8 **N. obturatorius**
9 **N. ischiadicus**
10 **Plexus lumbalis** (Th_{12}–L_3)
11 **Plexus sacralis** (L_4–S_2)
12 **Plexus pudendalis** (S_2–S_4)
} Plexus lumbosacralis
13 N. clunium inf.
14 N. cutaneus femoris post.
15 N. peronaeus comm.
16 **N. tibialis**
17 N. cutaneus surae lat.
18 N. plantaris med. und lat.
19 N. saphenus
20 R. infrapatellaris n. sapheni
21 **N. peronaeus superf.**
22 **N. peronaeus prof.**

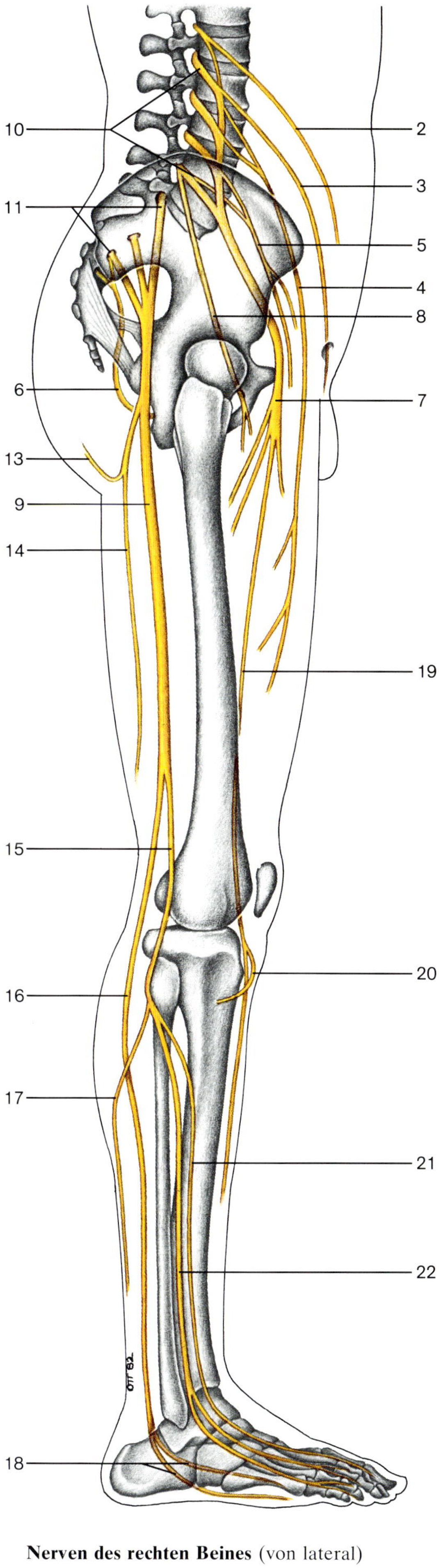

Nerven des rechten Beines (von lateral) (Schemazeichnung) (O.).

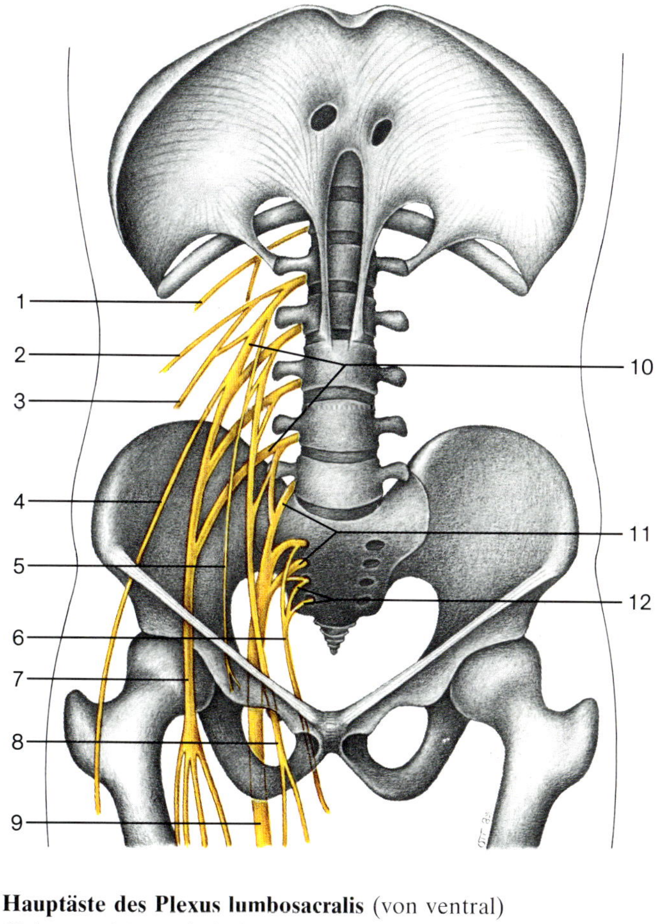

Hauptäste des Plexus lumbosacralis (von ventral) (Schemazeichnung) (O.).

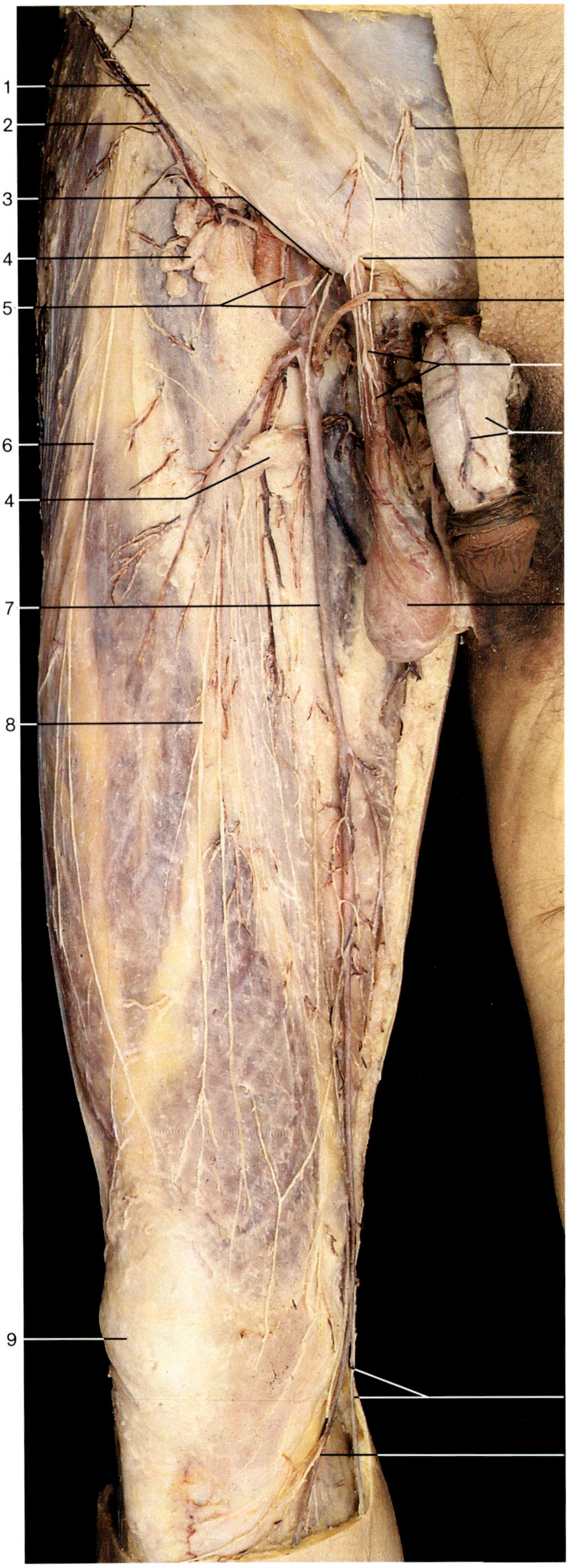

Oberschenkel, Hautnerven und Venen, Regio femoris ant. (rechtes Bein, von ventral).

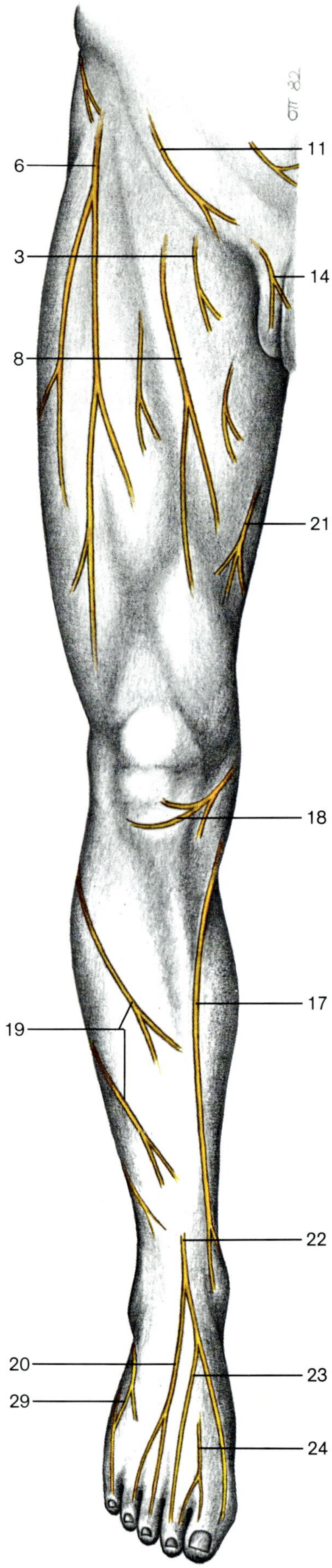

Übersicht über die Hautnerven des rechten Beines (Schemazeichnung) (O.).

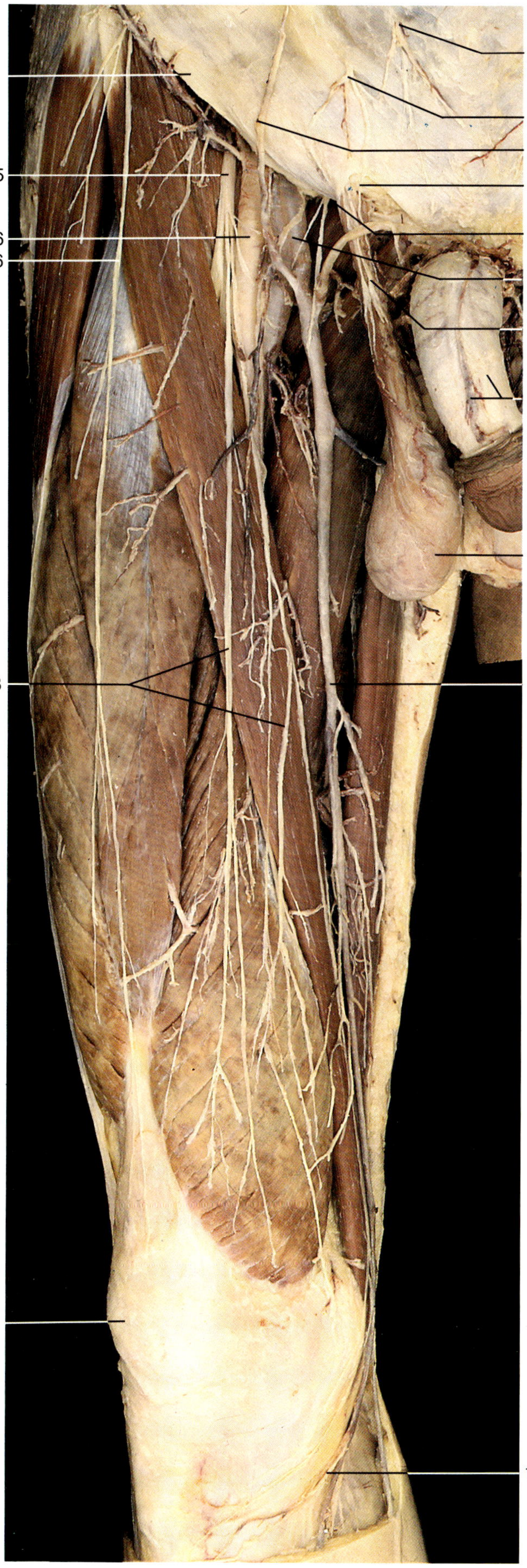

Oberschenkel, Hautnerven und Venen (Regio femoris ant.) (rechtes Bein, von ventral). Fascia lata und Muskelfaszien wurden entfernt.

1 Lig. inguinale
2 V. circumflexa ilium superf.
3 R. femoralis n. genitofemoralis
4 Nodi lymphatici inguinales superf.
5 Hiatus saphenus mit A. und V. femoralis
6 N. cutaneus femoris lat.
7 V. saphena magna
8 Rr. cutanei ant. n. femoralis
9 Patella
10 Hautäste des N. subcostalis
11 Hautäste des N. iliohypogastricus
12 Anulus inguinalis superf.
13 V. pudenda ext.
14 Funiculus spermaticus mit R. genitalis n. genitofemoralis
15 Penis mit V. dorsalis penis superf.
16 Hoden mit Hodenhüllen
17 N. saphenus
18 R. infrapatellaris n. sapheni
19 Rr. cutanei surae lat.
20 N. cutaneus dorsalis intermedius
21 R. cutaneus n. obturatorii
22 N. peronaeus superf.
23 N. cutaneus dorsalis med.
24 N. peronaeus prof.
25 **N. femoralis**
26 **A. femoralis**
27 V. epigastrica superf.
28 **V. femoralis**
29 N. cutaneus dorsalis lat. aus dem N. suralis

Regio femoris anterior

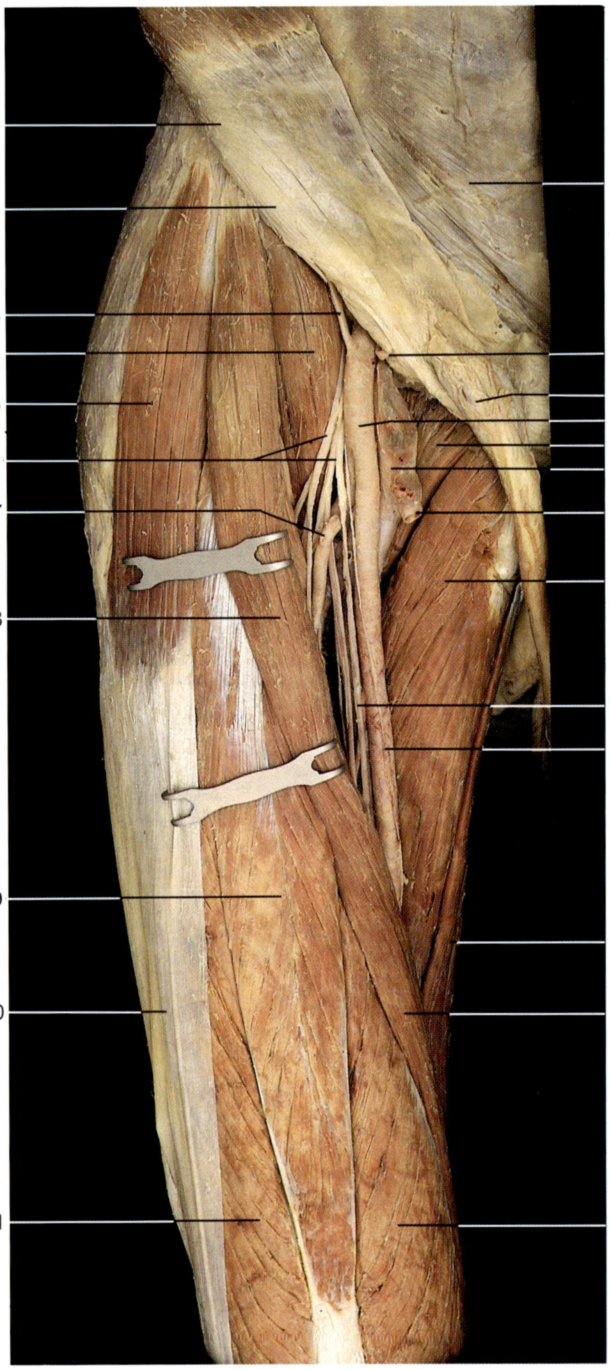

Regio femoris ant. I (rechtes Bein, Ventralansicht). Die Fascia lata wurde entfernt und der M. sartorius etwas zur Seite gezogen.

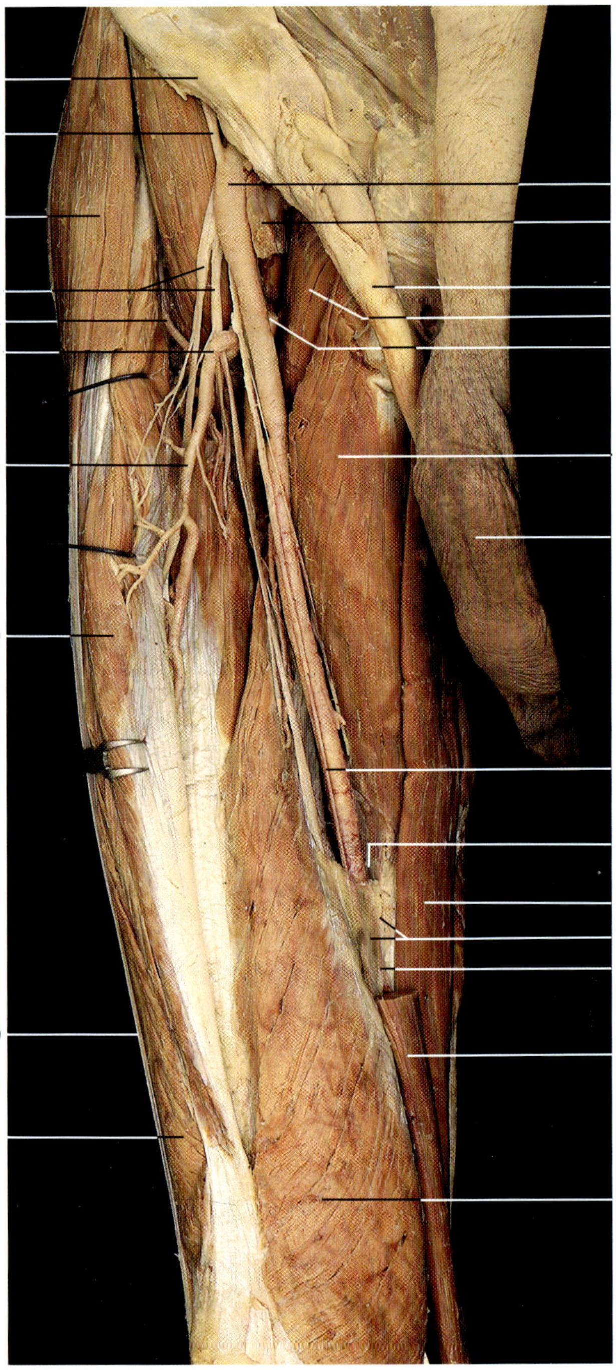

Regio femoris ant. II (rechtes Bein, Ventralansicht). Die Fascia lata wurde entfernt und der M. sartorius durchtrennt.

1 Spina iliaca ant. sup.
2 Lig. inguinale
3 A. circumflexa ilium prof.
4 M. iliopsoas
5 M. tensor fasciae latae
6 N. femoralis
7 A. circumflexa femoris lat.
8 M. sartorius
9 M. rectus femoris
10 Tractus iliotibialis
11 M. vastus lat.
12 Vorderes Blatt der Rektusscheide
13 A. epigastrica inf.
14 Funiculus spermaticus
15 A. femoralis
16 M. pectineus
17 V. femoralis
18 Einmündung der V. saphena magna (durchtrennt)
19 M. adductor longus
20 N. saphenus
21 R. muscularis n. femoralis
22 M. gracilis
23 M. vastus med.
24 R. ascendens der A. circumflexa femoris lat.
25 R. descendens der A. circumflexa femoris lat.
26 A. circumflexa femoris med.
27 M. adductor longus
28 Penis
29 Eingang zum Adduktorenkanal
30 Lamina vastoadductoria

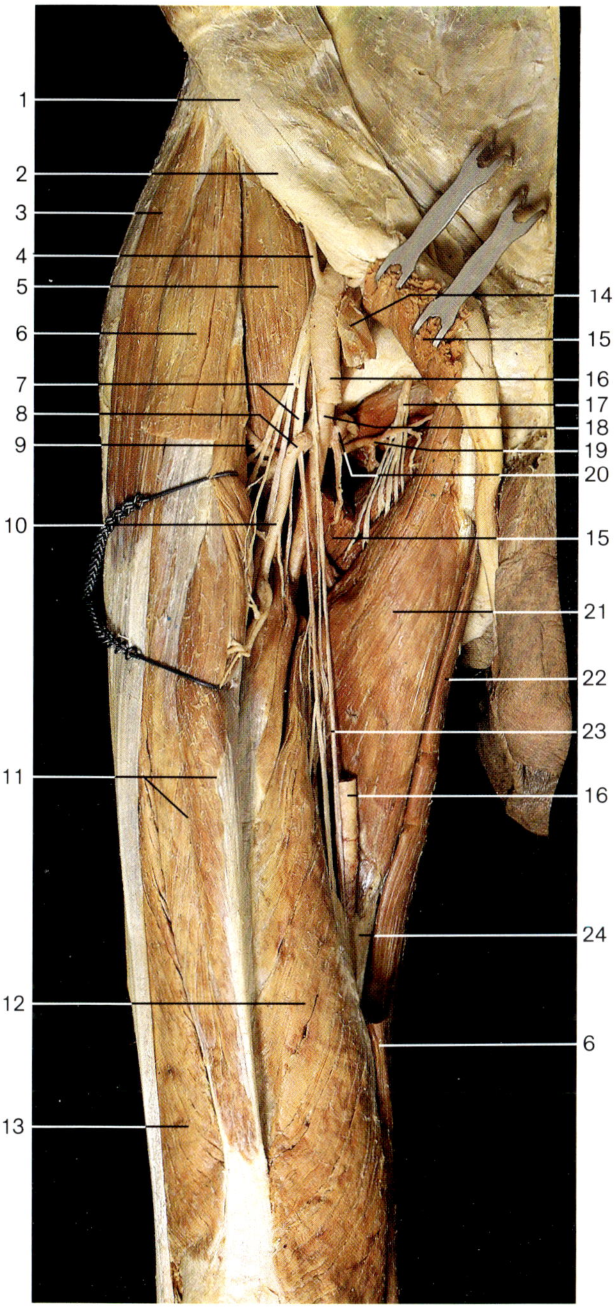

Regio femoris ant. III (rechtes Bein, von ventral). Die Fascia lata wurde entfernt, der M. sartorius, der M. pectineus und die A. femoralis wurden durchtrennt, um die Äste der A. profunda femoris zu zeigen. Der M. rectus femoris wurde etwas zur Seite gezogen.

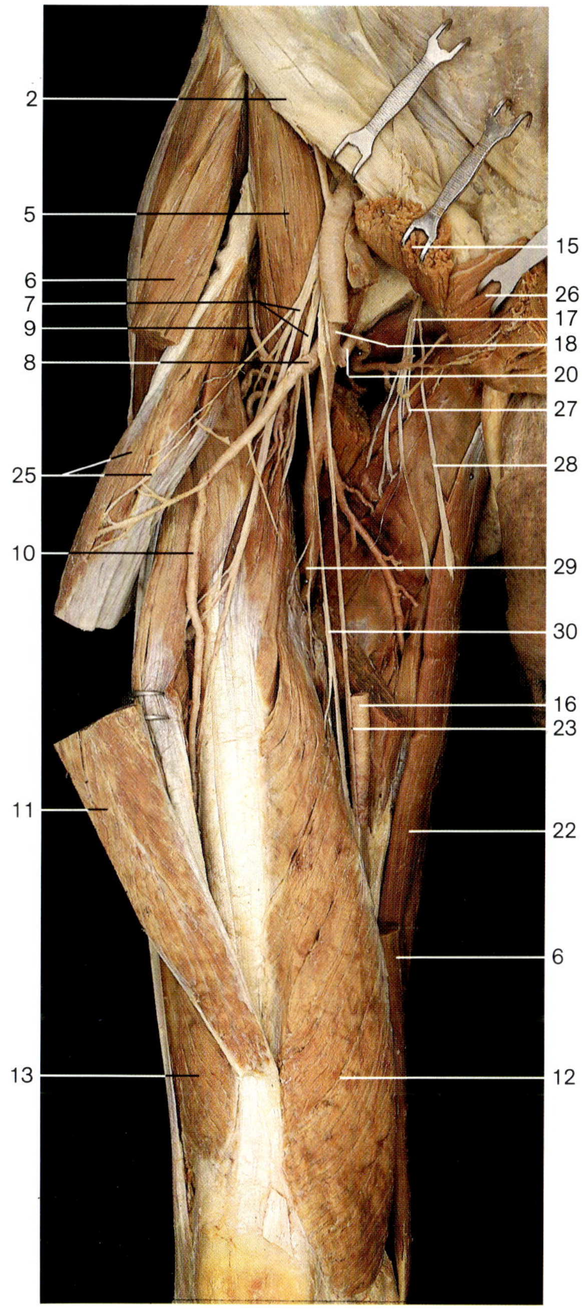

Regio femoris ant. IV (rechtes Bein von ventral). Die Fascia lata wurde entfernt; außerdem wurden der M. sartorius, M. pectineus, M. adductor longus und M. rectus femoris durchtrennt und zur Seite gezogen. Die A. femoralis wurde teilweise entfernt.

1 Spina iliaca ant. sup.
2 Lig. inguinale
3 M. tensor fasciae latae
4 A. circumflexa ilium prof.
5 M. iliopsoas
6 M. sartorius (durchtrennt)
7 **N. femoralis**
8 **A. circumflexa femoris lat.**
9 R. ascendens } der A. circumflexa femoris lat.
10 R. descendens }
11 M. rectus femoris
12 M. vastus med.
13 M. vastus lat.
14 V. femoralis
15 M. pectineus (durchtrennt)
16 A. femoralis (durchtrennt)
17 **N. obturatorius**
18 **A. profunda femoris**
19 R. ascendens der A. circumflexa femoris med.
20 **A. circumflexa femoris med.**
21 M. adductor longus
22 M. gracilis
23 N. saphenus
24 Lamina vastoadductoria, distale Hälfte
25 M. rectus femoris mit Rr. musculares des N. femoralis
26 M. adductor longus (durchtrennt)
27 R. post. } n. obturatorii
28 R. ant. }
29 Abgang einer A. perforans der A. profunda femoris
30 R. muscularis des N. femoralis zum M. vastus med.

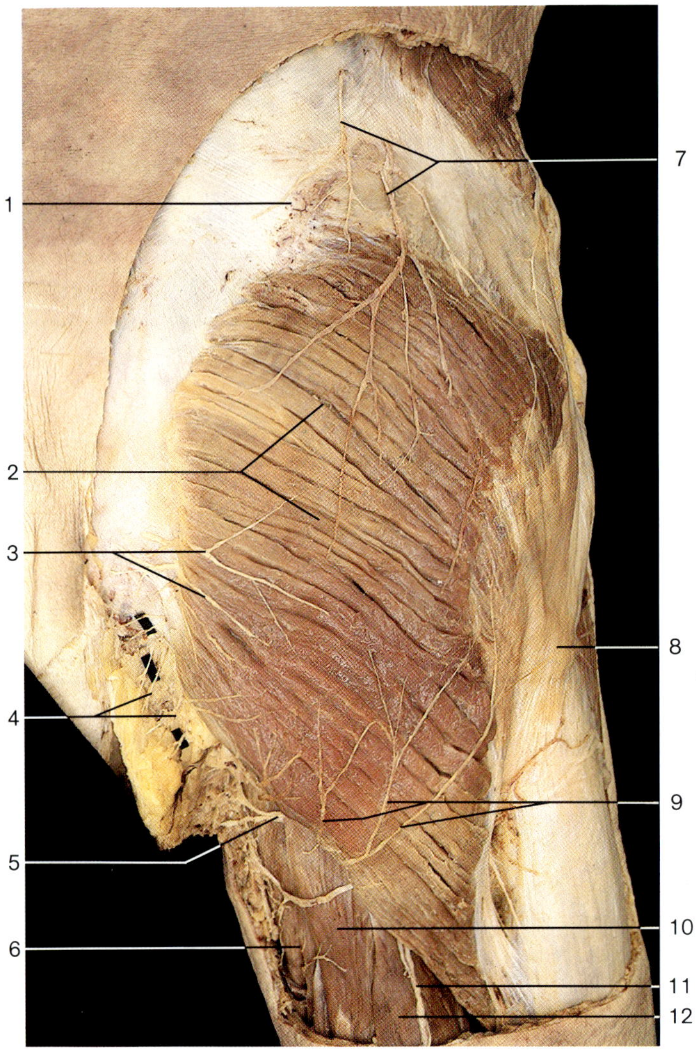

Regio glutaea I (rechtes Bein, von dorsal). Darstellung der Hautnerven. Die Fascia glutaea wurde entfernt.

1 Crista iliaca
2 M. glutaeus maximus
3 **Nn. clunium med.**
4. Nn. anococcygei
5 R. perinealis n. cutanei femoris post.
6 M. adductor magnus
7 **Nn. clunium sup.**
8 Lokalisation des Trochanter major
9 **Nn. clunium inf.**
10 M. semitendinosus
11 N. cutaneus femoris post.
12 M. biceps femoris, caput longum
13 Lig. sacrotuberale
14 **N. ischiadicus**
15 M. quadratus femoris
16 M. glutaeus maximus (durchtrennt)
17 M. tensor fasciae latae
18 N. glutaeus inf.
19 M. glutaeus medius
20 **M. piriformis**
21 M. gemellus sup.
22 Sehne des M. obturatorius int.
23 M. gemellus inf.

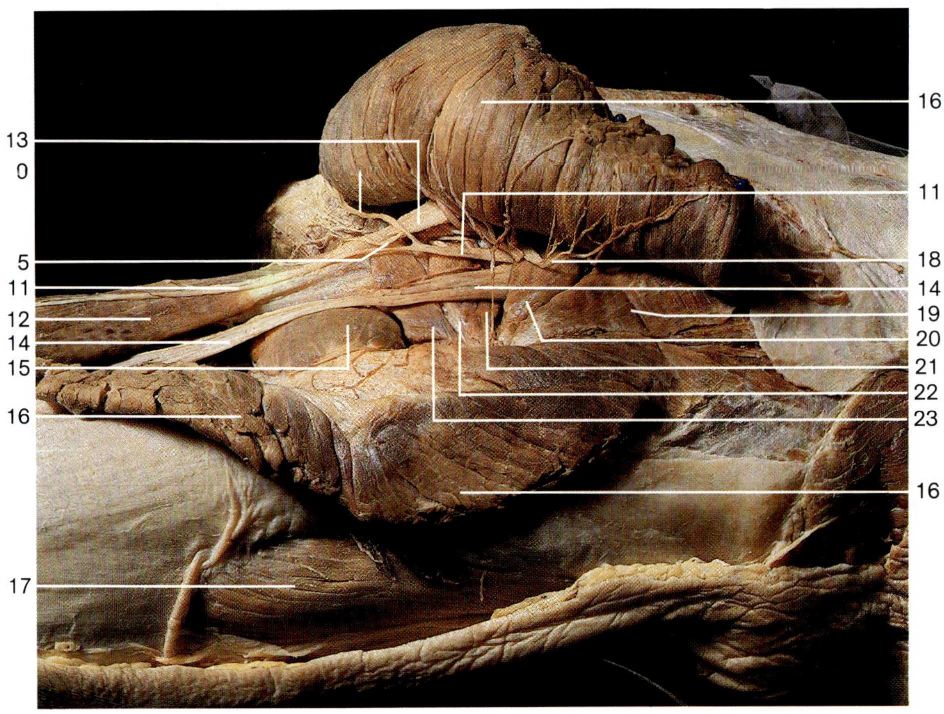

Regio glutaea II (rechtes Bein, von dorsolateral). Der M. glutaeus maximus wurde durchtrennt und aufgeklappt.

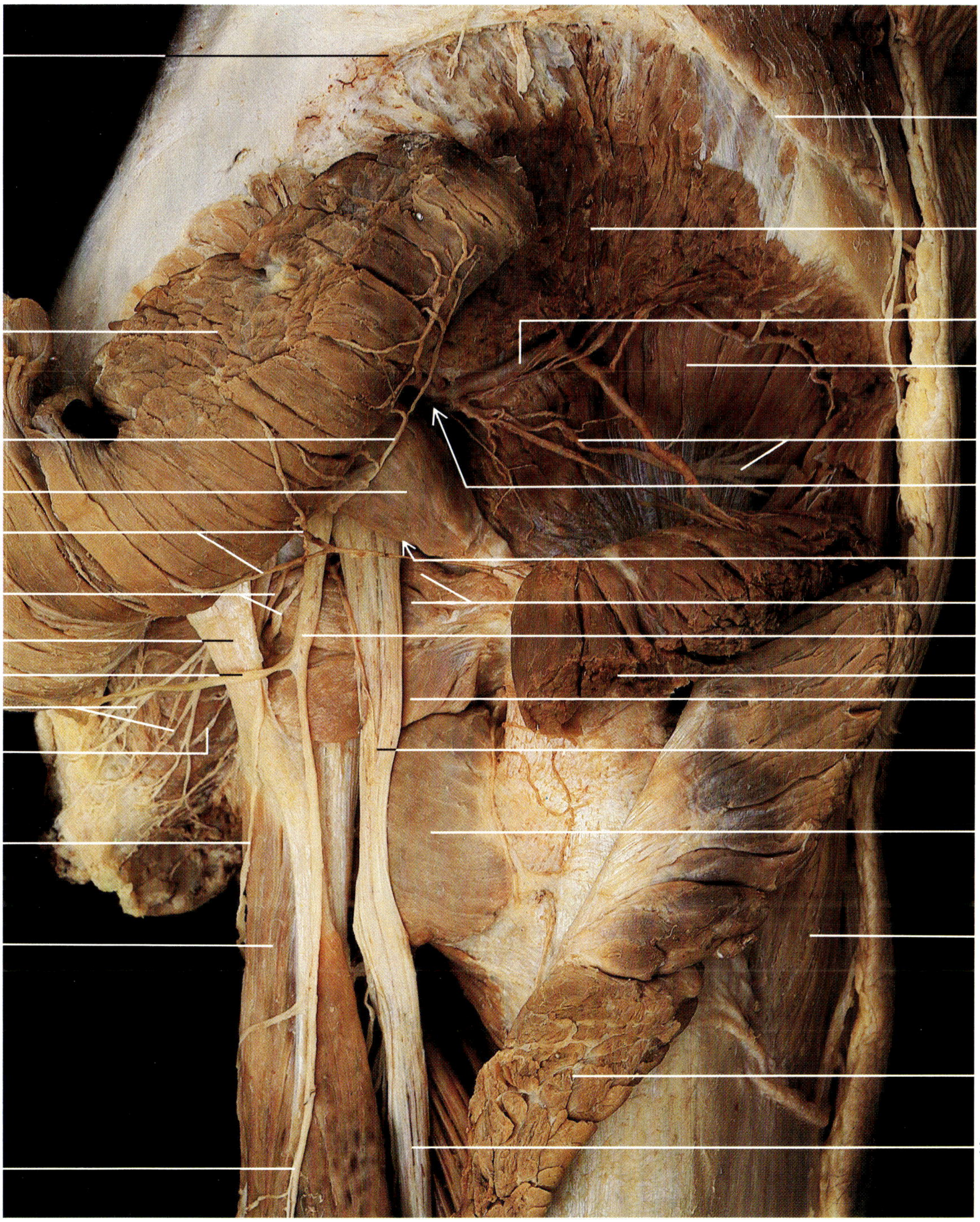

Regio glutaea III (Dorsalansicht). Die Mm. glutaei maximus und medius wurden durchtrennt und aufgeklappt. Man beachte die Lage der drei großen Foramina (For. suprapiriforme, For. infrapiriforme und For. ischiadicum minus).

1 Crista iliaca
2 M. glutaeus maximus (durchtrennt)
3 N. glutaeus inf.
4 M. piriformis
5 Rr. musculares
6 N. pudendus und A. pudenda int. im Alcockschen Kanal **(For. ischiadicum minus)**
7 Lig. sacrotuberale
8 N. clunium inf.
9 Nn. rectales inf.
10 Aa. rectales inf.
11 N. perforans lig. sacrotuberalis
12 M. biceps femoris, caput longum
13 M. glutaeus medius (durchtrennt)
14 A. glutaea sup., r. prof.
15 M. glutaeus minimus
16 N. glutaeus sup.
17 **Foramen suprapiriforme** } Foramen ischiadicum majus
18 **Foramen infrapiriforme** } Foramen ischiadicum majus
19 M. obturatorius int. und M. gemellus sup.
20 N. cutaneus femoris post.
21 M. gemellus inf.
22 **N. ischiadicus**
23 M. quadratus femoris
24 M. tensor fasciae latae

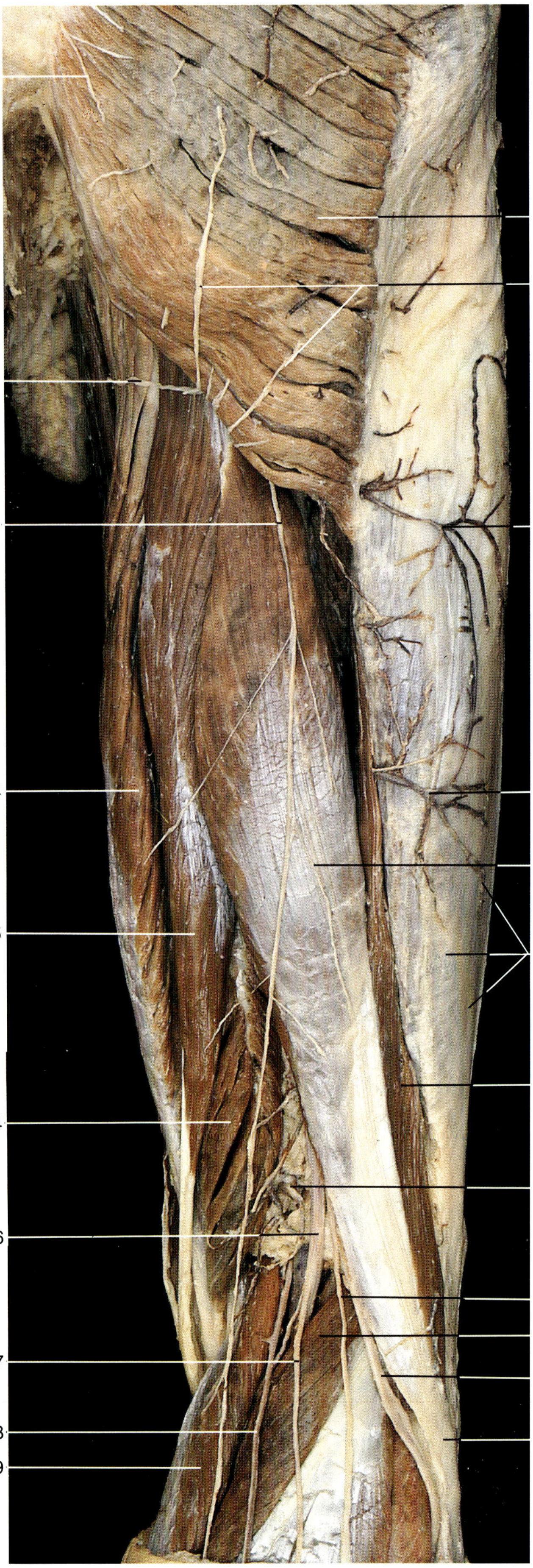

Hautnerven an der Dorsalseite des Oberschenkels (rechte Seite, von dorsal). Fascia lata und Muskelfaszien wurden entfernt.

1 Nn. clunium med.
2 R. perinealis des N. cutaneus femoris post.
3 N. cutaneus femoris post.
4 M. semimembranosus
5 M. semitendinosus
6 N. tibialis
7 N. cutaneus surae med.
8 V. saphena parva
9 Caput med. m. gastrocnemii
10 M. glutaeus maximus
11 Nn. clunium inf.
12 Hautvenen
13 Caput longum m. bicipitis femoris
14 Tractus iliotibialis
15 Caput breve m. bicipitis femoris
16 Fossa poplitea
17 N. cutaneus surae lat.
18 Caput lat. m. gastrocnemii
19 N. peronaeus communis
20 Sehne des M. biceps femoris
21 N. glutaeus inf.
22 Lig. sacrotuberale
23 Nn. rectales inf. des N. pudendus
24 Anus
25 M. glutaeus medius
26 M. piriformis
27 N. ischiadicus im For. infrapiriforme
28 A. glutaea inf.
29 M. glutaeus maximus (durchtrennt)
30 M. quadratus femoris
31 Teilungsstelle des N. ischiadicus in N. peronaeus comm. und N. tibialis
32 Rr. musculares des N. ischiadicus für die ischiokrurale Muskulatur
33 A. poplitea
34 V. poplitea
35 V. saphena parva (durchtrennt)
36 Caput longum m. bicipitis femoris (durchtrennt)
37 N. peronaeus superf.

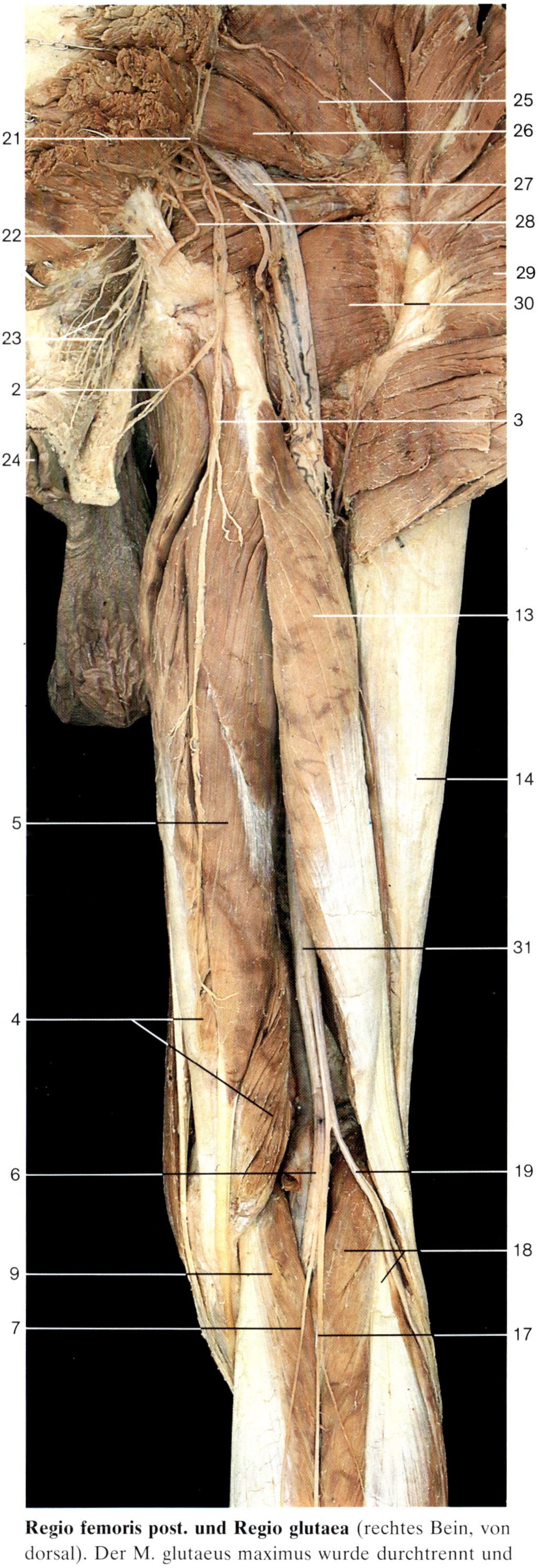

Regio femoris post. und Regio glutaea (rechtes Bein, von dorsal). Der M. glutaeus maximus wurde durchtrennt und aufgeklappt.

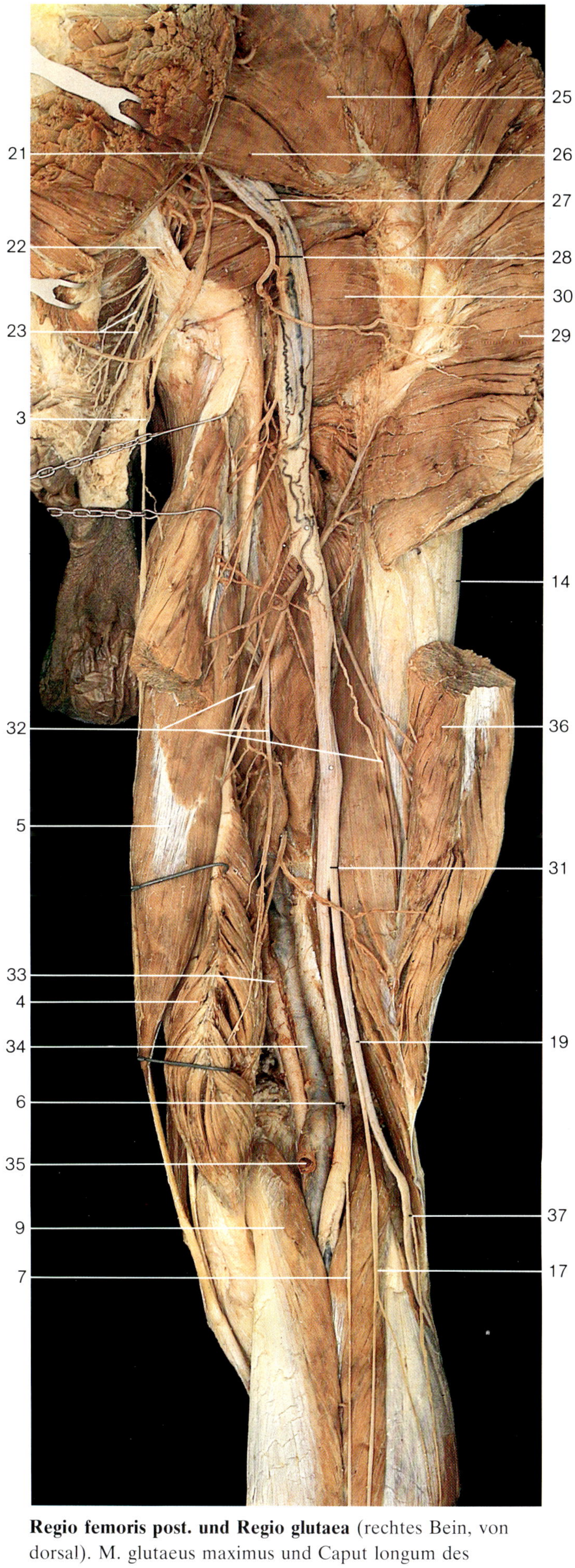

Regio femoris post. und Regio glutaea (rechtes Bein, von dorsal). M. glutaeus maximus und Caput longum des M. biceps femoris wurden durchtrennt und aufgeklappt.

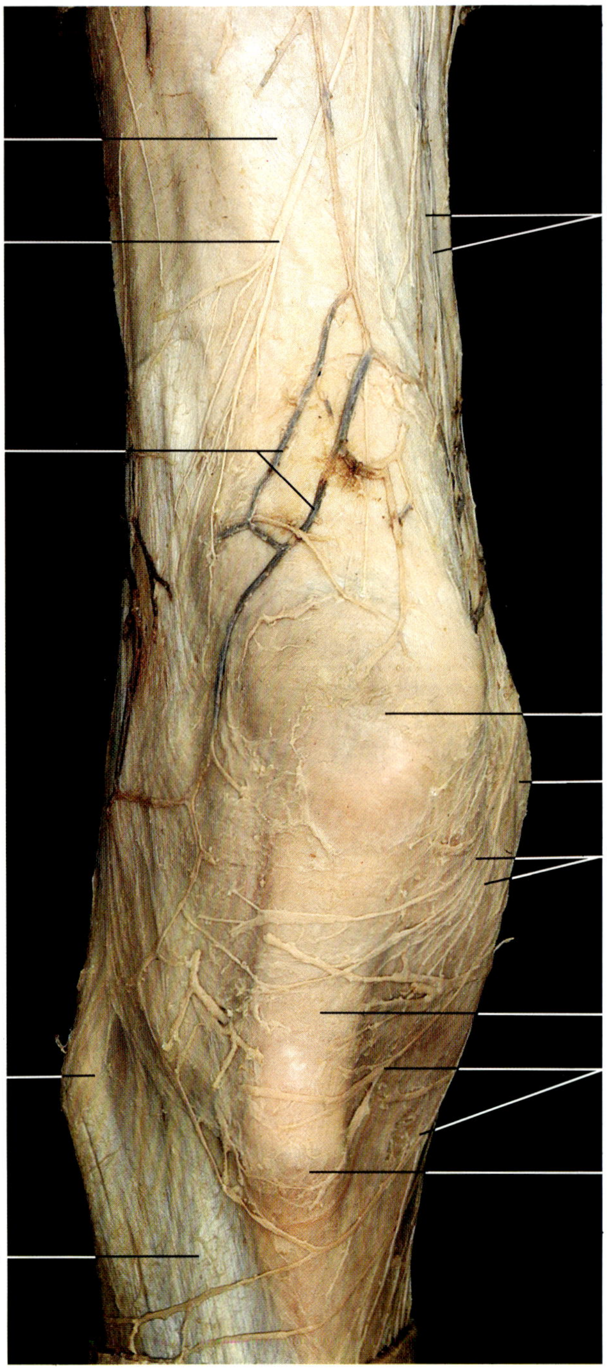

Rechtes Knie; Regio genus anterior; Hautnerven und Venennetz (Ventralansicht).

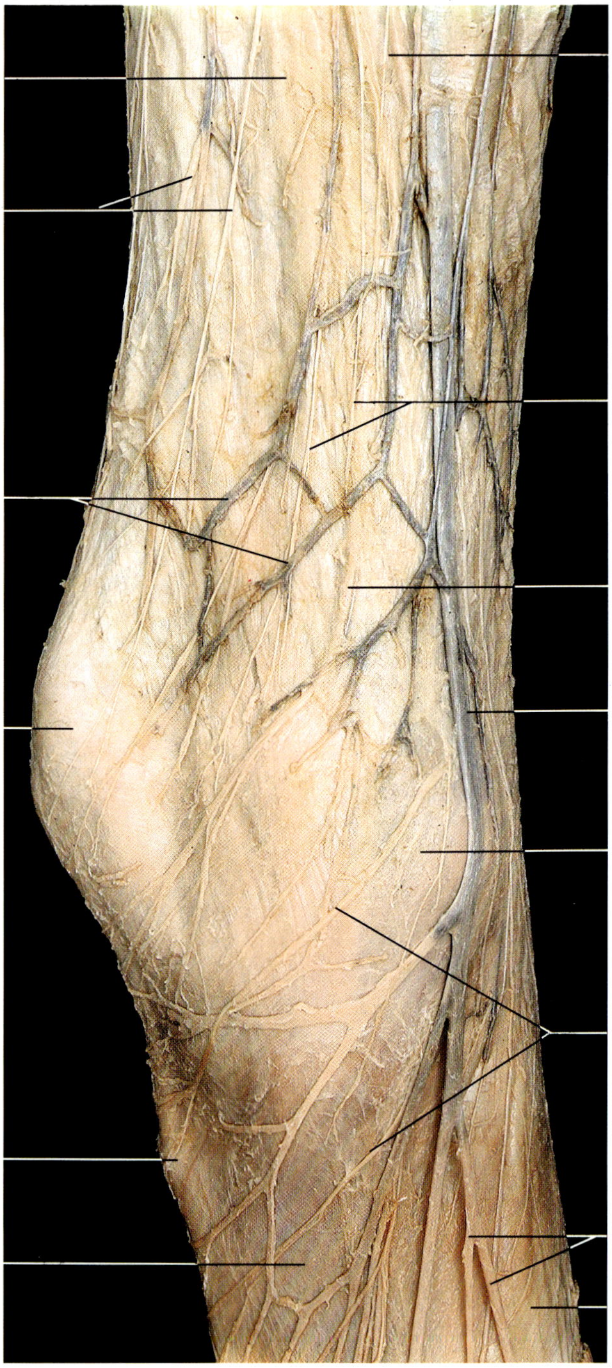

Rechtes Knie; Regio genus (Medialansicht); Hautnerven und Hautvenen.

1 Fascia lata
2 Endäste der Rr. cutanei ant. des N. femoralis
3 Rete venosum genus
4 Lokalisation des Caput fibulae
5 Fascia cruris
6 R. cutaneus n. obturatorii
7 Patella
8 Lokalisation des Epicondylus med. femoris
9 Zweige des R. infrapatellaris n. sapheni
10 Lig. patellae
11 Lokalisation der Tuberositas tibiae
12 Endast eines N. cutaneus femoris ant.
13 V. saphena magna
14 Zuflüsse aus dem Unterschenkelbereich zur V. saphena magna

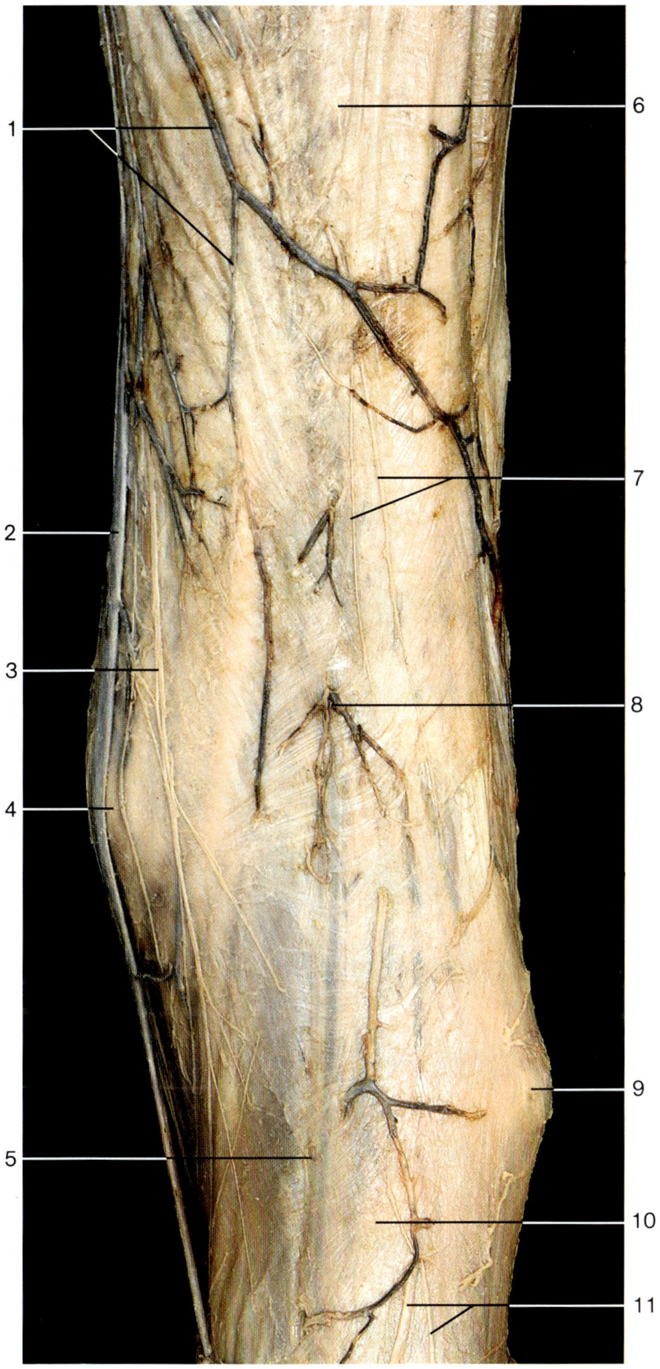

Rechtes Knie, Regio genus posterior; Hautnerven und Hautvenen (Dorsalansicht).

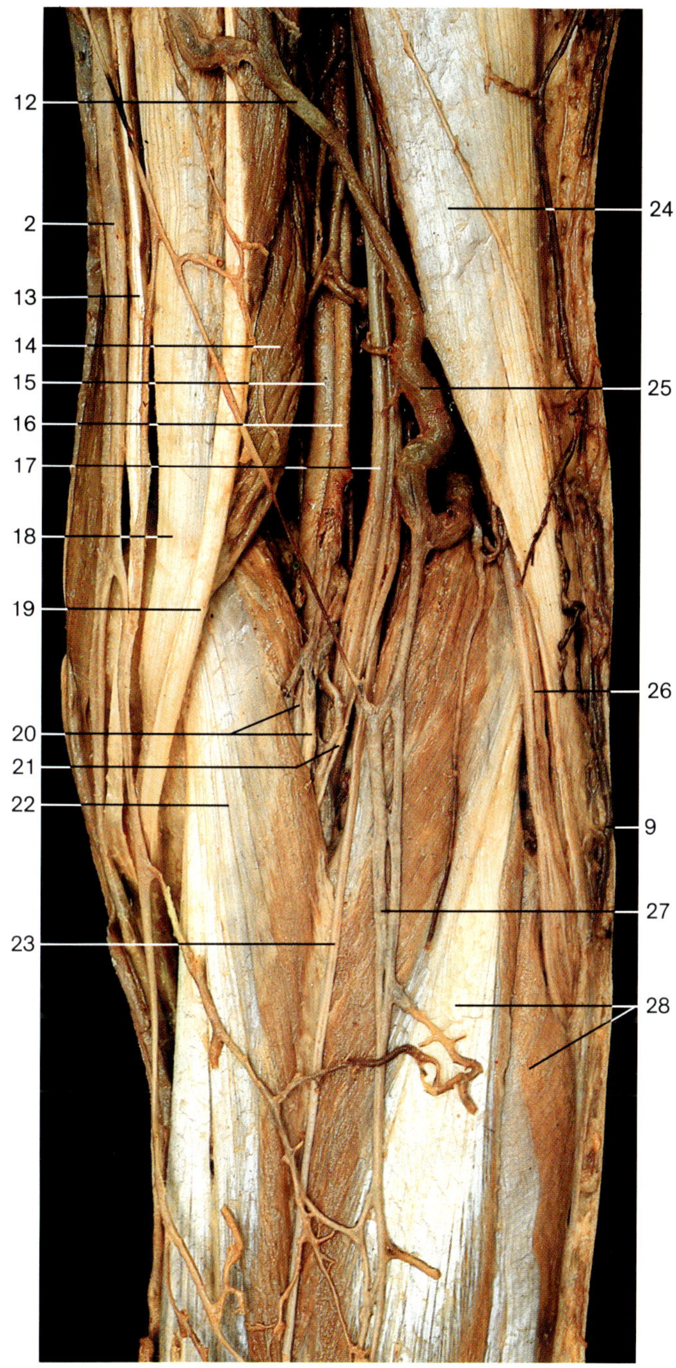

Kniekehle, Fossa poplitea, (rechts, Dorsalansicht). Die Faszien wurden entfernt.

1 Hautvenen der Kniekehle (Zuflüsse zur V. saphena magna)
2 V. saphena magna
3 Hautast des N. femoralis
4 Lokalisation des Epicondylus med. femoris
5 Lokalisation der V. saphena parva (unter der Fascia cruris)
6 Fascia lata
7 Endäste des N. cutaneus femoris post.
8 Hautvenen der Kniekehle
9 Lokalisation des Caput fibulae
10 Fascia cruris (oberflächliches Blatt)
11 N. cutaneus surae lat.
12 V. femoropoplitea
13 Sehne des M. gracilis
14 M. semimembranosus
15 **A. poplitea**
16 **V. poplitea**
17 **N. tibialis**
18 Sehne des M. semimembranosus
19 Sehne des M. semitendinosus
20 A. und V. suralis
21 R. muscularis n. tibialis
22 Caput med. m. gastrocnemii
23 N. cutaneus surae med.
24 M. biceps femoris
25 Variköse Venenstrecke
26 N. peronaeus communis
27 V. saphena parva
28 Caput lat. m. gastrocnemii

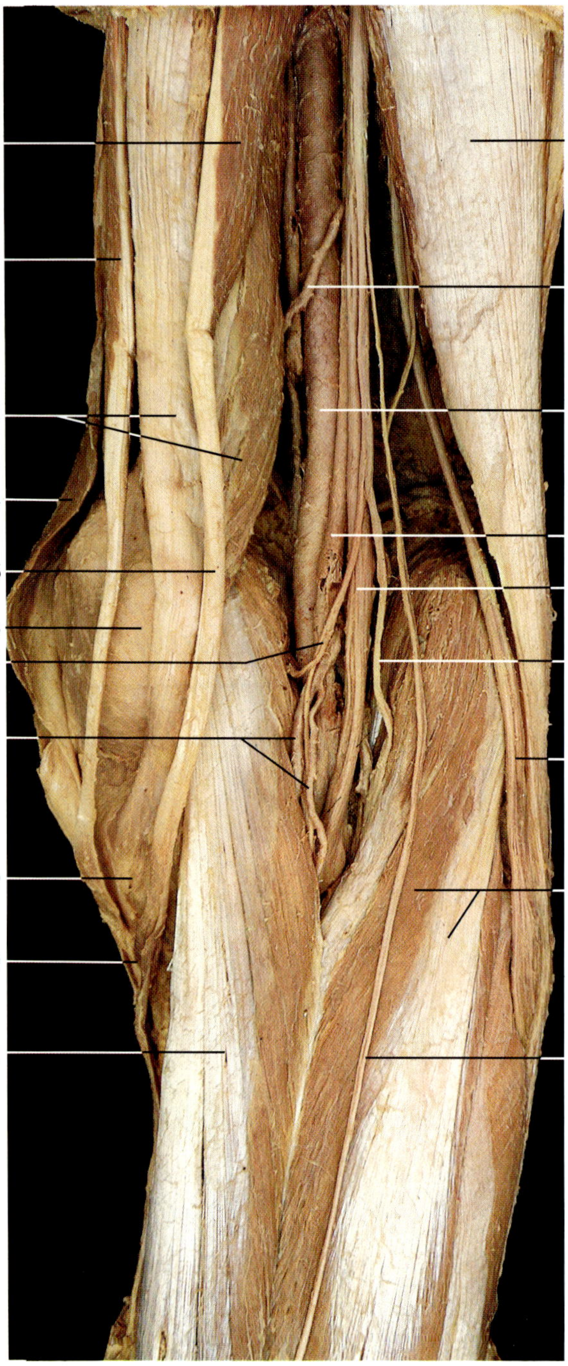

Rechte Fossa poplitea, mittlere Schicht (Dorsalansicht). Die Hautvenen und Hautnerven wurden entfernt.

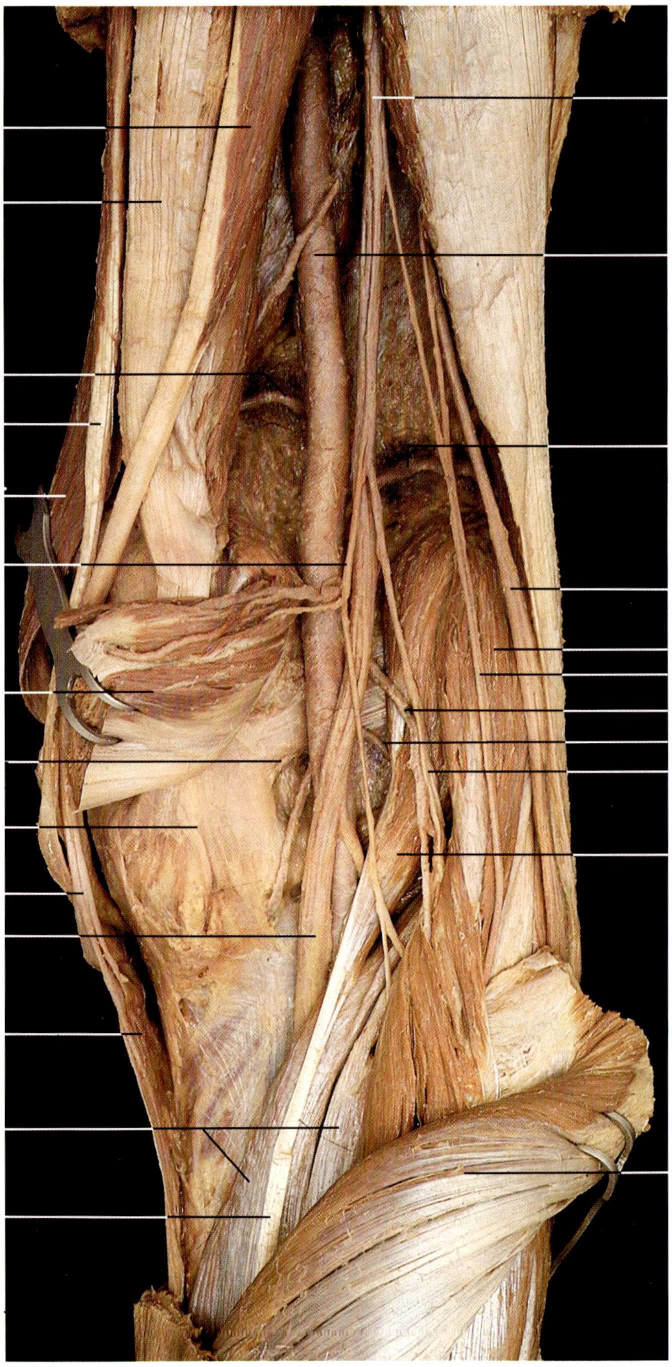

Rechte Fossa poplitea, tiefe Schicht (Dorsalansicht). Das Caput mediale des M. gastrocnemius wurde durchschnitten und zurückgeklappt.

1 M. semitendinosus
2 M. gracilis
3 M. semimembranosus
4 M. sartorius
5 Sehne des M. semitendinosus
6 Lokalisation des Condylus med. femoris
7 Rami musculares n. tibialis
8 Aa. und Vv. surales
9 Sehne des M. semimembranosus
10 Pes anserinus
11 Caput med. m. gastrocnemii
12 M. biceps femoris
13 Muskelast der A. poplitea
14 **A. poplitea**
15 **V. poplitea**
16 **N. tibialis**
17 **N. peronaeus communis**
18 Caput lat. m. gastrocnemii
19 N. cutaneus surae med.
20 A. genus sup. med.
21 Caput med. m. gastrocnemii (durchtrennt und zurückgeklappt)
22 A. genus inf. med.
23 M. soleus
24 Sehne des M. plantaris
25 A. genus sup. lat.
26 A. genus inf. lat.
27 M. plantaris

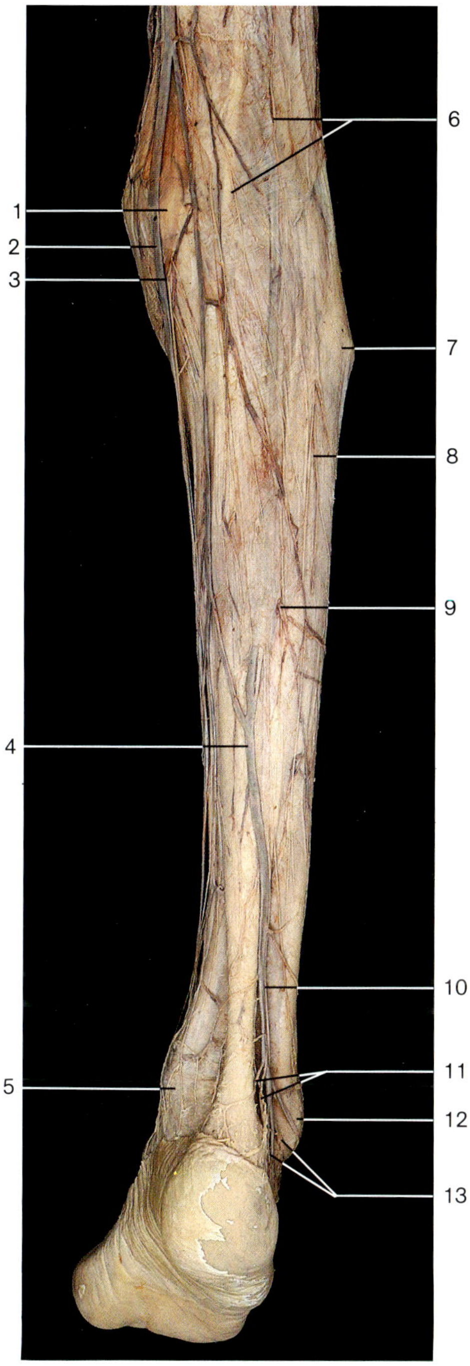

Rechter Unterschenkel und Fuß (Dorsalansicht). Darstellung der Hautnerven und Venen.

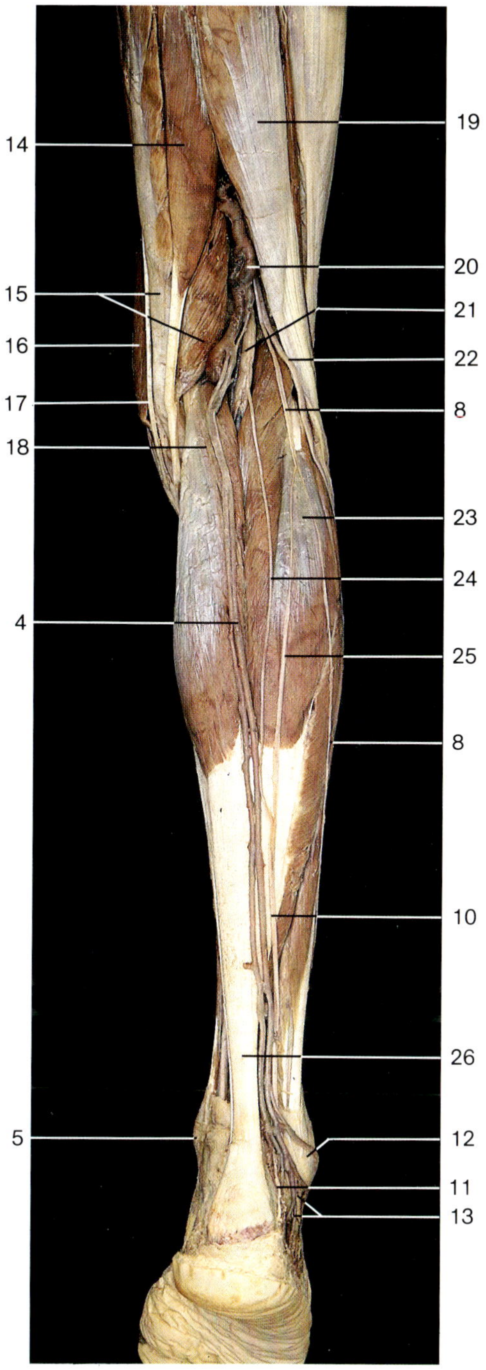

Rechter Unterschenkel und Fuß (Dorsalansicht). Hautnerven und Venen nach Entfernung der Unterschenkel- und Muskelfaszien.

1 Lokalisation des Condylus med. femoris
2 V. saphena magna
3 N. saphenus
4 **V. saphena parva**
5 Malleolus med.
6 Endäste des N. cutaneus femoris post.
7 Lokalisation des Caput fibulae
8 N. cutaneus surae lat.
9 V. perforans (Anastomose zwischen oberflächlichen und tiefen Venen des Unterschenkels)
10 **N. suralis**
11 Rr. calcanei lat. n. suralis
12 Malleolus lat.
13 Rete venosum
14 M. semitendinosus
15 M. semimembranosus
16 M. sartorius
17 Sehne des M. gracilis
18 Caput med. m. gastrocnemii
19 M. biceps femoris
20 Variköse Venenstrecke (pathologisch)
21 **N. tibialis**
22 **N. peronaeus communis**
23 Caput lat. m. gastrocnemii
24 N. cutaneus surae med.
25 R. communicans peronaeus
26 Tendo m. tricipitis surae (Achillessehne)

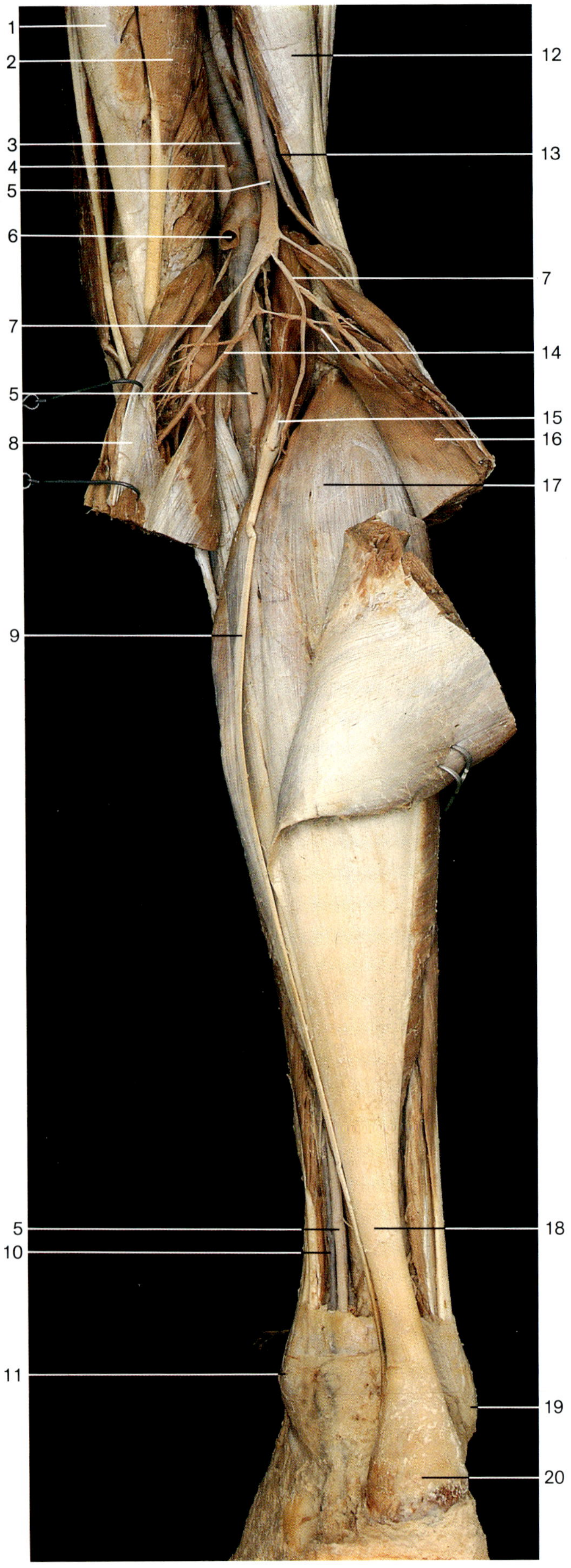

Rechter Unterschenkel, Regio poplitea und Regio cruris post. (oberflächliche Schicht) (von dorsal). Der M. gastrocnemius wurde durchtrennt und aufgeklappt.

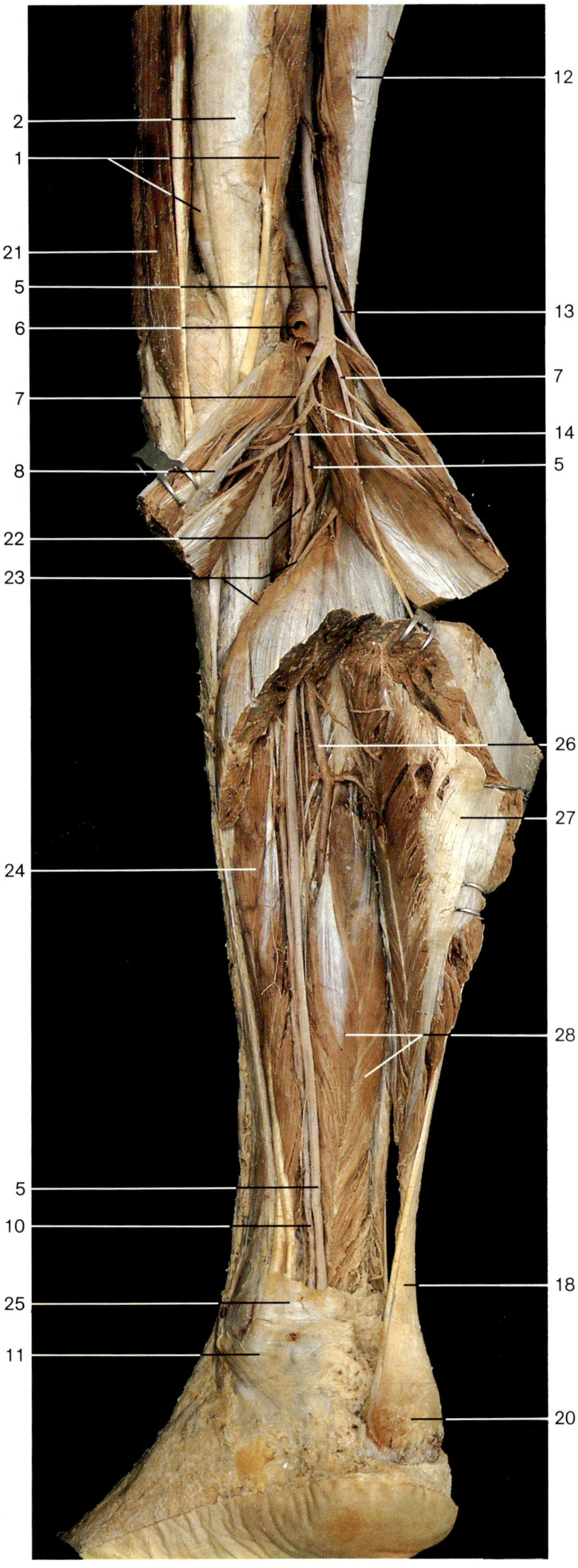

Rechter Unterschenkel, Regio cruris post., mittlere Schicht (schräg von medial-hinten). Die Gastrocnemiusköpfe und der M. soleus wurden durchtrennt.

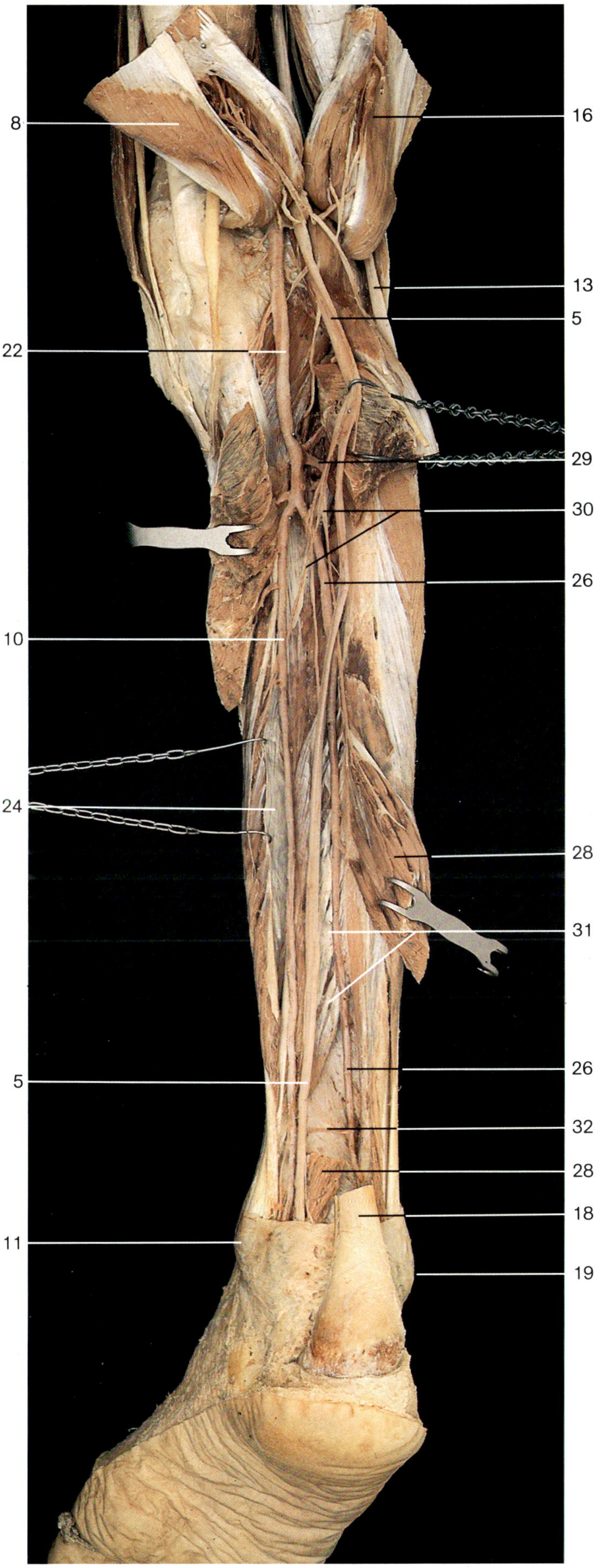

1 M. semimembranosus
2 M. semitendinosus
3 V. poplitea
4 A. poplitea
5 N. tibialis
6 Einmündung der V. saphena parva
7 R. muscularis des N. tibialis für den M. gastrocnemius
8 Caput med. m. gastrocnemii
9 Sehne des M. plantaris
10 A. tibialis post.
11 Malleolus med.
12 M. biceps femoris
13 N. peronaeus communis
14 Aa. surales
15 M. plantaris
16 Caput lat. m. gastrocnemii
17 M. soleus
18 Tendo m. tricipitis surae (Achillessehne)
19 Malleolus lat.
20 Tuber calcanei
21 M. sartorius
22 A. poplitea (vor dem Durchtritt durch den Arcus tendineus des M. soleus)
23 Arcus tendineus m. solei
24 M. flexor digitorum longus
25 Retinaculum mm. flexorum
26 A. peronaea
27 M. triceps surae (durchtrennt)
28 M. flexor hallucis longus
29 A. tibialis ant.
30 Rr. musculares des N. tibialis für die tiefen Flexoren
31 M. tibialis post.
32 R. communicans der A. peronaea

Rechter Unterschenkel, Regio cruris post., tiefe Schicht (Dorsalansicht). Außer dem M. triceps surae wurde auch der M. flexor hallucis longus durchtrennt und seitwärts verlagert.

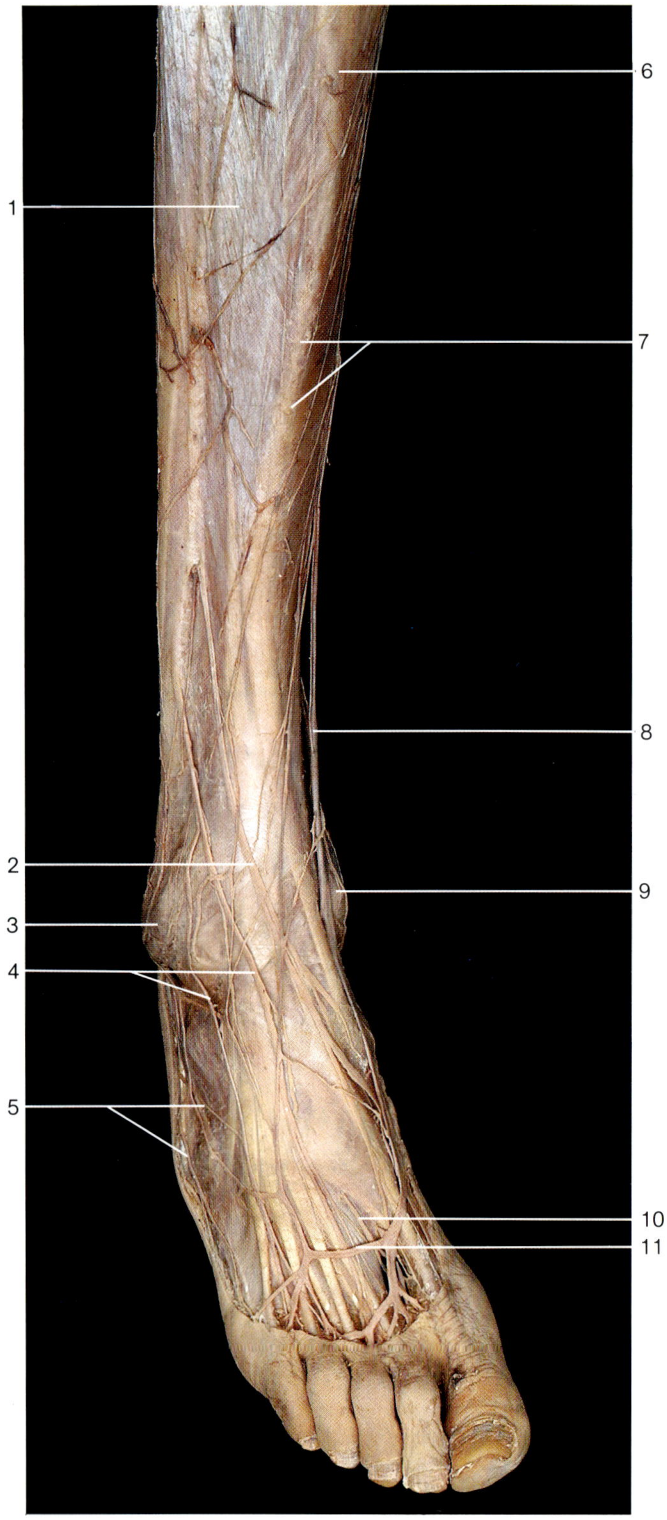

Rechter Unterschenkel und Fuß, Regio cruris ant. und Dorsum pedis (Ventralansicht), Hautnerven und subkutane Venen.

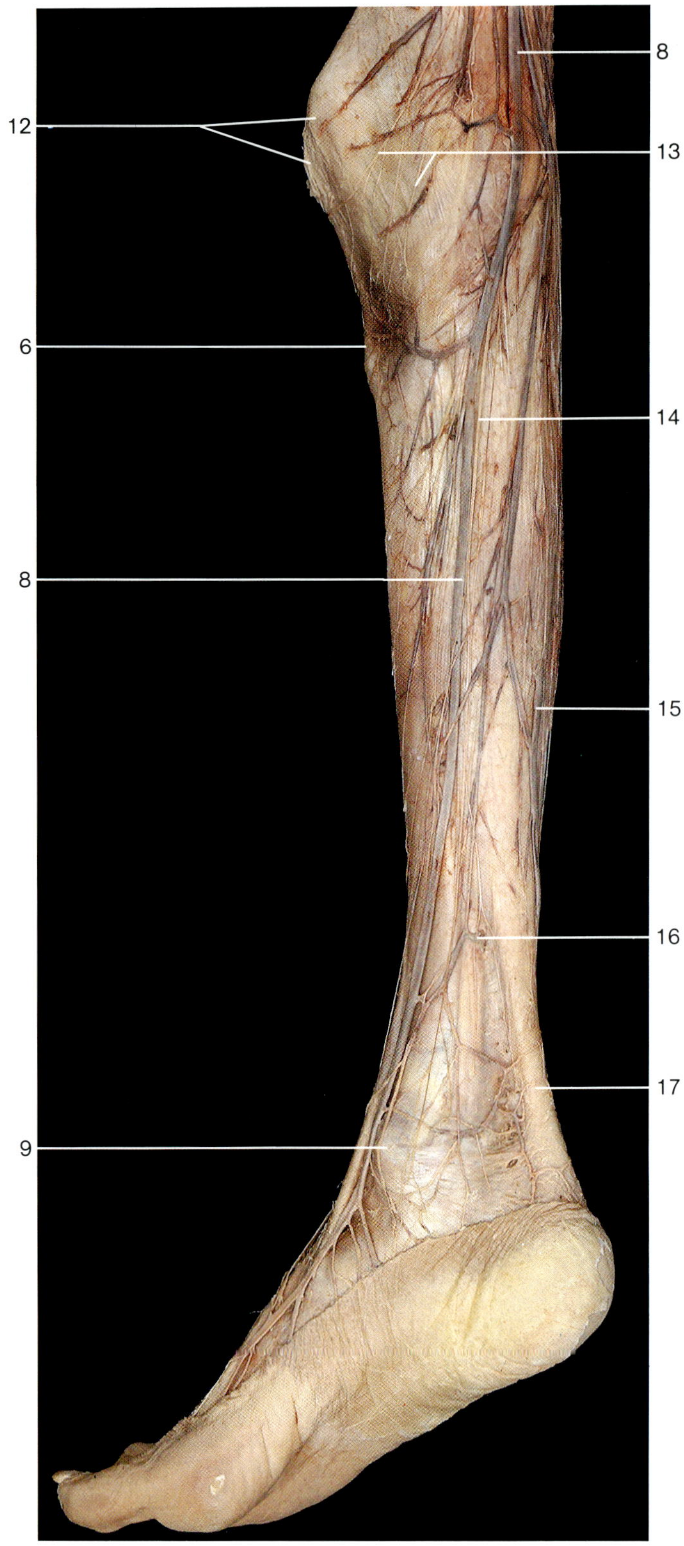

Rechter Unterschenkel und Fuß (von medial). Hautnerven und Venen.

1 Fascia cruris
2 N. cutaneus dorsalis med. (aus N. peronaeus superf.)
3 Malleolus lat.
4 N. cutaneus dorsalis intermedius (aus N. peronaeus superf.)
5 N. cutaneus dorsalis lat. (aus N. suralis)
6 Lokalisation der Tuberositas tibiae
7 Vordere Tibiakante
8 V. saphena magna
9 Malleolus med.
10 N. peronaeus prof.
11 Arcus venosus dorsalis pedis
12 Lokalisation der Patella
13 Zweige vom R. infrapatellaris des N. saphenus
14 N. saphenus
15 V. saphena parva
16 V. perforans
17 Tendo m. tricipitis surae (Achillessehne)

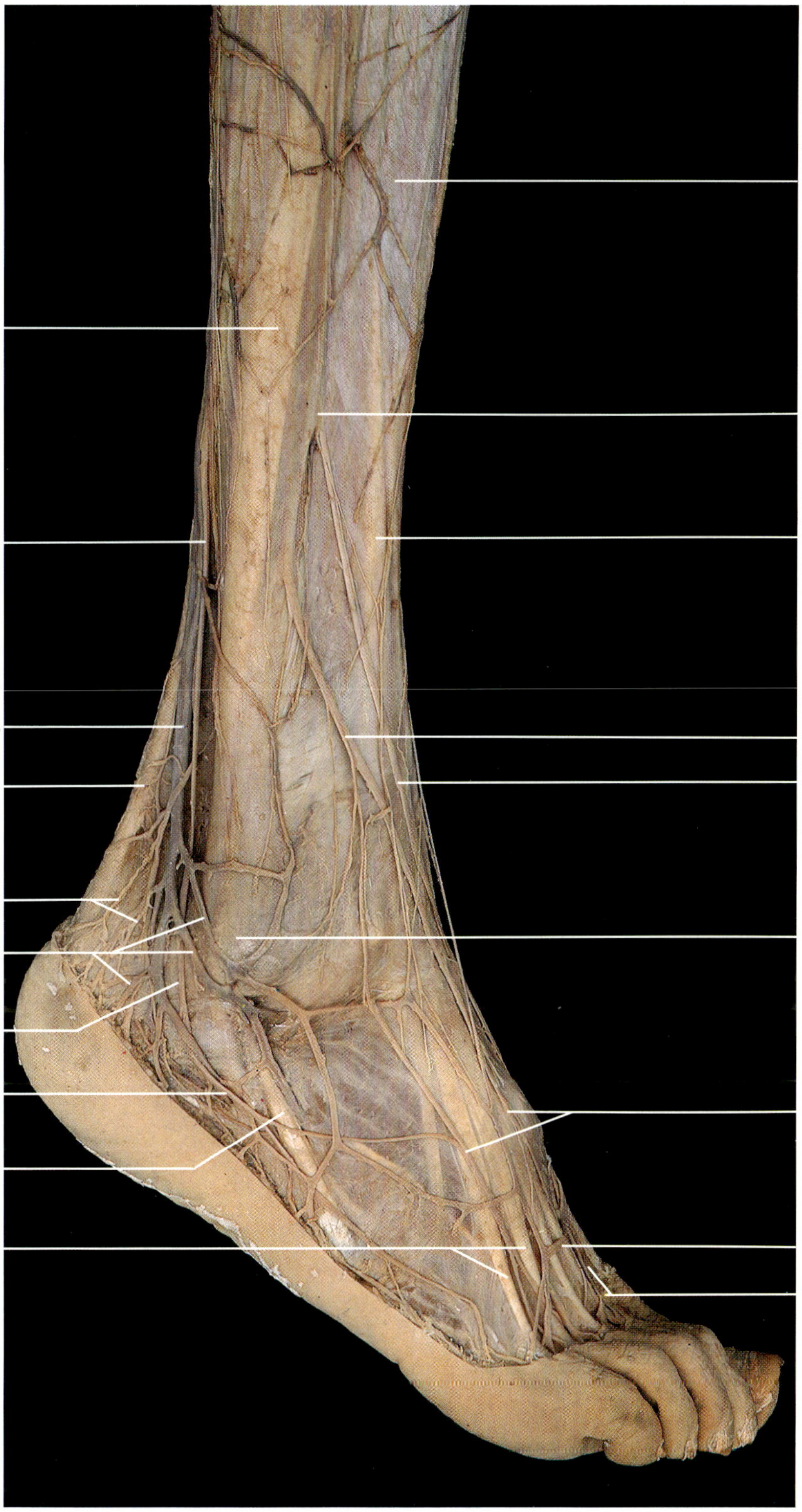

Rechter Unterschenkel und Fußrücken (von lateral). Darstellung der Hautnerven und der subkutanen Venen.

1 Lage der Fibula
2 N. suralis
3 V. saphena parva
4 Tendo m. tricipitis surae (Achillessehne)
5 Rr. calcanei lat. (aus N. suralis)
6 Rete venosum malleolare lat.
7 N. cutaneus dorsalis lat. (aus N. suralis)
8 Sehne des M. peronaeus brevis
9 Sehnen des M. extensor digitorum longus
10 Fascia cruris
11 N. peronaeus superf.
12 Lokalisation der Tibia
13 N. cutaneus dorsalis intermedius } aus N. peronaeus superf.
14 N. cutaneus dorsalis medialis } aus N. peronaeus superf.
15 Malleolus lat.
16 Nn. digitales dorsales
17 Arcus venosus dorsalis pedis
18 N. peronaeus prof.

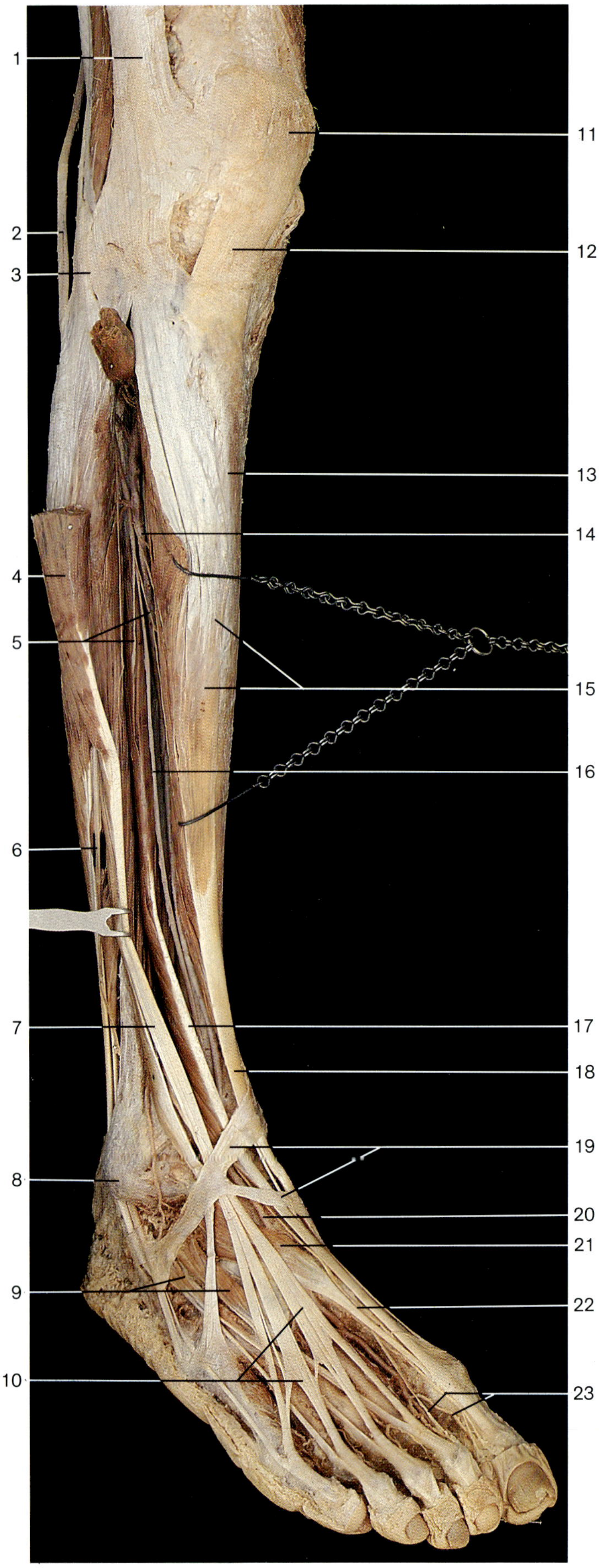

Rechter Unterschenkel und Fuß; Regio cruris ant. und Dorsum pedis (Ansicht schräg von vorne-lateral). Der M. extensor digitorum longus wurde durchtrennt und seitwärts verlagert.

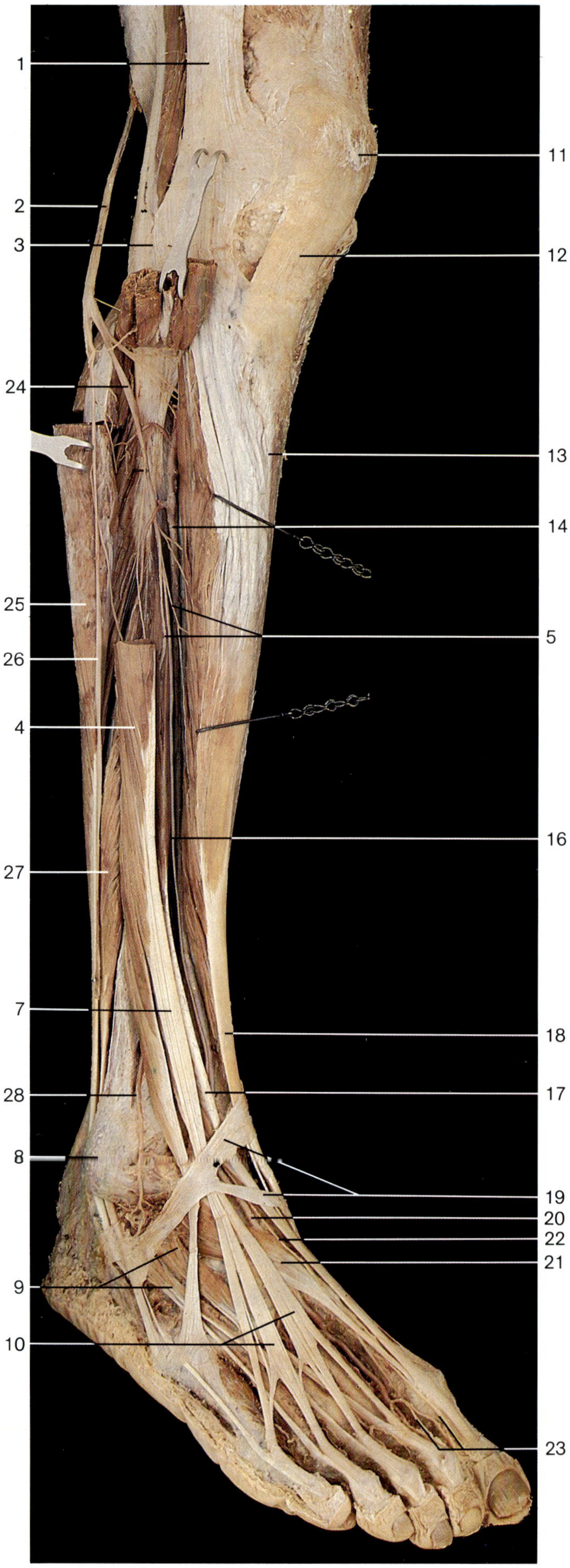

Rechter Unterschenkel und Fuß, Regio cruris ant. und Dorsum pedis (Ansicht schräg von vorne-lateral). Zusätzlich zum vorigen Präparat wurde hier noch der M. peronaeus longus durchtrennt und der N. peronaeus communis mobilisiert und verlagert.

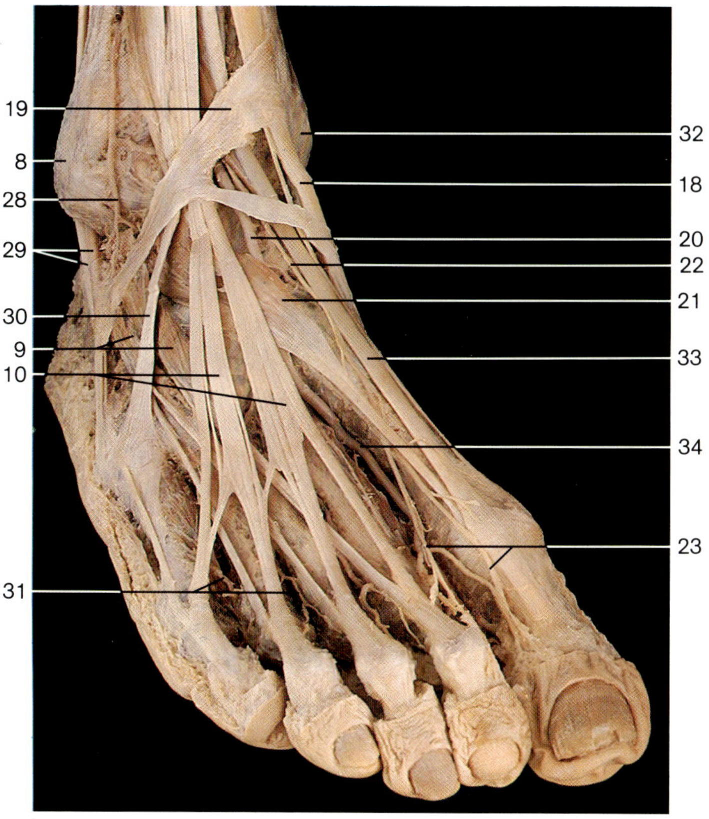

Rechter Fuß, Dorsalseite, oberflächliche Schicht (schräg von lateral-oben). Muskelfaszien und Hautnerven wurden entfernt.

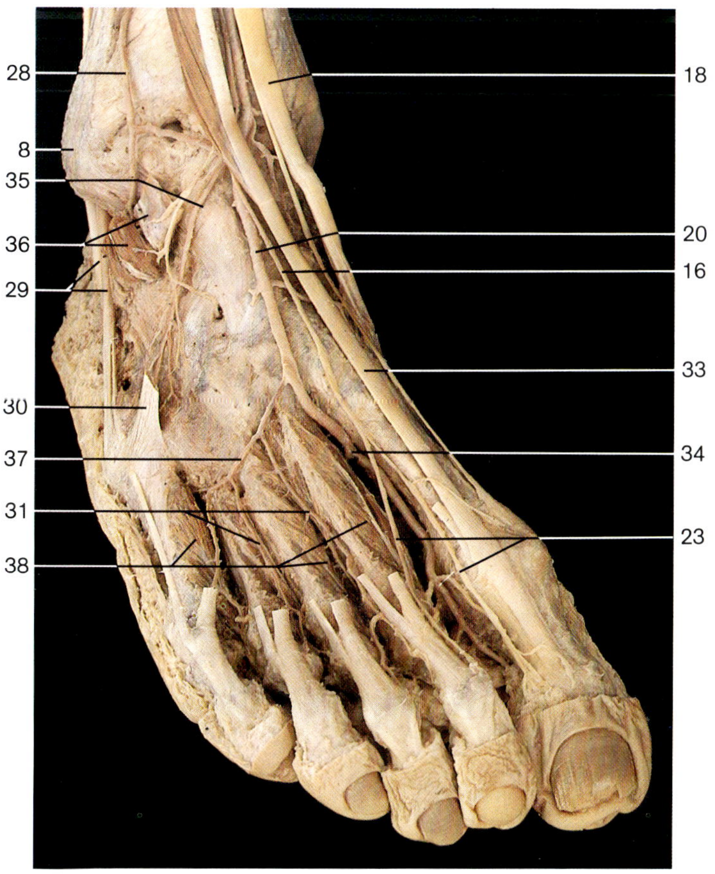

Rechter Fuß, Dorsalseite, tiefe Schicht (schräg von lateral-oben). Der M. extensor digitorum brevis und hallucis brevis sowie das Retinaculum mm. extensorum wurden entfernt.

1 Sehne des M. biceps femoris
2 **N. peronaeus communis**
3 Lokalisation des Caput fibulae
4 M. extensor digitorum longus
5 Rr. musculares des N. peronaeus prof. für die Extensorenmuskulatur
6 **N. peronaeus superf.**
7 Sehne des M. extensor digitorum longus
8 Malleolus lat.
9 M. extensor digitorum brevis
10 Sehnenfächer des M. extensor digitorum longus
11 Patella
12 Lig. patellae
13 Vorderkante der Tibia
14 **A. tibialis ant.**
15 M. tibialis ant.
16 **N. peronaeus prof.**
17 M. extensor hallucis longus
18 Sehne des M. tibialis ant.
19 Retinaculum mm. extensorum inf.
20 **A. dorsalis pedis**
21 M. extensor hallucis brevis
22 N. peronaeus prof. (am Fußrücken)
23 Endäste des N. peronaeus prof. (N. digitalis dorsalis hallucis lat. et digiti secundi med.)
24 N. peronaeus prof. (beim Eintritt in die Streckerloge)
25 M. peronaeus longus (durchtrennt)
26 N. peronaeus superf. mit Peronaeusmuskulatur (etwas seitwärts verlagert)
27 M. peronaeus brevis
28 A. malleolaris ant. lat. (aus R. perforans der A. peronaea)
29 Sehnen der Mm. peronaei
30 Sehne des M. peronaeus tertius
31 Aa. metatarseae dors.
32 Malleolus med.
33 Sehne des M. extensor hallucis longus
34 A. dorsalis pedis mit Abgang des R. plantaris prof. für den Arcus plantaris
35 A. tarsea lat.
36 Ursprungskopf des M. extensor digitorum brevis (zurückgeklappt)
37 A. arcuata
38 Mm. interossei dors.

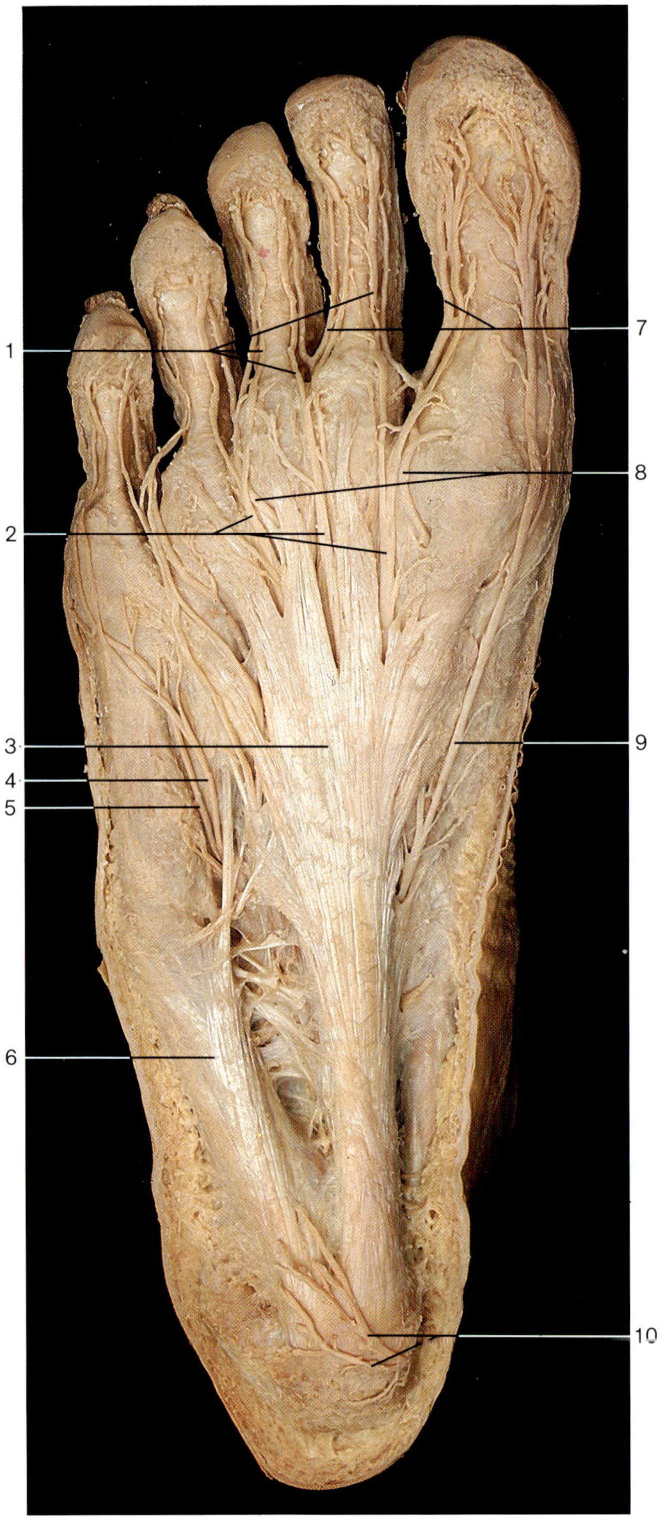

Planta pedis I, rechter Fuß, oberflächliche Schicht (von unten). Darstellung der Aponeurosis plantaris und der Hautnerven.

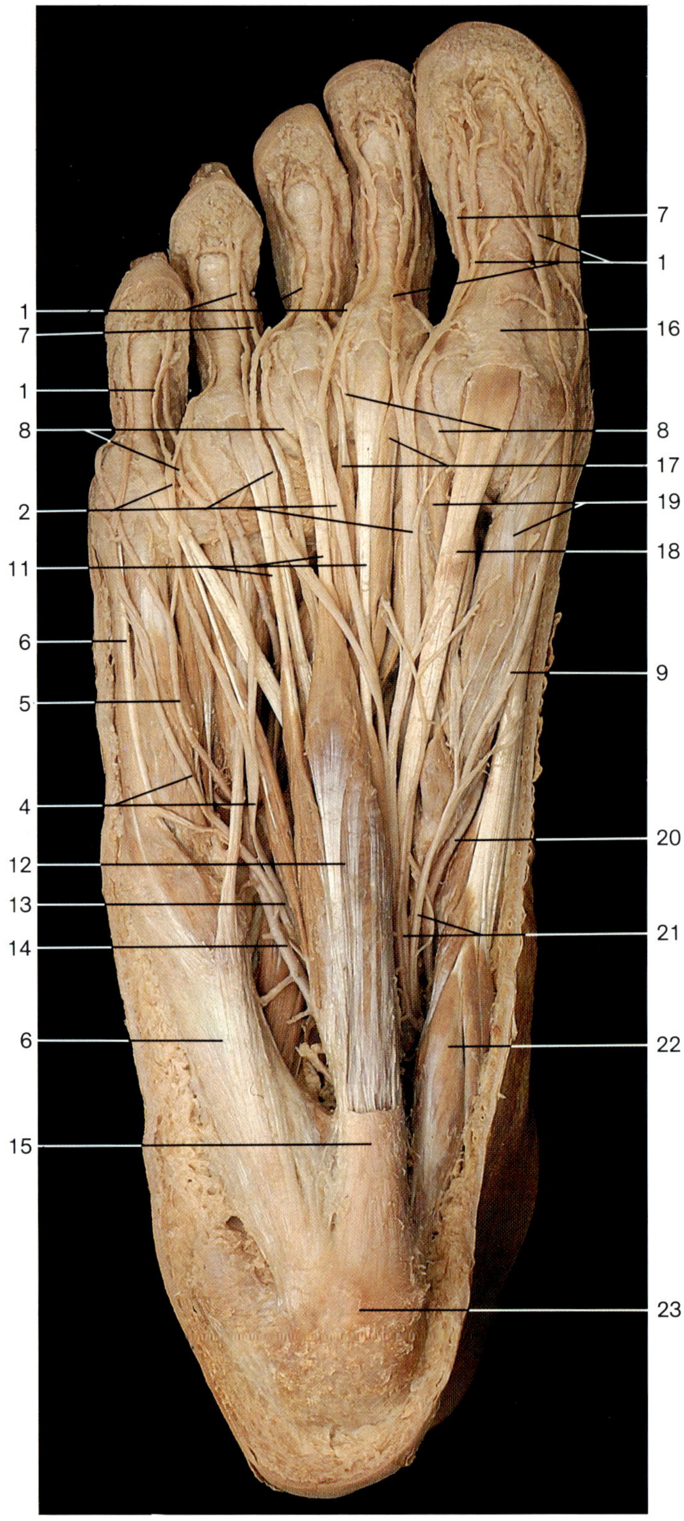

Planta pedis II, rechter Fuß, mittlere Schicht (von unten). Die Plantaraponeurose wurde entfernt.

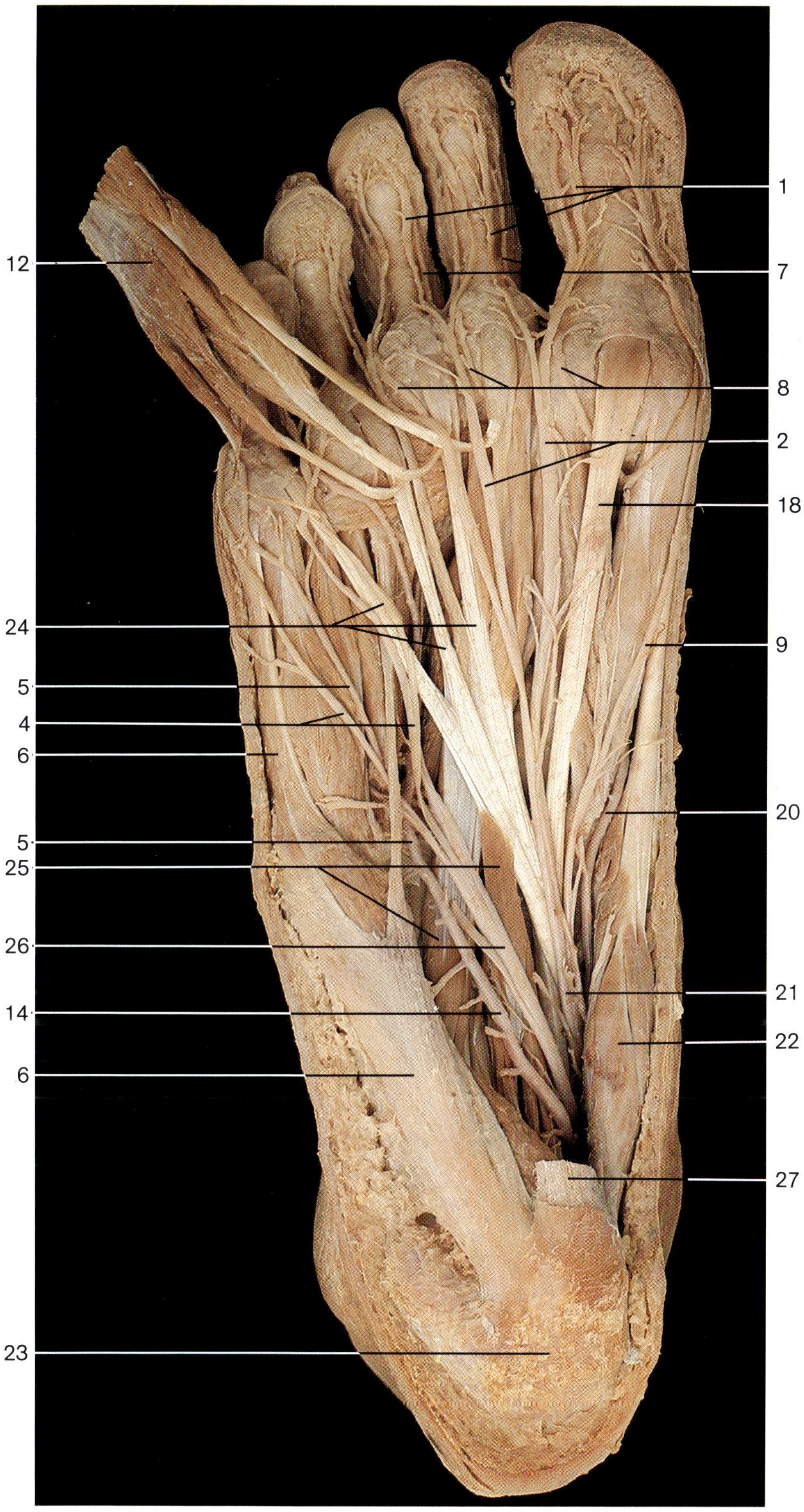

Planta pedis III, rechter Fuß, mittlere Schicht (von unten). Darstellung der Gefäße und Nerven. Der M. flexor digitorum wurde durchtrennt und distalwärts verlagert.

1 Nn. digitales plantares proprii
2 Nn. digitales plantares communes
3 Aponeurosis plantaris
4 R. superf. n. plantaris lat.
5 R. superf. a. plantaris lat.
6 M. abductor digiti minimi
7 Aa. digitales plantares peoprii
8 Aa. digitales plantares communes
9 N. digitalis plantaris proprius hallucis med.
10 Rr. calcanei med.
11 Sehnen des M. flexor digitorum brevis
12 M. flexor digitorum brevis
13 N. plantaris lat., r. superf.
14 **A. plantaris lat.**
15 Rest der Plantaraponeurose
16 Vagina fibrosa digitorum pedis
17 Mm. lumbricales I und II
18 Sehne des M. flexor hallucis longus
19 M. flexor hallucis brevis
20 **A. plantaris med.**
21 **N. plantaris med.**
22 M. abductor hallucis
23 Tuber calcanei
24 Sehnen des M. flexor digitorum longus
25 M. quadratus plantae
26 **N. plantaris lat.**
27 Ursprung des M. flexor digitorum brevis

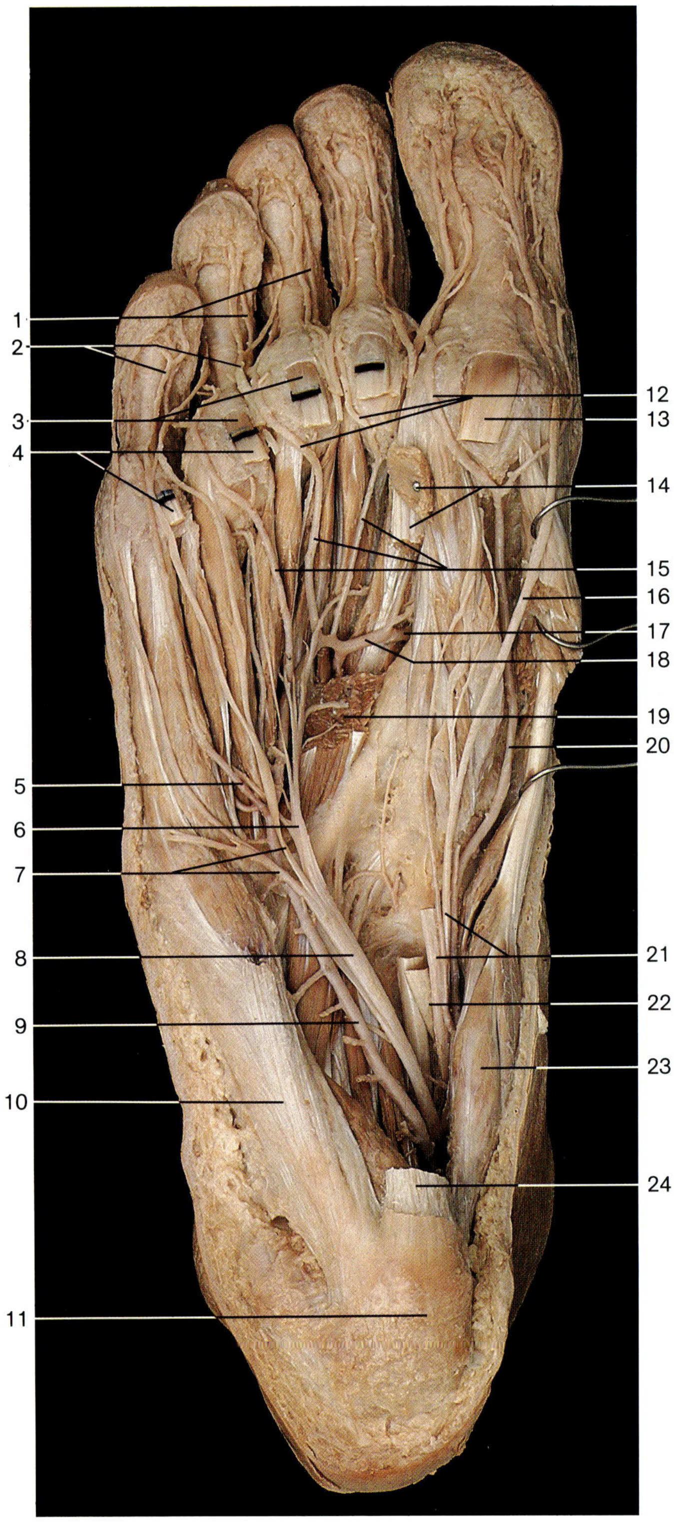

Planta pedis IV, rechter Fuß, tiefe Schicht (von unten). Der M. flexor digitorum brevis, der M. quadratus plantae mit den Sehnen des M. flexor digitorum longus sowie die oberflächlichen Äste des N. plantaris med. wurden entfernt. Der laterale Kopf des M. flexor hallucis brevis wurde gefenstert, um den etwas atypischen Verlauf der A. plantaris med. zu zeigen.

1 Aa. digitales plantares propriae
2 Nn. digitales plantares proprii
3 Sehnen des M. flexor digitorum brevis
4 Sehnen des M. flexor digitorum longus
5 R. superf. a. plantaris lat.
6 R. prof. n. plantaris lat.
7 R. superf. n. plantaris lat.
8 **N. plantaris lat.**
9 **A. plantaris lat.**
10 M. abductor digiti minimi
11 Tuber calcanei
12 Aa. digitales plantares communes
13 Sehne des M. flexor hallucis longus
14 Ansatz der beiden Köpfe des M. adductor hallucis
15 Aa. metatarseae plantares
16 N. digitalis plantaris proprius med.
17 R. plantaris prof. (perforierender Ast der A. metatarsea dors. I)
18 **Arcus plantaris**
19 Caput obliquum m. adductoris hallucis (durchtrennt)
20 **A. plantaris med.**
21 **N. plantaris med.**
22 Chiasma tendinum plantare
23 M. abductor hallucis
24 Ursprung des M. flexor hallucis brevis

Sachverzeichnis